揭秘系列丛书 UNLEASH

Spring Internals

Spring技术内幕

深入解析Spring架构与设计原理

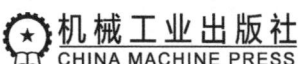

（第2版）

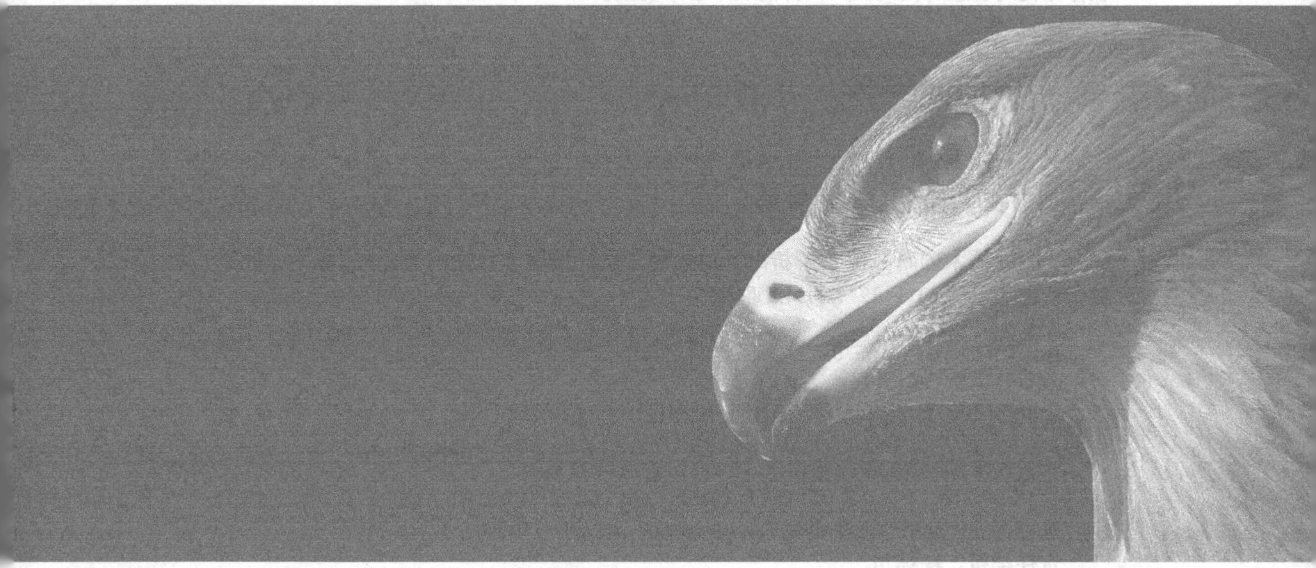

计文柯 著

机械工业出版社
CHINA MACHINE PRESS

本书是国内唯一一本系统分析Spring源代码的著作，也是Spring领域的问鼎之作，由业界拥有10余年开发经验的资深Java专家亲自执笔，Java开发者社区和Spring开发者社区联袂推荐。本书第1版不仅在内容上获得了读者的广泛好评，而且在销量上也摘取了同类书的桂冠，曾经一度掀起Java类图书的销售热潮。第2版不仅继承了第1版在内容组织和写作方式上的优点，而且还根据广大读者的反馈改进了若干细节上的不足。更为重要的是，结合Spring的最新版本对过时的内容进行了更新，并增加了大量新内容，使本书更趋近于完美。

本书从源代码的角度对Spring的内核和各个主要功能模块的架构、设计和实现原理进行了深入剖析。你不仅能从本书中参透Spring框架的优秀架构和设计思想，还能从Spring优雅的实现源码中一窥Java语言的精髓。本书在开篇之前对Spring的设计理念和整体架构进行了全面的介绍，能让读者从宏观上厘清Spring各个功能模块之间的关系；第一部分详细分析了Spring的核心：IoC容器和AOP的实现，能帮助读者了解Spring的运行机制；第二部分深入阐述了各种基于IoC容器和AOP的Java EE组件在Spring中的实现原理；第三部分讲述了ACEGI安全框架、DM模块以及Flex模块等基于Spring的典型应用的设计与实现。

无论你是Java程序员、Spring开发者，还是平台开发人员、系统架构师，抑或是对开源软件源代码着迷的代码狂人，都能从本书中受益。

图书在版编目（CIP）数据

Spring技术内幕：深入解析Spring架构与设计原理 / 计文柯著. —2版. —北京：机械工业出版社，2011. 12（2024.8重印）

ISBN 978-7-111-36570-9

Ⅰ. S…　Ⅱ. 计…　Ⅲ. JAVA语言－程序设计　Ⅳ. TP312

中国版本图书馆CIP数据核字（2011）第243107号

机械工业出版社（北京市西城区百万庄大街22号　邮政编码　100037）
责任编辑：杨福川
北京捷迅佳彩印刷有限公司印刷
2024年8月第2版第23次印刷
186mm × 240mm · 26印张
标准书号：ISBN 978-7-111-36570-9
定价：69.00元

客服电话：（010）88361066　68326294

前　言

为什么要写这本书

本书探讨了Spring框架的设计原理、架构和运行机制。作为在Java领域最为成功的开源软件之一，Spring在Java EE开发中，使用者众多。本书以Spring的源代码为依托，结合Spring的设计思路，从内部实现的角度，对Spring的实现进行了翔实的分析，希望能够通过这种分析，使读者在开发者的层面掌握Spring，为开发Spring应用提供更扎实的框架基础。

“忽如一夜春风来”，伴随着2002年Rod Johnson的《Expert One-on-One J2EE Design and Development》一书的出版而正式发布的Spring框架（也就是当年的interface21），经过这几年的发展，已经逐渐成熟起来。“吹面不寒杨柳风”，Spring带来的崭新开发理念，也早已伴随着它的广泛应用而“飞入寻常百姓家”。

与此同时，随着Spring的不断成熟和完善，开源社区的成长，以及Spring开发团队的不懈努力，以Spring为核心的一系列开源软件产品也越来越丰富，现已发展成为一个包括软件构建、开发、运行、部署整个软件生命周期的产品族群。Spring不但改变了Java EE应用的开发和服务模式，向纯商业软件发出了有力的挑战，同时也成为Java软件生态链中不可或缺的重要组成部分。它所具备的那种平易近人、内涵丰富的品质，对我们这些软件爱好者来说，实在是一个不可多得的学习范本。

简化Java企业应用的开发是Spring框架的目标。其轻量级的开发思想，为开发者提供便利的出发点（for the developer, to the developer and by the developer ——这是Rod Johnson在一次演讲中的开场白），以及具有活力的开源社区，所有的这些，都为使用Java开发企业应用和Web应用带来了福音，这些都是Spring吸引我们的地方。

在Java企业应用中，与我们熟悉的企业应用服务器一样，Spring也希望能够集成管理企业应用资源，以及为应用开发提供平台支持。在这一点上，Spring与UNIX和Windows等传统意义上的操作系统，在计算系统中起到的作用是类似的。不同点在于，传统操作系统关心的是存储、计算、通信、外围设备等这些物理资源的管理，并在管理这些资源的基础上，为应用程序提供统一的平台和服务接口；而Spring关心的是，如何为开发者集中管理在Java企业应用和Web应用中涉及的数据持久化、事务处理、消息中间件、分布式计算等抽象资源，并在此基础上，为应用提供了一个基于POJO的开发环境。尽管二者面向的资源、管理的对象、支持的应用，以及使用的场景不同，但它们在整个计算系统中的定位，却有着可以类比和相互参考之处。所以，笔者根据对传统操作系统的认识方法，粗浅地把Spring框架划分为核心、组件和应用三个基本的层次，通过这三个层次中一些主要特性来剖析Spring的工作原理和运作机制。同时，也用这样的认识逻辑来组织本书中要阐述的内容。

在这样的层次划分中，首先看到的是对IoC容器和AOP这两个核心模块的工作原理的分析，它们都是Spring平台实现的核心部分；同时，它们也是Spring的其他模块实现的基础。虽然，对大多数开发者而言，都只是在此基础上进行相关的配置和外部功能的使用，但是，深入理解这两个核心模块的工作原理和运作机制，对于我们更好地应用Spring进行开发是至关重要的。因为，从Spring要简化Java EE开发的出发点来看，它是通过对POJO开发提供支持来实现的。具体地说，Spring通过为应用基于POJO的开发模式提供支持，从而使应用开发和复杂的Java EE服务实现解耦，并由此通过提高单元测试覆盖率（也就是应用系统的可测试性）来有效地提高整个Spring应用的开发质量。在这样的开发场景下，需要把为POJO提供支持的各种Java EE服务支持抽象到Spring应用平台中去，并将其封装起来。具体来说，这一系列的封装工作，在Spring及其应用实现中，离不开IoC容器和AOP这两个核心模块的支持，它们在很大程度上体现了Spring作为应用开发平台的核心价值。它们的实现是Rod Johnson在他的另外一本著作《Expert One-on-One J2EE Development without EJB》中所提到“Without EJB设计思想”的具体体现，同时，也深刻地体现了Spring背后的设计理念。

其次，在IoC容器和AOP这两个核心模块的支持下，Spring为了简化Java EE的开发，为应用开发提供了许多现成的用户态的系统组件，比如事务处理、Web MVC、JDBC、O/R映射、远端调用等，通过这些系统组件，为企业应用服务的实现提供驱动支持。这些由Spring或其生态系统（其本身、子项目或者社区）提供的，类似于驱动模块般的系统组件是开发应用时经常会用到的Java EE服务抽象。通过使用Spring提供的这些类似于驱动组件的中间产品，通过这一层Java EE服务的抽象，从而让用户可以通过使用简单的开发接口或应用模板，不但能够很方便地使用各种Java EE服务，还可以灵活地选取提供这些服务的各种不同的具体实现方案。让应用可以在各种第三方开源软件或者商业产品中自由选择，充分体现了Spring作为应用平台的开放性。

Spring作为一个开源项目，它本身就是一个开放的生态系统。对于和Spring相关的一些项目，可以把它们看做在某个领域的用户应用，因为它们是和Spring实现紧密相关的，或者它们本身就作为Spring框架的应用案例，体现了许多使用Spring的技巧。这些内容都是我们开发应用时的理想参考，并且会随着技术的发展而不断丰富，比如Spring DM、Spring FLEX、ACEGI安全性框架，以及Pet Clinic应用实例等。一方面，可以把这些实现作为应用的一个基本方案加以裁剪，以满足特定领域的需求；另一方面，通过剖析这些应用，可以为应用开发提供很好的参考和借鉴，提高应用开发的效率。

从更深层次的技术层面上来看，因为Spring是一个基于Java语言的应用平台，如果我们能够对Spring的运行环境Java计算模型（比如JVM的实现原理）有一些了解，将会加深我们对Spring实现原理的理解。反射机制、代理类、字节码技术等这些JVM特性，都是在Spring实现中会涉及的一些Java计算环境的底层技术。一般的应用开发人员可能不会直接从事与JVM底层实现相关的工作，但是，这些计算环境的底层知识对深入理解Spring是不可缺少的。

说了这么多，很多读者可能已经有些迫不及待了，只有对Spring的设计和实现身临其境地接触才是真实的，这里太多的文字已经成为一种累赘。本书将带领你到Spring核心设计这个茂密而又充满生机的源代码丛林中去一探究竟。在这里，你会惊奇地发现：这个过程就像是阅读优美的散文一样，是与开源软件开发者及开发者社区之间的一种畅快淋漓的交流，让人如痴如醉。

第1版与第2版的区别

本书是第2版，在写作过程中吸收了读者对上一版内容的许多意见和建议，比如着重增加了对Spring宏观框架和设计方面的阐述，加强了对Spring各种特性应用场景方面的描述，并结合了深入具体的源代码实现。希望通过这些改进，给读者一个从应用到设计再到实现的完整理解，弥补第1版中深度有余，内容层次不够丰富，分析手法单一等诸多不足。

较第1版而言，第2版的改动主要体现在以下几个方面，希望读者能够在阅读中体会。

在内容阐述方式上，对每一章的内容进行了调整和重新编排，基本按照“使用场景”、“设计和实现过程”、“源码实现”这样的逻辑来重新组织大部分内容。希望通过这样的组织方式，能够使读者以由表及里，由配置应用到设计实现，从抽象到具体的方式来了解Spring的各个模块，从而丰富对Spring各个层次的认识。

在基于实现源码分析的基础上，增加了许多对Spring设计的分析，这些设计分析主要包括：在各个Spring模块中，核心类的继承关系、主要接口设计、主要功能特性实现的对象交互关系等。在描述这部分内容时，大多以UML类图和时序图的方式给出，从而帮助读者对Spring的设计有一个直观的了解，而不至于一下子就深入到Spring源代码实现中去，导致只见树木不见森林，另一方面也可以改善对Spring源代码解读的学习曲线。同时，在设计分析的过程中，尽可能地对在Spring设计中使用到的一些典型设计模式进行提示，通过这种方式使读者可以体会到各种设计模式在Spring设计中的灵活运用；结合Spring的设计和实现为设计模式的运用提供一系列绝佳的实际案例，从而提高读者对软件设计的理解和设计模式的实际运用能力。

在具体内容的呈现上，对上一版的内容进行了一些调整，这些调整包括：增加了第1章，对Spring项目的概要情况进行了简要阐述；同时把第1版中的一些内容，比如源代码环境的准备、Spring 发布包的构建、Spring IDE的基本使用，以及Pet Clinic应用实例的分析等内容，放到了附录部分进行阐述。除此之外，在这一版中，根据Spring项目的自身发展情况增加了一些新的内容，比如对Spring DM和Spring FLEX这两个模块的分析。通过对这些Spring模块的分析，一方面可以了解Spring的发展历程，丰富视野；另一方面，也可以看到Spring与时俱进的旺盛生命力。

读者对象

❑ 学习Java语言和Java EE技术的中高级读者

Spring是利用Java语言实现的，其很多特性的设计和实现都极其优秀，非常具有研究和参考价值。对这部分读者来说，不仅可以从本书中了解Spring的实现原理，还能通过Spring的设计原理和源代码实现，掌握大量的Java设计方法、设计模式、编码技巧和Java EE开发技术。

❑ Spring应用开发人员

如果要利用Spring进行高级应用开发，抑或是相关的优化和扩展工作，仅仅掌握Spring的配置和基本使用是远远不够的，必须要对Spring框架的设计原理、架构和运作机制有一定的了解。对这部分读者而言，本书将带领他们全面了解Spring的设计和实现，从而加深对Spring框架的理解，提高开发水平。同时，本书可以作为他们定制和扩展Spring框架的参考资料。

❑ 开源软件爱好者

Spring是开源软件中的佼佼者，它在实现的过程中吸收了很多开源领域的优秀思想，同时也有很多值得学习的创新。尤为值得一提的是，本书分析Spring设计和实现的方式也许值得所有开源软件爱好者进行学习和借鉴。通过阅读本书，这部分读者不仅能领略到开源软件的优秀思想，还可以掌握分析开源软件源代码的方法和技巧，从而进一步提高使用开源软件的效率和质量。

❑ 平台开发人员和架构师

Spring的设计思想和体系结构、详细设计和源码实现都是非常优秀的，是平台开发人员和架构师们不可多得的参考资料。

如何阅读本书

本书主要内容分为三个部分，分别阐述了Spring的核心、组件和应用三个方面。在展开这三个部分的内容之前，第1章对Spring的项目情况和整体架构进行了简要的介绍，这一章就像一个热身活动，为本书的主要内容做铺垫，如果您已经很熟悉Spring的使用，这一章可以自行跳过，直接进入到下面三个主体部分的内容。

第一部分详细分析了IoC容器和AOP的实现，这部分内容是理解Spring平台的基础，适合对Spring的运行机理有深入了解需求的读者阅读。在对AOP实现模块的分析中涉及的一些

JVM底层技术，也是读者需要具备的背景知识。

第二部分深入阐述了基于Spring IoC容器和AOP的Java EE组件在Spring中的实现。在这部分内容中可以看到，每一个组件实现的内容基本上都是相对独立的，读者可以结合自己的需求选读。如果对Spring Web MVC的实现感兴趣，可以阅读第4章；如果对Spring提供的数据库操作的实现机制感兴趣，可以阅读第5章；如果对Spring中提供的统一事务处理的实现感兴趣，可以阅读第6章；如果对Spring提供的各种不同的远端调用实现感兴趣，可以阅读第7章。

第三部分讲述了一些基于Spring的典型应用的实现。如果读者对在Spring应用中如何满足应用资源的安全性需求方面的内容感兴趣，可以阅读第8章，本章对为Spring应用提供安全服务的ACEGI框架的实现进行了分析，在深入了解这部分内容的基础上，读者可以根据自己的应用需求定制自己的安全系统。第9章分析了Spring DM的设计和实现，通过Spring DM，可以将Spring应用便利地架构到OSGi的框架上去。第10章分析了Spring Flex的设计和实现，为使用Adobe Flex作为应用前端架构的Spring应用提供参考。

阅读本书时，建议读者在自己的计算机中建立一个源代码阅读环境，这样一方面可以追踪最新的源代码实现，另一方面，可以在阅读的过程中进行各种方式的索引和动手验证，加深对开源软件开发方式的体会。关于如何建立Spring的源代码环境，进行Spring项目的构建，通过IDE阅读源代码的基本方法等，感兴趣的读者可以参考本书附录中的内容。

在附录A、B、C中，对如何建立Spring项目环境进行了简要介绍，这部分内容包括如何获取Spring项目的源代码，如何构建Spring的发布包，如何使用Spring IDE工具等。这些知识不但适用于建立Spring的源代码研究环境，还适用于其他的Java开源项目，有一定的普遍性和参考价值。对于不同的Java开源项目，其使用的源代码管理工具、代码仓库的位置、权限配置会有所不同，但是，整个源代码的获取过程与获取Spring源代码的过程是类似的，整个构建过程也与Spring的构建方式大体相似，是非常值得我们参考的。

在附录D中，对伴随Spring项目的应用实例Pet Clinic进行了分析，这个应用实例为Spring应用开发提供了一个现实的使用案例，虽然简单，却相对完整。这个应用实例本身也是Spring团队的作品，是Spring项目发布的一部分，其中为我们更好地使用Spring提供参考。

勘误和支持

由于作者对Spring的认知水平有限，再加上写作时的疏漏，书中还存在许多需要改进的地方。在此，欢迎读者朋友们指出书中存在的问题，并提出指导性意见，不甚感谢。如果大家有任何与本书相关的内容需要与我探讨，可以发邮件到jiwenke@gmail.com，也可以加入本书微群q.weibo.com/943166，我会及时给予回复。最后，衷心地希望本书能给大家带来帮助，并祝大家阅读愉快！

致谢

感谢互联网，感谢开源软件，感谢Java，感谢Spring，感谢我们的社区，让我体验到如此美妙的开放氛围，体会到开源软件如此独特的魅力！好了，不多说了，笔者真诚地希望通过本书为你打开一个小小的入口，曲径通幽，通过这个入口，让我们一起在由开源软件和互联网构成的美丽风景中快乐地旅行！

计文柯（Wenke J）

目　　录

第二部分 Spring组件实现篇

第三部分　Spring应用实现篇

第1章

Spring的设计理念和整体架构

横看成岭侧成峰，远近高低各不同。

不识庐山真面目，只缘身在此山中。

——【宋】苏轼《题西林壁》

本章内容

- Spring的各个子项目
- Spring的设计目标
- Spring的整体架构
- Spring的应用场景

1.1 Spring的各个子项目

打开Spring社区网站http://www.springsource.org，我们可以看到围绕Spring核心构建出的一个丰富的平台生态系统。在这个平台生态系统中，除了Spring本身，还有许多值得注意的子项目。对Spring应用开发者来说，了解这些子项目，可以更好地使用Spring，或者说，可以通过阅读这些子项目的实现代码，更深入地了解Spring的设计架构和实现原理。这里将会对Spring的各个子项目进行简要的介绍。首先，在SpringSource的官方社区网站中单击Project链接，这时就可以看到Projects下拉列表中列出的各个子项目的项目链接，如图1-1所示。

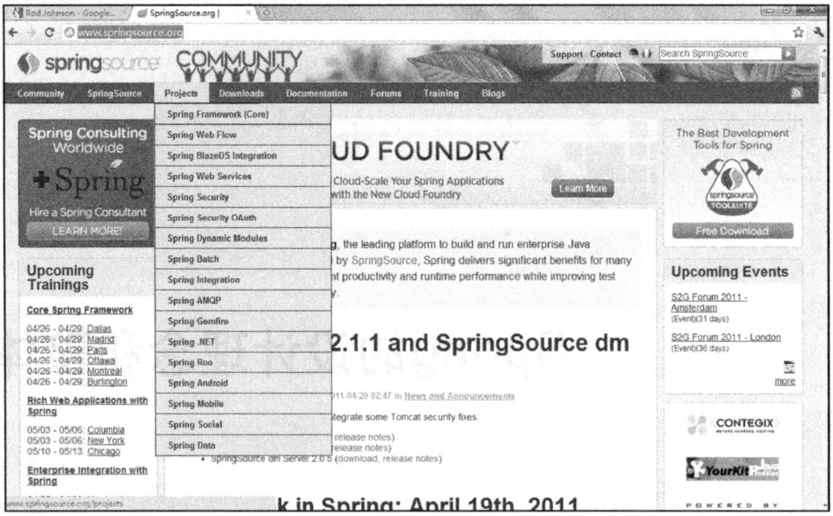

图1-1 Projects下拉列表中的Spring子项列表

下面对Spring的主要子项目情况进行简要介绍，帮助读者熟悉Spring的整个生态系统的情况。

- Spring Framework (Core)：这是我们熟知的Spring项目的核心。Spring Framework (Core)中包含了一系列IoC容器的设计，提供了依赖反转模式的实现；同时，还集成了AOP功能；另外，在Spring Framework (Core)中，还包含了其他Spring的基本模块，比如MVC、JDBC、事务处理模块的实现。这些模块的详细设计和实现，会在本书后续章节中详细阐述。
- Spring Web Flow：原先的Spring Web Flow是一个建立在Spring MVC基础上的Web工作流引擎。随着其自身项目的发展，Web Flow比原来更为丰富，Spring Web Flow定义了一种特定的语言来描述工作流，同时高级的工作流控制器引擎可以管理会话状态，支持AJAX来构建丰富的客户端体验，并且提供对JSF的支持。如图1-2所示是Spring Web Flow的架构图，通过这个图，我们可以了解到，Spring Web Flow实际上是构建在Spring MVC基础上的，是相对于Spring Framework (Core)独立发展的。

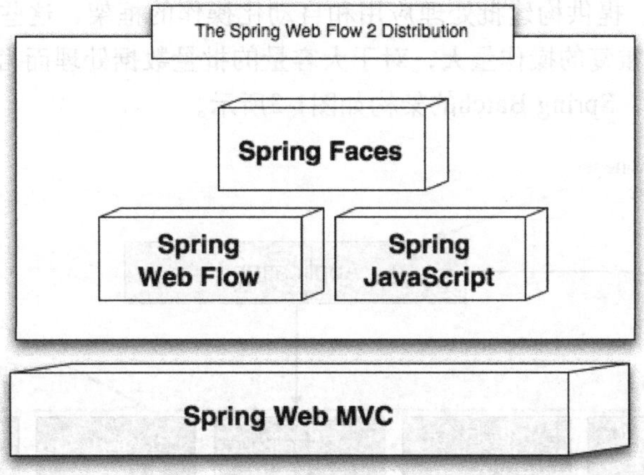

图1-2　Spring Web Flow的架构图

- Spring BlazeDS Integration：这是一个提供Spring与Adobe Flex技术集成的模块，大家应该都领略过使用Flex技术做前端展现的绚丽效果。在现实的应用开发中，如果使用Flex作为前端，那么后端怎样和服务器端集成才能正好成为利用Java EE技术构建的后端呢？Spring BlazeDS Integration简化了这种集成工作，特别是对后端应用由Spring来构建的情况，正是Spring BlazeDS大显身手的场合了。在Spring BlazeDS Integration项目中，为Flex前端和后台的通信提供了和Spring开发模式一致的编程模型。在这个项目中，实际上使用了BlazeDS这个由Adobe提供的模块，这个BlazeDS模块实现了Flex前端展现和服务器后端处理的通信机制。在这个实现的基础上，Spring BlazeDS Integration进行了进一步的封装，让这个模块的使用更像是由一个受Spring IoC容器管理的Bean。
- Spring Security：是广泛使用的基于Spring的认证和安全工具，就是先前在Spring社区中久负盛名的Acegi框架，Spring的老用户对这个框架都不陌生——这是一个自发的由Spring的爱好者发起的安全框架，其目标是为Spring应用提供一个安全服务，比如用户认证、授权等。可以说，没有这样一个框架，很多Spring应用的开发是很难成为一个完整应用的，因为框架是构建用户管理的核心和基础。Spring Acegi由Spring团队接手后，在2006年发行了稳定的1.0正式版，虽然是基于Acegi框架的，但是Spring Security已经在原有基础上增加了许多的新特性。关于这个框架的架构和具体实现，本书的后续章节会进行详细介绍。
- Spring Security OAuth：这个项目为OAuth在Spring上的集成提供支持。OAuth是一个第三方的模块，提供一个开放的协议的实现，通过这个协议，前端桌面应用可以对Web应用进行简单而标准的安全调用。
- Spring Dynamic Modules：可以让Spring应用运行在OSGi的平台上。我们知道，通过使用OSGi平台，增加了应用在部署和运行时的灵活性，Eclipse就是构建在OSGi的平台上，通过这个项目，可以在OSGi平台上方便地运行Spring应用。

- Spring Batch：提供构建批处理应用和自动化操作的框架，这些应用的特点是不需要与用户交互，重复的操作量大，对于大容量的批量数据处理而言，这些操作往往要求较高的可靠性。Spring Batch的架构如图1-3所示。

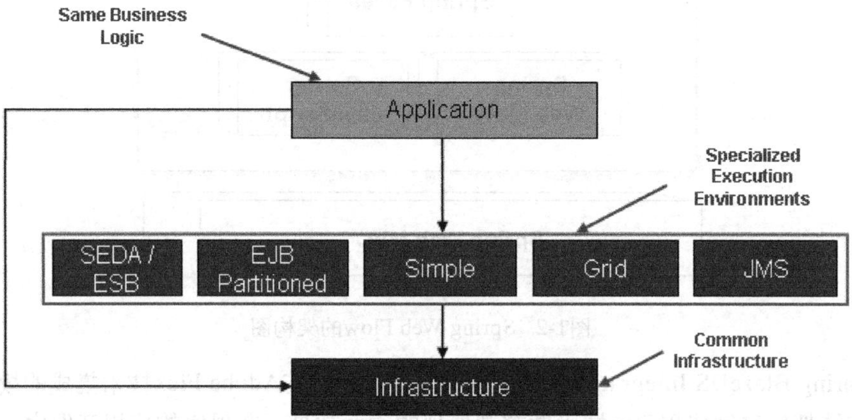

图1-3 Spring Batch的架构图

- Spring Integration：体现了“企业集成模式”的具体实现，并为企业的数据集成提供解决方案。Spring Integration为企业数据集成提供了各种适配器，通过这些适配器来转换各种消息格式，并帮助Spring应用完成与企业应用系统的集成。
- Spring AMQP：是为Spring应用更好地使用基于AMQP（高级消息队列协议）的消息服务而开发的，使在Spring应用中使用AMQP消息服务器变得更为简单。这个项目支持Java和.NET两个版本。SpringSource旗下的Rabbit MQ就是一个开源的基于AMQP的消息服务器，Rabbit MQ是用Erlang语言开发出来的。
- Spring .NET：如果想在.NET环境中也像在Java环境中使用Spring一样为应用开发带来便利，那应该怎么办？可以考虑使用Spring .NET项目，这是Spring在.NET环境中的移植，.NET开发人员通过它可以在.NET环境中使用Spring的IoC容器，以及AOP这些在Java开发中被大家熟知的特性。希望通过Spring .NET项目，能够简化.NET的应用开发。
- Spring Android：为Android终端开发应用提供Spring的支持，它提供了一个在Android应用环境中工作，基于Java的REST客户端。
- Spring Mobile：Spring Mobile和Spring Android不同，它能使工作在Spring传统的服务器端完成。它是基于Spring MVC构建的，为移动终端的服务器应用开发提供支持，比如，使用Spring Mobile可以在服务器端自动识别连接到服务器的移动终端的相关设备信息，从而为特定的移动终端实现应用定制。
- Spring Social：是Spring框架的扩展，可以帮助Spring应用更方便地使用SNS（Social Network Service），例如FaceBook和Twitter这些服务的使用等。

- Spring Data：该项目为Spring应用提供使用非关系型数据的能力，比如，当基础数据并非存储在关系数据库中时，又如Map-Reduce中的分布式存储、云计算存储环境等。Spring应用可以考虑使用Spring Data来操作这种类型的数据。

1.2 Spring的设计目标

如果我们要简要地描述Spring的设计目标，可以这么说，Spring为开发者提供的是一个一站式的轻量级应用开发框架（平台）。作为平台，Spring抽象了我们在许多应用开发中遇到的共性问题；同时，作为一个轻量级的应用开发框架，Spring和传统的J2EE开发相比，有其自身的特点。通过这些自身的特点， Spring充分体现了它的设计理念：在Java EE的应用开发中，支持POJO和使用JavaBean的开发方式，使应用面向接口开发，充分支持OO（面向对象）的设计方法。

比如，在Java EE应用开发中，传统的EJB开发需要依赖按照J2EE规范实现的J2EE应用服务器。我们的应用在设计，特别是实现时，往往需要遵循一系列的接口标准，才能够在应用服务器的环境中得到测试和部署。这种开发方式，使应用在可测试性和部署上都会受到一些影响。Spring的设计理念采用了相对EJB而言的轻量级开发思想，即使用POJO的开发方式，只需要使用简单的Java对象或者JavaBean就能进行Java EE开发，这样开发的入门、测试、应用部署都得到了简化。

另一方面，在我们的应用开发中，往往会涉及复杂的对象耦合关系，如果在Java代码中处理这些耦合关系，对代码的维护性和应用扩展性会带来许多不便。而如果使用Spring作为应用开发平台，通过使用Spring的IoC容器，可以对这些耦合关系（对Java代码而言）实现一个文本化、外部化的工作，也就是说，通过一个或几个XML文件，我们就可以方便地对应用对象的耦合关系进行浏览、修改和维护，这样，可以在很大程度上简化应用开发。同时，通过IoC容器实现的依赖反转，把依赖关系的管理从Java对象中解放出来，交给了IoC容器（或者说是Spring框架）来完成，从而完成了对象之间的关系解耦：原来的对象-对象的关系，转化为对象-IoC容器-对象的关系，通过这种对象-IoC容器-对象的关系，更体现出IoC容器对应用的平台作用。

作为应用平台，Spring是怎样实现它的平台功能的呢？我们知道，在Java企业应用中，使用J2EE应用服务器可以开发出符合企业信息化需求的软件应用，其实，在这种应用场景下，可以将J2EE应用服务器看成是Java EE应用开发的平台，只是这个平台的设计是从J2EE的技术规范出发的，所以对使用者来说，对技术的理解和要求相对较高。对于Spring来说，它的定位也是在Java企业应用中，与我们熟知的J2EE服务器一样，起到一个应用平台和开发框架的作用，同时希望能够集成管理企业应用需要用到的资源，以及为企业应用开发提供平台支持，但因为设计的出发点不同，所以在推广和使用上更有优势。

作为应用平台，Spring与UNIX/Windows这样传统意义的操作系统在计算机系统中的作用类似，即作为用户和机器之间的平台，同时也为用户使用底层的机器资源提供了应用开发环境。不同点只在于，操作系统关心的是对存储、计算、通信、外围设备等物理资源的管理，并在管理这些资源的基础上，为用户提供一个统一的服务接口；而对于像Spring这样的Java EE企业应用开发而言，其关心的是一些企业应用资源的使用，比如数据的持久化、数据集成、事务处理、消息中间件、Web2.0应用、分布式计算等对高效可靠处理企业数据方法的技术抽象。具体来说，在J2EE开发中，EJB提供了一种模式，而Spring提供了另一种POJO的开发模式，虽然开发模式不同（也就是使用具体资源的模式不同，但出发点却都是一样的），但其整体地位和前面提到的操作系统有不少可以类比的地方。

从理解应用开发和应用平台两者关系的角度出发，可以让我们换一种视角来体会Spring的设计理念，笔者认为，在对Spring的内部设计进行分析时，也可以依据对传统操作系统的认知方法（算是找一个大家都熟知的参考模型来帮助我们理解Spring吧），在设计上把Spring划分为核心、组件和应用3个基本的层次。希望这种划分能够帮助大家在深入了解Spring设计的时候，对一些具体的模块有一个大致的定位和参考。

在这样的层次划分中，我们首先会看到，Spring体系的核心，类似操作系统的Kernel，即IoC容器和AOP模块。对于操作系统的Kernel来说，进程调度器的设计是其关键部分，通过进程调度器，一方面使用“进程”这个概念来抽象物理的计算资源，另一方面，可以通过调度算法的设计来实现对计算资源的高效使用。对Spring来说，也是一样的，一方面，它通过IoC容器来管理POJO对象，以及它们相互之间的耦合关系，使企业的信息（数据）资源可以用简单的Java语言来抽象和描述；另一方面，可以通过AOP，以动态和非侵入式的方式来增强服务的功能。所以，我们可以把IoC容器和AOP模块看做Spring的Kernel，是平台实现的核心部分。作为核心，它们代表了最为基础的底层抽象，同时也是Spring其他模块实现的基础。虽然作为使用者的我们大多数是开发者，只是在这两个模块的基础上进行相关的配置和使用，但是如果能够了解这两个核心模块的设计和实现，就像了解Linux核心的实现一样，毫无疑问，会让我们对整个平台的了解更上一层楼，对平台的认识也更为全面和系统。

另外，在Spring体系中，我们还会看到，在IoC和AOP这两个核心模块的支持下，Spring简化了Java EE所进行的开发。这种简化是指，我们能够不在EJB这么厚重的环境中使用Java EE的基本服务——为应用开发提供了许多即开即用的系统组件和服务，这些服务涵盖了Java EE各个基本服务，对于其他的服务，也可以根据使用情况动态扩展到Spring体系中（只要依据IoC和AOP所约定好的特定模式）。基本说来，Spring体系中已经可以包括我们在应用开发中经常用到的许多服务了，比如事务处理、Web MVC、JDBC、ORM、远端调用，从对用户的价值上来说，这些服务相对来说是不可忽视的，因为就算有了一个Kernel，打个比方，如果Linux没有实现许多驱动，Linux这个操作系统对用户来说也是没有价值的。设想一下，对于一个用户，只有一个光秃秃的Linux Kernel拿到手里，显卡驱动没有，键盘和鼠标的驱动没有，桌面系统没有，这样的系统能使用吗？这样的平台对一般的用户来说有价值吗？同样的道理，对Spring来说，有了IoC和AOP就相当于有了Spring的Kernel，但如果没有我们前面提到的那些即开即用的服务，Spring的应用和推广还会遇到很大的障碍。不过值得庆幸的是，Spring通过社区和自己的努力，提供了这些看起来不起眼，却对推广起着关键作用的部分，从而构建出一个丰富的生态系统。也许，这就暗示了interface21和Spring项目之间重要的不同之处。由此可以看到，这些由Spring或者其生态系统提供的，类似于驱动模块的系统组件，也是Spring平台的有机组成部分，通过这部分组件提供了很多简单的即开即用的Java EE服务抽象，从而使应用在通过POJO来进行具体开发时，得到Java EE服务的有力支持，使应用可以更关注应用的领域问题，更关注业务逻辑。同时，由于Spring使用IoC容器和AOP这样的核心模块来构建这些服务抽象和应用，它们本身的松耦合设计理念，可以让应用通过使用简单的开发接口或现成的应用模板，就可以方便地使用这些Java EE服务。不但如此，由于这些服务是通过IoC容器和AOP核心模块来提供的，对用户而言，绑定的是IoC容器和AOP模块，也就是说绑定的是IoC容器/AOP模块的使用接口，而不是绑定具体的Java EE服务，也为应用灵活地选取不同的服务实现提供了基础。比如，根据应用需求，用户可以选择Hibernate作为ORM工具，也可以使用iBatis，还可以使用其他的类似工具。这些不同工具和底层服务具体实现的选择都不影响应用的架构设计，这也体现了Spring的设计理念——面向接口开发而不依赖于具体的产品实现。

作为一个开源项目，就像Linux一样，Spring本身也依靠开源社区的力量，形成了一个开放的生态系统，开源的特性也深深影响了Spring的体系设计。在Spring的发展中，其本身就吸收了不少社区的好项目，比如Spring的Security框架就是来源于一个社区贡献Acegi。这个项目原意是为Spring应用设计的一个安全框架，让Spring应用更方便地处理一些安全性的问题，但随着应用的推广，慢慢也被吸收到Spring项目中去，成为一个Spring的子项目，虽然不是Spring Framework的一个部分，但也是在应用开发中经常使用到的。另外，随着技术和应用的发展，Spring也在对其他的技术提供支持，比如对Android移动应用开发的支持，对Adobe Flex前端应用的支持，对OSGi应用的支持等，这些都让以Spring为基础构建的Spring生态圈更加繁荣。

在对Spring的应用过程中，我们没有看到许多在J2EE开发中经常出现的技术规范，相反的是，在Spring的实现中，我们直接看到了许多Java虚拟机特性的使用，这和Spring提倡的POJO的开发理念是密不可分的，了解这一点，也可以帮助我们加深对Spring设计理念的认识。在Spring的设计中，实现AOP就采用了多种方式，比如它集成了AspectJ框架，同时也有ProxyFactory这种代理工厂的模式，而在代理工厂的实现中，既有直接使用JVM动态代理Proxy的实现，也有使用第三方代理类库CGLIB的实现。在设计上，这些特点很好地展示了Spring循证式开发的实用主义设计理念，这些理念和实现，同时也是我们开发Java EE应用很好的参考。

1.3 Spring的整体架构

了解了Spring的设计理念之后，我们继续介绍Spring的整体架构。在Spring中，我们大致按照一个参考关系，将其划分为几个层次，比如IoC容器、AOP核心模块、封装的Java EE服务、作为中间的驱动组件、其他作为上层的应用，这些应用不但包括来源于社区的应用封装，如ACEGI，也包括使用Spring作为平台开发出来的各种类型的企业应用。

从技术上看，Spring是封装得很清晰的一个分层架构，可以参考如图1-4所示的Spring架构图。

图1-4 Spring架构图

在这个架构图中，我们可以看到以下的Spring基本组成模块。

- Spring IoC：包含了最为基本的IoC容器BeanFactory的接口与实现，也就是说，在这个Spring的核心包中，不仅定义了IoC容器的最基本接口（BeanFactory），也提供了一系列这个接口的实现，如XmlBeanFactory就是一个最基本的BeanFactory（IoC容器），从名字上可以看到，它能够支持通过XML文件配置的Bean定义信息。除此之外，Spring IoC容器还提供了一个容器系列，如SimpleJndiBeanFactory、StaticListableBeanFactory等。我们知道，单纯一个IoC容器对于应用开发来说是不够的，为了让应用更方便地使用IoC容器，还需要在IoC容器的外围提供其他的支持，这些支持包括Resource访问资源的抽象和定位等，所有的这些，都是这个Spring IoC模块的基本内容。另外，在BeanFactory接口实现中，除了前面介绍的像BeanFactory那样最为基本的容器形态之外，Spring还设计了IoC容器的高级形态ApplicationContext应用上下文供用户使用，这些ApplicationContext应用上下文，如FileSystemXmlApplicationContext、ClassPathXmlApplicationContext，对应用来说，是IoC容器中更面向框架的使用方式，同样，为了便于应用开发，像国际化的消息源和应用支持事件这些特性，也都在这个模块中配合IoC容器来实现，这些功能围绕着IoC基本容器和应用上下文的实现，构成了整个Spring IoC模块设计的主要内容。
- Spring AOP：这也是Spring的核心模块，围绕着AOP的增强功能，Spring集成了AspectJ作为AOP的一个特定实现，同时还在JVM动态代理/CGLIB的基础上，实现了一个AOP框架，作为Spring集成其他模块的工具，比如TransactionProxyFactoryBean声明式事务处理，就是通过AOP集成到Spring中的。在这个模块中，Spring AOP实现了一个完整的建立AOP代理对象，实现AOP拦截器，直至实现各种Advice通知的过程。在对这个模块的分析中可以看到，AOP模块的完整实现是我们熟悉AOP实现技术的一个不可多得的样本。

- Spring MVC：对于大多数企业应用而言，Web应用已经是一种普遍的软件发布方式，而在Web应用的设计中，MVC模式已经被广泛使用了。在Java的社区中，也有很多类似的MVC框架可以选择，而且这些框架往往和Web UI设计整合在一起，对于定位于提供整体平台解决方案的Spring，这样的整合也是不可缺少的。Spring MVC就是这样一个模块，这个模块以DispatcherServlet为核心，实现了MVC模式，包括怎样与Web容器环境的集成，Web请求的拦截、分发、处理和ModelAndView数据的返回，以及如何集成各种UI视图展现和数据表现，如PDF、Excel等，通过这个模块，可以完成Web的前端设计。
- Spring JDBC/Spring ORM：在企业应用中，对以关系数据库为基础的数据的处理是企业应用的一个重要方面，而对于关系数据库的处理，Java提供了JDBC来进行操作，但在实际的应用中，单纯使用JDBC的方式还是有些繁琐，所以在JDBC规范的基础上，Spring对JDBC做了一层封装，使通过JDBC完成的对数据库的操作更加简洁。Spring JDBC包提供了JdbcTemplate作为模板类，封装了基本的数据库操作方法，如数据的查询、更新等；另外，SpringJDBC还提供了RDBMS的操作对象，这些操作对象可以使应用以更面向对象的方法来使用JDBC，比如可以使用MappingSqlQuery将数据库数据记录直接映射到对象集合，类似一个极为简单的ORM工具。除了通过Spring JDBC对数据库进行操作外，Spring还提供了许多对ORM工具的封装，这些封装包括了常用的ORM工具，如Hibernate、iBatis等，这一层封装的作用是让应用更方便地使用这些ORM工具，而不是替代这些ORM工具，比如可以把对这些工具的使用和Spring提供的声明式事务处理结合起来。同时，Spring还提供了许多模板对象，如HibernateTemaplate这样的工具来实现对Hibernate的驱动，这些模板对象往往包装使用Hibernate的一些通用过程，比如Session的获取和关闭、事务处理的关联等，从而把一些通用的特性实现抽象到Spring中来，更充分地体现了Spring的平台作用。
- Spring事务处理：Spring事务处理是一个通过Spring AOP实现自身功能增强的典型模块。在这个模块中，Spring把在企业应用开发中事务处理的主要过程抽象出来，并且简洁地通过AOP的切面增强实现了声明式事务处理的功能。这个声明式事务处理的实现，使应用只需要在IoC容器中对事务属性进行配置即可完成，同时，这些事务处理的基本过程和具体的事务处理器实现是无关的，也就是说，应用可以选择不同的具体的事务处理机制，如JTA、JDBC、Hibernate等。因为使用了声明式事务处理，这些具体的事务处理机制被纳入Spring事务处理的统一框架中完成，并完成与具体业务代码的解耦。在这个模块中，可以看到一个通用的实现声明式事务处理的基本过程，比如怎样配置事务处理的拦截器，怎样读入事务配置属性，并结合这些事务配置属性对事务对象进行处理，包括事务的创建、挂起、提交、回滚等基本过程，还可以看到具体的事务处理器（如DataSourceTransactionManager、HibernateTransactionManager、JtaTransactionManager等）是怎样封装不同的事务处理机制（JDBC、Hibernate、JTA等）的。

- Spring远端调用：Spring为应用带来的一个好处就是能够将应用解耦。应用解耦，一方面可以降低设计的复杂性，另一方面，可以在解耦以后将应用模块分布式地部署，从而提高系统整体的性能。在后一种应用场景下，会用到Spring的远端调用，这种远端调用是通过Spring的封装从Spring应用到Spring应用之间的端到端调用。在这个过程中，通过Spring的封装，为应用屏蔽了各种通信和调用细节的实现，同时，通过这一层的封装，使应用可以通过选择各种不同的远端调用来实现，比如可以使用HTTP调用器（以HTTP协议为基础的），可以使用第三方的二进制通信实现Hessian/Burlap，甚至还封装了传统Java技术中的RMI调用。
- Spring应用：从严格意义上来说，这个模块不属于Spring的范围。这部分的应用支持，往往来自一些使用得非常广泛的Spring子项目，或者该子项目本身就可以看成是一个独立的Spring应用，比如为Spring处理安全问题的Spring ACEGI后来转化为Spring子项目的Spring Security OAuth等。这个Spring应用支持的部分还有一个重要的组成，那就是包括了其他的一些模块，这些模块提供了许多Spring应用与其他技术实现的相关接口，比如与各种J2EE实现规范的接口，对JMS、JNID、JMX、JavaMail等的支持，Spring应用和Flex前端的接口，Spring应用移植到OSGi平台上运行的接口。通过这个模块的支持，使Spring应用可以便利和简洁地容纳第三方的技术实现，不但丰富了Spring应用的功能，而且丰富了整个Spring生态圈，使Spring应用得越来越广泛。

1.4 Spring的应用场景

通过介绍Spring架构设计，我们了解到Spring是一个轻量级的框架。在Spring这个一站式的应用平台或框架中，其中的各个模块除了依赖IoC容器和AOP之外，相互之间并没有很强的耦合性。Spring的最终目标是简化应用开发的编程模型。它所提供的服务，可以贯穿应用到整个软件中，从最上层的Web UI到底层的数据操作，到其他企业信息数据的集成，再到各种J2EE服务的使用，等等。这些企业应用服务，Spring都通过其特有的IoC容器和AOP模块实现。在实现过程中，Spring没有把这种复杂性转换成自己被使用的复杂性，这点无疑是成功的，同时大大拓宽了Spring的应用场景。一方面，我们可以把Spring作为一个整体来使用，另一方面，也可以各取所需，把Spring的各个模块拿出来独立使用，这取决于我们对Spring提供服务的具体需求。例如，这些需求可能来自一个完整的Java EE企业应用开发需求，可以仅使用Spring的某些模块，如IoC容器。再如，我们可以使用Spring集成其他的J2EE服务，如JavaMail、JMS、JNDI等，还可以在Android应用环境，甚至在.NET应用环境中使用Spring。使用Spring的时候，可以采用各种不同的方式，而对于这些方式的选择，完全是由应用来决定的。因而，在对Spring的使用中，我们看到应用很少依赖于Spring特有的API，同时，由于Spring本身的设计也是非常模块化的，这样，就为应用开发提供了EJB开发不曾提供的便利。

在Java EE企业应用开发中，我们了解了使用Spring最为基本的场景，也就是使用大家熟知的SSH架构来完成企业应用开发，从而取代传统的EJB开发模式。在SSH架构中，Struts作为Web UI层、Spring作为中间件平台、Hibernate作为数据持久化工具（ORM工具）来操作关系数据库。如果我们使用的是Apache Tomcat、MySQL数据库和Linux环境，这就是一个完整的使用开源软件搭建企业应用的典型案例，对于应用开发来说，这样的架构组合是非常有吸引力的，因为这个架构的使用基本上没有什么License的费用，而且利用其进行开发的人员众多，已经成为Java应用开发中的主流技术。在这个架构中，Hibernate是一个独立的ORM数据持久化产品，目前是JBOSS/RedHat产品组合的一员，是一款著名的Java开源软件产品，使用者众多。比较Spring JDBC和Hibernae对数据库操作的支持，对Spring来说，其对数据持久化的支持，虽然也有JDBC的封装，可以完成一些将简单的数据记录到Java数据对象的转换和映射工作，但和Hibernate相比，功能上毕竟还是有一些单薄，比如Hibernate还提供了各种数据的查询、方便的对象和关系数据的映射等。因此，在大多数应用中，将Hibernate和Spring一起使用是非常普遍的，因为一方面Hibernate提供了完整的和已经成为事实标准的ORM功能，另一方面，Spring也提供了与Hibernated的集成和封装，包括声明式事务处理的封装等。对于Web UI层而言，尽管Spring提供了自己的MVC实现，但与Struts的流行程度相比，这个Spring MVC的使用并不广泛，毕竟在Web开发领域，Struts成名更早。在这个架构组合中，Spring起到的是一个应用平台的作用，通过Spring的集成，可以让应用在直接部署在Tomcat这个Web服务器上 ，因为作为一个直接依赖JVM的轻量级框架，Spring的部署方式就是一个简单的jar包，不需要以一个J2EE应用服务器的形式出现，从而使整个应用在Tomcat这样的Web服务器上可以直接运行起来，非常简洁。同样地，如果我们在测试环境中使用Spring，还可以选择使用Jetty来提供Web服务，使用HSQLDB这样的由纯Java实现的数据库。这样的环境，不但可以为调试应用带来许多便利，还可以进一步体现Spring轻量级开发的特点。

同样，因为Spring的实现中，它的核心实现，比如IoC容器实现，是直接依赖JVM虚拟机的，也就是说，在Java环境中，Spring IoC容器是可以单独使用的，特别是在BeanFactory的基本实现中，包含在一个小小的jar包里面，可以直接在应用中引用。对于Spring而言，如果要在.NET环境下使用其提供的基本特性，Spring项目也提供了Spring .NET的实现；如果需要在Android移动平台中使用Spring的基本特性，Spring也有对Spring Android项目的支持。从这些应用场景上可以看出，因为Spring设计时的轻量级特性，以及推崇POJO开发，所以使用起来非常灵活。在对Spring的应用中，Spring团队为我们列举了Spring的价值，非常值得参考。

- Spring是一个非侵入性（non-invasive）框架，其目标是使应用程序代码对框架的依赖最小化，应用代码可以在没有Spring或者其他容器的情况下运行。
- Spring提供了一个一致的编程模型，使应用直接使用POJO开发，从而可以与运行环境（如应用服务器）隔离开来。
- Spring推动应用的设计风格向面向对象及面向接口编程转变，提高了代码的重用性和可测试性。
- Spring改进了体系结构的选择，虽然作为应用平台，Spring可以帮助我们选择不同的技术实现，比如从Hiberante切换到其他ORM工具，从Struts切换到Spring MVC，尽管我们通常不会这样做，但是我们在技术方案上选择使用Spring作为应用平台，Spring至少为我们提供了这种可能性和选择，从而降低了平台锁定的风险。

1.5 小结

本章简要回顾了Spring的设计理念、架构设计和应用场景。在Spring的整体架构中，我们对Spring的各个模块和模块关系进行了简要的介绍，在后面的章节中，我们还会对这些模块的实现细节和设计进行更为详细的阐述。在Spring的应用场景中，众所周知的SSH是我们常见的技术选择，但不见得Spring就只能在这个组合中出现，因为Spring自身也包括了MVC框架、数据持久化操作等，同时也因为Spring自身设计的模块化很好，所以，在使用Spring的时候，对Spring可以按不同角度进行裁剪，并且有不小的选择空间，而这些对应用场景的裁剪和选择，取决于我们对Spring的认识和应用开发的需要。在这里，我们只对Spring的典型应用场景进行简要介绍，关于Spring的内部设计和实现细节，是后面要阐述的主要内容，希望通过这些外部场景和内部设计的介绍，能够让读者对Spring的使用更加得心应手。

第一部分

Spring核心实现篇

本篇将对Spring的核心IoC容器和AOP的实现原理进行阐述。IoC容器和AOP是Spring的核心，它们是Spring系统中其他组件模块和应用开发的基础。通过这两个核心模块的设计和实现可以了解Spring倡导的对企业应用开发所应秉持的思路，比如使用POJO开发企业应用，提供一致的编程模型，强调对接口编程等。对于这些Spring背后的开发思想和设计理念，大家都不会陌生，在Rod Johnson的经典著作中都有全面而深刻的讲解。作为参考，我们可以查看Spring官方网站对Spring项目的描述。如下图所示，Spring的目标和愿景写得很清楚。

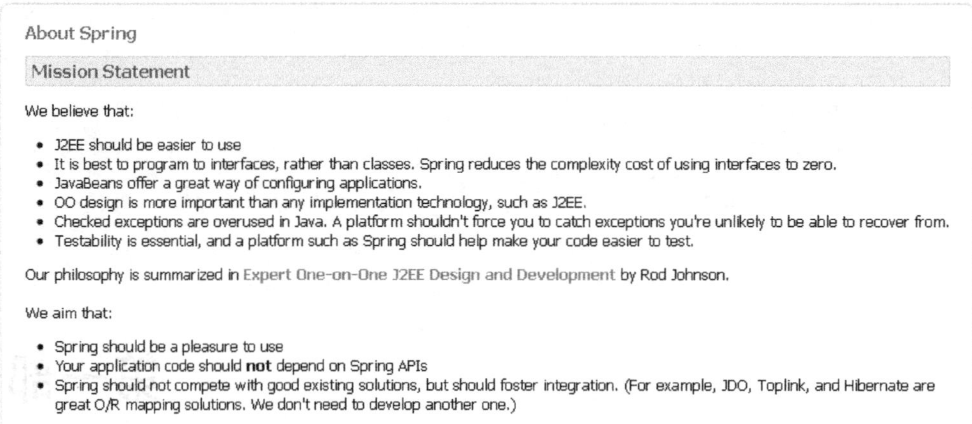

About Spring

Mission Statement

We believe that:

- J2EE should be easier to use
- It is best to program to interfaces, rather than classes. Spring reduces the complexity cost of using interfaces to zero.
- JavaBeans offer a great way of configuring applications.
- OO design is more important than any implementation technology, such as J2EE.
- Checked exceptions are overused in Java. A platform shouldn't force you to catch exceptions you're unlikely to be able to recover from.
- Testability is essential, and a platform such as Spring should help make your code easier to test.

Our philosophy is summarized in Expert One-on-One J2EE Design and Development by Rod Johnson.

We aim that:

- Spring should be a pleasure to use
- Your application code should **not** depend on Spring APIs
- Spring should not compete with good existing solutions, but should foster integration. (For example, JDO, Toplink, and Hibernate are great O/R mapping solutions. We don't need to develop another one.)

首先，Spring的目标在于让Java EE的开发变得更容易，这就意味着Spring框架的使用也应该是容易的。对于开发人员而言，易用性是第一位的。为什么要让Java EE开发变得更容易，难道以前的Java EE开发很艰难？Spring究竟是如何让Java EE的开发变得更容易的呢？了解Java EE开发历史的读者都知道，正如Rod Johnson在他的著作《Expert One-on-One Java EE Design and Development》中提到的那样，EJB模型为Java EE开发引入了过度的复杂性，这个开发模型对Java EE的开发并不友好。有没有更好的开发模型呢？有，那就是基于POJO和简单的Java环境直接开发应用。这种开发模式，让Java洗净铅华，恢复自然风采。使用POJO不仅能开发复杂的Java企业应用，还可以让Java EE开发在开发成本、开发周期、可维护性和性能上取得更大优势。对一般的企业应用需求而言，重要的是如何方便地使用应用所需要的服务，而不是各种各样的开发模型和模式。

Java语言自面世以来，以简洁而开放的特性，吸引了众多开发者、社区和商业公司的注意，从语言环境本身来看，它不但具有面向对象的语言特性，还具有跨平台的虚拟环境，使其在企业开发领域有独特的优势。但是，随着Java的发展，在开发企业应用时，有技术规范凌驾于应用需求的趋势，比如，在EJB的开发模式中，体现了技术规范实现的复杂性，但是对应用需求关注不足。在这个时候，Spring出现了，给人的第一印象是简洁而又具有丰富的内涵，就像第一次遇到Java一样，这种特质深深地吸引了开发者。Spring降低了企业应用开发的门槛，还原了POJO的本色，让开发者直接依赖于Java语言，直接依赖于面向对象编程，使用无所不在的单元测试来保证代码质量，使开发者有信心开发出高质量的企业应用。

我们如何才能既让开发变得容易，又能享受到Java EE提供的各种服务呢？Spring的目标就是通过自己的努力，让用户体会到这种简单之中的强大。同时，作为应用框架，Spring不想作为另外一种复杂开发模型的替代，也就是说不想用另一种复杂性去替代现有的复杂性，那是换汤不换药，并不能解决问题。这就意味着需要有新的突破。要解决这个问题，需要降低应用的负载和框架的侵入性，Spring是怎样做到这一点的呢？

Spring为我们提供的解决方案就是IoC容器和AOP支持。作为依赖反转模式的具体实现，IoC容器很好地降低了框架的侵入性，也可以认为依赖反转模式是Spring体现出来的核心模式。这些核心模式是软件架构设计中非常重要的因素，我们常常看到的MVC模式就是这样的核心模式。使用好这些核心模式，就像我们在Web应用中使用MVC模式一样，可以获得非常大的便利。

Spring核心的模式实现，是为应用提供IoC容器和AOP框架，从而在企业应用开发中引入新的核心模式，并使用户的开发方式发生很大的变化，具体来说，就是使用POJO来完成开发，在简化用户开发的同时，依然能够使用强大的服务，能够实现复杂的企业应用的开发需求。比如对于依赖反转，在Spring中，我们看到的就是，Java EE的服务都被抽象到IoC容器中，并通过AOP进行有效的封装，因为依赖注入的特性，这些复杂的依赖关系的管理被反转并被交给容器，使复杂的依赖关系管理从应用中解放出来了。

在Spring中，各个模块的依赖关系通过简单的IoC配置文件进行描述，使这些外部化的信息集中并且明了。我们在使用其他组件服务时，只需要去配置文件中了解和配置这些依赖关系即可，也就是说这里关心的是接口，至于服务的具体实现，在使用接口定义隔离开以后，并不是应用开发关心的重点。对应用开发而言，只需要了解服务的接口和依赖关系的配置即可。这样一来，可以很好地体现Spring的第二个信条：让应用开发对接口编程，而不是对类编程。这样POJO使用Java EE服务时，可以将对这些服务实现的依赖降到最低，同时尽可能降低框架对应用的侵入性。

在处理与现有优秀解决方案的关系时，按照Spring的既定策略，它不会与第三方的解决方案进行竞争，而是致力于为应用提供使用优秀方案的集成平台。真正地把Spring定位在应用平台的地位，使Spring成为一个兼容并包的开放体系的同时，最大程度降低开发者对Spring API的依赖，这是怎样实现的呢？答案还是IoC容器和AOP技术，也就是说，Spring API在开发过程中并不是必须使用的。对具体的服务实现，Spring是开源软件和模块化的应用平台，虽然具体的服务是以Spring作为开发平台的，但是客户依然有很大的具体技术方案的选择权，可以根据应用自身的特点选择技术方案以支持应用需求的实现。IoC和AOP这两个核心组件，特别是IoC容器，是用户在使用Spring完成POJO应用开发的过程中必须使用的。这样的应用策略也极大地扩展了Spring的应用场合，不仅包括Java EE应用，还包括其他方面的应用，如桌面应用等。从这个意义上来讲，IoC容器称得上是Spring的最核心部分。

第2章

Spring Framework的核心：IoC容器的实现

朝辞白帝彩云间，千里江陵一日还。
两岸猿声啼不住，轻舟已过万重山。
——【唐】李白《早发白帝城》

本章内容

- ❑ Spring IoC容器概述
- ❑ IoC容器系列的设计与实现：BeanFactory和ApplicationContext
- ❑ IoC容器的初始化过程
- ❑ IoC容器的依赖注入
- ❑ 容器其他相关特性的设计与实现

2.1 Spring IoC容器概述

2.1.1 IoC容器和依赖反转模式

子曰：温故而知新。在这里，我们先简要地回顾一下依赖反转的相关概念。我们选取维基百科中关于依赖反转的叙述，把这些文字作为我们理解依赖反转这个概念的参考。这里不会对这些原理进行学理上的考究，只是希望提供一些有用的信息，以便给读者一些启示。这个模式非常重要，它是IoC容器得到广泛应用的基础。

维基百科对"依赖反转"相关概念的叙述

早在2004年，Martin Fowler就提出了"哪些方面的控制被反转了？"这个问题。他得出的结论是：依赖对象的获得被反转了。基于这个结论，他为控制反转创造了一个更好的名字：依赖注入。许多非凡的应用（比HelloWorld.java更加优美、更加复杂）都是由两个或多个类通过彼此的合作来实现业务逻辑的，这使得每个对象都需要与其合作的对象（也就是它所依赖的对象）的引用。如果这个获取过程要靠自身实现，那么如你所见，这将导致代码高度耦合并且难以测试。

以上的这段话概括了依赖反转的要义，如果合作对象的引用或依赖关系的管理由具体对象来完成，会导致代码的高度耦合和可测试性的降低，这对复杂的面向对象系统的设计是非常不利的。在面向对象系统中，对象封装了数据和对数据的处理，对象的依赖关系常常体现在对数据和方法的依赖上。这些依赖关系可以通过把对象的依赖注入交给框架或IoC容器来完成，这种从具体对象手中交出控制的做法是非常有价值的，它可以在解耦代码的同时提高代码的可测试性。在极限编程中对单元测试和重构等实践的强调体现了在软件开发过程中对质量的承诺，这是软件项目成功的一个重要因素。

依赖控制反转的实现有很多种方式。在Spring中，IoC容器是实现这个模式的载体，它可以在对象生成或初始化时直接将数据注入到对象中，也可以通过将对象引用注入到对象数据域中的方式来注入对方法调用的依赖。这种依赖注入是可以递归的，对象被逐层注入。就此而言，这种方案有一种完整而简洁的美感，它把对象的依赖关系有序地建立起来，简化了对象依赖关系的管理，在很大程度上简化了面向对象系统的复杂性。

关于如何反转对依赖的控制，把控制权从具体业务对象手中转交到平台或者框架中，是降低面向对象系统设计复杂性和提高面向对象系统可测试性的一个有效的解决方案。它促进了IoC设计模式的发展，是IoC容器要解决的核心问题。同时，也是产品化的IoC容器出现的推动力。

注意 IoC亦称为"依赖倒置原理"(Dependency Inversion Principle)，几乎所有框架都使用了倒置注入（Martin Fowler）技巧，是IoC原理的一项应用。SmallTalk、C++、Java和.NET等面向对象语言的程序员已使用了这些原理。控制反转是Spring框架的核心。

IoC原理的应用在不同的语言中有很多实现，比如SmallTalk、C++、Java等。在同一语言的实现中也会有多个具体的产品，Spring是Java语言实现中最著名的一个。同时，IoC也是Spring框架要解决的核心问题。

注意 应用控制反转后，当对象被创建时，由一个调控系统内的所有对象的外界实体将其所依赖的对象的引用传递给它，即依赖被注入到对象中。所以，控制反转是关于一个对象如何获取它所依赖的对象的引用，在这里，反转指的是责任的反转。

我们可以认为上面提到的调控系统是应用平台，或者更具体地说是IoC容器。通过使用IoC容器，对象依赖关系的管理被反转了，转到IoC容器中来了，对象之间的相互依赖关系由IoC容器进行管理，并由Ioc容器完成对象的注入。这样就在很大程度上简化了应用的开发，把应用从复杂的对象依赖关系管理中解放出来。简单地说，因为很多对象依赖关系的建立和维护并不需要和系统运行状态有很强的关联性，所以可以把在面向对象编程中需要执行的诸如新建对象、为对象引用赋值等操作交由容器统一完成。这样一来，这些散落在不同代码中的功能相同的部分就集中成为容器的一部分，也就是成为面向对象系统的基础设施的一部分。

如果对面向对象系统中的对象进行简单分类，会发现除了一部分是数据对象外，其他很大一部分对象是用来处理数据的。这些对象并不常发生变化，是系统中基础的部分。在很多情况下，这些对象在系统中以单件的形式起作用就可以满足应用的需求，而且它们也不常涉及数据和状态共享的问题。如果涉及数据共享方面的问题，需要在这些单件的基础上再做进一步的处理。

同时，这些对象之间的相互依赖关系也是比较稳定的，一般不会随着应用的运行状态的改变而改变。这些特性使这些对象非常适合由IoC容器来管理，虽然它们存在于应用系统中，但是应用系统并不承担管理这些对象的责任，而是通过依赖反转把责任交给了容器（或者说平台）。了解了这些背景，Spring IoC容器的原理也就不难理解了。在原理的具体实现上，Spring有着自己的独特思路、实现技巧和丰富的产品特性。关于这些原理的实现，下面会进行详细的分析。

2.1.2 Spring IoC的应用场景

在Java EE企业应用开发中，前面介绍的IoC（控制反转）设计模式，是解耦组件之间复杂关系的利器， Spring IoC模块就是这个模式的一种实现。在以Spring为代表的轻量级Java EE开发风行之前，我们更熟悉的是以EJB为代表的开发模式。在EJB模式中，应用开发人员需要编写EJB组件，而这种组件需要满足EJB容器的规范，才能够运行在EJB容器中，从而获取事务管理、生命周期管理这些组件开发的基本服务。从获取的基本服务上看，Spring提供的服务和EJB容器提供的服务并没有太大的差别，只是在具体怎样获取服务的方式上，两者的设计有很大的不同：在Spring中，Spring IoC提供了一个基本的JavaBean容器，通过IoC模式管理依赖关系，并通过依赖注入和AOP切面增强了为JavaBean这样的POJO对象赋予事务管理、生命周期管理等基本功能；而对于EJB，一个简单的EJB组件需要编写远程/本地接口、Home接口以及

Bean的实现类，而且EJB运行是不能脱离EJB容器的，查找其他EJB组件也需要通过诸如JNDI这样的方式，从而造成了对EJB容器和技术规范的依赖。也就是说Spring把EJB组件还原成了POJO对象或者JavaBean对象，降低了应用开发对传统J2EE技术规范的依赖。

同时，在应用开发中，以应用开发人员的身份设计组件时，往往需要引用和调用其他组件的服务，这种依赖关系如果固化在组件设计中，就会造成依赖关系的僵化和维护难度的增加，这个时候，如果使用IoC容器，把资源获取的方向反转，让IoC容器主动管理这些依赖关系，将这些依赖关系注入到组件中，那么会让这些依赖关系的适配和管理更加灵活。在具体的注入实现中，接口注入（Type 1 IoC）、setter注入（Type 2 IoC）、构造器注入（Type 3 IoC）是主要的注入方式。在Spring的IoC设计中，setter注入和构造器注入是主要的注入方式；相对而言，使用Spring时setter注入是常见的注入方式，而且为了防止注入异常，Spring IoC容器还提供了对特定依赖的检查。

另一方面，在应用管理依赖关系时，可以通过IoC容器将控制进行反转，在反转的实现中，如果能通过可读的文本来完成配置，并且还能通过工具对这些配置信息进行可视化的管理和浏览，那么肯定是能够提高对组件关系的管理水平，并且如果耦合关系需要变动，并不需要重新修改和编译Java源代码，这符合在面向对象设计中的开闭准则，并且能够提高组件系统设计的灵活性，同时，如果结合OSGi的使用特性，还可以提高应用的动态部署能力。

在具体使用Spring IoC容器的时候，我们可以看到，Spring IoC容器已经是一个产品实现。作为产品实现，它对多种应用场景的适配是通过Spring设计的IoC容器系列来实现的，比如在某个容器系列中可以看到各种带有不同容器特性的实现，可以读取不同配置信息的各种容器，从不同I/O源读取配置信息的各种容器设计，更加面向框架的容器应用上下文的容器设计等。这些丰富的容器设计，已经可以满足广大用户对IoC容器的各种使用需求，这时的Spring IoC容器，已经不是原来简单的Interface21框架了，已经成为一个IoC容器的工业级实现。下面，我们会对IoC容器系列的设计和实现进行详细分析。

2.2　IoC容器系列的设计与实现：BeanFactory和ApplicationContext

在Spring IoC容器的设计中，我们可以看到两个主要的容器系列，一个是实现BeanFactory接口的简单容器系列，这系列容器只实现了容器的最基本功能；另一个是ApplicationContext应用上下文，它作为容器的高级形态而存在。应用上下文在简单容器的基础上，增加了许多面向框架的特性，同时对应用环境作了许多适配。有了这两种基本的容器系列，基本上可以满足用户对IoC容器使用的大部分需求了。下面，我们就对Spring IoC容器中这两种容器系列的设计与实现进行一个简要的分析。

2.2.1　Spring的IoC容器系列

IoC容器为开发者管理对象之间的依赖关系提供了很多便利和基础服务。有许多IoC容器供开发者选择，SpringFramework的IoC核心就是其中一个，它是开源的。那具体什么是IoC容器呢？它在Spring框架中到底长什么样？其实对IoC容器的使用者来说，我们经常接触到的BeanFactory和ApplicationContext都可以看成是容器的具体表现形式。如果深入到Spring的实现中去看，我们通常所说的IoC容器，实际上代表着一系列功能各异的容器产品，只是容器的功能有大有小，有各自的特点。我们以水桶为例，在商店中出售的水桶有大有小，制作材料也各不相同，有金属的、塑料的等，总之是各式各样的，但只要能装水，具备水桶的基本特性，那就可以作为水桶来出售，来让用户使用。这在Spring中也是一样，Spring有各式各样的IoC容器的实现供用户选择和使用。使用什么样的容器完全取决于用户的需要，但在使用之前如果能够了解容器的基本情况，那对容器的使用是非常有帮助的，就像我们在购买商品前对商品进行考察和挑选那样。从代码的角度入手，我可以看到关于这一系列容器的设计情况。

图2-1展示了这个容器系列的概况。

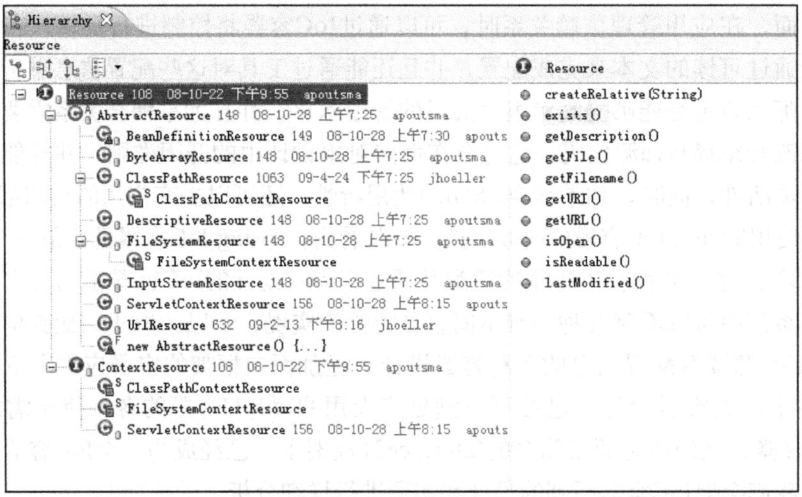

图2-1 Spring的IoC容器系列概况

就像商品需要有产品规格说明一样，同样，作为IoC容器，也需要为它的具体实现指定基本的功能规范，这个功能规范的设计表现为接口类BeanFactory，它体现了Spring为提供给用户使用的IoC容器所设定的最基本的功能规范。还是以前面的百货商店出售水桶为例，如果把IoC容器看成一个水桶，那么这个BeanFactory就定义了可以作为水桶的基本功能，比如至少能装水，有个提手等。除了满足基本的功能，为了不同场合的需要，水桶的生产厂家还在这个基础上为用户设计了其他各式各样的水桶产品，以满足不同的用户需求。这些水桶会提供更丰富的功能，有简约型的，有豪华型的，等等。但是，不管是什么水桶，它都需要有一项最基本的功能：能够装水。那对Spring的具体IoC容器实现来说，它需要满足的基本特性是什么呢？它需要满足BeanFactory这个基本的接口定义，所以在图2-1中可以看到这个BeanFactory接口在继承体系中的地位，它是作为一个最基本的接口类出现在Spring的IoC容器体系中的。

在这些Spring提供的基本IoC容器的接口定义和实现的基础上，Spring通过定义BeanDefinition来管理基于Spring的应用中的各种对象以及它们之间的相互依赖关系。BeanDefinition抽象了我们对Bean的定义，是让容器起作用的主要数据类型。我们都知道，在计算机世界里，所有的功能都是建立在通过数据对现实进行抽象的基础上的。IoC容器是用来管理对象依赖关系的，对IoC容器来说，BeanDefinition就是对依赖反转模式中管理的对象依赖关系的数据抽象，也是容器实现依赖反转功能的核心数据结构，依赖反转功能都是围绕对这个BeanDefinition的处理来完成的。这些BeanDefinition就像是容器里装的水，有了这些基本数据，容器才能够发挥作用。在下面的分析中，BeanDefinition的出现次数会很多。

同时，在使用IoC容器时，了解BeanFactory和ApplicationContext之间的区别对我们理解和使用IoC容器也是比较重要的。弄清楚这两种重要容器之间的区别和联系，意味着我们具备了辨别容器系列中不同容器产品的能力。还有一个好处就是，如果需要定制特定功能的容器实现，也能比较方便地在容器系列中找到一款恰当的产品作为参考，不需要重新设计。

2.2.2 Spring IoC容器的设计

在前面的小节中，我们了解了IoC容器系列的概况。在Spring中，这个IoC容器是怎样设计的呢？我们可以看一下如图2-2所示的IoC容器的接口设计图，这张图描述了IoC容器中的主要接口设计。

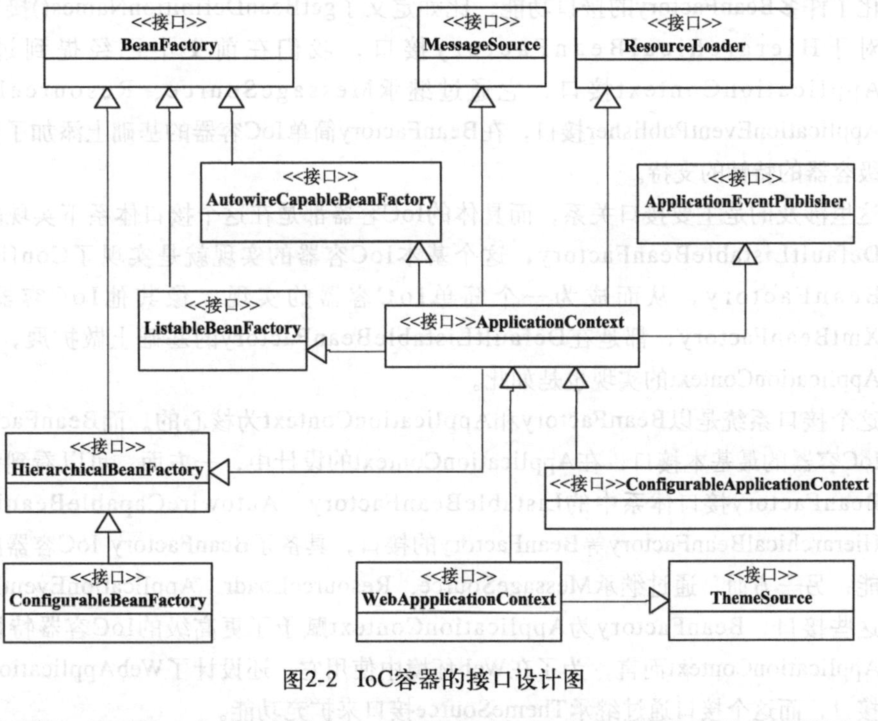

图2-2 IoC容器的接口设计图

下面对接口关系做一些简要的分析，可以依据以下内容来理解这张接口设计图。

- 从接口BeanFactory到HierarchicalBeanFactory，再到ConfigurableBeanFactory，是一条主要的BeanFactory设计路径。在这条接口设计路径中，BeanFactory接口定义了基本的IoC容器的规范。在这个接口定义中，包括了getBean()这样的IoC容器的基本方法(通过这个方法可以从容器中取得Bean)。而HierarchicalBeanFactory接口在继承了BeanFactory的基本接口之后，增加了getParentBeanFactory()的接口功能，使BeanFactory具备了双亲IoC容器的管理功能。在接下来的ConfigurableBeanFactory接口中，主要定义了一些对BeanFactory的配置功能，比如通过setParentBeanFactory()设置双亲IoC容器，通过addBeanPostProcessor()配置Bean后置处理器，等等。通过这些接口设计的叠加，定义了BeanFactory就是简单IoC容器的基本功能。关于BeanFactory简单IoC容器的设计，我们会在后面的内容中详细介绍。
- 第二条接口设计主线是，以ApplicationContext应用上下文接口为核心的接口设计，这里涉及的主要接口设计有，从BeanFactory到ListableBeanFactory，再到ApplicationContext，再到我们常用的WebApplicationContext或者ConfigurableApplicationContext接口。我们常用的应用上下文基本上都是ConfigurableApplicationContext或者WebApplicationContext的实现。在这个接口体系中，ListableBeanFactory和HierarchicalBeanFactory两个接口，连接BeanFactory接口定义和ApplicationConext应用上下文的接口定义。在ListableBeanFactory接口中，细化了许多BeanFactory的接口功能，比如定义了getBeanDefinitionNames()接口方法；对于HierarchicalBeanFactory接口，我们在前文中已经提到过；对于ApplicationContext接口，它通过继承MessageSource、ResourceLoader、ApplicationEventPublisher接口，在BeanFactory简单IoC容器的基础上添加了许多对高级容器的特性的支持。
- 这里涉及的是主要接口关系，而具体的IoC容器都是在这个接口体系下实现的，比如DefaultListableBeanFactory，这个基本IoC容器的实现就是实现了Configurable-BeanFactory，从而成为一个简单IoC容器的实现。像其他IoC容器，比如XmlBeanFactory，都是在DefaultListableBeanFactory的基础上做扩展，同样地，ApplicationContext的实现也是如此。
- 这个接口系统是以BeanFactory和ApplicationContext为核心的。而BeanFactory又是IoC容器的最基本接口，在ApplicationContext的设计中，一方面，可以看到它继承了BeanFactory接口体系中的ListableBeanFactory、AutowireCapableBeanFactory、HierarchicalBeanFactory等BeanFactory的接口，具备了BeanFactory IoC容器的基本功能；另一方面，通过继承MessageSource、ResourceLoadr、ApplicationEventPublisher这些接口，BeanFactory为ApplicationContext赋予了更高级的IoC容器特性。对于ApplicationContext而言，为了在Web环境中使用它，还设计了WebApplicationContext接口，而这个接口通过继承ThemeSource接口来扩充功能。

1. BeanFactory的应用场景

BeanFactory提供的是最基本的IoC容器的功能，关于这些功能定义，我们可以在接口BeanFactory中看到。

BeanFactory接口定义了IoC容器最基本的形式，并且提供了IoC容器所应该遵守的最基本的服务契约，同时，这也是我们使用IoC容器所应遵守的最底层和最基本的编程规范，这些接口定义勾画出了IoC的基本轮廓。很显然，在Spring的代码实现中，BeanFactory只是一个接口类，并没有给出容器的具体实现，而我们在图2-1中看到的各种具体类，比如DefaultListableBeanFactory、XmlBeanFactory、ApplicationContext等都可以看成是容器附加了某种功能的具体实现，也就是容器体系中的具体容器产品。下面我们来看看BeanFactory是怎样定义IoC容器的基本接口的。

用户使用容器时，可以使用转义符“&”来得到FactoryBean本身，用来区分通过容器来获取FactoryBean产生的对象和获取FactoryBean本身。举例来说，如果myJndiObject是一个FactoryBean，那么使用&myJndiObject得到的是FactoryBean，而不是myJndiObject这个FactoryBean产生出来的对象。关于具体的FactoryBean的设计和实现模式，我们会在后面的章节中介绍。

注意 理解上面这段话需要很好地区分FactoryBean和BeanFactory这两个在Spring中使用频率很高的类，它们在拼写上非常相似。一个是Factory，也就是IoC容器或对象工厂；一个是Bean。在Spring中，所有的Bean都是由BeanFactory（也就是IoC容器）来进行管理的。但对FactoryBean而言，这个Bean不是简单的Bean，而是一个能产生或者修饰对象生成的工厂Bean，它的实现与设计模式中的工厂模式和修饰器模式类似。

BeanFactory接口设计了getBean方法，这个方法是使用IoC容器API的主要方法，通过这个方法，可以取得IoC容器中管理的Bean，Bean的取得是通过指定名字来索引的。如果需要在获取Bean时对Bean的类型进行检查，BeanFactory接口定义了带有参数的getBean方法，这个方法的使用与不带参数的getBean方法类似，不同的是增加了对Bean检索的类型的要求。

用户可以通过BeanFactory接口方法中的getBean来使用Bean名字，从而在获取Bean时，如果需要获取的Bean是prototype类型的，用户还可以为这个prototype类型的Bean生成指定构造函数的对应参数。这使得在一定程度上可以控制生成prototype类型的Bean。有了BeanFactory的定义，用户可以执行以下操作：

- 通过接口方法containsBean让用户能够判断容器是否含有指定名字的Bean。
- 通过接口方法isSingleton来查询指定名字的Bean是否是Singleton类型的Bean。对于Singleton属性，用户可以在BeanDefinition中指定。
- 通过接口方法isPrototype来查询指定名字的Bean是否是prototype类型的。与Singleton属性一样，这个属性也可以由用户在BeanDefinition中指定。
- 通过接口方法isTypeMatch来查询指定了名字的Bean的Class类型是否是特定的Class类型。这个Class类型可以由用户来指定。

○ 通过接口方法getType来查询指定名字的Bean的Class类型。

○ 通过接口方法getAliases来查询指定了名字的Bean的所有别名，这些别名都是用户在BeanDefinition中定义的。

这些定义的接口方法勾画出了IoC容器的基本特性。因为这个BeanFactory接口定义了IoC容器，所以下面给出它定义的全部内容供大家参考，如代码清单2-1所示。

代码清单2-1 BeanFactory接口

```
public interface BeanFactory {
    String FACTORY_BEAN_PREFIX = "&";
    Object getBean(String name) throws BeansException;
    <T> T getBean(String name, Class<T> requiredType) throws BeansException;
    Object getBean(String name, Object... args) throws BeansException;
    boolean containsBean(String name);
    boolean isSingleton(String name) throws NoSuchBeanDefinitionException;
    boolean isPrototype(String name) throws NoSuchBeanDefinitionException;
    boolean isTypeMatch(String name, Class targetType) throws
    NoSuchBeanDefinitionException;
    Class getType(String name) throws NoSuchBeanDefinitionException;
    String[] getAliases(String name);
}
```

可以看到，这里定义的只是一系列的接口方法，通过这一系列的BeanFactory接口，可以使用不同的Bean的检索方法，很方便地从IoC容器中得到需要的Bean，从而忽略具体的IoC容器的实现，从这个角度上看，这些检索方法代表的是最为基本的容器入口。

2. BeanFactory容器的设计原理

BeanFactory接口提供了使用IoC容器的规范。在这个基础上，Spring还提供了符合这个IoC容器接口的一系列容器的实现供开发人员使用。我们以 XmlBeanFactory的实现为例来说明简单IoC容器的设计原理。如图2-3所示为XmlBeanFactory设计的类继承关系。

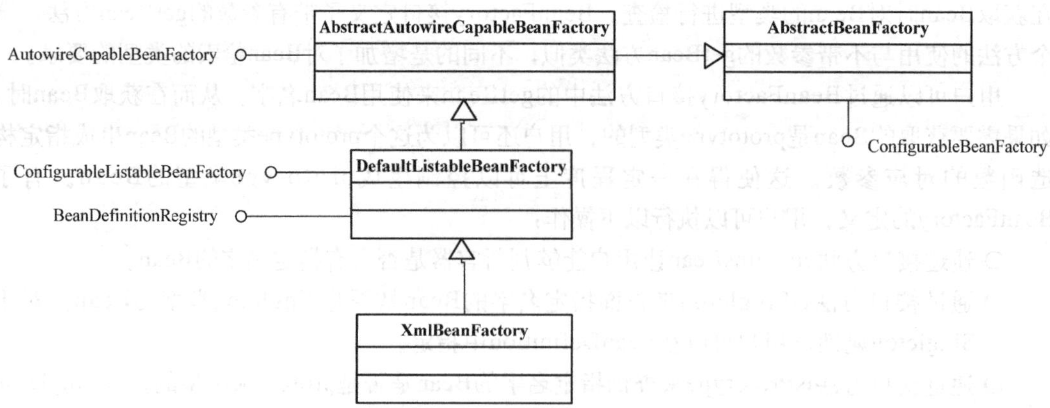

图2-3 XmlBeanFactory设计的类继承关系

可以看到，作为一个简单IoC容器系列最底层实现的XmlBeanFactory，与我们在Spring

应用中用到的那些上下文相比，有一个非常明显的特点：它只提供最基本的IoC容器的功能。理解这一点有助于我们理解ApplicationContext与基本的BeanFactory之间的区别和联系。我们可以认为直接的BeanFactory实现是IoC容器的基本形式，而各种ApplicationContext的实现是IoC容器的高级表现形式。关于ApplicationContext的分析，以及它与BeanFactory相比的增强特性都会在下面进行详细的分析。

让我们好好地看一下图2-3中的继承关系，从中可以清楚地看到类之间的联系，它们都是IoC容器系列的组成部分。在设计这个容器系列时，我们可以从继承体系的发展上看到IoC容器各项功能的实现过程。如果要扩展自己的容器产品，建议读者最好在继承体系中检查一下，看看Spring是不是已经提供了现成的或相近的容器实现供我们参考。下面就从我们比较熟悉的XmlBeanFactory的实现入手进行分析，来看看一个基本的IoC容器是怎样实现的。

仔细阅读XmlBeanFactory的源码，在一开始的注释里会看到对 XmlBeanFactory功能的简要说明，从代码的注释还可以看到，这是Rod Johnson在2001年就写下的代码，可见这个类应该是Spring的元老类了。XmlBeanFactory继承自DefaultListableBeanFactory这个类，后者非常重要，是我们经常要用到的一个IoC容器的实现，比如在设计应用上下文ApplicationContext时就会用到它。我们会看到这个DefaultListableBeanFactory实际上包含了基本IoC容器所具有的重要功能，也是在很多地方都会用到的容器系列中的一个基本产品。

在Spring中，实际上是把DefaultListableBeanFactory作为一个默认的功能完整的IoC容器来使用的。XmlBeanFactory在继承了DefaultListableBeanFactory容器的功能的同时，增加了新的功能，这些功能很容易从XmlBeanFactory的名字上猜到。它是一个与XML相关的BeanFactory，也就是说它是一个可以读取以XML文件方式定义的BeanDefinition的IoC容器。

这些实现XML读取的功能是怎样实现的呢？对这些XML文件定义信息的处理并不是由XmlBeanFactory直接完成的。在XmlBeanFactory中，初始化了一个XmlBeanDefinitionReader对象，有了这个Reader对象，那些以XML方式定义的BeanDefinition就有了处理的地方。我们可以看到，对这些XML形式的信息的处理实际上是由这个XmlBeanDefinitionReader来完成的。

构造 XmlBeanFactory这个IoC容器时，需要指定BeanDefinition的信息来源，而这个信息来源需要封装成Spring中的Resource类来给出。Resource是Spring用来封装I/O操作的类。比如，我们的BeanDefinition信息是以XML文件形式存在的，那么可以使用像“ClassPath-Resource res = new ClassPathResource("beans.xml");”这样具体的ClassPathResource来构造需要的Resource，然后将Resource作为构造参数传递给XmlBeanFactory构造函数。这样，IoC容器就可以方便地定位到需要的BeanDefinition信息来对Bean完成容器的初始化和依赖注入过程。

XmlBeanFactory的功能是建立在DefaultListableBeanFactory这个基本容器的基础上的，并在这个基本容器的基础上实现了其他诸如XML读取的附加功能。对于这些功能的实现原理，看一看XmlBeanFactory的代码实现就能很容易地理解。如代码清单2-2所示，在XmlBeanFactory构造方法中需要得到Resource对象。对XmlBeanDefinitionReader对象的初始化，以及使用这个对象来完成对loadBeanDefinitions的调用，就是这个调用启动从Resource

中载入BeanDefinitions的过程，LoadBeanDefinitions同时也是IoC容器初始化的重要组成部分。

代码清单2-2 XmlBeanFactory的实现

```
public class XmlBeanFactory extends DefaultListableBeanFactory {
private final XmlBeanDefinitionReader reader = new XmlBeanDefinitionReader(this);
public XmlBeanFactory(Resource resource) throws BeansException {
    this(resource, null);
}
public XmlBeanFactory(Resource resource, BeanFactory parentBeanFactory)
    throws BeansException {
    super(parentBeanFactory);
    this.reader.loadBeanDefinitions(resource);
    }
}
```

我们看到XmlBeanFactory使用了DefaultListableBeanFactory作为基类，DefaultListableBeanFactory是很重要的一个IoC实现，在其他IoC容器中，比如ApplicationContext，其实现的基本原理和XmlBeanFactory一样，也是通过持有或者扩展DefaultListableBeanFactory来获得基本的IoC容器的功能的。

参考XmlBeanFactory的实现，我们以编程的方式使用DefaultListableBeanFactory。从中我们可以看到IoC容器使用的一些基本过程。尽管我们在应用中使用IoC容器时很少会使用这样原始的方式，但是了解一下这个基本过程，对我们了解IoC容器的工作原理是非常有帮助的。因为这个编程式使用容器的过程，很清楚揭示了在IoC容器实现中的那些关键的类（比如Resource、DefaultListableBeanFactory和BeanDefinitionReader）之间的相互关系，例如它们是如何把IoC容器的功能解耦的，又是如何结合在一起为IoC容器服务的，等等。在代码清单2-3中可以看到编程式使用IoC容器的过程。

代码清单2-3 编程式使用IoC容器

```
ClassPathResource res = new ClassPathResource("beans.xml");
DefaultListableBeanFactory factory = new DefaultListableBeanFactory();
XmlBeanDefinitionReader reader = new XmlBeanDefinitionReader(factory);
reader.loadBeanDefinitions(res);
```

这样，我们就可以通过factory对象来使用 DefaultListableBeanFactory这个IoC容器了。在使用IoC容器时，需要如下几个步骤：

1）创建IoC配置文件的抽象资源，这个抽象资源包含了BeanDefinition的定义信息。

2）创建一个BeanFactory，这里使用DefaultListableBeanFactory。

3）创建一个载入BeanDefinition的读取器，这里使用XmlBeanDefinitionReader来载入XML文件形式的BeanDefinition，通过一个回调配置给BeanFactory。

4）从定义好的资源位置读入配置信息，具体的解析过程由XmlBeanDefinitionReader来完成。完成整个载入和注册Bean定义之后，需要的IoC容器就建立起来了。这个时候就可以直接使用IoC容器了。

3. ApplicationContext的应用场景

上一节中我们了解了IoC容器建立的基本步骤。理解这些步骤之后，可以很方便地通过编程的方式来手工控制这些配置和容器的建立过程了。但是，在Spring中，系统已经为用户提供了许多已经定义好的容器实现，而不需要开发人员事必躬亲。相比那些简单拓展BeanFactory的基本IoC容器，开发人员常用的ApplicationContext除了能够提供前面介绍的容器的基本功能外，还为用户提供了以下的附加服务，可以让客户更方便地使用。所以说，ApplicationContext是一个高级形态意义的IoC容器，如图2-4所示，可以看到ApplicationContext在BeanFactory的基础上添加的附加功能，这些功能为ApplicationContext提供了以下BeanFactory不具备的新特性。

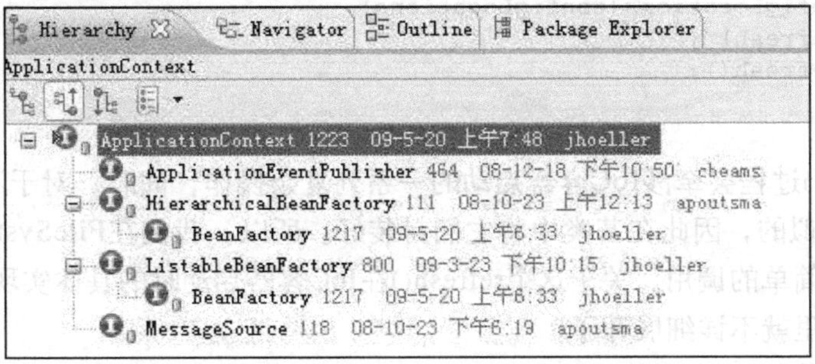

图2-4　ApplicationContext的接口关系

- 支持不同的信息源。我们看到ApplicationContext扩展了MessageSource接口，这些信息源的扩展功能可以支持国际化的实现，为开发多语言版本的应用提供服务。
- 访问资源。这一特性体现在对ResourceLoader和Resource的支持上，这样我们可以从不同地方得到Bean定义资源。这种抽象使用户程序可以灵活地定义Bean定义信息，尤其是从不同的I/O途径得到Bean定义信息。这在接口关系上看不出来，不过一般来说，具体ApplicationContext都是继承了DefaultResourceLoader的子类。因为DefaultResourceLoader是AbstractApplicationContext的基类，关于Resource在IoC容器中的使用，后面会有详细的讲解。
- 支持应用事件。继承了接口ApplicationEventPublisher，从而在上下文中引入了事件机制。这些事件和Bean的生命周期的结合为Bean的管理提供了便利。
- 在ApplicationContext中提供的附加服务。这些服务使得基本IoC容器的功能更丰富。因为具备了这些丰富的附加功能，使得ApplicationContext与简单的BeanFactory相比，对它的使用是一种面向框架的使用风格，所以一般建议在开发应用时使用ApplicationContext作为IoC容器的基本形式。

4. ApplicationContext容器的设计原理

在ApplicationContext容器中，我们以常用的FileSystemXmlApplicationContext的实现为例来说明ApplicationContext容器的设计原理。

在FileSystemXmlApplicationContext的设计中，我们看到ApplicationContext应用上下文的主要功能已经在FileSystemXmlApplicationContext的基类AbstractXmlApplicationContext中实现了，在FileSystemXmlApplicationContext中，作为一个具体的应用上下文，只需要实现和它自身设计相关的两个功能。

一个功能是，如果应用直接使用FileSystemXmlApplicationContext，对于实例化这个应用上下文的支持，同时启动IoC容器的refresh()过程。这在FileSystemApplicationContext的代码实现中可以看到，代码如下：

```
public FileSystemXmlApplicationContext(String[] configLocations, boolean refresh,
ApplicationContext parent) throws BeansException {
      super(parent);
      setConfigLocations(configLocations);
      if (refresh) {
          refresh();
      }
}
```

这个refresh()过程会牵涉IoC容器启动的一系列复杂操作，同时，对于不同的容器实现，这些操作都是类似的，因此在基类中将它们封装好。所以，我们在FileSystemXml的设计中看到的只是一个简单的调用。关于这个refresh()在IoC容器启动时的具体实现，是后面要分析的主要内容，这里就不详细展开了。

另一个功能是与FileSystemXmlApplicationContext设计具体相关的功能，这部分与怎样从文件系统中加载XML的Bean定义资源有关。

通过这个过程，可以为在文件系统中读取以XML形式存在的BeanDefinition做准备，因为不同的应用上下文实现对应着不同的读取BeanDefinition的方式，在FileSystemXml-ApplicationContext中的实现代码如下：

```
protected Resource getResourceByPath(String path) {
    if (path != null && path.startsWith("/")) {
        path = path.substring(1);
    }
    return new FileSystemResource(path);
}
```

可以看到，调用这个方法，可以得到FileSystemResource的资源定位。

2.3 IoC容器的初始化过程

简单来说，IoC容器的初始化是由前面介绍的refresh()方法来启动的，这个方法标志着IoC容器的正式启动。具体来说，这个启动包括BeanDefinition的Resouce定位、载入和注册三个基本过程。如果我们了解如何编程式地使用IoC容器，就可以清楚地看到Resource定位和载入过程的接口调用。在下面的内容里，我们将会详细分析这三个过程的实现。

在分析之前，要提醒读者注意的是，Spring把这三个过程分开，并使用不同的模块来完成，如使用相应的ResourceLoader、BeanDefinitionReader等模块，通过这样的设计方式，可以让用户更加灵活地对这三个过程进行剪裁或扩展，定义出最适合自己的IoC容器的初始化过程。

第一个过程是Resource定位过程。这个Resource定位指的是BeanDefinition的资源定位，它由ResourceLoader通过统一的Resource接口来完成，这个Resource对各种形式的BeanDefinition的使用都提供了统一接口。对于这些BeanDefinition的存在形式，相信大家都不会感到陌生。比如，在文件系统中的Bean定义信息可以使用FileSystemResource来进行抽象；在类路径中的Bean定义信息可以使用前面提到的ClassPathResource来使用，等等。这个定位过程类似于容器寻找数据的过程，就像用水桶装水先要把水找到一样。

第二个过程是BeanDefinition的载入。这个载入过程是把用户定义好的Bean表示成IoC容器内部的数据结构，而这个容器内部的数据结构就是BeanDefinition。下面介绍这个数据结构的详细定义。具体来说，这个BeanDefinition实际上就是POJO对象在IoC容器中的抽象，通过这个BeanDefinition定义的数据结构，使IoC容器能够方便地对POJO对象也就是Bean进行管理。在下面的章节中，我们会对这个载入的过程进行详细的分析，使大家对整个过程有比较清楚的了解。

第三个过程是向IoC容器注册这些BeanDefinition的过程。这个过程是通过调用BeanDefinitionRegistry接口的实现来完成的。这个注册过程把载入过程中解析得到的BeanDefinition向IoC容器进行注册。通过分析，我们可以看到，在IoC容器内部将BeanDefinition注入到一个HashMap中去，IoC容器就是通过这个HashMap来持有这些BeanDefinition数据的。

值得注意的是，这里谈的是IoC容器初始化过程，在这个过程中，一般不包含Bean依赖注入的实现。在Spring IoC的设计中，Bean定义的载入和依赖注入是两个独立的过程。依赖注入一般发生在应用第一次通过getBean向容器索取Bean的时候。但有一个例外值得注意，在使用IoC容器时有一个预实例化的配置，通过这个预实例化的配置（具体来说，可以通过为Bean定义信息中的lazyinit属性），用户可以对容器初始化过程作一个微小的控制，从而改变这个被设置了lazyinit属性的Bean的依赖注入过程。举例来说，如果我们对某个Bean设置了lazyinit属性，那么这个Bean的依赖注入在IoC容器初始化时就预先完成了，而不需要等到整个初始化完成以后，第一次使用getBean时才会触发。

了解了IoC容器进行初始化的大致轮廓之后，下面我们详细地介绍在IoC容器的初始化过程中，BeanDefinition的资源定位、载入和解析过程是怎么实现的。

2.3.1 BeanDefinition的Resource定位

以编程的方式使用DefaultListableBeanFactory时，首先定义一个Resource来定位容器使用的BeanDefinition。这时使用的是ClassPathResource，这意味着Spring会在类路径中去寻找以文件形式存在的BeanDefinition信息。

```
ClassPathResource res = new ClassPathResource("beans.xml");
```

这里定义的Resource并不能由DefaultListableBeanFactory直接使用，Spring通过

BeanDefinitionReader来对这些信息进行处理。在这里，我们也可以看到使用ApplicationContext相对于直接使用DefaultListableBeanFactory的好处。因为在ApplicationContext中，Spring已经为我们提供了一系列加载不同Resource的读取器的实现，而DefaultListableBeanFactory只是一个纯粹的IoC容器，需要为它配置特定的读取器才能完成这些功能。当然，有利就有弊，使用DefaultListableBeanFactory这种更底层的容器，能提高定制IoC容器的灵活性。

回到我们经常使用的ApplicationContext上来，例如FileSystemXmlApplicationContext、ClassPathXmlApplicationContext以及XmlWebApplicationContext等。简单地从这些类的名字上分析，可以清楚地看到它们可以提供哪些不同的Resource读入功能，比如FileSystemXmlApplicationContext可以从文件系统载入Resource，ClassPathXmlApplicationContext可以从Class Path载入Resource，XmlWebApplicationContext可以在Web容器中载入Resource，等等。

下面以FileSystemXmlApplicationContext为例，通过分析这个ApplicationContext的实现来看看它是怎样完成这个Resource定位过程的。作为辅助，我们可以在图2-5中看到相应的ApplicationContext继承体系。

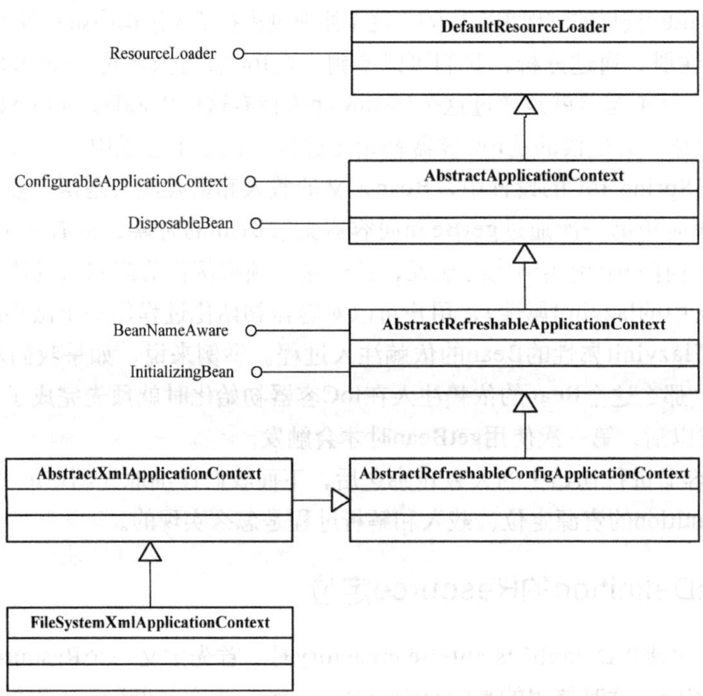

图2-5 FileSystemXmlApplicationContext的继承体系

从源代码实现的角度，我们可以近距离关心以FileSystemXmlApplicationConext为核心的继承体系，如图2-6所示。

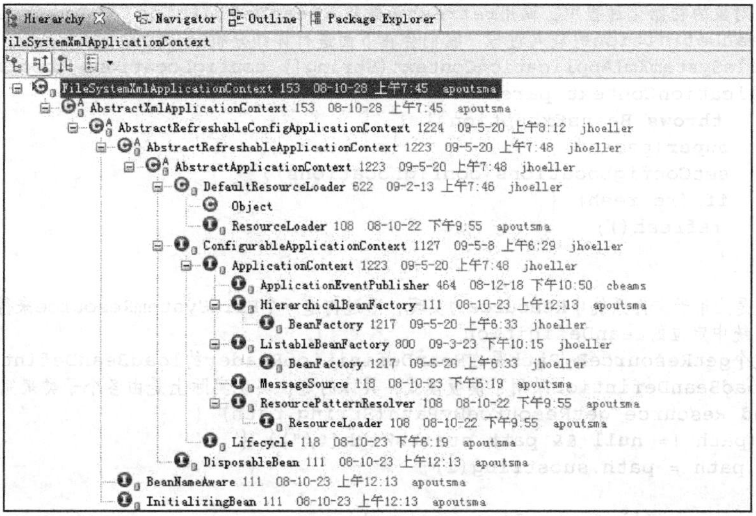

图2-6　源代码角度的FileSystemXmlApplicationContext的继承关系

从图2-6中可以看到，这个FileSystemXmlApplicationContext已经通过继承AbstractApplicationContext具备了ResourceLoader读入以Resource定义的BeanDefinition的能力，因为AbstractApplicationContext的基类是DefaultResourceLoader。下面让我们看看FileSystemXmlApplicationContext的具体实现，如代码清单2-4所示。

代码清单2-4　FileSystemXmlApplicationContext的实现

```
public class FileSystemXmlApplicationContext extends AbstractXmlApplicationContext {
    public FileSystemXmlApplicationContext() {
    }
    public FileSystemXmlApplicationContext(ApplicationContext parent) {
        super(parent);
    }
    //这个构造函数的configLocation包含的是BeanDefinition所在的文件路径
    public FileSystemXmlApplicationContext(String configLocation) throws BeansException {
        this(new String[] {configLocation}, true, null);
    }
    //这个构造函数允许configLocation包含多个BeanDefinition的文件路径
    public FileSystemXmlApplicationContext(String[] configLocations) throws BeansException {
        this(configLocations, true, null);
    }
    //这个构造函数在允许configLocation包含多个BeanDefinition的文件路径的同时，还允许指定
    //自己的双亲IoC容器
    public FileSystemXmlApplicationContext(String[] configLocations, ApplicationContext parent)
    throws BeansException {
        this(configLocations, true, parent);
    }
    public FileSystemXmlApplicationContext(String[] configLocations, boolean refresh)
    throws BeansException {
        this(configLocations, refresh, null);
    }
```

```
    //在对象的初始化过程中，调用refresh函数载入BeanDefinition，这个refresh启动了
    //BeanDefinition的载入过程，我们会在下面进行详细分析
public FileSystemXmlApplicationContext(String[] configLocations, boolean refresh,
    ApplicationContext parent)
          throws BeansException {
          super(parent);
          setConfigLocations(configLocations);
          if (refresh) {
           refresh();
          }
    }
    //这是应用于文件系统中Resource的实现，通过构造一个FileSystemResource来得到一个在文件
    //系统中定位的BeanDefinition
    //这个getResourceByPath是在BeanDefinitionReader的loadBeanDefintion中被调用的
    //loadBeanDefintion采用了模板模式，具体的定位实现实际上是由各个子类来完成的
protected Resource getResourceByPath(String path) {
    if (path != null && path.startsWith("/")) {
        path = path.substring(1);
    }
    return new FileSystemResource(path);
    }
}
```

在FileSystemApplicationContext中，我们可以看到在构造函数中，实现了对configuration进行处理的功能，让所有配置在文件系统中的，以XML文件方式存在的BeanDefnition都能够得到有效的处理，比如，实现了getResourceByPath方法，这个方法是一个模板方法，是为读取Resource服务的。对于IoC容器功能的实现，这里没有涉及，因为它继承了AbstractXmlApplicationContext，关于IoC容器功能相关的实现，都是在FileSystemXmlApplicationContext中完成的，但是在构造函数中通过refresh来启动IoC容器的初始化，这个refresh方法非常重要，也是我们以后分析容器初始化过程实现的一个重要入口。

注意 FileSystemApplicationContext是一个支持XML定义BeanDefinition的ApplicationContext，并且可以指定以文件形式的BeanDefinition的读入，这些文件可以使用文件路径和URL定义来表示。在测试环境和独立应用环境中，这个ApplicationContext是非常有用的。

根据图2-7的调用关系分析，我们可以清楚地看到整个BeanDefinition资源定位的过程。这个对BeanDefinition资源定位的过程，最初是由refresh来触发的，这个refresh的调用是在FileSystemXmlBeanFactory的构造函数中启动的，大致的调用过程如图2-8所示。

从Spring源代码实现的角度，我们可以通过Eclipse的功能，查看详细的方法调用栈，如图2-7所示。

大家看了上面的调用过程可能会比较好奇，这个FileSystemXmlApplicationContext在什么地方定义了BeanDefinition的读入器BeanDefinitionReader，从而完成BeanDefinition信息的读入呢？在前面分析过，在IoC容器的初始化过程中，BeanDefinition资源的定位、读入和注册过程是分开进行的，这也是解耦的一个体现。关于这个读入器的配置，可以到FileSystemXmlApplicationContext的基类AbstractRefreshableApplicationContext中看看它是怎样实现的。

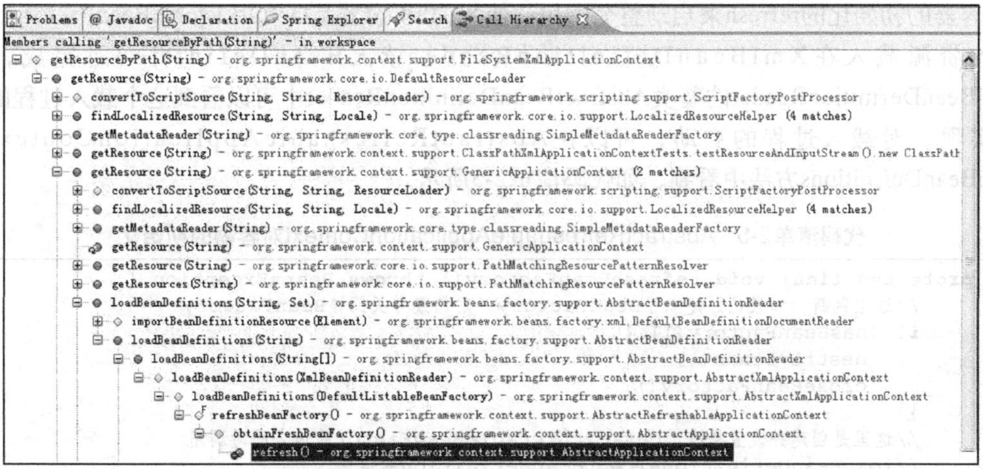

图2-7 getResourceByPath的调用关系

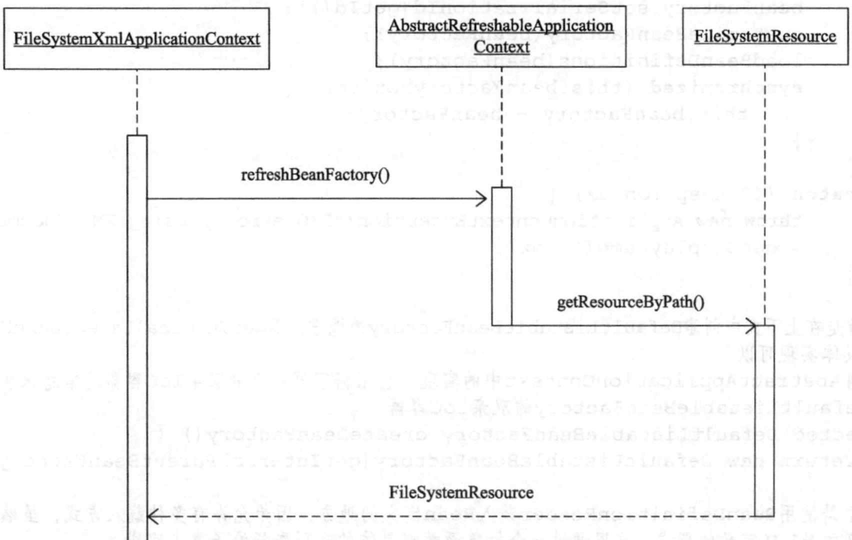

图2-8 getResourceByPath的调用过程

我们重点看看AbstractRefreshableApplicationContext的refreshBeanFactory方法的实现，这个refreshBeanFactory被FileSystemXmlApplicationContext构造函数中的refresh调用。在这个方法中，通过createBeanFactroy构建了一个IoC容器供ApplicationContext使用。这个IoC容器就是我们前面提到过的DefaultListableBeanFactory，同时，它启动了loadBeanDefinitions来载入BeanDefinition，这个过程和前面以编程式的方法来使用IoC容器（XmlBeanFactory）的过程非常类似。

从代码清单2-4中可以看到，在初始化FileSystmXmlApplicationContext的过程中，通过

IoC容器的初始化的refresh来启动整个调用，使用的IoC容器是DefultListableBeanFactory。具体的资源载入在XmlBeanDefinitionReader读入BeanDefinition时完成，在XmlBeanDefinitionReader的基类AbstractBeanDefinitionReader中可以看到这个载入过程的具体实现。对载入过程的启动，可以在AbstractRefreshableApplicationContext的loadBeanDefinitions方法中看到，如代码清单2-5所示。

代码清单2-5 AbstractRefreshableApplicationContext对容器的初始化

```
protected final void refreshBeanFactory() throws BeansException {
    //这里判断，如果已经建立了BeanFactory，则销毁并关闭该BeanFactory
    if (hasBeanFactory()) {
        destroyBeans();
        closeBeanFactory();
    }
    //这里是创建并设置持有的DefaultListableBeanFactor的地方同时调用
    //loadBeanDefinitions再载入BeanDefinition的信息
    try {
        DefaultListableBeanFactory beanFactory = createBeanFactory();
        beanFactory.setSerializationId(getId());
        customizeBeanFactory(beanFactory);
        loadBeanDefinitions(beanFactory);
        synchronized (this.beanFactoryMonitor) {
            this.beanFactory = beanFactory;
        }
    }
    catch (IOException ex) {
        throw new ApplicationContextException("I/O error parsing XML document for "
        + getDisplayName(), ex);
    }
}
//这就是在上下文中创建DefaultListableBeanFactory的地方，而getInternalParentBeanFactory()
//的具体实现可以
//参看AbstractApplicationContext中的实现，会根据容器已有的双亲IoC容器的信息来生成
// DefaultListableBeanFactory的双亲IoC容器
protected DefaultListableBeanFactory createBeanFactory() {
    return new DefaultListableBeanFactory(getInternalParentBeanFactory());
}
//这里是使用BeanDefinitionReader载入Bean定义的地方，因为允许有多种载入方式，虽然用得
//最多的是XML定义的形式，这里通过一个抽象函数把具体的实现委托给子类来完成
    protected abstract void loadBeanDefinitions(DefaultListableBeanFactory beanFactory)
    throws IOException, BeansException;
    public int loadBeanDefinitions(String location, Set actualResources) throws
    BeanDefinitionStoreException {
    //这里取得 ResourceLoader,使用的是DefaultResourceLoader
    ResourceLoader resourceLoader = getResourceLoader();
    if (resourceLoader == null) {
        throw new BeanDefinitionStoreException(
                "Cannot import bean definitions from location [" + location + "]:
                no ResourceLoader available");
    }
//这里对Resource的路径模式进行解析，比如我们设定的各种Ant格式的路径定义，得到需要的
//Resource集合，这些Resource集合指向我们已经定义好的BeanDefinition信息，可以是多个文件
    if (resourceLoader instanceof ResourcePatternResolver) {
```

```
        try {
//调用DefaultResourceLoader的getResource完成具体的Resource定位
            Resource[] resources = ((ResourcePatternResolver) resourceLoader).
            getResources(location);
            int loadCount = loadBeanDefinitions(resources);
            if (actualResources != null) {
                for (int i = 0; i < resources.length; i++) {
                    actualResources.add(resources[i]);
                }
            }
            if (logger.isDebugEnabled()) {
                logger.debug("Loaded " + loadCount + " bean definitions from
                location pattern [" + location + "]");
            }
            return loadCount;
        }
        catch (IOException ex) {
            throw new BeanDefinitionStoreException(
                "Could not resolve bean definition resource pattern
                [" + location + "]", ex);
            }
    }
    else {
        // 调用DefaultResourceLoader的getResource完成具体的Resource定位
        Resource resource = resourceLoader.getResource(location);
        int loadCount = loadBeanDefinitions(resource);
        if (actualResources != null) {
            actualResources.add(resource);
        }
        if (logger.isDebugEnabled()) {
            logger.debug("Loaded " + loadCount + " bean definitions from location
            [" + location + "]");
        }
        return loadCount;
    }
}
//对于取得Resource的具体过程，我们可以看看DefaultResourceLoader是怎样完成的
public Resource getResource(String location) {
    Assert.notNull(location, "Location must not be null");
    //这里处理带有classpath标识的Resource
    if (location.startsWith(CLASSPATH_URL_PREFIX)) {
        return new ClassPathResource(location.substring(CLASSPATH_
        URL_PREFIX.length()), getClassLoader());
    }
    else {
        try {
            // 这里处理URL标识的Resource定位
            URL url = new URL(location);
            return new UrlResource(url);
        }
        catch (MalformedURLException ex) {
            //如果既不是classpath，也不是URL标识的Resource定位，则把getResource的
            //重任交给getResourceByPath,这个方法是一个protected方法，默认的实现是得到
            //一个ClassPathContextResource，这个方法常常会用子类来实现
            return getResourceByPath(location);
```

```
        }
    }
}
```

前面我们看到的getResourceByPath会被子类FileSystemXmlApplicationContext实现，这个方法返回的是一个 FileSystemResource对象，通过这个对象，Spring可以进行相关的I/O操作，完成BeanDefinition的定位。分析到这里已经一目了然，它实现的就是对path进行解析，然后生成一个FileSystemResource对象并返回，如代码清单2-6所示。

代码清单2-6 FileSystemXmlApplicationContext生成FileSystemResource对象

```
protected Resource getResourceByPath(String path) {
    if (path != null && path.startsWith("/")) {
        path = path.substring(1);
    }
    return new FileSystemResource(path);
}
```

如果是其他的ApplicationContext，那么会对应生成其他种类的Resource，比如ClassPathResource、ServletContextResource等。关于Spring中Resource的种类，可以在图2-9的Resource类的继承关系中了解。作为接口的Resource定义了许多与I/O相关的操作，这些操作也都可以从图2-9中的Resource的接口定义中看到。这些接口对不同的Resource实现代表着不同的意义，是Resource的实现需要考虑的。Resource接口的实现在Spring中的设计如图2-9所示。

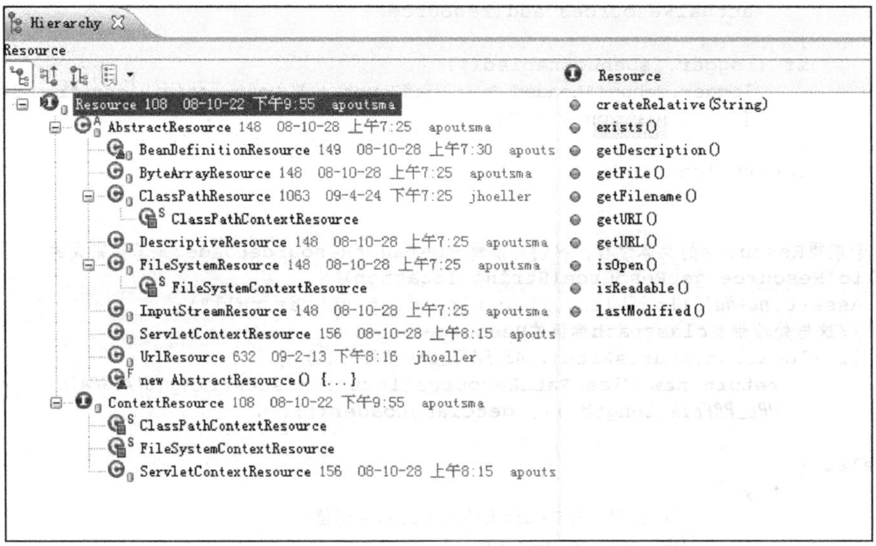

图2-9 Resource的定义和继承关系

从图2-9中我们可以看到Resource的定义和它的继承关系，通过对前面的实现原理的分析，我们以FileSystemXmlApplicationContext的实现原理为例子，了解了Resource定位问题的解决方案，即以FileSystem方式存在的Resource的定位实现。在BeanDefinition定位完成的基础上，就可以通过返回的Resource对象来进行BeanDefinition的载入了。在定位过程完成以后，为BeanDefinition的载入创造了I/O操作的条件，但是具体的数据还没有开始读入。这些数据的读入将在下面介绍的BeanDefinition的载入和解析中来完成。仍然以水桶为例子，这里就像用水桶去打水，要先找到水源。这里完成对Resource的定位，就类似于水源已经找到了，下面就是打水的过程了，类似于把找到的水装到水桶里的过程。找水不简单，但是与打水相比，我们发现打水更需要技巧。

2.3.2 BeanDefinition的载入和解析

在完成对代表BeanDefinition的Resource定位的分析后，下面来了解整个BeanDefinition信息的载入过程。对IoC容器来说，这个载入过程，相当于把定义的BeanDefinition在IoC容器中转化成一个Spring内部表示的数据结构的过程。IoC容器对Bean的管理和依赖注入功能的实现，是通过对其持有的BeanDefinition进行各种相关操作来完成的。这些BeanDefinition数据在IoC容器中通过一个HashMap来保持和维护。当然这只是一种比较简单的维护方式，如果需要提高IoC容器的性能和容量，完全可以自己做一些扩展。

下面，从DefaultListableBeanFactory的设计入手，看看IoC容器是怎样完成BeanDefinition载入的。这个DefaultListableBeanFactory在前面已经碰到过多次，相信大家对它一定不会感到陌生。在开始分析之前，先回到IoC容器的初始化入口，也就是看一下refresh方法。这个方法的最初是在FileSystemXmlApplicationContext的构造函数中被调用的，它的调用标志着容器初始化的开始，这些初始化对象就是BeanDefinition数据，初始化入口如代码清单2-7所示。

代码清单2-7 启动BeanDefinition的载入

```
public FileSystemXmlApplicationContext(String[] configLocations, boolean refresh,
ApplicationContext parent) throws BeansException {

        super(parent);
        setConfigLocations(configLocations);
        //这里调用容器的refresh，是载入BeanDefinition的入口
        if (refresh) {
            refresh();
        }
    }
```

对容器的启动来说，refresh是一个很重要的方法，下面介绍一下它的实现。该方法在AbstractApplicationContext类（它是FileSystemXmlApplicationContext的基类）中找到，它详细地描述了整个ApplicationContext的初始化过程，比如BeanFactory的更新，MessageSource和PostProcessor的注册，等等。这里看起来更像是对ApplicationContext进行初始化的模板或执行提纲，这个执行过程为 Bean的生命周期管理提供了条件。熟悉IoC容器使用的读者，从这一系列调用的名字就能大致了解应用上下文初始化的主要内容。这里就直接列出代码，不做太多的解释了。这个IoC容器的refresh过程如代码清单2-8所示。

代码清单2-8 对IoC容器执行refresh的过程

```
public void refresh() throws BeansException, IllegalStateException {
    synchronized (this.startupShutdownMonitor) {
        prepareRefresh();
        //这里是在子类中启动refreshBeanFactory()的地方
        ConfigurableListableBeanFactory beanFactory = obtainFreshBeanFactory();
        // Prepare the bean factory for use in this context.
        prepareBeanFactory(beanFactory);
        try {
            //设置BeanFactoy的后置处理
            postProcessBeanFactory(beanFactory);
            //调用BeanFactory的后处理器，这些后处理器是在Bean定义中向容器注册的
            invokeBeanFactoryPostProcessors(beanFactory);
            //注册Bean的后处理器，在Bean创建过程中调用。
            registerBeanPostProcessors(beanFactory);
            //对上下文中的消息源进行初始化
            initMessageSource();
            //初始化上下文中的事件机制
            initApplicationEventMulticaster();
            //初始化其他的特殊Bean
            onRefresh();
            //检查监听Bean并且将这些Bean向容器注册
            registerListeners();
            //实例化所有的(non-lazy-init)单件
            finishBeanFactoryInitialization(beanFactory);
            //发布容器事件，结束Refresh过程
            finishRefresh();
        }
        catch (BeansException ex) {
            //为防止Bean资源占用，在异常处理中，销毁已经在前面过程中生成的单件Bean
            destroyBeans();
            // 重置 'active'标志
            cancelRefresh(ex);
            throw ex;
        }
    }
}
```

进入到AbstractRefreshableApplicationContext的refreshBeanFactory()方法中，在这个方法中创建了BeanFactory。在创建IoC容器前，如果已经有容器存在，那么需要把已有的容器销毁和关闭，保证在refresh以后使用的是新建立起来的IoC容器。这么看来，这个refresh非常像重启动容器，就像重启动计算机那样。在建立好当前的IoC容器以后，开始了对容器的初始化过程，比如BeanDefinition的载入，具体的交互过程如图2-10所示。

可以从AbstractRefreshableApplicationContext的refreshBeanFactory方法开始，了解这个Bean定义信息载入的过程，具体实现如代码清单2-9所示。

代码清单2-9 AbstractRefreshableApplicationContext的refreshBeanFactory方法

```
protected final void refreshBeanFactory() throws BeansException {
    if (hasBeanFactory()) {
        destroyBeans();
```

```
            closeBeanFactory();
        }
        try {
            //创建IoC容器，这里使用的是DefaultListableBeanFactory
            DefaultListableBeanFactory beanFactory = createBeanFactory();
            beanFactory.setSerializationId(getId());
            customizeBeanFactory(beanFactory);
            //启动对BeanDefintion的载入
            loadBeanDefinitions(beanFactory);
            synchronized (this.beanFactoryMonitor) {
                this.beanFactory = beanFactory;
            }
        }
        catch (IOException ex) {
            throw new ApplicationContextException("I/O error parsing XML document for "
            + getDisplayName(), ex);
        }
    }
```

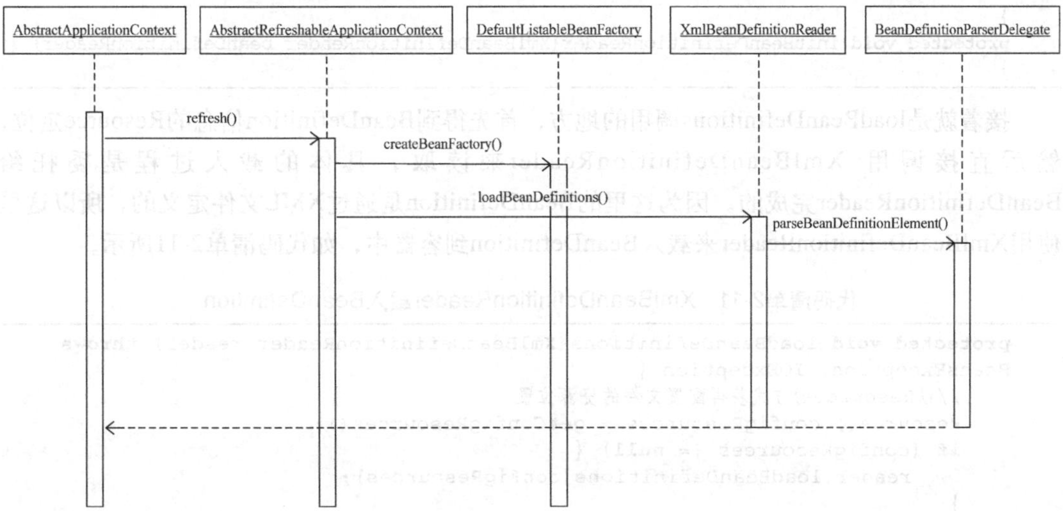

图2-10　BeanDefinition载入中的交互过程

这里调用的loadBeanDefinitions实际上是一个抽象方法，那么实际的载入过程发生在哪里呢？我们看看前面提到的loadBeanDefinitions在AbstractRefreshableApplicationContext的子类AbstractXmlApplicationContext中的实现，在这个loadBeanDefinitions中，初始化了读取器XmlBeanDefinitionReader，然后把这个读取器在IoC容器中设置好（过程和编程式使用XmlBeanFactory是类似的），最后是启动读取器来完成BeanDefinition在IoC容器中的载入，如代码清单2-10所示。

代码清单2-10　AbstractXmlApplicationContext中的loadBeanDefinitions

```
public abstract class AbstractXmlApplicationContext extends
AbstractRefreshableConfigApplicationContext {
```

```
    public AbstractXmlApplicationContext() {
    }
    public AbstractXmlApplicationContext(ApplicationContext parent) {
        super(parent);
    }
//这里是实现loadBeanDefinitions的地方
protected void loadBeanDefinitions(DefaultListableBeanFactory beanFactory) throws IOException {
    //创建XmlBeanDefinitionReader，并通过回调设置到BeanFactory中去，创建BeanFactory
    //的过程可以参考上文对编程式使用IoC容器的相关分析，这里和前面一样，使用的也是
    DefaultListableBeanFactory
    XmlBeanDefinitionReader beanDefinitionReader = new XmlBeanDefinition
    Reader(beanFactory);
    //这里设置XmlBeanDefinitionReader，为XmlBeanDefinitionReader配
    //ResourceLoader，因为DefaultResourceLoader是父类，所以this可以直接被使用
    beanDefinitionReader.setResourceLoader(this);
    beanDefinitionReader.setEntityResolver(new ResourceEntityResolver(this));
    //这是启动Bean定义信息载入的过程
    initBeanDefinitionReader(beanDefinitionReader);
    loadBeanDefinitions(beanDefinitionReader);
}
protected void initBeanDefinitionReader(XmlBeanDefinitionReader beanDefinitionReader) {
}
```

接着就是loadBeanDefinitions调用的地方，首先得到BeanDefinition信息的Resource定位，然后直接调用 XmlBeanDefinitionReader来读取，具体的载入过程是委托给BeanDefinitionReader完成的。因为这里的BeanDefinition是通过XML文件定义的，所以这里使用XmlBeanDefinitionReader来载入BeanDefinition到容器中，如代码清单2-11所示。

代码清单2-11 XmlBeanDefinitionReader载入BeanDefinition

```
protected void loadBeanDefinitions(XmlBeanDefinitionReader reader) throws
BeansException, IOException {
    //以Resource的方式获得配置文件的资源位置
    Resource[] configResources = getConfigResources();
    if (configResources != null) {
        reader.loadBeanDefinitions(configResources);
    }
    //以String的形式获得配置文件的位置
    String[] configLocations = getConfigLocations();
    if (configLocations != null) {
        reader.loadBeanDefinitions(configLocations);
    }
}
protected Resource[] getConfigResources() {
    return null;
}
}
```

通过以上对实现原理的分析，我们可以看到，在初始化FileSystmXmlApplicationContext的过程中是通过调用IoC容器的refresh来启动整个BeanDefinition的载入过程的，这个初始化是通过定义的XmlBeanDefinitionReader来完成的。同时，我们也知道实际使用的IoC容器是DefultListableBeanFactory，具体的Resource载入在XmlBeanDefinitionReader读入

BeanDefinition时实现。因为Spring可以对应不同形式的BeanDefinition。由于这里使用的是XML方式的定义，所以需要使用XmlBeanDefinitionReader。如果使用了其他的BeanDefinition方式，就需要使用其他种类的BeanDefinitionReader来完成数据的载入工作。在XmlBeanDefinitionReader的实现中可以看到，是在reader.loadBeanDefinitions中开始进行BeanDefinition的载入的，而这时XmlBeanDefinitionReader的父类AbstractBean-Definition-Reader已经为BeanDefinition的载入做好了准备，如代码清单2-12所示。

代码清单2-12 AbstractBeanDefinitionReader载入BeanDefinition

```
public int loadBeanDefinitions(Resource[] resources) throws
BeanDefinitionStoreException {
    //如果Resource为空，则停止BeanDefinition的载入
    //然后启动载入BeanDefinition的过程，这个过程会遍历整个Resource集合所
    //包含的BeanDefinition信息
    Assert.notNull(resources, "Resource array must not be null");
    int counter = 0;
    for (int i = 0; i < resources.length; i++) {
        counter += loadBeanDefinitions(resources[i]);
    }
    return counter;
}
```

这里调用的是loadBeanDefinitions(Resource res)方法，但这个方法在AbstractBean-DefinitionReader类里是没有实现的，它是一个接口方法，具体的实现在XmlBean-DefinitionReader中。在读取器中，需要得到代表XML文件的Resource，因为这个Resource对象封装了对XML文件的I/O操作，所以读取器可以在打开I/O流后得到XML的文件对象。有了这个文件对象以后，就可以按照Spring的Bean定义规则来对这个XML的文档树进行解析了，这个解析是交给BeanDefinitionParserDelegate来完成的，看起来实现脉络很清楚。具体可以参考代码实现，如代码清单2-13所示。

代码清单2-13 对BeanDefinition的载入实现

```
//这里是调用的入口
public int loadBeanDefinitions(Resource resource) throws BeanDefinitionStoreException {
    return loadBeanDefinitions(new EncodedResource(resource));
}
//这里是载入XML形式的BeanDefinition的地方
public int loadBeanDefinitions(EncodedResource encodedResource) throws
BeanDefinitionStoreException {
    Assert.notNull(encodedResource, "EncodedResource must not be null");
    if (logger.isInfoEnabled()) {
        logger.info("Loading XML bean definitions from " + encodedResource.getResource());
    }
    Set<EncodedResource> currentResources = this.
    resourcesCurrentlyBeingLoaded.get();
    if (currentResources == null) {
        currentResources = new HashSet<EncodedResource>(4);
        this.resourcesCurrentlyBeingLoaded.set(currentResources);
    }
```

```
        if (!currentResources.add(encodedResource)) {
            throw new BeanDefinitionStoreException(
                    "Detected recursive loading of " + encodedResource + " - check
                    your import definitions!");
        }
        //这里得到XML文件，并得到IO的InputSource准备进行读取
        try {
            InputStream inputStream = encodedResource.
            getResource().getInputStream();
            try {
                InputSource inputSource = new InputSource(inputStream);
                if (encodedResource.getEncoding() != null) {
                    inputSource.setEncoding(encodedResource.getEncoding());
                }
                return doLoadBeanDefinitions(inputSource, encodedResource.getResource());
            }
            finally {
                inputStream.close();
            }
        }
        catch (IOException ex) {
            throw new BeanDefinitionStoreException(
                    "IOException parsing XML document from " + encodedResource.
                    getResource(), ex);
        }
        finally {
            currentResources.remove(encodedResource);
            if (currentResources.isEmpty()) {
                this.resourcesCurrentlyBeingLoaded.set(null);
            }
        }
    }
    //具体的读取过程可以在doLoadBeanDefinitions方法中找到
    //这是从特定的XML文件中实际载入BeanDefinition的地方
    protected int doLoadBeanDefinitions(InputSource inputSource, Resource resource)
            throws BeanDefinitionStoreException {
        try {
            int validationMode = getValidationModeForResource(resource);
            //这里取得XML文件的Document对象，这个解析过程是由 documentLoader完成的这个
            //documentLoader是DefaultDocumentLoader,在定义documentLoader的地方创建
            Document doc = this.documentLoader.loadDocument(
                    inputSource, getEntityResolver(), this.errorHandler,
                    validationMode, isNamespaceAware());
            //这里启动的是对BeanDefinition解析的详细过程，这个解析会使用到Spring的Bean
            //配置规则，是我们下面需要详细讲解的内容
            return registerBeanDefinitions(doc, resource);
        }
            catch (BeanDefinitionStoreException ex) {
              throw ex;
        }
        catch (SAXParseException ex) {
            throw new XmlBeanDefinitionStoreException(resource.getDescription(),
                    "Line " + ex.getLineNumber() + " in XML document from " + resource
                    + " is invalid", ex);
        }
```

```
    catch (SAXException ex) {
        throw new XmlBeanDefinitionStoreException(resource.getDescription(),
                "XML document from " + resource + " is invalid", ex);
    }
    catch (ParserConfigurationException ex) {
        throw new BeanDefinitionStoreException(resource.getDescription(),
                "Parser configuration exception parsing XML from " + resource, ex);
    }
    catch (IOException ex) {
        throw new BeanDefinitionStoreException(resource.getDescription(),
                "IOException parsing XML document from " + resource, ex);
    }
    catch (Throwable ex) {
        throw new BeanDefinitionStoreException(resource.getDescription(),
                "Unexpected exception parsing XML document from " + resource, ex);
    }
}
```

感兴趣的读者可以到DefaultDocumentLoader中去看看如何得到Document对象，这里就不详细分析了。我们关心的是Spring的BeanDefinion是怎样按照Spring的Bean语义要求进行解析并转化为容器内部数据结构的，这个过程是在registerBeanDefinitions(doc, resource)中完成的。具体的过程是由BeanDefinitionDocumentReader来完成的，这个registerBeanDefinition还对载入的Bean的数量进行了统计。具体过程如代码清单2-14所示。

代码清单2-14 registerBeanDefinition的代码实现

```
public int registerBeanDefinitions(Document doc, Resource resource) throws
BeanDefinitionStoreException {
    //这里得到 BeanDefinitionDocumentReader来对XML的BeanDefinition进行解析
    BeanDefinitionDocumentReader documentReader = createBeanDefinition
    DocumentReader();
    int countBefore = getRegistry().getBeanDefinitionCount();
    //具体的解析过程在这个registerBeanDefinitions中完成
    documentReader.registerBeanDefinitions(doc, createReaderContext(resource));
    return getRegistry().getBeanDefinitionCount() - countBefore;
}
```

BeanDefinition的载入分成两部分，首先通过调用XML的解析器得到document对象，但这些document对象并没有按照Spring的Bean规则进行解析。在完成通用的XML解析以后，才是按照Spring的Bean规则进行解析的地方，这个按照Spring的Bean规则进行解析的过程是在documentReader中实现的。这里使用的documentReader是默认设置好的DefaultBean-DefinitionDocumentReader。这个DefaultBeanDefinitionDocumentReader的创建是在后面的方法中完成的，然后再完成BeanDefinition的处理，处理的结果由BeanDefinitionHolder对象来持有。这个BeanDefinitionHolder除了持有BeanDefinition对象外，还持有其他与BeanDefinition的使用相关的信息，比如Bean的名字、别名集合等。这个BeanDefinition-Holder的生成是通过对Document文档树的内容进行解析来完成的，可以看到这个解析过程是由BeanDefinition-ParserDelegate来实现（具体在processBeanDefinition方法中实现）的，同时这个解析是与Spring对BeanDefinition的配置规则紧密相关的。具体的实现原理如代码清单2-15所示。

代码清单2-15 创建BeanDefinitionDocumentReader

```
protected BeanDefinitionDocumentReader createBeanDefinitionDocumentReader() {
    return BeanDefinitionDocumentReader.class.cast(BeanUtils.instantiateClass
    (this.documentReaderClass));
    }
    //这样，得到了 documentReader以后，为具体的Spring Bean的解析过程准备好了数据
    //这里是处理BeanDefinition的地方，具体的处理委托给 BeanDefinitionParserDelegate来
    //完成，ele对应在Spring BeanDefinition中定义的XML元素
    protected void processBeanDefinition(Element ele, BeanDefinitionParserDelegate
    delegate) {
            /* BeanDefinitionHolder是BeanDefinition对象的封装类，封装了
            BeanDefinition，Bean的名字和别名。用它来完成向IoC容器注册。
            得到这个 BeanDefinitionHolder就意味着BeanDefinition是通过
    BeanDefinitionParserDelegate对XML元素的信息按照Spring的Bean规则进行解析得到的*/
    BeanDefinitionHolder bdHolder = delegate.parseBeanDefinitionElement(ele);
    if (bdHolder != null) {
            bdHolder = delegate.decorateBeanDefinitionIfRequired(ele, bdHolder);
            try {
                // 这里是向IoC容器注册解析得到BeanDefinition的地方
                BeanDefinitionReaderUtils.registerBeanDefinition(bdHolder,
                getReaderContext().getRegistry());
            }
            catch (BeanDefinitionStoreException ex) {
                getReaderContext().error("Failed to register bean definition
                with name '" + bdHolder.getBeanName() + "'", ele, ex);
            }
            // 在BeanDefinition向IoC容器注册完以后，发送消息
            getReaderContext().fireComponentRegistered(new
            BeanComponentDefinition(bdHolder));
    }
}
```

具体的Spring BeanDefinition的解析是在BeanDefinitionParserDelegate中完成的。这个类里包含了对各种Spring Bean定义规则的处理，感兴趣的读者可以仔细研究。比如我们最熟悉的对Bean元素的处理是怎样完成的，也就是怎样处理在XML定义文件中出现的<bean></bean>这个最常见的元素信息。在这里会看到对那些熟悉的BeanDefinition定义的处理，比如id、name、aliase等属性元素。把这些元素的值从XML文件相应的元素的属性中读取出来以后，设置到生成的BeanDefinitionHolder中去。这些属性的解析还是比较简单的。对于其他元素配置的解析，比如各种Bean的属性配置，通过一个较为复杂的解析过程，这个过程是由parseBeanDefinitionElement来完成的。解析完成以后，会把解析结果放到BeanDefinition对象中并设置到BeanDefinitionHolder中去，如代码清单2-16所示。

代码清单2-16 BeanDefinitionParserDelegate对Bean元素定义的处理

```
public BeanDefinitionHolder parseBeanDefinitionElement(Element ele, BeanDefinition
containingBean) {
    //这里取得在<bean>元素中定义的id、name和aliase属性的值
    String id = ele.getAttribute(ID_ATTRIBUTE);
    String nameAttr = ele.getAttribute(NAME_ATTRIBUTE);
    List<String> aliases = new ArrayList<String>();
```

```
    if (StringUtils.hasLength(nameAttr)) {
        String[] nameArr = StringUtils.tokenizeToStringArray(nameAttr,
        BEAN_NAME_DELIMITERS);
        aliases.addAll(Arrays.asList(nameArr));
    }
    String beanName = id;
    if (!StringUtils.hasText(beanName) && !aliases.isEmpty()) {
        beanName = aliases.remove(0);
        if (logger.isDebugEnabled()) {
            logger.debug("No XML 'id' specified - using '" + beanName +
                "' as bean name and " + aliases + " as aliases");
        }
    }
    if (containingBean == null) {
        checkNameUniqueness(beanName, aliases, ele);
    }
    //这个方法会引发对Bean元素的详细解析
    AbstractBeanDefinition beanDefinition = parseBeanDefinitionElement(ele,
        beanName, containingBean);
    if (beanDefinition != null) {
        if (!StringUtils.hasText(beanName)) {
            try {
                if (containingBean != null) {
                    beanName = BeanDefinitionReaderUtils.generateBeanName(
                    beanDefinition, this.readerContext.getRegistry(), true);
                }
                else {
                    beanName = this.readerContext.generateBeanName
                    (beanDefinition);
                    String beanClassName = beanDefinition.getBeanClassName();
                    if (beanClassName != null &&
                            beanName.startsWith(beanClassName) && beanName.length() >
                            beanClassName.length() &&
                                !this.readerContext.getRegistry().
                                isBeanNameInUse(beanClassName)) {
                            aliases.add(beanClassName);
                    }
                }
                if (logger.isDebugEnabled()) {
                    logger.debug("Neither XML 'id' nor 'name' specified - " +
                            "using generated bean name [" + beanName + "]");
                }
            }
            catch (Exception ex) {
                error(ex.getMessage(), ele);
                return null;
            }
        }
        String[] aliasesArray = StringUtils.toStringArray(aliases);
        return new BeanDefinitionHolder(beanDefinition, beanName, aliasesArray);
    }
    return null;
}
```

上面介绍了对Bean元素进行解析的过程，也就是BeanDefinition依据XML的<bean>定义被创建的过程。这个BeanDefinition可以看成是对<bean>定义的抽象，如图2-11所示。这个数据对象中封装的数据大多都是与<bean>定义相关的，也有很多就是我们在定义Bean时看到的那些Spring标记，比如常见的init-method、destroy-method、factory-method，等等，这个BeanDefinition数据类型是非常重要的，它封装了很多基本数据，这些基本数据都是IoC容器需要的。有了这些基本数据，IoC容器才能对Bean配置进行处理，才能实现相应的容器特性。

图2-11 BeanDefinition的数据定义

beanClass、description、lazyInit这些属性都是在配置bean时经常碰到的，都集中在这里。这个BeanDefinition是IoC容器体系中非常重要的核心数据结构。通过解析以后，这些数据已经做好在IoC容器里大显身手的准备了。对BeanDefinition元素的处理如代码清单2-17所示，在这个过程中可以看到对Bean定义的相关处理，比如对元素attribute值的处理，对元素属性值的处理，对构造函数设置的处理，等等。

代码清单2-17 对BeanDefinition定义元素的处理

```
public AbstractBeanDefinition parseBeanDefinitionElement(
        Element ele, String beanName, BeanDefinition containingBean) {
    this.parseState.push(new BeanEntry(beanName));
    //这里只读取定义的<bean>中设置的class名字，然后载入到BeanDefinition中去，只是做个
    //记录，并不涉及对象的实例化过程，对象的实例化实际上是在依赖注入时完成的
    String className = null;
    if (ele.hasAttribute(CLASS_ATTRIBUTE)) {
        className = ele.getAttribute(CLASS_ATTRIBUTE).trim();
```

```
    }
    try {
        String parent = null;
        if (ele.hasAttribute(PARENT_ATTRIBUTE)) {
            parent = ele.getAttribute(PARENT_ATTRIBUTE);
        }
        //这里生成需要的BeanDefinition对象，为Bean定义信息的载入做准备
        AbstractBeanDefinition bd = createBeanDefinition(className, parent);
        //这里对当前的Bean元素进行属性解析，并设置description的信息
        parseBeanDefinitionAttributes(ele, beanName, containingBean, bd);
        bd.setDescription(DomUtils.getChildElementValueByTagName(ele,
        DESCRIPTION_ELEMENT));
        //从名字可以清楚地看到，这里是对各种<bean>元素的信息进行解析的地方
        parseMetaElements(ele, bd);
        parseLookupOverrideSubElements(ele, bd.getMethodOverrides());
        parseReplacedMethodSubElements(ele, bd.getMethodOverrides());
        //解析<bean>的构造函数设置
        parseConstructorArgElements(ele, bd);
        //解析<bean>的property设置
        parsePropertyElements(ele, bd);
        parseQualifierElements(ele, bd);
        bd.setResource(this.readerContext.getResource());
        bd.setSource(extractSource(ele));
        return bd;
    }
//下面这些异常是在配置Bean出现问题时经常会看到的，原来是在这里抛出的这些检查是在
//createBeanDefinition时进行的，会检查Bean的class设置是否正确，比如这个类是否能找到
    catch (ClassNotFoundException ex) {
        error("Bean class [" + className + "] not found", ele, ex);
    }
    catch (NoClassDefFoundError err) {
        error("Class that bean class [" + className + "] depends on not found", ele, err);
    }
    catch (Throwable ex) {
        error("Unexpected failure during bean definition parsing", ele, ex);
    }
    finally {
        this.parseState.pop();
    }
    return null;
}
```

上面是具体生成BeanDefinition的地方。在这里，我们举一个对property进行解析的例子来完成对整个BeanDefinition载入过程的分析，还是在类BeanDefinitionParserDelegate的代码中，一层一层地对BeanDefinition中的定义进行解析，比如从属性元素集合到具体的每一个属性元素，然后才是对具体的属性值的处理。根据解析结果，对这些属性值的处理会被封装成PropertyValue对象并设置到BeanDefinition对象中去，如代码清单2-18所示。

代码清单2-18　对BeanDefinition中Property元素集合的处理

```
// 这里对指定Bean元素的property子元素集合进行解析
public void parsePropertyElements(Element beanEle, BeanDefinition bd) {
```

```
    //遍历所有Bean元素下定义的property元素
    NodeList nl = beanEle.getChildNodes();
    for (int i = 0; i < nl.getLength(); i++) {
        Node node = nl.item(i);
        if (node instanceof Element && DomUtils.nodeNameEquals(node,
        PROPERTY_ELEMENT)) {
            //在判断是property元素后对该property元素进行解析的过程
            parsePropertyElement((Element) node, bd);
        }
    }
}
public void parsePropertyElement(Element ele, BeanDefinition bd) {
    //这里取得property的名字
    String propertyName = ele.getAttribute(NAME_ATTRIBUTE);
    if (!StringUtils.hasLength(propertyName)) {
        error("Tag 'property' must have a 'name' attribute", ele);
        return;
    }
    this.parseState.push(new PropertyEntry(propertyName));
    try {
        //如果同一个Bean中已经有同名的property存在，则不进行解析，直接返回。也就是说，
        //如果在同一个Bean中有同名的property设置，那么起作用的只是第一个
        if (bd.getPropertyValues().contains(propertyName)) {
            error("Multiple 'property' definitions for property '"
            + propertyName + "'", ele);
            return;
        }
        //这里是解析property值的地方，返回的对象对应对Bean定义的property属性设置的
        //解析结果，这个解析结果会封装到PropertyValue对象中，然后设置
        到BeanDefinitionHolder中去
        Object val = parsePropertyValue(ele, bd, propertyName);
        PropertyValue pv = new PropertyValue(propertyName, val);
        parseMetaElements(ele, pv);
        pv.setSource(extractSource(ele));
        bd.getPropertyValues().addPropertyValue(pv);
    }
    finally {
        this.parseState.pop();
    }
}
//这里取得property元素的值，也许是一个list或其他
public Object parsePropertyValue(Element ele, BeanDefinition bd, String propertyName) {
    String elementName = (propertyName != null) ?
                "<property> element for property '" + propertyName + "'" :
                "<constructor-arg> element";
    NodeList nl = ele.getChildNodes();
    Element subElement = null;
    for (int i = 0; i < nl.getLength(); i++) {
        Node node = nl.item(i);
        if (node instanceof Element && !DomUtils.nodeNameEquals(node,
        DESCRIPTION_ELEMENT) &&
                !DomUtils.nodeNameEquals(node, META_ELEMENT)) {
            if (subElement != null) {
                error(elementName + " must not contain more than one sub-element", ele);
            }
```

```
            else {
                    subElement = (Element) node;
            }
        }
    }
    //这里判断property的属性，是ref还是value，不允许同时是ref和value
    boolean hasRefAttribute = ele.hasAttribute(REF_ATTRIBUTE);
    boolean hasValueAttribute = ele.hasAttribute(VALUE_ATTRIBUTE);
    if ((hasRefAttribute && hasValueAttribute) ||
            ((hasRefAttribute || hasValueAttribute) && subElement != null)) {
        error(elementName +
                " is only allowed to contain either 'ref' attribute OR
                 'value' attribute OR sub-element", ele);
    }
    //如果是ref，创建一个ref的数据对象RuntimeBeanReference，这个对象封装了ref的信息
    if (hasRefAttribute) {
        String refName = ele.getAttribute(REF_ATTRIBUTE);
        if (!StringUtils.hasText(refName)) {
            error(elementName + " contains empty 'ref' attribute", ele);
        }
        RuntimeBeanReference ref = new RuntimeBeanReference(refName);
        ref.setSource(extractSource(ele));
        return ref;
    }
    //如果是value，创建一个value的数据对象TypedStringValue ,这个对象封装了value的信息
    else if (hasValueAttribute) {
        TypedStringValue valueHolder = new TypedStringValue(ele.
        getAttribute(VALUE_ATTRIBUTE));
        valueHolder.setSource(extractSource(ele));
        return valueHolder;
    }
    //如果还有子元素，触发对子元素的解析
    else if (subElement != null) {
        return parsePropertySubElement(subElement, bd);
    }
    else {
        error(elementName + " must specify a ref or value", ele);
        return null;
    }
}
```

这里是对property子元素的解析过程，Array、List、Set、Map、Prop等各种元素都会在这里进行解析，生成对应的数据对象，比如ManagedList、ManagedArray、ManagedSet等。这些Managed类是Spring对具体的BeanDefinition的数据封装。具体的解析过程读者可以去查看自己感兴趣的部分，比如 parseArrayElement、parseListElement、parseSetElement、parseMapElement、parsePropElement对应着不同类型的数据解析，同时这些具体的解析方法在BeanDefinitionParserDelegate类中也都能够找到。因为方法命名很清晰，所以从方法名字上就能够很快地找到。下面以对Property的元素进行解析的过程为例，通过它的实现来说明具体的解析过程是怎样完成的，如代码清单2-19所示。

代码清单2-19 对属性元素进行解析

```
public Object parsePropertySubElement(Element ele, BeanDefinition bd, String
defaultValueType) {
    if (!isDefaultNamespace(ele.getNamespaceURI())) {
        return parseNestedCustomElement(ele, bd);
    }
    else if (DomUtils.nodeNameEquals(ele, BEAN_ELEMENT)) {
        BeanDefinitionHolder nestedBd = parseBeanDefinitionElement(ele, bd);
        if (nestedBd != null) {
            nestedBd = decorateBeanDefinitionIfRequired(ele, nestedBd, bd);
        }
        return nestedBd;
    }
    else if (DomUtils.nodeNameEquals(ele, REF_ELEMENT)) {
        String refName = ele.getAttribute(BEAN_REF_ATTRIBUTE);
        boolean toParent = false;
        if (!StringUtils.hasLength(refName)) {
            refName = ele.getAttribute(LOCAL_REF_ATTRIBUTE);
            if (!StringUtils.hasLength(refName)) {
                refName = ele.getAttribute(PARENT_REF_ATTRIBUTE);
                toParent = true;
                if (!StringUtils.hasLength(refName)) {
                    error("'bean', 'local' or 'parent' is required for <ref> element", ele);
                    return null;
                }
            }
        }
        if (!StringUtils.hasText(refName)) {
            error("<ref> element contains empty target attribute", ele);
            return null;
        }
        RuntimeBeanReference ref = new RuntimeBeanReference(refName, toParent);
        ref.setSource(extractSource(ele));
        return ref;
    }
    else if (DomUtils.nodeNameEquals(ele, IDREF_ELEMENT)) {
        return parseIdRefElement(ele);
    }
    else if (DomUtils.nodeNameEquals(ele, VALUE_ELEMENT)) {
        return parseValueElement(ele, defaultValueType);
    }
    else if (DomUtils.nodeNameEquals(ele, NULL_ELEMENT)) {
        TypedStringValue nullHolder = new TypedStringValue(null)
        nullHolder.setSource(extractSource(ele));
        return nullHolder;
    }
    else if (DomUtils.nodeNameEquals(ele, ARRAY_ELEMENT)) {
        return parseArrayElement(ele, bd);
    }
    else if (DomUtils.nodeNameEquals(ele, LIST_ELEMENT)) {
        return parseListElement(ele, bd);
    }
    else if (DomUtils.nodeNameEquals(ele, SET_ELEMENT)) {
        return parseSetElement(ele, bd);
```

```java
    }
    else if (DomUtils.nodeNameEquals(ele, MAP_ELEMENT)) {
        return parseMapElement(ele, bd);
    }
    else if (DomUtils.nodeNameEquals(ele, PROPS_ELEMENT)) {
        return parsePropsElement(ele);
    }
    else {
        error("Unknown property sub-element: [" + ele.getNodeName() + "]", ele);
        return null;
    }
}
```

下面看看List这样的属性配置是怎样被解析的，依然是在BeanDefinitionParserDelegate中，返回的是一个List对象，这个List是Spring定义的ManagedList，作为封装List这类配置定义的数据封装，如代码清单2-20所示。

代码清单2-20 解析BeanDefinition中的List元素

```java
public List parseListElement(Element collectionEle, BeanDefinition bd) {
    String defaultElementType = collectionEle.getAttribute(VALUE_TYPE_ATTRIBUTE);
    NodeList nl = collectionEle.getChildNodes();
    ManagedList<Object> target = new ManagedList<Object>(nl.getLength());
    target.setSource(extractSource(collectionEle));
    target.setElementTypeName(defaultElementType);
    target.setMergeEnabled(parseMergeAttribute(collectionEle));
    //具体的List元素的解析过程
    parseCollectionElements(nl, target, bd, defaultElementType);
    return target;
}
protected void parseCollectionElements(
        NodeList elementNodes, Collection<Object> target, BeanDefinition bd,
        String defaultElementType) {
    //遍历所有的元素节点，并判断其类型是否为Element
    for (int i = 0; i < elementNodes.getLength(); i++) {
        Node node = elementNodes.item(i);
        if (node instanceof Element && !DomUtils.nodeNameEquals(node, DESCRIPTION_ELEMENT)) {
    //加入到target中，target是一个ManagedList，同时触发对下一层子元素的解析过程，
    //这是一个递归的调用
            target.add(parsePropertySubElement((Element) node, bd, defaultElementType));
        }
    }
}
```

经过这样逐层地解析，我们在XML文件中定义的BeanDefinition就被整个载入到了IoC容器中，并在容器中建立了数据映射。在IoC容器中建立了对应的数据结构，或者说可以看成是POJO对象在IoC容器中的抽象，这些数据结构可以以AbstractBeanDefinition为入口，让IoC容器执行索引、查询和操作。简单的POJO操作背后其实蕴含着一个复杂的抽象过程，经过以上的载入过程，IoC容器大致完成了管理Bean对象的数据准备工作（或者说是初始化过程）。但是，重要的依赖注入实际上在这个时候还没有发生，现在，在IoC容器BeanDefinition中存在的还只是一些静态的配置信息。严格地说，这时候的容器还没有完全

起作用，要完全发挥容器的作用，还需完成数据向容器的注册。

2.3.3 BeanDefinition在IoC容器中的注册

前面已经分析过BeanDefinition在IoC容器中载入和解析的过程。在这些动作完成以后，用户定义的BeanDefinition信息已经在IoC容器内建立起了自己的数据结构以及相应的数据表示，但此时这些数据还不能供IoC容器直接使用，需要在IoC容器中对这些BeanDefinition数据进行注册。这个注册为IoC容器提供了更友好的使用方式，在DefaultListableBeanFactory中，是通过一个HashMap来持有载入的BeanDefinition的，这个HashMap的定义在DefaultListableBeanFactory中可以看到，如下所示。

```
/** Map of bean definition objects, keyed by bean name */
private final Map<String, BeanDefinition> beanDefinitionMap = new
ConcurrentHashMap<String, BeanDefinition>();
```

将解析得到的BeanDefinition向IoC容器中的beanDefinitionMap注册的过程是在载入BeanDefinition完成后进行的，注册的调用过程如图2-12所示。

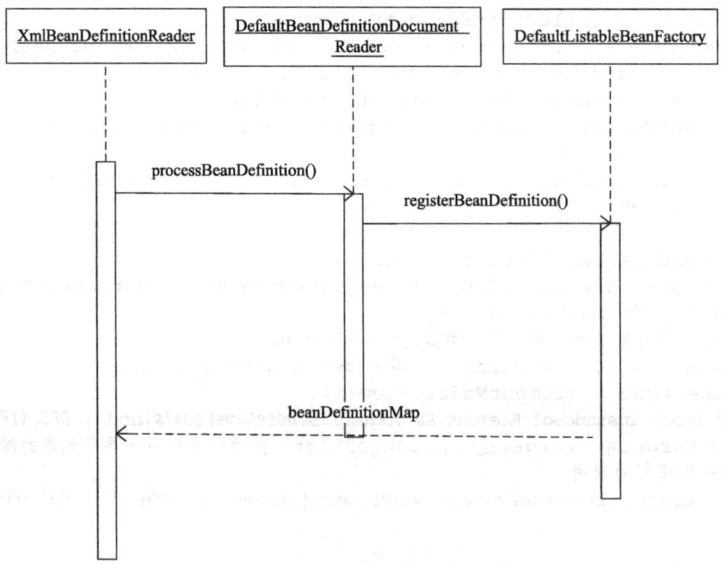

图2-12 注册的调用过程

从源代码实现的角度，可以看到相关的调用关系如图2-13所示。

我们跟踪以上的代码调用去看一下具体的注册实现，在DefaultListableBeanFactory中实现了BeanDefinitionRegistry的接口，这个接口的实现完成BeanDefinition向容器的注册。这个注册过程不复杂，就是把解析得到的BeanDefinition设置到hashMap中去。需要注意的是，如果遇到同名的BeanDefinition，进行处理的时候需要依据allowBeanDefinitionOverriding的配置来完成。具体的实现如代码清单2-21所示。

图2-13 registerBeanDefinition的调用关系

代码清单2-21 BeanDefinition注册的实现

```java
public void registerBeanDefinition(String beanName, BeanDefinition beanDefinition) throws
BeanDefinitionStoreException {
    Assert.hasText(beanName, "'beanName' must not be empty");
    Assert.notNull(beanDefinition, "BeanDefinition must not be null");
    if (beanDefinition instanceof AbstractBeanDefinition) {
        try {
            ((AbstractBeanDefinition) beanDefinition).validate();
        }
        catch (BeanDefinitionValidationException ex) {
            throw new BeanDefinitionStoreException(beanDefinition.
            getResourceDescription(), beanName,
                    "Validation of bean definition failed", ex);
        }
    }
    //注册的过程需要synchronized，保证数据的一致性
    synchronized (this.beanDefinitionMap) {
    //这里检查是不是有相同名字的BeanDefinition已经在IoC容器中注册了，如果有相同名字的
    //BeanDefinition，但又不允许覆盖，那么会抛出异常
        Object oldBeanDefinition = this.beanDefinitionMap.get(beanName);
        if (oldBeanDefinition != null) {
            if (!this.allowBeanDefinitionOverriding) {
                    throw new BeanDefinitionStoreException
                    (beanDefinition.getResourceDescription(), beanName,
                            "Cannot register bean definition [" +
                    beanDefinition + "] for bean '" + beanName +
                            "': There is already [" + oldBeanDefinition + "] bound.");
            }
            else {
                    if (this.logger.isInfoEnabled()) {
                        this.logger.info("Overriding bean definition for bean
                        '" + beanName +
                            "': replacing [" + oldBeanDefinition + "]
```

```
                          with [" + beanDefinition + "]");
                    }
                }
            }
/*这是正常注册BeanDefinition的过程，把Bean的名字存入到beanDefinitionNames的同时，把
beanName作为Map的key，把beanDefinition作为value存入到IoC容器持有的beanDefinitionMap中去*/
            else {
                this.beanDefinitionNames.add(beanName);
                this.frozenBeanDefinitionNames = null;
            }
            this.beanDefinitionMap.put(beanName, beanDefinition);
            resetBeanDefinition(beanName);
        }
    }
```

完成了BeanDefinition的注册，就完成了IoC容器的初始化过程。此时，在使用的IoC容器DefaultListableBeanFactory中已经建立了整个Bean的配置信息，而且这些BeanDefinition已经可以被容器使用了，它们都在beanDefinitionMap里被检索和使用。容器的作用就是对这些信息进行处理和维护。这些信息是容器建立依赖反转的基础，有了这些基础数据，下面我们看一下在IoC容器中，依赖注入是怎样完成的。

2.4 IoC容器的依赖注入

上面对IoC容器的初始化过程进行了详细的分析，这个初始化过程完成的主要工作是在IoC容器中建立BeanDefinition数据映射。在此过程中并没有看到IoC容器对Bean依赖关系进行注入，接下来分析一下IoC容器是怎样对Bean的依赖关系进行注入的。

假设当前IoC容器已经载入了用户定义的Bean信息，开始分析依赖注入的原理。首先，注意到依赖注入的过程是用户第一次向IoC容器索要Bean时触发的，当然也有例外，也就是我们可以在BeanDefinition信息中通过控制lazy-init属性来让容器完成对Bean的预实例化。这个预实例化实际上也是一个完成依赖注入的过程，但它是在初始化的过程中完成的，稍后我们会详细分析这个预实例化的处理。当用户向IoC容器索要Bean时，如果读者还有印象，那么一定还记得在基本的IoC容器接口BeanFactory中，有一个getBean的接口定义，这个接口的实现就是触发依赖注入发生的地方。为了进一步了解这个依赖注入过程的实现，下面从DefaultListableBeanFactory的基类AbstractBeanFactory入手去看看getBean的实现，如代码清单2-22所示。

代码清单2-22 getBean触发的依赖注入

```
//---------------------------------------------------------------------
// 这里是对 BeanFactory接口的实现，比如getBean接口方法
// 这些getBean接口方法最终是通过调用doGetBean来实现的
//---------------------------------------------------------------------
public Object getBean(String name) throws BeansException {
    return doGetBean(name, null, null, false);
}
public <T> T getBean(String name, Class<T> requiredType) throws BeansException {
    return doGetBean(name, requiredType, null, false);
```

```
}
public Object getBean(String name, Object... args) throws BeansException {
    return doGetBean(name, null, args, false);
}
public <T> T getBean(String name, Class<T> requiredType, Object[] args)
throws BeansException {
    return doGetBean(name, requiredType, args, false);
}
//这里是实际取得Bean的地方，也是触发依赖注入发生的地方
protected <T> T doGetBean(
        final String name, final Class<T> requiredType, final Object[] args, boolean
typeCheckOnly)
        throws BeansException {
    final String beanName = transformedBeanName(name);
    Object bean;
    //先从缓存中取得Bean,处理那些已经被创建过的单件模式的Bean，对这种Bean的请求不需要
    //重复地创建
    Object sharedInstance = getSingleton(beanName);
    if (sharedInstance != null && args == null) {
        if (logger.isDebugEnabled()) {
            if (isSingletonCurrentlyInCreation(beanName)) {
                logger.debug("Returning eagerly cached instance of singleton bean
                '" + beanName +
                "' that is not fully initialized yet - a consequence
                of a circular reference");
            }
            else {
                logger.debug("Returning cached instance of singleton bean '" +
            beanName + "'");
            }
        }
    /*这里的getObjectForBeanInstance完成的是FactoryBean的相关处理，以取得
    FactoryBean的生产结果， BeanFactory和FactoryBean的区别已经在前面讲过，这个过程在后
    面还会详细地分析*/
    bean = getObjectForBeanInstance(sharedInstance, name, beanName, null);
    }
    else {
        if (isPrototypeCurrentlyInCreation(beanName)) {
            throw new BeanCurrentlyInCreationException(beanName);
        }
    /*这里对IoC容器中的BeanDefintion是否存在进行检查，检查是否能在当前的BeanFactory中取
     得需要的Bean。如果在当前的工厂中取不到，则到双亲BeanFactory中去取，如果当前的双亲工
     厂取不到，那就顺着双亲BeanFactory链一直向上查找*/
        BeanFactory parentBeanFactory = getParentBeanFactory();
        if (parentBeanFactory != null && !containsBeanDefinition(beanName)) {
            String nameToLookup = originalBeanName(name);
            if (args != null) {
                return (T) parentBeanFactory.getBean(nameToLookup, args);
            }
            else {
                return parentBeanFactory.getBean(nameToLookup, requiredType);
            }
        }
        if (!typeCheckOnly) {
            markBeanAsCreated(beanName);
```

```
}
//这里根据Bean的名字取得BeanDefinition
final RootBeanDefinition mbd = getMergedLocalBeanDefinition(beanName);
checkMergedBeanDefinition(mbd, beanName, args);
//获取当前Bean的所有依赖Bean，这样会触发getBean的递归调用，直到取到一个没有
//任何依赖的Bean为止
String[] dependsOn = mbd.getDependsOn();
if (dependsOn != null) {
    for (String dependsOnBean : dependsOn) {
        getBean(dependsOnBean);
        registerDependentBean(dependsOnBean, beanName);
    }
}
/*这里通过调用createBean方法创建Singleton  bean的实例，这里有一个回调函数
  getObject，会在getSingleton中调用ObjectFactory的createBean*/
//下面会进入到createBean中进行详细分析
if (mbd.isSingleton()) {
    sharedInstance = getSingleton(beanName, new ObjectFactory() {
        public Object getObject() throws BeansException {
            try {
                return createBean(beanName, mbd, args);
            }
            catch (BeansException ex) {
                destroySingleton(beanName);
                throw ex;
            }
        }
    });
    bean = getObjectForBeanInstance(sharedInstance, name, beanName, mbd);
}
//这里是创建prototype bean的地方
else if (mbd.isPrototype()) {
    Object prototypeInstance = null;
    try {
        beforePrototypeCreation(beanName);
        prototypeInstance = createBean(beanName, mbd, args);
    }
    finally {
        afterPrototypeCreation(beanName);
    }
    bean = getObjectForBeanInstance(prototypeInstance, name, beanName, mbd);
}
else {
    String scopeName = mbd.getScope();
    final Scope scope = this.scopes.get(scopeName);
    if (scope == null) {
        throw new IllegalStateException("No Scope registered for scope '"
        + scopeName + "'");
    }
    try {
        Object scopedInstance = scope.get(beanName, new ObjectFactory() {
            public Object getObject() throws BeansException {
                beforePrototypeCreation(beanName);
                try {
                    return createBean(beanName, mbd, args);
```

```
                    }
                    finally {
                        afterPrototypeCreation(beanName);
                        }
                    }
                });
                bean = getObjectForBeanInstance(scopedInstance, name, beanName, mbd);
            }
            catch (IllegalStateException ex) {
                throw new BeanCreationException(beanName,
                        "Scope '" + scopeName + "' is not active for the current thread; " +
                        "consider defining a scoped proxy for this bean if you
                        intend to refer to it from a singleton",ex);
            }
        }
    }
    // 这里对创建的Bean进行类型检查，如果没有问题，就返回这个新创建的Bean，这个Bean已经
    //是包含了依赖关系的Bean
    if (requiredType != null && bean != null && !requiredType.
    isAssignableFrom(bean.getClass())) {
    throw new BeanNotOfRequiredTypeException(name, requiredType, bean.getClass());
    }
    return (T) bean;
}
```

这个就是依赖注入的入口，在这里触发了依赖注入，而依赖注入的发生是在容器中的BeanDefinition数据已经建立好的前提下进行的。“程序=数据+算法，”很经典的一句话，前面的BeanDefinition就是数据，下面看看这些数据是怎样为依赖注入服务的。虽然依赖注入的过程不涉及复杂的算法问题，但这个过程也不简单，因为我们都知道，对于IoC容器的使用，Spring提供了许多的参数配置，每一个参数配置实际上代表了一个IoC容器的实现特性，这些特性的实现很多都需要在依赖注入的过程中或者对Bean进行生命周期管理的过程中完成。尽管可以用最简单的方式来描述IoC容器，将它视为一个hashMap，但只能说这个hashMap是容器的最基本的数据结构，而不是IoC容器的全部。Spring IoC容器作为一个产品，其价值体现在一系列相关的产品特性上，这些产品特性以依赖反转模式的实现为核心，为用户更好地使用依赖反转提供便利，从而实现了一个完整的IoC容器产品。这些产品特性的实现并不是一个简单的过程，它提供了一个成熟的IoC容器产品供用户使用。所以，尽管Spring IoC容器没有什么独特的算法，但却可以看成是一个成功的软件工程产品，有许多值得我们学习的地方。

关于这个依赖注入的详细过程会在下面进行分析，在图2-14中可以看到依赖注入的一个大致过程。

重点来说，getBean是依赖注入的起点，之后会调用createBean，下面通过createBean代码来了解这个实现过程。在这个过程中，Bean对象会依据BeanDefinition定义的要求生成。在AbstractAutowireCapableBeanFactory中实现了这个createBean，createBean不但生成了需要的Bean，还对Bean初始化进行了处理，比如实现了在BeanDefinition中的init-method属性定义，Bean后置处理器等。具体的过程如代码清单2-23所示。

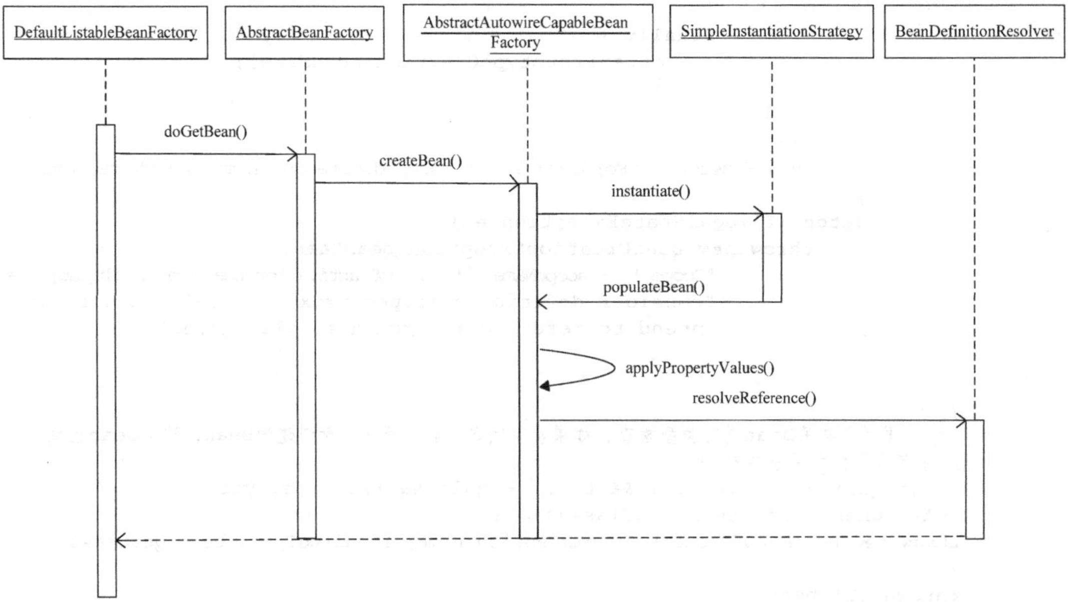

图2-14 依赖注入的过程

代码清单2-23 AbstractAutowireCapableBeanFactory中的createBean

```
protected Object createBean(final String beanName, final RootBeanDefinition
mbd, final Object[] args)
    throws BeanCreationException {
AccessControlContext acc = AccessController.getContext();
return AccessController.doPrivileged(new PrivilegedAction<Object>() {
    public Object run() {
        if (logger.isDebugEnabled()) {
            logger.debug("Creating instance of bean '" + beanName + "'");
        }
        // 这里判断需要创建的Bean是否可以实例化，这个类是否可以通过类装载器来载入
        resolveBeanClass(mbd, beanName);
            try {
            mbd.prepareMethodOverrides();
        }
        catch (BeanDefinitionValidationException ex) {
            throw new BeanDefinitionStoreException(mbd.getResourceDescription(),
                    beanName, "Validation of method overrides failed", ex);
        }
        try {
            // 如果Bean配置了PostProcessor，那么这里返回的是一个proxy
            Object bean = resolveBeforeInstantiation(beanName, mbd);
            if (bean != null) {
                return bean;
            }
        }
        catch (Throwable ex) {
            throw new BeanCreationException(mbd.getResourceDescription(), beanName,
```

```
                "BeanPostProcessor before instantiation of bean failed", ex);
        }
        //这里是创建Bean的调用
        Object beanInstance = doCreateBean(beanName, mbd, args);
        if (logger.isDebugEnabled()) {
            logger.debug("Finished creating instance of bean '" + beanName + "'");
        }
        return beanInstance;
    }
}, acc);
}
//接着到doCreateBean中去看看Bean是怎样生成的
    protected Object doCreateBean(final String beanName, final RootBeanDefinition mbd,
    final Object[] args) {
        // 这个BeanWrapper是用来持有创建出来的Bean对象的
        BeanWrapper instanceWrapper = null;
        //如果是Singleton，先把缓存中的同名Bean清除
        if(mbd.isSingleton()){
            instanceWrapper = this.factoryBeanInstanceCache.remove(beanName);
        }
        //这里是创建Bean的地方，由createBeanInstance来完成
        if (instanceWrapper == null) {
            instanceWrapper = createBeanInstance(beanName, mbd, args);
        }
        final Object bean = (instanceWrapper != null ?
        instanceWrapper.getWrappedInstance() : null);
        Class beanType = (instanceWrapper != null ? instanceWrapper.
        getWrappedClass() : null);
    synchronized (mbd.postProcessingLock) {
        if (!mbd.postProcessed) {
            applyMergedBeanDefinitionPostProcessors(mbd, beanType, beanName);
            mbd.postProcessed = true;
        }
    }
    boolean earlySingletonExposure = (mbd.isSingleton() &&
    this.allowCircularReferences && isSingletonCurrentlyInCreation(beanName));
    if (earlySingletonExposure) {
        if(logger.isDebugEnabled()){
            logger.debug("Eagerly caching bean '" + beanName +
                    "' to allow for resolving potential circular references");
        }
        addSingletonFactory(beanName, new ObjectFactory() {
            public Object getObject() throws BeansException {
                    return getEarlyBeanReference(beanName, mbd, bean);
            }
        });
    }
    //这里是对Bean的初始化，依赖注入往往在这里发生，这个exposedObject在初始化处理完以后会
    //返回作为依赖注入完成后的Bean
    Object exposedObject = bean;
    try {
        populateBean(beanName, mbd, instanceWrapper);
        exposedObject = initializeBean(beanName, exposedObject, mbd);
    }
    catch (Throwable ex) {
```

```
        if (ex instanceof BeanCreationException && beanName.equals
        (((BeanCreationException) ex).getBeanName())) {
            throw (BeanCreationException) ex;
        }
        else {
            throw new BeanCreationException(mbd.getResourceDescription(),
            beanName, "Initialization of bean failed", ex);
        }
    }
    if (earlySingletonExposure) {
        Object earlySingletonReference = getSingleton(beanName, false);
        if (earlySingletonReference != null) {
            if (exposedObject == bean) {
                exposedObject = earlySingletonReference;
            }
            else if (!this.allowRawInjectionDespiteWrapping &&
            hasDependentBean(beanName)) {
                String[] dependentBeans = getDependentBeans(beanName);
                Set<String> actualDependentBeans = new
                LinkedHashSet<String>(dependentBeans.length);
                for (String dependentBean : dependentBeans) {
                if (!removeSingletonIfCreatedForTypeCheckOnly(dependentBean)) {
                        actualDependentBeans.add(dependentBean);
                    }
                }
                if (!actualDependentBeans.isEmpty()) {
                    throw new BeanCurrentlyInCreationException(beanName,
                        "Bean with name '" + beanName + "' has been injected into
                        other beans [" +
                        StringUtils.collectionToCommaDelimitedString
                        (actualDependentBeans) +
                        "] in its raw version as part of a circular
                        reference, but has eventually been " +
                        "wrapped. This means that said other beans do not
                        use the final version of the " +
                        "bean. This is often the result of over-eager type
                        matching - consider using " +
                        "'getBeanNamesOfType' with the 'allowEagerInit'
                        flag turned off, for example.");
                }
            }
        }
    }
    try {
        registerDisposableBeanIfNecessary(beanName, bean, mbd);
    }
    catch (BeanDefinitionValidationException ex) {
        throw new BeanCreationException(mbd.getResourceDescription(), beanName,
    "Invalid destruction signature", ex);
    }
    return exposedObject;
}
```

在这里我们看到，与依赖注入关系特别密切的方法有createBeanInstance和populateBean，下面分别介绍这两个方法。在createBeanInstance中生成了Bean所包含的Java对象，这个对象的生成有很多种不同的方式，可以通过工厂方法生成，也可以通过容器的autowire特性生成，这些生成方式都是由相关的BeanDefinition来指定的。如代码清单2-24所示，可以看到不同生成方式对应的实现。

代码清单2-24 Bean包含的Java对象的生成

```
protected BeanWrapper createBeanInstance(String beanName, RootBeanDefinition
mbd, Object[] args) {
// 确认需要创建的Bean实例的类可以实例化
Class beanClass = resolveBeanClass(mbd, beanName);
//这里使用工厂方法对Bean进行实例化
if (mbd.getFactoryMethodName() != null) {
    return instantiateUsingFactoryMethod(beanName, mbd, args);
}
if (mbd.resolvedConstructorOrFactoryMethod != null) {
    if (mbd.constructorArgumentsResolved) {
        return autowireConstructor(beanName, mbd, null, args);
    }
    else {
        return instantiateBean(beanName, mbd);
    }
}
// 使用构造函数进行实例化
Constructor[] ctors = determineConstructorsFromBeanPostProcessors(beanClass, beanName);
if (ctors != null ||
        mbd.getResolvedAutowireMode() == RootBeanDefinition.AUTOWIRE_CONSTRUCTOR ||
        mbd.hasConstructorArgumentValues() || !ObjectUtils.isEmpty(args))  {
    return autowireConstructor(beanName, mbd, ctors, args);
    }
    // 使用默认的构造函数对Bean进行实例化
    return instantiateBean(beanName, mbd);
}
//最常见的实例化过程instantiateBean
protected BeanWrapper instantiateBean(String beanName, RootBeanDefinition mbd) {
//使用默认的实例化策略对Bean进行实例化，默认的实例化策略是
//CglibSubclassingInstantiationStrategy，也就是使用CGLIB来对Bean进行实例化
    //接着再看CglibSubclassingInstantiationStrategy的实现
    try {
        Object beanInstance = getInstantiationStrategy().instantiate(mbd, beanName, this);
        BeanWrapper bw = new BeanWrapperImpl(beanInstance);
        initBeanWrapper(bw);
        return bw;
    }
    catch (Throwable ex) {
        throw new BeanCreationException(mbd.getResourceDescription(), beanName,
        "Instantiation of bean failed", ex);
    }
}
```

这里用CGLIB对Bean进行实例化。CGLIB是一个常用的字节码生成器的类库，它提供了一系列的API来提供生成和转换Java的字节码的功能。在Spring AOP中也使用CGLIB对Java的字节码进行增强。在IoC容器中，要了解怎样使用CGLIB来生成Bean对象，需要看一下

SimpleInstantiationStrategy类。这个Strategy是Spring用来生成Bean对象的默认类，它提供了两种实例化Java对象的方法，一种是通过BeanUtils，它使用了JVM的反射功能，一种是通过前面提到的CGLIB来生成，如代码清单2-25所示。

代码清单2-25 使用SimpleInstantiationStrategy生成Java对象

```
public class SimpleInstantiationStrategy implements InstantiationStrategy {
public Object instantiate(
        RootBeanDefinition beanDefinition, String beanName, BeanFactory owner) {
    if (beanDefinition.getMethodOverrides().isEmpty()) {
    //这里取得指定的构造器或者生成对象的工厂方法来对Bean进行实例化
        Constructor constructorToUse = (Constructor) beanDefinition.
        resolvedConstructorOrFactoryMethod;
        if (constructorToUse == null) {
            Class clazz = beanDefinition.getBeanClass();
            if (clazz.isInterface()) {
                throw new BeanInstantiationException(clazz, "Specified class
                is an interface");
            }
            try {
                constructorToUse = clazz.getDeclaredConstructor((Class[]) null);
                beanDefinition.resolvedConstructorOrFactoryMethod = constructorToUse;
            }
            catch (Exception ex) {
                throw new BeanInstantiationException(clazz, "No default
                constructor found", ex);
            }
        }
    //通过BeanUtils进行实例化，这个BeanUtils的实例化通过Constructor来实例化Bean,
    //在BeanUtils中可以看到具体的调用ctor.newInstance(args)
        return BeanUtils.instantiateClass(constructorToUse, null);
    }
    else {
        //使用CGLIB来实例化对象
        return instantiateWithMethodInjection(beanDefinition, beanName, owner);
    }
}
```

在cglibSubclassingInstantiationStrategy中可以看到具体的实例化过程和CGLIB的使用方法，这里就不对CGLIB的使用进行过多阐述了。如果读者有兴趣，可以去阅读CGLIB的使用文档，不过这里的Spring代码可以为使用CGLIB提供很好的参考。这里的Enhancer类，已经是CGLIB的类了，通过这个Enhancer生成Java对象，使用的是Enhancer的create方法，如代码清单2-26所示。

代码清单2-26 使用CGLIB的Enhancer生成Java对象

```
public Object instantiate(Constructor ctor, Object[] args) {
//生成Enhancer对象，并为Enhancer对象设置生成Java对象的参数，比如基类、回调方法等
    Enhancer enhancer = new Enhancer();
    enhancer.setSuperclass(this.beanDefinition.getBeanClass());
    enhancer.setCallbackFilter(new CallbackFilterImpl());
    enhancer.setCallbacks(new Callback[] {
```

```
            NoOp.INSTANCE,
            new LookupOverrideMethodInterceptor(),
            new ReplaceOverrideMethodInterceptor()
    });
    //使用CGLIB的create生成实例化的Bean对象
    return (ctor == null) ?
            enhancer.create() :
            enhancer.create(ctor.getParameterTypes(), args);
}
```

到这里已经分析了实例化Bean对象的整个过程。在实例化Bean对象生成的基础上，再介绍一下Spring是怎样对这些对象进行处理的，也就是Bean对象生成以后，怎样把这些Bean对象的依赖关系设置好，完成整个依赖注入过程。这个过程涉及对各种Bean对象的属性的处理过程（即依赖关系处理的过程），这些依赖关系处理的依据就是已经解析得到的BeanDefinition。要详细了解这个过程，需要回到前面的populateBean方法，这个方法在AbstractAutowireCapableBeanFactory中的实现如代码清单2-27所示。

代码清单2-27 populateBean的实现

```
protected void populateBean(String beanName, AbstractBeanDefinition mbd, BeanWrapper bw) {
//这里取得在BeanDefinition中设置的property值，这些property来自对BeanDefinition的解析
//具体的解析过程可以参看对载入和解析BeanDefinition的分析
    PropertyValues pvs = mbd.getPropertyValues();
    if (bw == null) {
        if (!pvs.isEmpty()) {
            throw new BeanCreationException(
                    mbd.getResourceDescription(), beanName, "Cannot apply
                    property values to null instance");
        }
        else {
            return;
        }
    }
    boolean continueWithPropertyPopulation = true;
    if (!mbd.isSynthetic() && hasInstantiationAwareBeanPostProcessors()) {
        for (BeanPostProcessor bp : getBeanPostProcessors()) {
            if (bp instanceof InstantiationAwareBeanPostProcessor) {
                    InstantiationAwareBeanPostProcessor ibp =
                    (InstantiationAwareBeanPostProcessor) bp;
                    if (!ibp.postProcessAfterInstantiation
                    (bw.getWrappedInstance(), beanName)) {
                        continueWithPropertyPopulation = false;
                        break;
                    }
            }
        }
    }
    if (!continueWithPropertyPopulation) {
        return;
    }
    //开始进行依赖注入过程，先处理autowire的注入
    if (mbd.getResolvedAutowireMode() == RootBeanDefinition.AUTOWIRE_BY_NAME ||
```

```
            mbd.getResolvedAutowireMode() == RootBeanDefinition.AUTOWIRE_BY_TYPE) {
            MutablePropertyValues newPvs = new MutablePropertyValues(pvs);
            // 这里是对autowire注入的处理，可以根据Bean的名字或者类型，
            //来完成Bean的autowire
            if (mbd.getResolvedAutowireMode() == RootBeanDefinition.AUTOWIRE_BY_TYPE) {
                autowireByName(beanName, mbd, bw, newPvs);
            }
            if (mbd.getResolvedAutowireMode() == RootBeanDefinition.AUTOWIRE_BY_TYPE) {
                autowireByType(beanName, mbd, bw, newPvs);
            }
            pvs = newPvs;
        }
        boolean hasInstAwareBpps = hasInstantiationAwareBeanPostProcessors();
        boolean needsDepCheck = (mbd.getDependencyCheck() != RootBeanDefinition.
        DEPENDENCY_CHECK_NONE);
        if (hasInstAwareBpps || needsDepCheck) {
            PropertyDescriptor[] filteredPds = filterPropertyDescriptorsForDependencyCheck(bw);
            if (hasInstAwareBpps) {
                for (BeanPostProcessor bp : getBeanPostProcessors()) {
                    if (bp instanceof InstantiationAwareBeanPostProcessor) {
                        InstantiationAwareBeanPostProcessor ibp = (InstantiationAwareBean
                        PostProcessor) bp;
                        pvs = ibp.postProcessPropertyValues(pvs, filteredPds,
                        bw.getWrappedInstance(), beanName);
                        if (pvs == null) {
                            return;
                        }
                    }
                }
            }
            if (needsDepCheck) {
                checkDependencies(beanName, mbd, filteredPds, pvs);
            }
        }
        //对属性进行注入
        applyPropertyValues(beanName, mbd, bw, pvs);
    }
    //通过applyPropertyValues了解具体的对属性行进行解析然后注入的过程
    protected void applyPropertyValues(String beanName, BeanDefinition mbd,
    BeanWrapper bw, PropertyValues pvs) {
        if (pvs == null || pvs.isEmpty()) {
            return;
        }
        MutablePropertyValues mpvs = null;
        List<PropertyValue> original;
        if (pvs instanceof MutablePropertyValues) {
            mpvs = (MutablePropertyValues) pvs;
            if (mpvs.isConverted()) {
                try {
                    bw.setPropertyValues(mpvs);
                    return;
                }
                catch (BeansException ex) {
                    throw new BeanCreationException(
                            mbd.getResourceDescription(), beanName, "Error setting property
```

```
                values", ex);
            }
        }
        original = mpvs.getPropertyValueList();
    }
    else {
        original = Arrays.asList(pvs.getPropertyValues());
    }
    TypeConverter converter = getCustomTypeConverter();
    if (converter == null) {
        converter = bw;
    }
    //注意这个BeanDefinitionValueResolver对BeanDefinition的解析是在
    //这个valueResolver中完成的
    BeanDefinitionValueResolver valueResolver = new
    BeanDefinitionValueResolver(this, beanName, mbd, converter);
    //这里为解析值创建一个副本，副本的数据将会被注入到Bean中
    List<PropertyValue> deepCopy = new ArrayList
    <PropertyValue>(original.size());
    boolean resolveNecessary = false;
    for (PropertyValue pv : original) {
        if (pv.isConverted()) {
            deepCopy.add(pv);
        }
        else {
            String propertyName = pv.getName();
            Object originalValue = pv.getValue();
            Object resolvedValue = valueResolver.resolveValueIfNecessary(pv, originalValue);
            Object convertedValue = resolvedValue;
            boolean convertible = bw.isWritableProperty(propertyName) &&
            !PropertyAccessorUtils.isNestedOrIndexedProperty(propertyName);
            if (convertible) {
                convertedValue = convertForProperty(resolvedValue, propertyName,
                bw, converter);
            }
            if (resolvedValue == originalValue) {
                if (convertible) {
                pv.setConvertedValue(convertedValue);
                }
                deepCopy.add(pv);
            }
            else if (originalValue instanceof TypedStringValue && convertible &&
                !(convertedValue instanceof Collection || ObjectUtils.
                isArray(convertedValue))) {
                pv.setConvertedValue(convertedValue);
                deepCopy.add(pv);
            }
            else {
                resolveNecessary = true;
                deepCopy.add(new PropertyValue(pv, convertedValue));
            }
        }
    }
    if (mpvs != null && !resolveNecessary) {
        mpvs.setConverted();
```

```
        }
        // 这里是依赖注入发生的地方，会在BeanWrapperImpl中完成
        try {
            bw.setPropertyValues(new MutablePropertyValues(deepCopy));
        }
        catch (BeansException ex) {
            throw new BeanCreationException(
                    mbd.getResourceDescription(), beanName, "Error setting
                    property values", ex);
        }
    }
```

这里通过使用BeanDefinitionResolver来对BeanDefinition进行解析，然后注入到property中。下面到BeanDefinitionValueResolver中去看一下解析过程的实现，以对Bean reference进行解析为例，如图2-15所示，可以看到整个Resolve的过程。具体的对Bean reference进行解析的过程如代码清单2-28所示。

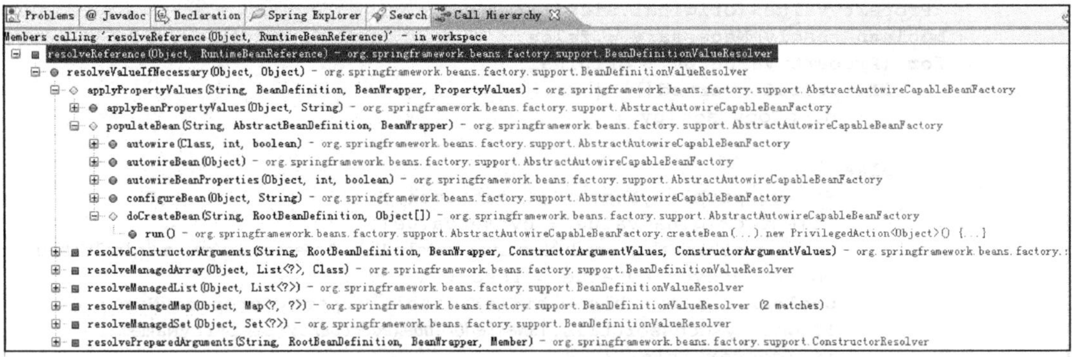

图2-15 Resolve的调用过程

代码清单2-28 对Bean Reference的解析

```
private Object resolveReference(Object argName, RuntimeBeanReference ref) {
    try {
    //从RuntimeBeanReference取得reference的名字，这个RuntimeBeanReference是在
    //载入BeanDefinition时根据配置生成的
        String refName = ref.getBeanName();
        refName = String.valueOf(evaluate(refName));
        //如果ref是在双亲IoC容器中，那就到双亲IoC容器中去获取
        if (ref.isToParent()) {
            if (this.beanFactory.getParentBeanFactory() == null) {
                throw new BeanCreationException(
                        this.beanDefinition.getResourceDescription(), this.beanName,
                        "Can't resolve reference to bean '" + refName +
                        "' in parent factory: no parent factory available");
            }
            return this.beanFactory.getParentBeanFactory().getBean(refName);
        }
//在当前IoC容器中去获取Bean，这里会触发一个getBean的过程，如果依赖注入没有发生，这里会
//触发相应的依赖注入的发生
```

```
        else {
            Object bean = this.beanFactory.getBean(refName);
            this.beanFactory.registerDependentBean(refName, this.beanName);
            return bean;
        }
    }
    catch (BeansException ex) {
        throw new BeanCreationException(
                this.beanDefinition.getResourceDescription(), this.beanName,
                "Cannot resolve reference to bean '" + ref.getBeanName() + "' while
                setting " + argName, ex);
    }
}
//下面看一下对其他类型的属性进行注入的例子，比如array和list
private Object resolveManagedArray(Object argName, List<?> ml, Class elementType) {
    Object resolved = Array.newInstance(elementType, ml.size());
    for (int i = 0; i< ml.size(); i++) {
        Array.set(resolved, i,
        resolveValueIfNecessary(
                    argName + " with key " + BeanWrapper.PROPERTY_KEY_PREFIX + i +
                    BeanWrapper.PROPERTY_KEY_SUFFIX,
                    ml.get(i)));
    }
    return resolved;
}
//对于每一个在List中的元素，都会依次进行解析
private List resolveManagedList(Object argName, List<?> ml) {
    List<Object> resolved = new ArrayList<Object>(ml.size());
    for (int i = 0; i < ml.size(); i++) {
        resolved.add(
        resolveValueIfNecessary(
                    argName + " with key " + BeanWrapper.PROPERTY_KEY_PREFIX + i +
                    BeanWrapper.PROPERTY_KEY_SUFFIX,
                    ml.get(i)));
    }
    return resolved;
}
```

这两种属性的注入都调用了resolveValueIfNecessary，这个方法包含了所有对注入类型的处理。下面看一下resolveValueIfNecessary的实现，如代码清单2-29所示。

代码清单2-29 resolveValueIfNecessary的实现

```
public Object resolveValueIfNecessary(Object argName, Object value) {
    //这里对RuntimeBeanReference进行解析，RuntimeBeanReference是在
    //对BeanDefinition进行解析时生成的数据对象
    if (value instanceof RuntimeBeanReference) {
        RuntimeBeanReference ref = (RuntimeBeanReference) value;
        return resolveReference(argName, ref);
    }
    else if (value instanceof RuntimeBeanNameReference) {
        String refName = ((RuntimeBeanNameReference) value).getBeanName();
        refName = String.valueOf(evaluate(refName));
        if (!this.beanFactory.containsBean(refName)) {
            throw new BeanDefinitionStoreException(
```

```
                "Invalid bean name '" + refName + "' in bean reference for " + argName);
        }
        return refName;
    }
    else if (value instanceof BeanDefinitionHolder) {
        BeanDefinitionHolder bdHolder = (BeanDefinitionHolder) value;
        return resolveInnerBean(argName, bdHolder.getBeanName(), bdHolder.
        getBeanDefinition());
    }
    else if (value instanceof BeanDefinition) {
        BeanDefinition bd = (BeanDefinition) value;
        return resolveInnerBean(argName, "(inner bean)", bd);
    }
//这里对ManageArray进行解析
    else if (value instanceof ManagedArray) {
        ManagedArray array = (ManagedArray) value;
        Class elementType = array.resolvedElementType;
        if (elementType == null) {
            String elementTypeName = array.getElementTypeName();
            if (StringUtils.hasText(elementTypeName)) {
                try {
                    elementType = ClassUtils.forName(elementTypeName, this.
                    beanFactory.getBeanClassLoader());
                    array.resolvedElementType = elementType;
                }
                catch (Throwable ex) {
                    throw new BeanCreationException(
                this.beanDefinition.getResourceDescription(), this.beanName,
                "Error resolving array type for " + argName, ex);
                }
        }
        else {
            elementType = Object.class;
        }
    }
    return resolveManagedArray(argName, (List<?>) value, elementType);
    }
//这里对ManageList进行解析
    else if (value instanceof ManagedList) {
        return resolveManagedList(argName, (List<?>) value);
    }
//这里对ManageSet进行解析
    else if (value instanceof ManagedSet) {
        return resolveManagedSet(argName, (Set<?>) value);
    }
//这里对ManageMap进行解析
    else if (value instanceof ManagedMap) {
        return resolveManagedMap(argName, (Map<?, ?>) value);
    }
//这里对ManageProperties进行解析
    else if (value instanceof ManagedProperties) {
        Properties original = (Properties) value;
        Properties copy = new Properties();
        for (Map.Entry propEntry : original.entrySet()) {
            Object propKey = propEntry.getKey();
```

```
                Object propValue = propEntry.getValue();
                if (propKey instanceof TypedStringValue) {
                    propKey = ((TypedStringValue) propKey).getValue();
                }
                if (propValue instanceof TypedStringValue) {
                    propValue = ((TypedStringValue) propValue).getValue();
                }
                copy.put(propKey, propValue);
            }
            return copy;
        }
    //这里对TypedStringValue进行解析
        else if (value instanceof TypedStringValue) {
            TypedStringValue typedStringValue = (TypedStringValue) value;
            Object valueObject = evaluate(typedStringValue.getValue());
            try {
                Class resolvedTargetType = resolveTargetType(typedStringValue);
                if (resolvedTargetType != null) {
                    return this.typeConverter.convertIfNecessary
                    (valueObject, resolvedTargetType);
                }
                else {
                    return valueObject;
                }
            }
            catch (Throwable ex) {
                throw new BeanCreationException(
                this.beanDefinition.getResourceDescription(), this.beanName,
                "Error converting typed String value for " + argName, ex);
            }
        }
        else {
            return evaluate(value);
        }
    }
    //对RuntimeBeanReference类型的注入在resolveReference中
        private Object resolveReference(Object argName, RuntimeBeanReference ref) {
            try {
        //从RuntimeBeanReference取得reference的名字，这个RuntimeBeanReference是在
        //载入BeanDefinition时根据配置生成的
            String refName = ref.getBeanName();
            refName = String.valueOf(evaluate(refName));
        //如果ref是在双亲IoC容器中，那就到双亲IoC容器中去获取
            if (ref.isToParent()) {
                if (this.beanFactory.getParentBeanFactory() == null) {
                    throw new BeanCreationException(
                        this.beanDefinition.getResourceDescription(), this.beanName,
                        "Can't resolve reference to bean '" + refName +
                        "' in parent factory: no parent factory available");
                }
                return this.beanFactory.getParentBeanFactory().getBean(refName);
            }
    //在当前IoC容器中取得Bean，这里会触发一个getBean的过程，如果依赖注入没有发生，这里会
    //触发相应的依赖注入的发生
            else {
```

```
                Object bean = this.beanFactory.getBean(refName);
                this.beanFactory.registerDependentBean(refName, this.beanName);
                return bean;
            }
        }
        catch (BeansException ex) {
            throw new BeanCreationException(
                    this.beanDefinition.getResourceDescription(), this.beanName,
                    "Cannot resolve reference to bean '" +ref.getBeanName() + "' while
                     setting " + argName, ex);
        }
    }
    //对manageList的处理过程在resolveManagedList中
    private List resolveManagedList(Object argName, List<?> ml) {
        List<Object> resolved = new ArrayList<Object>(ml.size());
        for (int i = 0; i < ml.size(); i++) {
            //通过递归的方式，对List的元素进行解析
            resolved.add(
               resolveValueIfNecessary(
                         argName + " with key " + BeanWrapper.PROPERTY_
                         KEY_PREFIX + i + BeanWrapper.PROPERTY_KEY_SUFFIX,
                         ml.get(i)));
        }
        return resolved;
    }
```

在完成这个解析过程后，已经为依赖注入准备好了条件，这是真正把Bean对象设置到它所依赖的另一个Bean的属性中去的地方，其中处理的属性是各种各样的。依赖注入的发生是在BeanWrapper的setPropertyValues中实现的，具体的完成却是在BeanWrapper的子类BeanWrapperImpl中实现的，如代码清单2-30所示。

代码清单2-30 BeanWraper完成Bean的属性值注入

```
    private void setPropertyValue(PropertyTokenHolder tokens, PropertyValue pv) throws
    BeansException {
        String propertyName = tokens.canonicalName;
        String actualName = tokens.actualName;
        if (tokens.keys != null) {
            // 设置tokens的索引和keys
            PropertyTokenHolder getterTokens = new PropertyTokenHolder();
            getterTokens.canonicalName = tokens.canonicalName;
            getterTokens.actualName = tokens.actualName;
            getterTokens.keys = new String[tokens.keys.length - 1];
            System.arraycopy(tokens.keys, 0, getterTokens.keys, 0, tokens.keys.length - 1);
            Object propValue;
            //getPropertyValue取得Bean中对注入对象的引用，比如Array、List、Map、Set等
            try {
                propValue = getPropertyValue(getterTokens);
            }
            catch (NotReadablePropertyException ex) {
                throw new NotWritablePropertyException(getRootClass(), this.
                nestedPath + propertyName,
                        "Cannot access indexed value in property referenced " +
                        "in indexed property path '" + propertyName + "'", ex);
```

```
        }
        String key = tokens.keys[tokens.keys.length - 1];
        if (propValue == null) {
            throw new NullValueInNestedPathException(getRootClass(), this.
            nestedPath + propertyName,
                    "Cannot access indexed value in property referenced " +
                    "in indexed property path '" + propertyName + "': returned null");
        } //这里对Array进行注入
        else if (propValue.getClass().isArray()) {
            Class requiredType = propValue.getClass().getComponentType();
            int arrayIndex = Integer.parseInt(key);
            Object oldValue = null;
            try {
                if (isExtractOldValueForEditor()) {
                        oldValue = Array.get(propValue, arrayIndex);
                }
                Object convertedValue = this.typeConverterDelegate.
                convertIfNecessary(
                    propertyName, oldValue, pv.getValue(), requiredType);
                Array.set(propValue, Integer.parseInt(key), convertedValue);
            }
        catch (IllegalArgumentException ex) {
            PropertyChangeEvent pce =
                    new PropertyChangeEvent(this.rootObject, this.nestedPath +
                    propertyName,oldValue, pv.getValue());
            throw new TypeMismatchException(pce, requiredType, ex);
        }
        catch (IllegalStateException ex) {
            PropertyChangeEvent pce =
                    new PropertyChangeEvent(this.rootObject, this.nestedPath +
                    propertyName, oldValue, pv.getValue());
            throw new ConversionNotSupportedException(pce, requiredType, ex);
        }
        catch (IndexOutOfBoundsException ex) {
            throw new InvalidPropertyException(getRootClass(), this.nestedPath +
            propertyName,
            "Invalid array index in property path '" + propertyName + "'", ex);
        }
    } //这里对List进行注入
    else if (propValue instanceof List) {
        PropertyDescriptor pd = getCachedIntrospectionResults().
        getPropertyDescriptor(actualName);
        Class requiredType = GenericCollectionTypeResolver.getCollectionReturnType(
                pd.getReadMethod(), tokens.keys.length);
        List list = (List) propValue;
        int index = Integer.parseInt(key);
        Object oldValue = null;
        if (isExtractOldValueForEditor() && index < list.size()) {
            oldValue = list.get(index);
        }
        try {
            Object convertedValue = this.typeConverterDelegate.
            convertIfNecessary(
                        propertyName, oldValue, pv.getValue(), requiredType);
```

```
            if (index < list.size()) {
                list.set(index, convertedValue);
            }
            else if (index >= list.size()) {
                for (int i = list.size(); i < index; i++) {
                    try {
                        list.add(null);
                    }
                    catch (NullPointerException ex) {
                        throw new InvalidPropertyException(getRootClass(),
                        this.nestedPath + propertyName,
                                "Cannot set element with index " + index + "
                                in List of size " +
                                list.size() + ", accessed using property path '"
                                + propertyName +
                                "': List does not support filling up gaps with
                        null elements");
                        }
                    }
                    list.add(convertedValue);
            }
        }
        catch (IllegalArgumentException ex) {
            PropertyChangeEvent pce =
                    new PropertyChangeEvent(this.rootObject, this.nestedPath
                    + propertyName, oldValue, pv.getValue());
            throw new TypeMismatchException(pce, requiredType, ex);
            }
        } //这里对Map进行注入
        else if (propValue instanceof Map) {
            PropertyDescriptor pd = getCachedIntrospectionResults().
            getPropertyDescriptor(actualName);
            Class mapKeyType = GenericCollectionTypeResolver.
            getMapKeyReturnType(
                        pd.getReadMethod(), tokens.keys.length);
            Class mapValueType = GenericCollectionTypeResolver.
            getMapValueReturnType(
                        pd.getReadMethod(), tokens.keys.length);
            Map map = (Map) propValue;
            Object convertedMapKey;
            Object convertedMapValue;
            try {
                convertedMapKey = this.typeConverterDelegate.
                convertIfNecessary(key, mapKeyType);
            }
        catch (IllegalArgumentException ex) {
            PropertyChangeEvent pce =
                    new PropertyChangeEvent(this.rootObject, this.nestedPath +
                    propertyName, null, pv.getValue());
            throw new TypeMismatchException(pce, mapKeyType, ex);
        }
        Object oldValue = null;
        if (isExtractOldValueForEditor()) {
            oldValue = map.get(convertedMapKey);
            }
```

```
        try {
            convertedMapValue = this.typeConverterDelegate.convertIfNecessary(
                    propertyName, oldValue, pv.getValue(), mapValueType, null,
                        new MethodParameter(pd.getReadMethod(), -1, tokens.keys.length + 1));
        }
        catch (IllegalArgumentException ex) {
            PropertyChangeEvent pce =
                    new PropertyChangeEvent(this.rootObject, this.nestedPath +
                    propertyName, oldValue, pv.getValue());
            throw new TypeMismatchException(pce, mapValueType, ex);
            }
            map.put(convertedMapKey, convertedMapValue);
        }
        else {
            throw new InvalidPropertyException(getRootClass(), this.
            nestedPath + propertyName,
            "Property referenced in indexed property path '" + propertyName +
            "' is neither an array nor a List nor a Map; returned value was [" +
            pv.getValue() + "]");
        }
    }//这里对非集合类的域进行注入
    else {
        PropertyDescriptor pd = pv.resolvedDescriptor;
        if (pd == null || !pd.getWriteMethod().getDeclaringClass().
        isInstance(this.object)) {
            pd = getCachedIntrospectionResults().
            getPropertyDescriptor(actualName);
            if (pd == null || pd.getWriteMethod() == null) {
                    PropertyMatches matches = PropertyMatches.forProperty
                    (propertyName, getRootClass());
                    throw new NotWritablePropertyException(
                            getRootClass(), this.nestedPath + propertyName,
                            matches.buildErrorMessage(), matches.getPossibleMatches());
            }
            pv.getOriginalPropertyValue().resolvedDescriptor = pd;
        }
        Object oldValue = null;
        try {
            Object originalValue = pv.getValue();
            Object valueToApply = originalValue;
            if (!Boolean.FALSE.equals(pv.conversionNecessary)) {
                    if (pv.isConverted()) {
                        valueToApply = pv.getConvertedValue();
                    }
                    else {
                        if (isExtractOldValueForEditor() && pd.getReadMethod() != null) {
                            Method readMethod = pd.getReadMethod();
                             if (!Modifier.isPublic(readMethod.
                             getDeclaringClass().getModifiers())) {
                             readMethod.setAccessible(true);
                        }
                        try {
                             oldValue = readMethod.invoke(this.object);
                        }
                        catch (Exception ex) {
```

```
                    if (logger.isDebugEnabled()) {
                        logger.debug("Could not read previous value of property '" +
                                this.nestedPath + propertyName + "'", ex);
                    }
                }
            }
            valueToApply = this.typeConverterDelegate.convertIfNecessary
            (oldValue, originalValue, pd);
            }
            pv.getOriginalPropertyValue().conversionNecessary = (valueToApply !=
            originalValue);
        }
        //这里取得注入属性的set方法，通过反射机制，把对象注入进去
        Method writeMethod = pd.getWriteMethod();
        if (!Modifier.isPublic(writeMethod.getDeclaringClass().
            getModifiers())) {
            writeMethod.setAccessible(true);
        }
        writeMethod.invoke(this.object, valueToApply);
    }
    catch (InvocationTargetException ex) {
        PropertyChangeEvent propertyChangeEvent =
            new PropertyChangeEvent(this.rootObject, this.nestedPath +
            propertyName, oldValue, pv.getValue());
        if (ex.getTargetException() instanceof ClassCastException) {
            throw new TypeMismatchException(propertyChange
            Event, pd.getPropertyType(),ex.getTargetException());
        }
        else {
            throw new MethodInvocationException(propertyChangeEvent, ex.
            getTargetException());
        }
    }
    catch (IllegalArgumentException ex) {
        PropertyChangeEvent pce =
            new PropertyChangeEvent(this.rootObject, this.nestedPath +
            propertyName, oldValue, pv.getValue());
        throw new TypeMismatchException(pce, pd.getPropertyType(), ex);
    }
    catch (IllegalStateException ex) {
        PropertyChangeEvent pce =
            new PropertyChangeEvent(this.rootObject, this.nestedPath +
            propertyName, oldValue, pv.getValue());
        throw new ConversionNotSupportedException(pce, pd.getPropertyType(), ex);
    }
    catch (IllegalAccessException ex) {
        PropertyChangeEvent pce =
            new PropertyChangeEvent(this.rootObject, this.nestedPath + propertyName,
            oldValue, pv.getValue());
        throw new MethodInvocationException(pce, ex);
    }
  }
}
```

这样就完成了对各种Bean属性的依赖注入过程。从代码实现细节上看，对比Spring 2.0

的源代码实现，Spring 3.0的源代码已经有了很大的改进，整个过程更为清晰了，特别是关于依赖注入的部分。如果读者有兴趣，可以比较一下Spring 2.0和Spring 3.0关于依赖注入部分的代码实现，这样可以更清晰地看到Spring源代码的演进过程，也可以看到Spring团队对代码进行重构的思路。

在Bean的创建和对象依赖注入的过程中，需要依据BeanDefinition中的信息来递归地完成依赖注入。从上面的几个递归过程中可以看到，这些递归都是以getBean为入口的。一个递归是在上下文体系中查找需要的Bean和创建Bean的递归调用；另一个递归是在依赖注入时，通过递归调用容器的getBean方法，得到当前Bean的依赖Bean，同时也触发对依赖Bean的创建和注入。在对Bean的属性进行依赖注入时，解析的过程也是一个递归的过程。这样，根据依赖关系，一层一层地完成Bean的创建和注入，直到最后完成当前Bean的创建。有了这个顶层Bean的创建和对它的属性依赖注入的完成，意味着和当前Bean相关的整个依赖链的注入也完成了。

在Bean创建和依赖注入完成以后，在IoC容器中建立起一系列依靠依赖关系联系起来的Bean，这个Bean已经不是简单的Java对象了。该Bean系列以及Bean之间的依赖关系建立完成以后，通过IoC容器的相关接口方法，就可以非常方便地供上层应用使用了。继续以水桶为例，到这里，我们不但找到了水源，而且成功地把水装到了水桶中，同时对水桶里的水完成了一系列的处理，比如消毒、煮沸……尽管还是水，但经过一系列的处理以后，这些水已经是开水了，可以直接饮用了。

2.5 容器其他相关特性的设计与实现

在前面的IoC原理分析中，我们对IoC容器的主要功能进行了分析，比如BeanDefinition的载入和解析，依赖注入的实现，等等。为了更全面地理解IoC容器特性的设计，下面对容器的一些其他相关特性的设计原理也进行简要的分析。这些特性都是在使用IoC容器的时候会经常遇到的。这些特性其实很多，在这里只选择了几个例子供读者参考。在了解了IoC容器的整体运行原理以后，对这些特性的分析已经不再是一件困难的事情。如果读者对其他IoC容器的特性感兴趣，也可以按照同样的思路进行分析。

2.5.1 ApplicationContext和Bean的初始化及销毁

对于BeanFactory，特别是ApplicationContext，容器自身也有一个初始化和销毁关闭的过程。下面详细看看在这两个过程中，应用上下文完成了什么，可以让我们更多地理解应用上下文的工作，容器初始化和关闭过程可以简要地通过图2-16来表现。

从图中可以看到，对ApplicationContext启动的过程是在AbstractApplicationContext中实现的。在使用应用上下文时需要做一些准备工作，这些准备工作在prepareBeanFactory ()方法中实现。在这个方法中，为容器配置了ClassLoader、PropertyEditor和BeanPost-Processor等，从而为容器的启动做好了必要的准备工作。

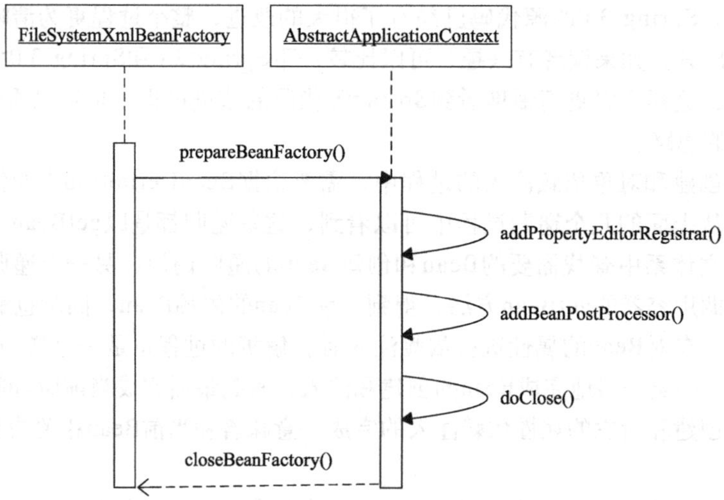

图2-16 容器初始化和关闭过程

```
protected void prepareBeanFactory(ConfigurableListableBeanFactory beanFactory) {
    beanFactory.setBeanClassLoader(getClassLoader());
    beanFactory.setBeanExpressionResolver(new StandardBeanExpressionResolver());
    beanFactory.addPropertyEditorRegistrar(new ResourceEditorRegistrar(this));
    beanFactory.addBeanPostProcessor(new ApplicationContextAwareProcessor(this));
    beanFactory.ignoreDependencyInterface(ResourceLoaderAware.class);
    beanFactory.ignoreDependencyInterface(ApplicationEventPublisherAware.class);
    beanFactory.ignoreDependencyInterface(MessageSourceAware.class);
    beanFactory.ignoreDependencyInterface(ApplicationContextAware.class);
    beanFactory.registerResolvableDependency(BeanFactory.class, beanFactory);
    beanFactory.registerResolvableDependency(ResourceLoader.class, this);
    beanFactory.registerResolvableDependency(ApplicationEventPublisher.class, this);
    beanFactory.registerResolvableDependency(ApplicationContext.class, this);
    if (beanFactory.containsBean(LOAD_TIME_WEAVER_BEAN_NAME)) {
    beanFactory.addBeanPostProcessor(new LoadTimeWeaverAwareProcessor(beanFactory));
    beanFactory.setTempClassLoader(new ContextTypeMatchClassLoader
    (beanFactory.getBeanClassLoader()));
    }
    if (!beanFactory.containsBean(SYSTEM_PROPERTIES_BEAN_NAME)) {
        beanFactory.registerSingleton(SYSTEM_PROPERTIES_BEAN_NAME,
        System.getProperties());
    }
    if (!beanFactory.containsBean(SYSTEM_ENVIRONMENT_BEAN_NAME)) {
        beanFactory.registerSingleton(SYSTEM_ENVIRONMENT_BEAN_NAME,
    System.getenv());
    }
}
```

同样，在容器要关闭时，也需要完成一系列的工作，这些工作在doClose( )方法中完成。在这个方法中，先发出容器关闭的信号，然后将Bean逐个关闭，最后关闭容器自身。

```
protected void doClose() {
    if (isActive()) {
        if (logger.isInfoEnabled()) {
```

```
            logger.info("Closing " + this);
        }
        try {
            publishEvent(new ContextClosedEvent(this));
        }
        catch (Throwable ex) {
            logger.error("Exception thrown from ApplicationListener handling
            ContextClosedEvent", ex);
        }
            Map<String, Lifecycle> lifecycleBeans = getLifecycleBeans();
        for (String beanName : new LinkedHashSet<String>
        (lifecycleBeans.keySet())) {
            doStop(lifecycleBeans, beanName);
        }
        destroyBeans();
        closeBeanFactory();
        onClose();
        synchronized (this.activeMonitor) {
            this.active = false;
        }
    }
}
```

以上是容器的初始化和销毁的设计与实现。在这个过程中需要区分Bean的初始化和销毁过程。在应用开发中，常常需要执行一些特定的初始化工作，这些工作都是相对比较固定的，比如建立数据库连接，打开网络连接等，同时，在结束服务时，也有一些相对固定的销毁工作需要执行。为了便于这些工作的设计，Spring IoC容器提供了相关的功能，可以让应用定制Bean的初始化和销毁过程。

容器的实现是通过IoC管理Bean的生命周期来实现的。Spring IoC容器在对Bean的生命周期进行管理时提供了Bean生命周期各个时间点的回调。在分析Bean初始化和销毁过程的设计之前，简要介绍一下IoC容器中的Bean生命周期。

- Bean实例的创建。
- 为Bean实例设置属性。
- 调用Bean的初始化方法。
- 应用可以通过IoC容器使用Bean。
- 当容器关闭时，调用Bean的销毁方法。

Bean的初始化方法调用是在以下的initializeBean方法中实现的：

```
protected Object initializeBean(String beanName, Object bean, RootBeanDefinition mbd) {
    if (bean instanceof BeanNameAware) {
        ((BeanNameAware) bean).setBeanName(beanName);
    }
    if (bean instanceof BeanClassLoaderAware) {
        ((BeanClassLoaderAware) bean).setBeanClassLoader
        (getBeanClassLoader());
    }
    if (bean instanceof BeanFactoryAware) {
        ((BeanFactoryAware) bean).setBeanFactory(this);
```

```
        }
        Object wrappedBean = bean;
        if (mbd == null || !mbd.isSynthetic()) {
            wrappedBean = applyBeanPostProcessorsBeforeInitialization
            (wrappedBean, beanName);
        }
        try {
            invokeInitMethods(beanName, wrappedBean, mbd);
        }
        catch (Throwable ex) {
            throw new BeanCreationException(
                    (mbd != null ? mbd.getResourceDescription() : null),
                    beanName, "Invocation of init method failed", ex);
        }
        if (mbd == null || !mbd.isSynthetic()) {
            wrappedBean = applyBeanPostProcessorsAfterInitialization(wrappedBean, beanName);
        }
        return wrappedBean;
    }
```

在调用Bean的初始化方法之前，会调用一系列的aware接口实现，把相关的BeanName、BeanClassLoader，以及BeanFactoy注入到Bean中去。接着会看到对invokeInitMethods的调用，这时还会看到启动afterPropertiesSet的过程，当然，这需要Bean实现InitializingBean的接口，对应的初始化处理可以在InitializingBean接口的afterPropertiesSet方法中实现，这里同样是对Bean的一个回调。

```
    protected void invokeInitMethods(String beanName, Object bean, RootBeanDefinition mbd)
        throws Throwable {
        boolean isInitializingBean = (bean instanceof InitializingBean);
        if (isInitializingBean && (mbd == null || !mbd.isExternally
            ManagedInitMethod("afterPropertiesSet"))) {
               if (logger.isDebugEnabled()) {
                   logger.debug("Invoking afterPropertiesSet() on bean with name '" +
               beanName + "'");
               }
               ((InitializingBean) bean).afterPropertiesSet();
        }
        if (mbd != null) {
            String initMethodName = mbd.getInitMethodName();
            if (initMethodName != null && !(isInitializingBean && "afterPropertiesSet".
            equals(initMethodName)) &&
               !mbd.isExternallyManagedInitMethod(initMethodName)) {
               invokeCustomInitMethod(beanName, bean, mbd);
            }
        }
    }
```

最后，还会看到判断Bean是否配置有initMethod，如果有，那么通过invokeCustom-InitMethod方法来直接调用，最终完成Bean的初始化。

```
    protected void invokeCustomInitMethod(String beanName, Object bean, RootBeanDefinition
    mbd) throws Throwable {
        String initMethodName = mbd.getInitMethodName();
```

```
    Method initMethod = (mbd.isNonPublicAccessAllowed() ?
            BeanUtils.findMethod(bean.getClass(), initMethodName) :
            ClassUtils.getMethodIfAvailable(bean.getClass(), initMethodName));
    if (initMethod == null) {
        if (mbd.isEnforceInitMethod()) {
            throw new BeanDefinitionValidationException("Couldn't find an init
            method named '" +
                    initMethodName + "' on bean with name '" + beanName + "'");
        }
        else {
            if (logger.isDebugEnabled()) {
                logger.debug("No default init method named '" + initMethodName +
                        "' found on bean with name '" + beanName + "'");
            }
            return;
        }
    }
    if (logger.isDebugEnabled()) {
        logger.debug("Invoking init method  '" + initMethodName + "' on bean with name '"
        + beanName + "'");
    }
    ReflectionUtils.makeAccessible(initMethod);
    try {
        initMethod.invoke(bean, (Object[]) null);
    }
    catch (InvocationTargetException ex) {
        throw ex.getTargetException();
    }
}
```

在这个对initMethod的调用中，可以看到首先需要得到Bean定义的initMethod，然后通过JDK的反射机制得到Method对象，直接调用在Bean定义中声明的初始化方法。

与Bean初始化类似，当容器关闭时，可以看到对Bean销毁方法的调用。Bean销毁过程是这样的：

```
protected void doClose() {
     if (isActive()) {
         if (logger.isInfoEnabled()) {
             logger.info("Closing " + this);
         }
         try {
             publishEvent(new ContextClosedEvent(this));
         }
         catch (Throwable ex) {
             logger.error("Exception thrown from ApplicationListener handling
             ContextClosedEvent", ex);
         }
         Map<String, Lifecycle> lifecycleBeans = getLifecycleBeans();
         for (String beanName : new LinkedHashSet<String>
         (lifecycleBeans.keySet())) {
             doStop(lifecycleBeans, beanName);
         }
         destroyBeans();
         closeBeanFactory();
```

```
            onClose();
            synchronized (this.activeMonitor) {
                this.active = false;
            }
        }
    }
```

其中的destroy方法，对Bean进行销毁处理。最终在DisposableBeanAdapter类中可以看到destroy方法的实现。

```
public void destroy() {
    if (this.beanPostProcessors != null && !this.beanPostProcessors.isEmpty()) {
        for (int i = this.beanPostProcessors.size() - 1; i >= 0; i--) {
            this.beanPostProcessors.get(i).postProcessBeforeDestruction(this.bean,
            this.beanName);
        }
    }
    if (this.invokeDisposableBean) {
        if (logger.isDebugEnabled()) {
            logger.debug("Invoking destroy() on bean with name '" + this.
            beanName + "'");
        }
        try {
            ((DisposableBean) this.bean).destroy();
        }
        catch (Throwable ex) {
            String msg = "Invocation of destroy method failed on bean with name '" +
            this.beanName + "'";
            if (logger.isDebugEnabled()) {
                logger.warn(msg, ex);
            }
            else {
                logger.warn(msg + ": " + ex);
            }
        }
    }
    if (this.destroyMethod != null) {
        invokeCustomDestroyMethod(this.destroyMethod);
    }
    else if (this.destroyMethodName != null) {
        this.destroyMethod = (this.nonPublicAccessAllowed ?
                BeanUtils.findMethodWithMinimalParameters(this.bean.getClass(),
                this.destroyMethodName) :
                BeanUtils.findMethodWithMinimalParameters(this.bean.getClass().
                getMethods(),
                this.destroyMethodName));
        invokeCustomDestroyMethod(this.destroyMethod);
    }
}
```

这里可以看到对Bean的销毁过程，首先对postProcessBeforeDestruction进行调用，然后调用Bean的destroy方法，最后是对Bean的自定义销毁方法的调用，整个过程和前面的初始化过程很类似。

2.5.2 lazy-init属性和预实例化

正如前面所述，在IoC容器的初始化过程中，主要的工作是对BeanDefinition的定位、载入、解析和注册。此时依赖注入并没有发生，依赖注入发生在应用第一次向容器索要Bean时。向容器索要Bean是通过getBean的调用来完成的，该getBean是容器提供Bean服务的最基本的接口。在前面的分析中也提到，对于容器的初始化，也有一种例外情况，就是用户可以通过设置Bean的lazy-init属性来控制预实例化的过程。这个预实例化在初始化容器时完成Bean的依赖注入。毫无疑问，这种容器的使用方式会对容器初始化的性能有一些影响，但却能够提高应用第一次取得Bean的性能。因为应用在第一次取得Bean时，依赖注入已经结束了，应用可以取得已有的Bean。

我们回过头头看看在上下文的初始化过程，也就是refresh中的代码实现，可以看到预实例化是整个refresh初始化IoC容器的一个步骤。在AbstractApplicationContext中看一下refresh的实现。这个初始化过程在前面分析IoC容器初始化时已经从载入和注册BeanDefinition的角度分析过。

下面将从lazy-init属性配置实现的角度进行分析。对这个属性的处理也是容器refresh的一部分。在finishBeanFactoryInitialization的方法中，封装了对lazy-init属性的处理，实际的处理是在DefaultListableBeanFactory这个基本容器的preInstantiateSingletons方法中完成的。该方法对单件Bean完成预实例化，这个预实例化的完成巧妙地委托给容器来实现。如果需要预实例化，那么就直接在这里采用getBean去触发依赖注入，与正常依赖注入的触发相比，只有触发的时间和场合不同。在这里，依赖注入发生在容器执行refresh的过程中，也就是发生在IoC容器初始化的过程中，而不像一般的依赖注入一样发生在IoC容器初始化完成以后，第一次向容器执行getBean时。具体的实现脉络清晰而简洁，如代码清单2-31所示。

代码清单2-31 refresh中的预实例化

```
public void refresh() throws BeansException, IllegalStateException {
    synchronized (this.startupShutdownMonitor) {
        prepareRefresh();
        ConfigurableListableBeanFactory beanFactory = obtainFreshBeanFactory();
        prepareBeanFactory(beanFactory);
        try {
            postProcessBeanFactory(beanFactory);
            invokeBeanFactoryPostProcessors(beanFactory);
            registerBeanPostProcessors(beanFactory);
            initMessageSource();
            initApplicationEventMulticaster();
            onRefresh();
            registerListeners();
            // 这里是对lazy-init属性进行处理的地方
            finishBeanFactoryInitialization(beanFactory);
                finishRefresh();
            }
        catch (BeansException ex) {
            destroyBeans();
```

```
                cancelRefresh(ex);
                throw ex;
            }
        }
    }
    //在finishBeanFactoryInitialization中进行具体的处理过程
    protected void finishBeanFactoryInitialization(ConfigurableListable
    BeanFactory beanFactory) {
        beanFactory.setTempClassLoader(null);
        beanFactory.freezeConfiguration();
        /* 这里调用的是BeanFactory的 preInstantiateSingletons,
        这个方法是由DefaultListableBeanFactory实现的 */
        beanFactory.preInstantiateSingletons();
    }
    //在DefaultListableBeanFactory中的preInstantiateSingletons是这样的
    public void preInstantiateSingletons() throws BeansException {
        if (this.logger.isInfoEnabled()) {
            this.logger.info("Pre-instantiating singletons in " + this);
        }
        //在这里就开始getBean，也就是去触发Bean的依赖注入
        /*这个getBean和前面分析的触发依赖注入的过程是一样的，只是发生的地方不同。如果不设置
          lazy-init属性，那么这个依赖注入是发生在容器初始化结束以后。第一次向容器发出getBean时，
          如果设置了lazy-init属性，那么依赖注入发生在容器初始化的过程中，会对
          beanDefinitionMap中所有的Bean进行依赖注入，这样在初始化过程结束以后，容器执行
          getBean得到的就是已经准备好的Bean，不需要进行依赖注入*/
        synchronized (this.beanDefinitionMap) {
            for (String beanName : this.beanDefinitionNames) {
                RootBeanDefinition bd = getMergedLocalBeanDefinition(beanName);
                if (!bd.isAbstract() && bd.isSingleton() && !bd.isLazyInit()) {
                    if (isFactoryBean(beanName)) {
                        FactoryBean factory = (FactoryBean) getBean
                        (FACTORY_BEAN_PREFIX + beanName);
                        if (factory instanceof SmartFactoryBean &&
                        ((SmartFactoryBean) factory).isEagerInit()) {
                            getBean(beanName);
                        }
                    }
                    else {
                        getBean(beanName);
                    }
                }
            }
        }
    }
```

根据上面的分析得知，可以通过lazy-init属性来对整个IoC容器的初始化和依赖注入过程进行一些简单的控制。这些控制是可以由容器的使用者来决定的，具体来说，可以通过在BeanDefinition中设置lazy-init属性来进行控制。了解了这些控制原理，可以帮助我们更好地利用这些特性。

2.5.3 FactoryBean的实现

下面来介绍常见的FactoryBean是怎样实现的。这些FactoryBean为应用生成需要的对象，

这些对象往往是经过特殊处理的，如ProxyFactoryBean这样的特殊Bean。FactoryBean的生产特性是在getBean中起作用的，看下面的调用：

```
bean = getObjectForBeanInstance(sharedInstance, name, beanName, mbd);
```

getObjectForBeanInstance做了哪些处理？整个调用过程中涉及的方法如图2-17所示。在getObjectForBeanInstance的实现方法中可以看到在FactoryBean中常见的getObject方法的接口，详细的实现过程如代码清单2-32所示。

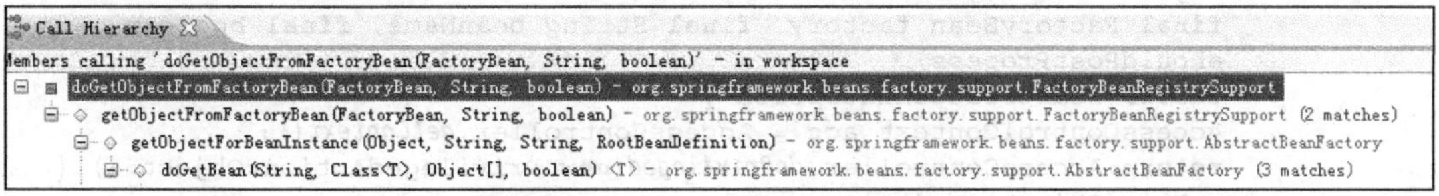

图2-17 FactoryBean生产方法的调用

代码清单2-32 FactoryBean特性的实现

```
protected Object getObjectForBeanInstance(
        Object beanInstance, String name, String beanName, RootBeanDefinition mbd) {
        //如果这里不是对FactoryBean的调用，那么结束处理
        if (BeanFactoryUtils.isFactoryDereference(name) && !(beanInstance instanceof
        FactoryBean)) {
        throw new BeanIsNotAFactoryException(transformedBeanName(name),
        beanInstance.getClass());
        }
        if (!(beanInstance instanceof FactoryBean) || BeanFactoryUtils.
         isFactoryDereference(name)) {
        return beanInstance;
        }
        Object object = null;
        if (mbd == null) {
            object = getCachedObjectForFactoryBean(beanName);
        }
        if (object == null) {
            FactoryBean factory = (FactoryBean) beanInstance;
            if (mbd == null && containsBeanDefinition(beanName)) {
            mbd = getMergedLocalBeanDefinition(beanName);
            }
            boolean synthetic = (mbd != null && mbd.isSynthetic());
            //这里从FactoryBean中得到bean
            object = getObjectFromFactoryBean(factory, beanName, !synthetic);
        }
        return object;
}
protected Object getObjectFromFactoryBean(FactoryBean factory, String beanName,
boolean shouldPostProcess) {
    if (factory.isSingleton() && containsSingleton(beanName)) {
        synchronized (getSingletonMutex()) {
            Object object = this.factoryBeanObjectCache.get(beanName);
            if (object == null) {
                object = doGetObjectFromFactoryBean(factory, beanName, shouldPostProcess);
                this.factoryBeanObjectCache.put(beanName, (object != null ?
```

```
                    object : NULL_OBJECT));
                }
                return (object != NULL_OBJECT ? object : null);
            }
        }
        else {
            return doGetObjectFromFactoryBean(factory, beanName, shouldPostProcess);
        }
    }
    private Object doGetObjectFromFactoryBean(
            final FactoryBean factory, final String beanName, final boolean
            shouldPostProcess)
            throws BeanCreationException {
            AccessControlContext acc = AccessController.getContext();
            return AccessController.doPrivileged(new PrivilegedAction<Object>() {
            public Object run() {
                Object object;
                //这里调用factory的getObject方法来从FactoryBean中得到Bean
                try {
                    object = factory.getObject();
                }
                catch (FactoryBeanNotInitializedException ex) {
                    throw new BeanCurrentlyInCreationException(beanName, ex.toString());
                }
                catch (Throwable ex) {
                    throw new BeanCreationException(beanName, "FactoryBean threw
                    exception on object creation", ex);
                }
                if (object == null && isSingletonCurrentlyInCreation(beanName)) {
                    throw new BeanCurrentlyInCreationException(
                            beanName, "FactoryBean which is currently in creation returned
                            null from getObject");
                }
                if (object != null && shouldPostProcess) {
                    try {
                        object = postProcessObjectFromFactoryBean(object, beanName);
                    }
                    catch (Throwable ex) {
                        throw new BeanCreationException(beanName, "Post-processing of the
                        FactoryBean's object failed", ex);
                    }
                }
                return object;
            }
        }, acc);
    }
```

这里返回的已经是作为工厂的FactoryBean生产的产品，而不是FactoryBean本身。这种FactoryBean的机制可以为我们提供一个很好的封装机制，比如封装Proxy、RMI、JNDI等。通过对FactoryBean实现过程的原理进行分析，相信读者会对getObject方法有很深刻的印象。这个方法就是主要的FactoryBean的接口，需要实现特定的工厂的生产过程，至于这个生产过程是怎样和IoC容器整合的，就是在上面分析的内容。

如图2-18所示是一个典型的工厂模式的使用。在这里我们复习一下设计模式中的工厂模式，做一个对比，以加深对这些代码的理解。

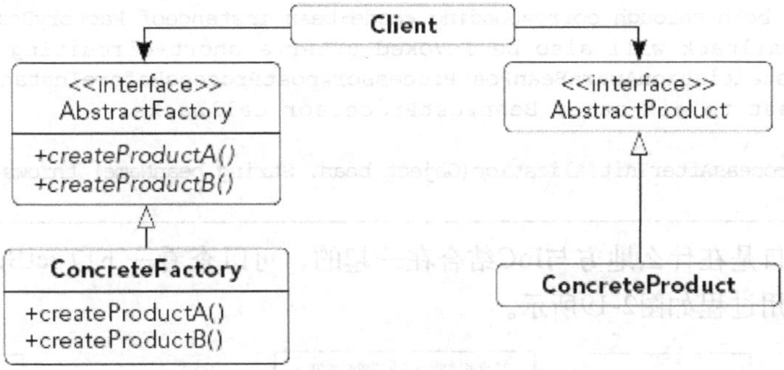

图2-18　工厂模式

对比两者的实现，可以看到FactoryBean类似于AbstractFactory抽象工厂，getObjectForBeanInstance( )方法类似于createProductA()这样的生产接口，而具体的FactoryBean实现，如TransactionProxyFactoryBean，就是具体的工厂实现，其生成出的TransactionProxy就是"抽象工厂"模式中对应的ConcreteProduct。有了抽象工厂设计模式的参考和对比，对FactoryBean的设计和实现就更容易理解一些了。

2.5.4　BeanPostProcessor的实现

BeanPostProcessor是使用IoC容器时经常会遇到的一个特性，这个Bean的后置处理器是一个监听器，它可以监听容器触发的事件。将它向IoC容器注册后，容器中管理的Bean具备了接收IoC容器事件回调的能力。BeanPostProcessor的使用非常简单，只需要通过设计一个具体的后置处理器来实现。同时，这个具体的后置处理器需要实现接口类BeanPostProcessor，然后设置到XML的Bean配置文件中。这个BeanPostProcessor是一个接口类，它有两个接口方法，一个是postProcessBeforeInitialization，在Bean的初始化前提供回调入口；一个是postProcessAfterInitialization，在Bean的初始化后提供回调入口，这两个回调的触发都是和容器管理Bean的生命周期相关的。这两个回调方法的参数都是一样的，分别是Bean的实例化对象和Bean的名字。BeanPostProcessor为具体的处理提供基本的回调输入，如代码清单2-33所示。

代码清单2-33　BeanPostProcessor接口定义

```
public interface BeanPostProcessor {
Object postProcessBeforeInitialization(Object bean, String beanName) throws BeansException;
/**
* Apply this BeanPostProcessor to the given new bean instance <i>after</i> any bean
* initialization callbacks (like InitializingBean's <code>afterPropertiesSet</code>
* or a custom init-method). The bean will already be populated with property values.
```

```
* The returned bean instance may be a wrapper around the original.
* <p>In case of a FactoryBean, this callback will be invoked for both the FactoryBean
* instance and the objects created by the FactoryBean (as of Spring 2.0). The
* post-processor can decide whether to apply to either the FactoryBean or created
* objects or both through corresponding <code>bean instanceof FactoryBean</code> checks.
* <p>This callback will also be invoked after a short-circuiting triggered by a
* {@link InstantiationAwareBeanPostProcessor#postProcessBeforeInstantiation} method,
* in contrast to all other BeanPostProcessor callbacks.
* /
Object postProcessAfterInitialization(Object bean, String beanName) throws BeansException;
}
```

对于这些接口是在什么地方与IoC结合在一起的，可以查看一下以getBean方法为起始的调用关系，其调用过程如图2-19所示。

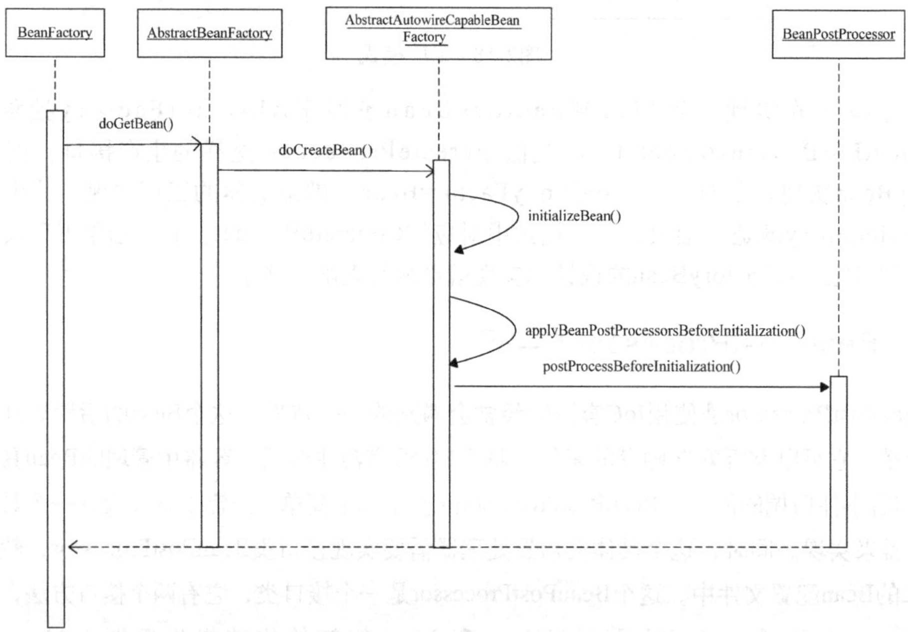

图2-19 以getBean方法为起始的调用过程

如果需要从源代码实现的角度去了解以上过程，可以参考图2-20所示的方法调用栈。

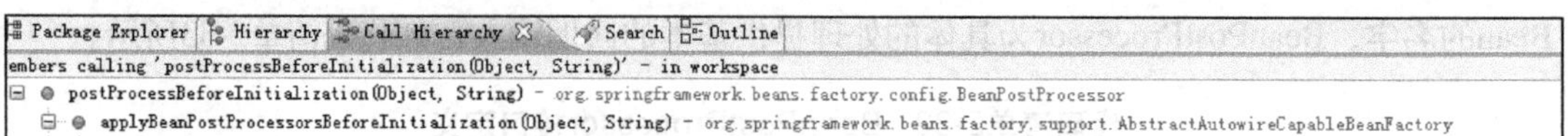

图2-20 IoC容器触发对postProcessBeforeInitialization接口的调用

postProcessBeforeInitialization是在populateBean完成之后被调用的。从BeanPostProcessor中的一个回调接口入手，对另一个回调接口postProcessAfterInitialization方法的调用，实际上也是在同一个地方封装完成的，这个地方就是populateBean方法中的initializeBean调用。关于这一点，读者会在接下来的分析中了解得很清楚。在前面对IoC的依赖注入进行分析时，对这个populateBean有过分析，这个方法实际上完成了Bean的依赖注入。在容器中建立Bean的依赖关系，是容器功能实现的一个很重要的部分。节选doCreateBean中的代码就可以看到postProcessBeforeInitialization调用和populateBean调用的关系，如下所示。

```
Object exposedObject = bean;
try {
    populateBean(beanName, mbd, instanceWrapper);
    /*在完成对Bean的生成和依赖注入以后，开始对Bean进行初始化，这个初始化过程包含了对后置处理
     器postProcessBeforeInitialization的回调 */
    exposedObject = initializeBean(beanName, exposedObject, mbd);
}
```

具体的初始化过程也是IoC容器完成依赖注入的一个重要部分。在initializeBean方法中，需要使用Bean的名字，完成依赖注入以后的Bean对象，以及这个Bean对应的BeanDefinition。在这些输入的帮助下，完成Bean的初始化工作，这些工作包括为类型是BeanNameAware的Bean设置Bean的名字，类型是BeanClassLoaderAware的Bean设置类装载器，类型是BeanFactoryAware的Bean设置自身所在的IoC容器以供回调使用，当然，还有对postProcessBeforeInitialization/postProcessAfterInitialization的回调和初始化属性init-method的处理等。经过这一系列的初始化处理之后，得到的结果就是可以正常使用的由IoC容器托管的Bean了。具体的实现过程如代码清单2-34所示。

代码清单2-34 IoC容器对Bean的初始化

```
//初始化Bean实例，调用在容器的回调方法和Bean的初始化方法
protected Object initializeBean(String beanName, Object bean, RootBeanDefinition mbd) {
    if (bean instanceof BeanNameAware) {
        ((BeanNameAware) bean).setBeanName(beanName);
    }
    if (bean instanceof BeanClassLoaderAware) {
        ((BeanClassLoaderAware) bean).setBeanClassLoader(getBeanClassLoader());
    }
    if (bean instanceof BeanFactoryAware) {
        ((BeanFactoryAware) bean).setBeanFactory(this);
    }
    //这里是对后置处理器BeanPostProcessors的postProcessBeforeInitialization的
    //回调方法的调用
    Object wrappedBean = bean;
    if (mbd == null || !mbd.isSynthetic()) {
        wrappedBean = applyBeanPostProcessorsBeforeInitialization(wrappedBean, beanName);
    }
    //调用Bean的初始化方法，这个初始化方法是在BeanDefinition中通过定义init-method属性指定的
    //同时，如果Bean实现了InitializingBean接口，那么这个Bean的afterPropertiesSet
    //实现也会被调用
```

```
        try {
            invokeInitMethods(beanName, wrappedBean, mbd);
        }
        catch (Throwable ex) {
            throw new BeanCreationException(
                    (mbd != null ? mbd.getResourceDescription() : null),
                    beanName, "Invocation of init method failed", ex);
        }
        //这里是对后置处理器BeanPostProcessors的postProcessAfterInitialization的回调方
        //法的调用
        if (mbd == null || !mbd.isSynthetic()) {
            wrappedBean = applyBeanPostProcessorsAfterInitialization(wrappedBean, beanName);
        }
        return wrappedBean;
    }
    /*这里是对设置好的BeanPostProcessors的postProcessBeforeInitialization回调进行依次调
      用的地方*/
    public Object applyBeanPostProcessorsBeforeInitialization(Object existingBean,
    String beanName)
            throws BeansException {
        Object result = existingBean;
        for (BeanPostProcessor beanProcessor : getBeanPostProcessors()) {
            result = beanProcessor.postProcessBeforeInitialization(result, beanName);
        }
        return result;
    }
    //这里是对设置好的BeanPostProcessors的postProcessAfterInitialization回调进行
    //依次调用的地方
    public Object applyBeanPostProcessorsAfterInitialization(Object existingBean, String beanName)
        throws BeansException {
        Object result = existingBean;
        for (BeanPostProcessor beanProcessor : getBeanPostProcessors()) {
            result = beanProcessor.postProcessAfterInitialization(result, beanName);
        }
        return result;
    }
```

从以上的代码实现中可以看到，这两个Bean后置处理器定义的接口方法，一前一后，围绕着Bean定义的init-method方法调用，与IoC容器对Bean的管理有机结合起来了。对这个特性的理解，离不开对IoC容器基本实现原理的理解。了解了Bean后置处理器的实现原理后，就能更灵活地使用它。IoC容器的附加特性还有很多，它们代表了容器的一些特色和高级的使用技巧，掌握这些特性对应用开发有很大的帮助。下面再分析一下容器的autowiring特性是怎样实现的。

2.5.5 autowiring（自动依赖装配）的实现

在前面对IoC容器实现原理的分析中，一直是通过BeanDefinition的属性值和构造函数以显式的方式对Bean的依赖关系进行管理的。在Spring中，相对这种显式的依赖管理方式，IoC容器还提供了自动依赖装配的方式，为应用使用容器提供更大的方便。在自动装配中，不需要对Bean属性做显式的依赖关系声明，只需要配置好autowiring属性，IoC容器会根据这个属性的配置，使用反射自动查找属性的类型或者名字，然后基于属性的类型或名字来自动匹配IoC容器中的Bean，从而自动地完成依赖注入。

这是一个很有诱惑力的功能特性，使用它可以完成依赖关系管理的自动化，但是使用时一定要注意，计算机只是在自动执行，它是不会思考的。使用这个特性的优点是能够减少用户配置Bean的工作量，但它是一把双刃剑，如果使用不当，也会为应用带来不可预见的后果，所以，使用时需要多一些小心和谨慎。

从autowiring使用上可以知道，这个autowiring属性在对Bean属性进行依赖注入时起作用。对Bean属性依赖注入的实现原理，在前面已经做过分析。回顾那部分内容，不难发现，对autowirng属性进行处理，从而完成对Bean属性的自动依赖装配，是在populateBean中实现的。节选AbstractAutowireCapableBeanFactory的populateBean方法中与autowiring实现相关的部分，可以清楚地看到这个特性在容器中实现的入口。也就是说，对属性autowiring的处理是populateBean处理过程的一个部分。在populateBean的实现中，在处理一般的Bean之前，先对autowiring属性进行处理。如果当前的Bean配置了autowire_by_name和autowire_by_type属性，那么调用相应的autowireByName方法和autowireByType方法。这两个方法很巧妙地应用了IoC容器的特性。例如，对于autowire_by_name，它首先通过反射机制从当前Bean中得到需要注入的属性名，然后使用这个属性名向容器申请与之同名的Bean，这样实际又触发了另一个Bean的生成和依赖注入的过程。实现过程如代码清单2-35所示。

代码清单2-35 populateBean对autowiring属性的处理

```
//开始进行依赖注入过程，先处理autowiring的注入
if (mbd.getResolvedAutowireMode() == RootBeanDefinition.AUTOWIRE_BY_NAME ||
    mbd.getResolvedAutowireMode() == RootBeanDefinition.AUTOWIRE_BY_TYPE) {
    MutablePropertyValues newPvs = new MutablePropertyValues(pvs);
    // 这里是对autowire注入的处理，根据Bean的名字或者type进行autowire的过程
    if (mbd.getResolvedAutowireMode() == RootBeanDefinition.AUTOWIRE_BY_NAME) {
        autowireByName(beanName, mbd, bw, newPvs);
    }
    if (mbd.getResolvedAutowireMode() == RootBeanDefinition.AUTOWIRE_BY_TYPE) {
        autowireByType(beanName, mbd, bw, newPvs);
    }
    pvs = newPvs;
}
```

在对autowiring类型做了一些简单的逻辑判断以后，通过调用autowireByName和autowireByType来完成自动依赖装配。以autowireByName为例子来看看容器的自动依赖装配功能是怎样实现的。对autowireByName来说，它首先需要得到当前Bean的属性名，这些属性名已经在BeanWrapper和BeanDefinition中封装好了，然后是对这一系列属性名进行匹配的过程。在匹配的过程中，因为已经有了属性的名字，所以可以直接使用属性名作为Bean名字向容器索取Bean，这个getBean会触发当前Bean的依赖Bean的依赖注入，从而得到属性对应的依赖Bean。在执行完这个getBean后，把这个依赖Bean注入到当前Bean的属性中去，这样就完成了通过这个依赖属性名自动完成依赖注入的过程。autowireByType的实现和

autowireByName的实现过程是非常类似的，感兴趣的读者可以自己进行分析。这些autowiring的实现如代码清单2-36所示。

代码清单2-36 autowire_by_name的实现

```
protected void autowireByName(
String beanName, AbstractBeanDefinition mbd, BeanWrapper bw,
MutablePropertyValues pvs) {
    String[] propertyNames = unsatisfiedNonSimpleProperties(mbd, bw);
    for (String propertyName : propertyNames) {
        if (containsBean(propertyName)) {
            //使用取得的当前Bean的属性名作为Bean的名字，向IoC容器索取Bean
            //然后把从容器得到的Bean设置到当前Bean的属性中去
            Object bean = getBean(propertyName);
            pvs.addPropertyValue(propertyName, bean);
            registerDependentBean(propertyName, beanName);
            if (logger.isDebugEnabled()) {
                logger.debug(
                        "Added autowiring by name from bean name '" + beanName + "'
                        via property '" + propertyName +
                        "' to bean named '" + propertyName + "'");
            }
        }
        else {
            if (logger.isTraceEnabled()) {
                logger.trace("Not autowiring property '" + propertyName + "' of
                bean '" + beanName +
                        "' by name: no matching bean found");
            }
        }
    }
}
```

2.5.6 Bean的依赖检查

在使用Spring的时候，如果应用设计比较复杂，那么在这个应用中，IoC管理的Bean的个数可能非常多，这些Bean之间的相互依赖关系也会非常复杂。在一般情况下，Bean的依赖注入是在应用第一次向容器索取Bean的时候发生，在这个时候，不能保证注入一定能够成功，如果需要重新检查这些依赖关系的有效性，会是一件很繁琐的事情。为了解决这样的问题，在Spring IoC容器中，设计了一个依赖检查特性，通过它，Spring可以帮助应用检查是否所有的属性都已经被正确设置。在具体使用的时候，应用只需要在Bean定义中设置dependency-check属性来指定依赖检查模式即可，这里可以将属性设置为none、simple、object、all四种模式，默认的模式是none。如果对检查模式进行了设置，通过下面的分析，可以更好地理解这个特性的使用。具体的实现代码是在AbstractAutowireCapableBeanFactory实现createBean的过程中完成的。在这个过程中，会对Bean的Dependencies属性进行检查，如果发现不满足要求，就会抛出异常通知应用。

```
protected void checkDependencies(String beanName, AbstractBeanDefinition mbd,
PropertyDescriptor[] pds, PropertyValues pvs)
    throws UnsatisfiedDependencyException {
    int dependencyCheck = mbd.getDependencyCheck();
    for (PropertyDescriptor pd : pds) {
        if (pd.getWriteMethod() != null && !pvs.contains(pd.getName())) {
            boolean isSimple = BeanUtils.isSimpleProperty
            (pd.getPropertyType());
            boolean unsatisfied = (dependencyCheck == RootBeanDefinition.
            DEPENDENCY_CHECK_ALL) ||
                (isSimple && dependencyCheck == RootBeanDefinition.
                DEPENDENCY_CHECK_SIMPLE) ||
                (!isSimple && dependencyCheck == RootBeanDefinition.
                DEPENDENCY_CHECK_OBJECTS);
            if (unsatisfied) {
                throw new UnsatisfiedDependencyException
                (mbd.getResourceDescription(), beanName, pd.getName(),
                "Set this property value or disable dependency checking for this bean.");
            }
        }
    }
}
```

2.5.7 Bean对IoC容器的感知

容器管理的Bean一般不需要了解容器的状态和直接使用容器，但在某些情况下，是需要在Bean中直接对IoC容器进行操作的，这时候，就需要在Bean中设定对容器的感知。Spring IoC容器也提供了该功能，它是通过特定的aware接口来完成的。aware接口有以下这些：

- BeanNameAware，可以在Bean中得到它在IoC容器中的Bean实例名称。
- BeanFactoryAware，可以在Bean中得到Bean所在的IoC容器，从而直接在Bean中使用IoC容器的服务。
- ApplicationContextAware，可以在Bean中得到Bean所在的应用上下文，从而直接在Bean中使用应用上下文的服务。
- MessageSourceAware，在Bean中可以得到消息源。
- ApplicationEventPublisherAware，在Bean中可以得到应用上下文的事件发布器，从而可以在Bean中发布应用上下文的事件。
- ResourceLoaderAware，在Bean中可以得到ResourceLoader，从而在Bean中使用ResourceLoader加载外部对应的Resource资源。

在设置Bean的属性之后，调用初始化回调方法之前，Spring会调用aware接口中的setter方法。以ApplicationContextAware为例，分析对应的设计和实现。这个接口定义得很简单。

```
public interface ApplicationContextAware {
    void setApplicationContext(ApplicationContext applicationContext) throws BeansException;
}
```

这里只有一个方法setApplicationContext(ApplicationContext applicationContext)，它是一

个回调函数，在Bean中通过实现这个函数，可以在容器回调该aware接口方法时使注入的applicationContext引用在Bean中保存下来，供Bean需要使用ApplicationContext的基本服务时使用。这个对setApplicationContext方法的回调是由容器自动完成的。可以看到，一个ApplicationContextAwareProcessor作为BeanPostProcessor的实现，对一系列的aware回调进行了调用，比如对ResourceLoaderAware接口的调用，对ApplicationEventPublisherAware接口的调用，以及对MessageSourceAware和ApplicationContextAware的接口调用等。

```
class ApplicationContextAwareProcessor implements BeanPostProcessor {
    private final ApplicationContext applicationContext;
    public ApplicationContextAwareProcessor(ApplicationContext applicationContext) {
        this.applicationContext = applicationContext;
    }
public Object postProcessBeforeInitialization(Object bean, String beanName) throws
BeansException {
    if (bean instanceof ResourceLoaderAware) {
        ((ResourceLoaderAware) bean).setResourceLoader(this. applicationContext);
    }
    if (bean instanceof ApplicationEventPublisherAware) {
        ((ApplicationEventPublisherAware) bean).setApplicationEventPublisher
        (this.applicationContext);
    }
    if (bean instanceof MessageSourceAware) {
        ((MessageSourceAware) bean).setMessageSource(this.applicationContext);
    }
    if (bean instanceof ApplicationContextAware) {
        ((ApplicationContextAware) bean).
        setApplicationContext(this.applicationContext);
    }
    return bean;
}
public Object postProcessAfterInitialization(Object bean, String name) {
      return bean;
}
}
```

而作为依赖注入的一部分，postProcessBeforeInitialization会在initializeBean的实现过程中被调用，从而实现对aware接口的相关注入。关于initializeBean的详细过程，感兴趣的读者可以参阅前面的章节进行回顾。

2.6 小结

在本章中，为了说明Spring的实现原理，我们紧密结合Spring的源代码，对容器的实现原理进行了详细的分析，旨在为读者整理出一条清晰的线索。其中包括IoC容器和上下文的基本工作原理、容器的初始化过程、依赖注入的实现，等等。总地来说，关于容器的基本工作原理，可以大致整理出以下几个方面：

○ BeanDefinition的定位。对IoC容器来说，它为管理POJO之间的依赖关系提供了帮助，但也要依据Spring的定义规则提供Bean定义信息。我们可以使用各种形式的Bean定义信息，其中比较熟悉和常用的是使用XML的文件格式。在Bean定义方面，Spring为用户提供了很大的灵活性。在初始化IoC容器的过程中，首先需要定位到这些有效的Bean定义信息，这里Spring使用Resource接口来统一这些Bean定义信息，而这个定位由ResourceLoader来完成。如果使用上下文，ApplicationContext本身就为客户提供了定位的功能。因为上下文本身就是DefaultResourceLoader的子类。如果使用基本的BeanFactory作为IoC容器，客户需要做的额外工作就是为BeanFactory指定相应的Resource来完成Bean信息的定位。

- 容器的初始化。在使用上下文时，需要一个对它进行初始化的过程，完成初始化以后，这个IoC容器才是可用的。这个过程的入口是在refresh中实现的，这个refresh相当于容器的初始化函数。在初始化过程中，比较重要的部分是对BeanDefinition信息的载入和注册工作。相当于在IoC容器中需要建立一个BeanDefinition定义的数据映像，Spring为了达到载入的灵活性，把载入的功能从IoC容器中分离出来，由BeanDefinitionReader来完成Bean定义信息的读取、解析和IoC容器内部BeanDefinition的建立。在DefaultListableBeanFactory中，这些BeanDefinition被维护在一个Hashmap中，以后的IoC容器对Bean的管理和操作就是通过这些BeanDefinition来完成的。

在容器初始化完成以后，IoC容器的使用就准备好了，但这时只是在IoC容器内部建立了BeanDefinition，具体的依赖关系还没有注入。在客户第一次向IoC容器请求Bean时，IoC容器对相关的Bean依赖关系进行注入。如果需要提前注入，客户可以通过lazy-init属性进行预实例化，这个预实例化是上下文初始化的一部分，起到提前完成依赖注入的控制作用。在依赖注入完成以后，IoC容器就会保持这些具备依赖关系的Bean供客户直接使用。这时可以通过getBean来取得Bean，这些Bean不是简单的Java对象，而是已经包含了对象之间依赖关系的Bean，尽管这些依赖注入的过程对用户来说是不可见的。

在对IoC容器的分析中，重点讲解了BeanFactory和ApplicationContext体系、ResourceLoader、refresh初始化、容器的loadBeanDefinition和注册、容器的依赖注入、预实例化和FactoryBean的工作原理，等等。通过对这些实现过程的深入分析，我们可以初步了解IoC容器的基本工作原理和它的基本特性的实现思路。了解了IoC容器的基本实现原理后，我们对容器的其他特性的实现原理也进行了分析。这些特性包括init-lazy预实例化、BeanFactory、Bean后置处理器以及autowiring特性的实现。这些特性对我们更灵活地使用IoC容器有很大的帮助。但是，由于Spring IoC容器的内涵特性非常丰富，这里并没有对其工作原理进行面面俱到的分析，如果读者感兴趣，可以参考本章的分析方法和思路，对自己感兴趣的内容继续进行分析。

第3章

Spring AOP的实现

好雨知时节，当春乃发生。
随风潜入夜，润物细无声。
野径云俱黑，江船火独明。
晓看红湿处，花重锦官城。
——【唐】杜甫《春夜喜雨》

本章内容

- Spring AOP概述
- Spring AOP的设计与实现
- 建立AopProxy代理对象
- Spring AOP拦截器调用的实现
- Spring AOP的高级特性

3.1 Spring AOP概述

3.1.1 AOP概念回顾

AOP是Aspect-Oriented Programming（面向方面编程或面向切面）的简称，维基百科对它的解释如下。

> **维基百科对“AOP”相关概念的叙述**
>
> Aspect是一种新的模块化机制，用来描述分散在对象、类或函数中的横切关注点(crosscutting concern)。从关注点中分离出横切关注点是面向切面的程序设计的核心概念。分离关注点使解决特定领域问题的代码从业务逻辑中独立出来，业务逻辑的代码中不再含有针对特定领域问题代码的调用，业务逻辑同特定领域问题的关系通过切面来封装、维护，这样原本分散在整个应用程序中的变动就可以很好地管理起来。

这里提到的概念是从模块化出发的，开发者一定不会对模块化这个概念感到陌生。记得我初学编程（C语言）时，总喜欢把所有代码写进一个main函数里。这种编码方式造成了一个很不好的后果——程序的维护性很差。如果程序规模较小，而且是由一个人开发完成的，维护时还能控制；如果程序规模较大，而且需要多个人合作才能完成，维护时就会遇到很大的麻烦。再加上当时根本没有版本管理的概念，随着项目进展，功能越加越多，整个程序就逐渐变成了一团乱麻。

经过一段痛苦的经历后，我终于在开发实践中对软件工程的相关概念有了一些认识，开始明白了自己原来只是在写程序，并不是在开发软件，更谈不上是在开发软件产品了。痛定思痛，我不断地在编码中学习和思考，开始使用子函数来对程序进行模块划分，并对一些基本的功能进行封装。当时只是希望一个函数不要太长，能把不同的功能模块分给不同的开发人员完成。想法虽简单，但每个开发人员都渴望这样做，就像普通开发人员对优秀的架构师的渴望一样。有了架构师，每个人就可以各自负责自己的“一亩三分地”，日子也许就好过了！

但是很不幸，万能的架构师始终没有出现，最后只能自己想办法：在工作中总结，在教训中学习，在摸索中前进。在成长的过程中，很自然地发现，将一些代码用子函数封装以后，只要把接口定义设计好，子函数中的代码变动是不会对主程序中的代码产生太大影响的，从而大大降低了维护的成本。

后来，为了让代码的维护更方便，又把不同的子函数的实现放到了不同的文件中。这样更方便了，不仅不用在一长串的代码文件里查找和维护，还可以让不同的开发人员并行开发和维护，大大提高了开发效率。除了技术方面的提高，还有精神上的收获。这种分而治之的策略让我慢慢具备了设计大型程序的信心，不会再为那些长长的代码感到头疼。用这种方法来编写一般的C语言程序基本没问题，直到后来涉及面向对象的程序设计，新的问题又出现了。

有了一定的面向对象编程经验后发现，面向对象设计其实也是一种模块化的方法，它把相关的数据及其处理方法放在了一起。与单纯使用子函数进行封装相比，面向对象的模块化特性更完备，它体现了计算的一个基本原则——让计算尽可能靠近数据。这样一来，代码组织起来就更加整齐和清晰，一个类就是一个基本的模块。很多程序的功能还可以通过设计类的继承关系而得到重用，进一步提高了开发效率。再后来，又出现了各种各样的设计模式，使设计程序功能变得更加得心应手。

后来又在开发中发现了一些问题。虽然利用面向对象的方法可以很好地组织代码，也可以通过继承关系实现代码重用，但是程序中总是会出现一些重复的代码，而且不太方便使用继承的方法把它们重用和管理起来。它们功能重复并且需要用在不同的地方，虽然可以对这些代码做一些简单的封装，使之成为公共函数，但是在这种显式的调用中，使用它们并不是很方便。例如，这个公共函数在什么情况下可以使用，能不能更灵活地使用等。

另外，在使用这些公共函数的时候，往往也需要进行一些逻辑设计，也就是需要代码实现来支持，而这些逻辑代码也是需要维护的。这时就是AOP大显身手的时候，使用AOP后，不仅可以将这些重复的代码抽取出来单独维护，在需要使用时统一调用，还可以为如何使用这些公共代码提供丰富灵活的手段。这虽然与设计公共子模块有几分相似，但在传统的公共子模块调用中，除了直接硬调用之外并没有其他的手段，而AOP为处理这一类问题提供了一套完整的理论和灵活多样的实现方法。也就是说，通过AOP提出横切的概念以后，在把模块功能正交化的同时，也在此基础上提供了一系列横切的灵活实现。比如通过使用Proxy代理对象、拦截器字节码翻译技术等一系列已有的AOP或者AOP实现技术，来实现切面应用的各种编织实现和环绕增强；为了更好地应用AOP技术，技术专家们还成立了AOP联盟来探讨AOP的标准化，有了这些支持，AOP的发展就更快了。关于AOP技术，可以到AOP联盟的文档里找到一些相关的介绍，从而加强对AOP的理解。比如，在AOP联盟的网站上有以下AOP技术：

- AspectJ：源代码和字节码级别的编织器，用户需要使用不同于Java的新语言。
- AspectWerkz：AOP框架，使用字节码动态编织器和XML配置。
- JBoss-AOP：基于拦截器和元数据的AOP框架，运行在JBoss应用服务器上。以及在AOP中用到的一些相关的技术实现：
- BCEL（Byte-Code Engineering Library）：Java字节码操作类库，具体的信息可以参见项目网站http://jakarta.apache.org/bcel/。
- Javassist：Java字节码操作类库，JBoss的一个子项目，项目信息可以参见项目网站http://jboss.org/javassist/。

对应于现有的AOP实现方案，AOP联盟对它们进行了一定程度的抽象，从而定义出AOP体系结构。结合这个AOP体系结构去了解AOP技术，对我们理解AOP的概念是非常有帮助的，AOP联盟定义的AOP体系结构如图3-1所示。

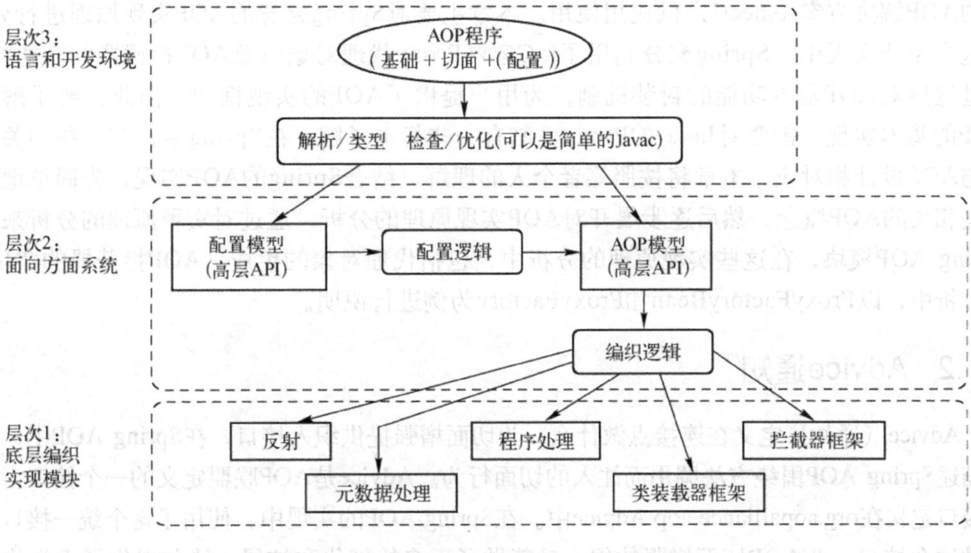

图3-1 AOP联盟定义的AOP体系结构

AOP联盟定义的AOP体系结构把与AOP相关的概念大致分为由高到低、从使用到实现的三个层次。从上往下，最高层是语言和开发环境，在这个环境中可以看到几个重要的概念："基础"（base）可以视为待增强对象或者说目标对象；"切面"（aspect）通常包含对于基础的增强应用；"配置"（configuration）可以看成是一种编织，通过在AOP体系中提供这个配置环境，可以把基础和切面结合起来，从而完成切面对目标对象的编织实现。

在Spring AOP实现中，使用Java语言来实现增强对象与切面增强应用，并为这两者的结合提供了配置环境。对于编织配置，毫无疑问，可以使用IoC容器来完成；对于POJO对象的配置，本来就是Spring的核心IoC容器的强项。因此，对于使用Spring的AOP开发而言，使用POJO就能完成AOP任务。但是，对于其他的AOP实现方案，可能需要使用特定的实现语言、配置环境甚至是特定的编译环境。例如在AspectJ中，尽管切面增强的对象是Java对象，但却需要使用特定的Aspect语言和AspectJ编译器。AOP体系结构的第二个层次是为语言和开发环境提供支持的，在这个层次中可以看到AOP框架的高层实现，主要包括配置和编织实现两部分内容。例如配置逻辑和编织逻辑实现本身，以及对这些实现进行抽象的一些高层API封装。这些实现和API封装，为前面提到的语言和开发环境的实现提供了有力的支持。

最底层是编织的具体实现模块，图3-1中的各种技术都可以作为编织逻辑的具体实现方法，比如反射、程序预处理、拦截器框架、类装载器框架、元数据处理等。阅读完本章对Spring AOP实现原理的分析，我们可以了解到，在Spring AOP中，使用的是Java本身的语言特性，如Java Proxy代理类、拦截器等技术，来完成AOP编织的实现。

对Spring平台或者说生态系统来说，AOP是Spring框架的核心功能模块之一。AOP与IoC容器的结合使用，为应用开发或Spring自身功能的扩展都提供了许多便利。Spring AOP的实现和其他特性的实现一样，除了可以使用Spring本身提供的AOP实现之外，还封装了业界优秀的AOP解决方案AspectJ来供应用使用。本章主要对Spring自身的AOP实现原理进行分析。在这个AOP实现中，Spring充分利用了IoC容器Proxy代理对象以及AOP拦截器的功能特性，通过这些对AOP基本功能的封装机制，为用户提供了AOP的实现框架。因此，要了解这些AOP的基本实现，需要对Java 的Proxy机制有一些基本了解。在Spring中，有一些相关的概念与AOP设计相对应。本章将按照笔者个人的理解，结合Spring的AOP实现，先简单地回顾一些相关的AOP概念，然后逐步展开对AOP实现原理的分析，通过对实现原理的分析来了解Spring AOP模块，在这些实现原理的分析中，包括代理对象的生成、AOP拦截器的实现等。在分析中，以ProxyFactoryBean和ProxyFactory为例进行说明。

3.1.2 Advice通知

Advice（通知）定义在连接点做什么，为切面增强提供织入接口。在Spring AOP中，它主要描述Spring AOP围绕方法调用而注入的切面行为。Advice是AOP联盟定义的一个接口，具体的接口定义在org.aopalliance.aop.Advice中。在Spring AOP的实现中，使用了这个统一接口，并通过这个接口，为AOP切面增强的织入功能做了更多的细化和扩展，比如提供了更具体的通知类型，如BeforeAdvice、AfterAdvice、ThrowsAdvice等。作为Spring AOP定义的接口类，具体的切面增强可以通过这些接口集成到AOP框架中去发挥作用。对于这些接口类，下面会逐个进行详细讨论，我们从接口BeforeAdvice开始，首先了解它的类层次关系，如图3-2所示。

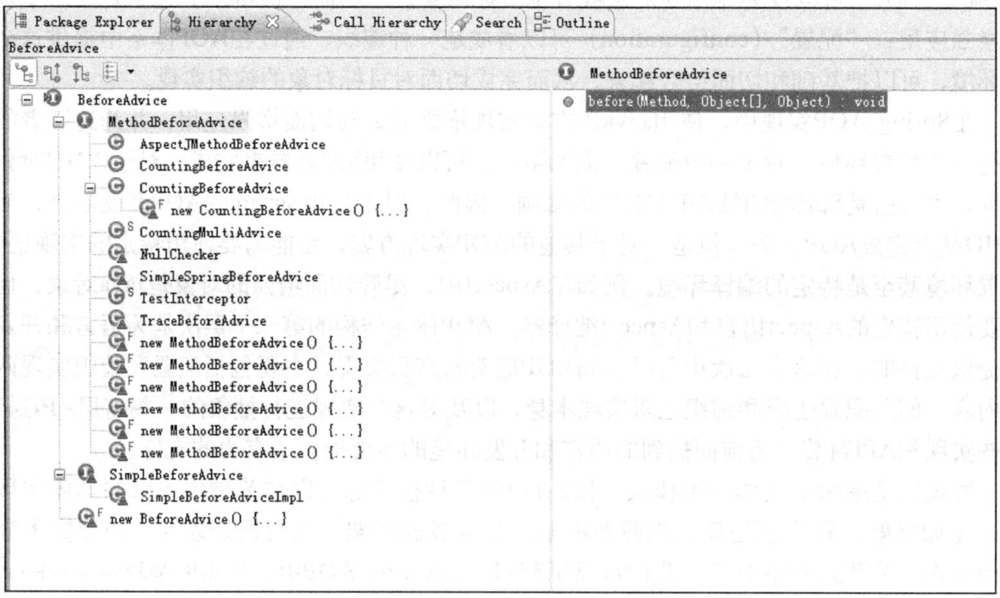

图3-2 BeforeAdvice的类层次关系

在BeforeAdvice的继承关系中，定义了为待增强的目标方法设置的前置增强接口MethodBeforeAdvice，使用这个前置接口需要实现一个回调函数：

```
void before(Method method, Object[] args, Object target) throws Throwable;
```

作为回调函数，before方法的实现在Advice中被配置到目标方法后，会在调用目标方法时被回调。具体的调用参数有：Method对象，这个参数是目标方法的反射对象；Object[]对象数组，这个对象数组中包含目标方法的输入参数。以CountingBeforeAdvice为例来说明BeforeAdvice的具体使用，CountingBeforeAdvice是接口MethodBeforeAdvice的具体实现，如代码清单3-1所示。可以看到，它的实现比较简单，完成的工作是统计被调用的方法次数。作为切面增强实现，它会根据调用方法的方法名进行统计，把统计结果根据方法名和调用次数作为键值对放入一个map中。

代码清单3-1 CountingBeforeAdvice的实现

```
public class CountingBeforeAdvice extends MethodCounter implements MethodBeforeAdvice {
//实现before回调接口，这是接口MethodBeforeAdvice的要求
public void before(Method m, Object[] args, Object target) throws Throwable {
    count(m);
    }
}
```

这里调用了count方法，使用了目标方法的反射对象作为参数，完成对调用方法名的统计工作。count方法在CountingBeforeAdvice的基类MethodCounter中实现，如代码清单3-2所示。这个切面增强完成的统计实现并不复杂，它在对象中维护一个哈希表，用来存储统计数据。在统计过程中，首先通过目标方法的反射对象得到方法名，然后进行累加，把统计结果放到维护的哈希表中。如果需要统计数据，就到这个哈希表中根据key来获取。

代码清单3-2 MethodCounter实现统计目标方法调用次数

```
public class MethodCounter implements Serializable {
/* 这个HashMap用来存储方法名和调用次数的键值对 */
private HashMap<String, Integer> map = new HashMap<String, Integer>();
//所有的调用次数，不管是什么方法名
private int allCount;
//CountingBeforeAdvice的调用入口
protected void count(Method m) {
    count(m.getName());
}
//根据目标方法的方法名统计调用次数
protected void count(String methodName) {
    Integer i = map.get(methodName);
    i = (i != null) ? new Integer(i.intValue() + 1) : new Integer(1);
    map.put(methodName, i);
    ++allCount;
}
//根据方法名取得调用的次数
public int getCalls(String methodName) {
    Integer i = map.get(methodName);
    return (i != null ? i.intValue() : 0);
}
    //取得所有的方法调用次数
public int getCalls() {
```

```
        return allCount;
    }
    public boolean equals(Object other) {
        return (other != null && other.getClass() == this.getClass());
    }
    public int hashCode() {
        return getClass().hashCode();
    }
}
```

在Advice的实现体系中，Spring还提供了AfterAdvice这种通知类型，它的类接口关系如图3-3所示。

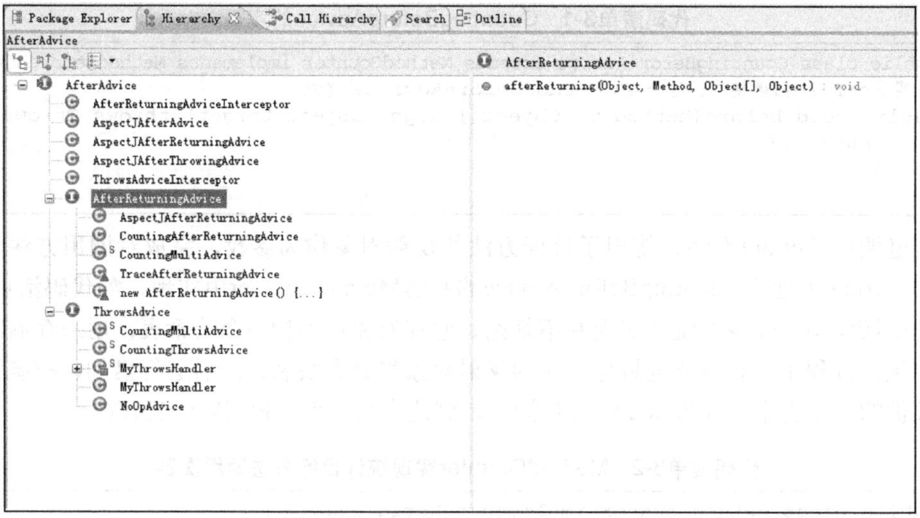

图3-3 AfterAdvice的接口关系

在图3-3所示的AfterAdvice类接口关系中，可以看到一系列对AfterAdvice的实现和接口扩展，比如AfterReturningAdvice就是其中比较常用的一个。在这里，以AfterReturning-Advice通知的实现为例，分析一下AfterAdvice通知类型的实现原理。在AfterReturning-Advice接口中定义了接口方法，如下所示：

```
void afterReturning(Object returnValue, Method method, Object[] args, Object
target) throws Throwable;
```

afterReturning方法也是一个回调函数，AOP应用需要在这个接口实现中提供切面增强的具体设计，在这个Advice通知被正确配置以后，在目标方法调用结束并成功返回的时候，接口会被Spring AOP回调。对于回调参数，有目标方法的返回结果、反射对象以及调用参数（AOP把这些参数都封装在一个对象数组中传递进来）等。与前面分析BeforeAdvice一样，在Spring AOP的包中，同样可以看到一个CountingAfterReturningAdvice，作为熟悉AfterReturningAdvice使用的例子，它的实现基本上与CountingBeforeAdvice是一样的，如代码清单3-3所示。

代码清单3-3 CountingAfterReturningAdvice的实现

```
public class CountingAfterReturningAdvice extends MethodCounter implements AfterReturningAdvice {
public void afterReturning(Object o, Method m, Object[] args, Object target) throws Throwable {
    count(m);
   }
}
```

在实现AfterReturningAdvice的接口方法afterReturning中，可以调用MethodCounter的count方法，从而完成根据方法名来对目标方法调用的次数进行统计。count方法调用的实现与前面看到的CountingBeforeAdvice基本一样，所不同的是调用发生的时间。尽管增强逻辑相同，但是，如果它实现不同的AOP通知接口，就会被AOP编织到不同的调用场合中。尽管它们完成的增强行为是一样的，都是根据目标方法名对调用次数进行统计，但是它们的最终实现却有很大的不同，一个是在目标方法调用前实现切面增强，一个是在目标方法成功调用返回结果后实现切面增强。由此可见，AOP技术给应用带来的灵活性，使得相同的代码完全可以根据应用的需要灵活地出现在不同的应用场合。

了解了BeforeAdvice和AfterAdvice，在Spring AOP中，还可以看到另外一种Advice通知类型，那就是ThrowsAdvice，它的类层次关系如图3-4所示。

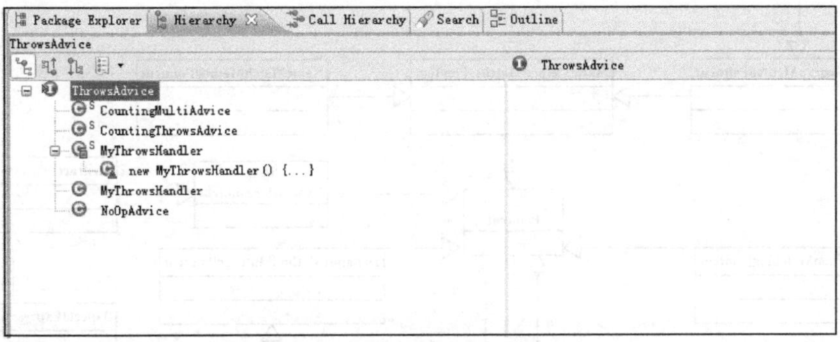

图3-4 ThrowsAdvice的类层次关系

对于ThrowsAdvice，并没有指定需要实现的接口方法，它在抛出异常时被回调，这个回调是AOP使用反射机制来完成的。可以通过已经很熟悉的CountingThrowsAdvice来了解ThrowsAdvice的使用方法，如代码清单3-4所示。

代码清单3-4 CountingThrowsAdvice的实现

```
public static class CountingThrowsAdvice extends MethodCounter implements ThrowsAdvice {
    public void afterThrowing(IOException ex) throws Throwable {
        count(IOException.class.getName());
    }
    public void afterThrowing(UncheckedException ex) throws Throwable {
        count(UncheckedException.class.getName());
    }
}
```

在afterThrowing方法中，从输入的异常对象中得到异常的名字并进行统计。这个count方法同样是在MethodCounter中实现的，与前面看到的两个Advice的实现相同，只是前面的CountingBeforeAdvice和CountingAfterReturningAdvice统计的是目标方法的调用次数，在这里，count方法完成的是根据异常名称统计抛出异常的次数。

3.1.3 Pointcut切点

Pointcut（切点）决定Advice通知应该作用于哪个连接点，也就是说通过Pointcut来定义需要增强的方法的集合，这些集合的选取可以按照一定的规则来完成。在这种情况下，Pointcut通常意味着标识方法，例如，这些需要增强的地方可以由某个正则表达式进行标识，或根据某个方法名进行匹配等。

为了方便用户使用，Spring AOP提供了具体的切点供用户使用，切点在Spring AOP中的类继承体系如图3-5所示。

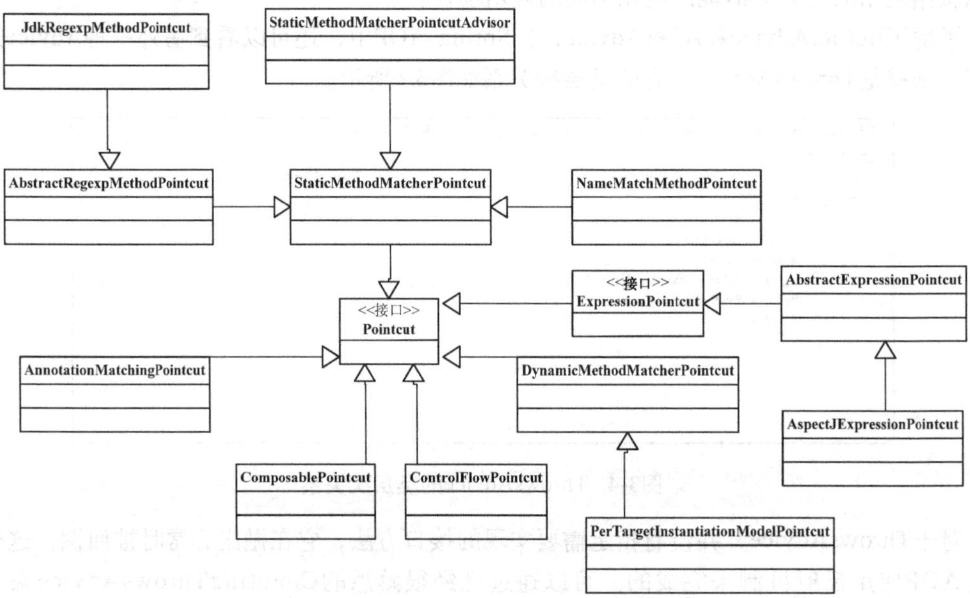

图3-5 切点在Spring AOP中的类继承体系

从源代码实现上同样可以得到相应的Spring AOP的Pointcut设计，如图3-6所示。

在Pointcut的基本接口定义中可以看到，需要返回一个MethodMatcher。对于Point的匹配判断功能，具体是由这个返回的MethodMatcher来完成的，也就是说，由这个MethodMatcher来判断是否需要对当前方法调用进行增强，或者是否需要对当前调用方法应用配置好的Advice通知。在Pointcut的类继承关系中，以正则表达式切点 JdkRegexpMethodPointcut的实现原理为例，来具体了解切点Pointcut的工作原理。JdkRegexpMethodPointcut类完成通过正则表达式对方法名进行匹配的功能。在JdkRegexpMethodPointcut的基类 StaticMethod-

MatcherPointcut的实现中可以看到，设置MethodMatcher为StaticMethodMatcher，同时JdkRegexpMethodPointcut也是这个MethodMatcher的子类，它的类层次关系如图3-7所示。

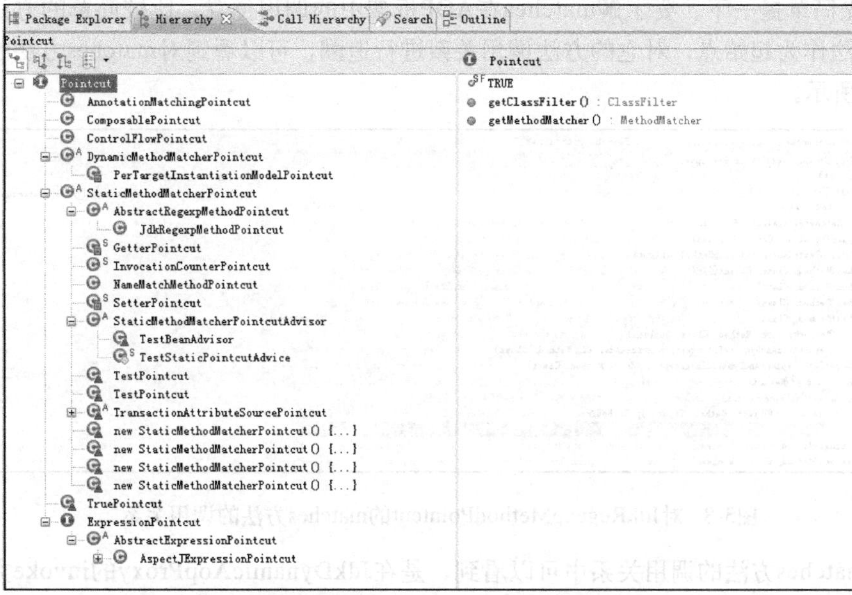

图3-6 Spring AOP的Pointcut类继承关系

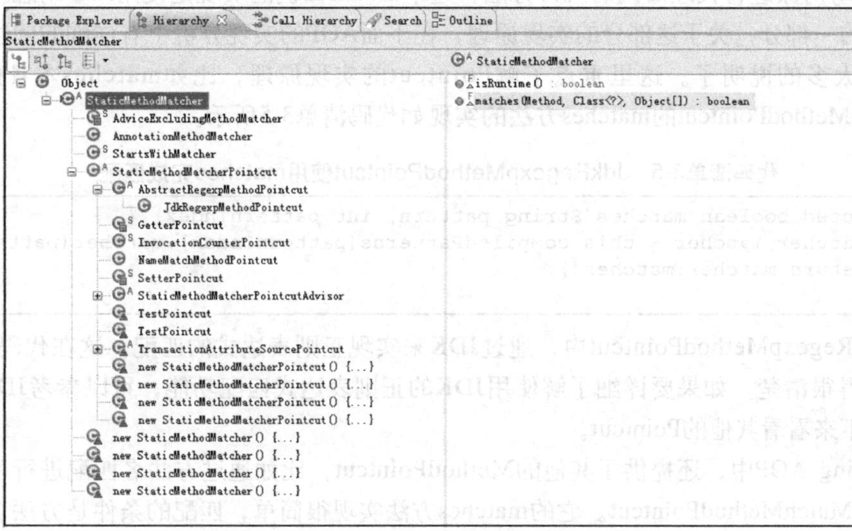

图3-7 StaticMethodMatcher的类层次关系

可以看到，在Pointcut中，通过这样的类继承关系，MethodMatcher对象实际上是可以被配置成JdkRegexpMethodPointcut来完成方法的匹配判断的。在JdkRegexpMethodPointcut中，可以看到一个matches方法，这个matches方法是MethodMatcher定义的接口方法。在

JdkRegexpMethodPointcut的实现中，这个matches方法就是使用正则表达式来对方法名进行匹配的地方。关于在AOP框架中对matches方法的调用，会在下面的Spring AOP实现中介绍，这里只是先简单提一下。要了解matches在AOP框架中的调用位置，比较简单的方法就是以matches方法作为起始点，对它的方法调用关系进行追溯，可以看到对matches方法的调用关系如图3-8所示。

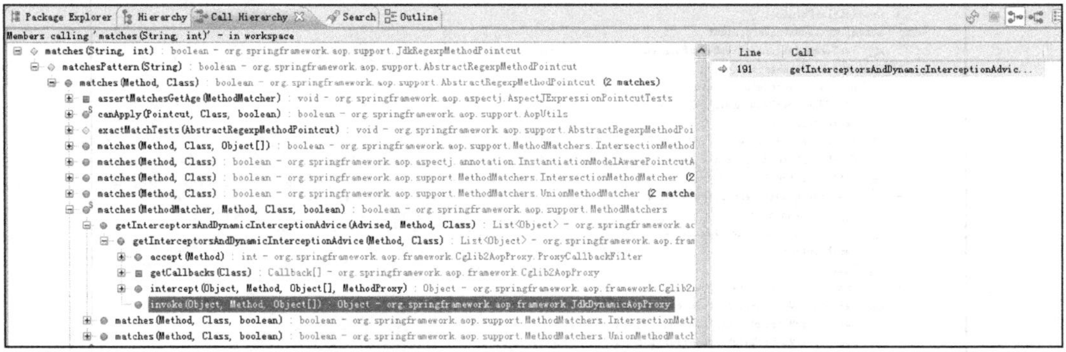

图3-8 对JdkRegexpMethodPointcut的matches方法的调用关系

在对matches方法的调用关系中可以看到，是在JdkDynamicAopProxy的invoke方法中触发了对matches方法的调用。很明显，熟悉Proxy使用的读者一定会想到，这个invoke方法应该就是Proxy对象进行代理回调的入口方法，这个invoke回调的实现是使用JDK动态代理完成AOP功能的一部分，关于这部分的实现原理，在下面AOP的实现分析中有详细的阐述，这里就不进行太多的说明了。这里重点了解Pointcut的实现原理，比如matches本身的实现。JdkRegexpMethodPointcut的matches方法的实现如代码清单3-5所示。

代码清单3-5 JdkRegexpMethodPointcut使用matches完成匹配

```
protected boolean matches(String pattern, int patternIndex) {
    Matcher matcher = this.compiledPatterns[patternIndex].matcher(pattern);
    return matcher.matches();
}
```

在JdkRegexpMethodPointcut中，通过JDK来实现正则表达式的匹配，这在代码清单3-5中可以看得很清楚。如果要详细了解使用JDK的正则表达式匹配功能，可以参考JDK的API文档。接下来看看其他的Pointcut。

在Spring AOP中，还提供了其他的MethodPointcut，比如通过方法名匹配进行Advice匹配的NameMatchMethodPointcut。它的matches方法实现很简单，匹配的条件是方法名相同或者方法名相匹配，如代码清单3-6所示。

代码清单3-6 NameMatchMethodPointcut的matches

```
public boolean matches(Method method, Class targetClass) {
    for (String mappedName : this.mappedNames) {
        if (mappedName.equals(method.getName()) || isMatch(method.getName(), mappedName)) {
```

```
                return true;
            }
        }
        return false;
    }
    protected boolean isMatch(String methodName, String mappedName) {
        return PatternMatchUtils.simpleMatch(mappedName, methodName);
    }
```

3.1.4 Advisor通知器

完成对目标方法的切面增强设计（Advice）和关注点的设计（Pointcut）以后，需要一个对象把它们结合起来，完成这个作用的就是Advisor（通知器）。通过Advisor，可以定义应该使用哪个通知并在哪个关注点使用它，也就是说通过Advisor，把Advice和Pointcut结合起来，这个结合为使用IoC容器配置AOP应用，或者说即开即用地使用AOP基础设施，提供了便利。在Spring AOP中，我们以一个Advisor的实现（DefaultPointcutAdvisor）为例，来了解Advisor的工作原理。在DefaultPointcutAdvisor中，有两个属性，分别是advice和pointcut。通过这两个属性，可以分别配置Advice和Pointcut，DefaultPointcutAdvisor的实现如代码清单3-7所示。

代码清单3-7 DefaultPointcutAdvisor的实现

```
public class DefaultPointcutAdvisor extends AbstractGenericPointcutAdvisor implements
Serializable {
    private Pointcut pointcut = Pointcut.TRUE;
    public DefaultPointcutAdvisor() {
    }
    public DefaultPointcutAdvisor(Advice advice) {
        this(Pointcut.TRUE, advice);
    }
    public DefaultPointcutAdvisor(Pointcut pointcut, Advice advice) {
        this.pointcut = pointcut;
        setAdvice(advice);
    }
    public void setPointcut(Pointcut pointcut) {
        this.pointcut = (pointcut != null ? pointcut : Pointcut.TRUE);
    }
    public Pointcut getPointcut() {
        return this.pointcut;
    }
    public String toString() {
        return getClass().getName() + ": pointcut [" + getPointcut() + "]; advice [" +
        getAdvice() + "]";
    }
}
```

在DefaultPointcutAdvisor中，pointcut默认被设置为Pointcut.True，这个Pointcut.True在Pointcut接口中被定义为：

```
Pointcut TRUE = TruePointcut.INSTANCE;
```

TruePointcut的INSTANCE是一个单件。在它的实现中，可以看到单件模式的具体应用和典型使用方法，比如使用static类变量来持有单件实例，使用private私有构造函数来确保除了在当前单件实现中，单件不会被再次创建和实例化，从而保证它的“单件”特性。在TruePointcut的methodMatcher实现中，使用TrueMethodMatcher作为方法匹配器。这个方法匹配器对任何的方法匹配都要求返回true的结果，也就是说对任何方法名的匹配要求，它都会返回匹配成功的结果。和TruePointcut一样，TrueMethodMatcher也是一个单件实现。

TruePointcut和TrueMethodMatcher的实现如代码清单3-8和代码清单3-9所示。

代码清单3-8 TruePointcut的实现

```
class TruePointcut implements Pointcut, Serializable {
public static final TruePointcut INSTANCE = new TruePointcut();
//这里是单件模式的实现特点，设置私有的构造函数，使其不能直接被实例化，
//并设置一个静态的类变量来保证该实例是唯一的
private TruePointcut() {
}
public ClassFilter getClassFilter() {
    return ClassFilter.TRUE;
}
public MethodMatcher getMethodMatcher() {
    return MethodMatcher.TRUE;
}
```

代码清单3-9 TrueMethodMatcher的实现

```
class TrueMethodMatcher implements MethodMatcher, Serializable {
public static final TrueMethodMatcher INSTANCE = new TrueMethodMatcher();
private TrueMethodMatcher() {
}
public boolean isRuntime() {
    return false;
}
public boolean matches(Method method, Class targetClass) {
    return true;
}
public boolean matches(Method method, Class targetClass, Object[] args) {
    throw new UnsupportedOperationException();
}
private Object readResolve() {
    return INSTANCE;
}
public String toString() {
    return "MethodMatcher.TRUE";
}
}
```

3.2 Spring AOP的设计与实现

3.2.1 JVM的动态代理特性

前面已经介绍了横切关注点的一些概念，以及它们在Spring中的具体设计和实现。具体

来说，在Spring AOP实现中，使用的核心技术是动态代理，而这种动态代理实际上是JDK的一个特性（在JDK 1.3以上的版本里，实现了动态代理模式）。通过JDK的动态代理特性，可以为任意Java对象创建代理对象，对于具体使用来说，这个特性是通过Java Reflection API来完成的。在了解具体的Java Reflection之前，先简要地复习一下Proxy模式，其静态类图如图3-9所示。

在图3-9中，可以看到有一个RealSubject，这个对象是目标对象，而在代理模式的设计中，会设计一个接口和目标对象一致的代理对象Proxy，它们都实现了接口Subject的request方法。在这种情况下，对目标对象的request的调用，往往就被代理对象"浑水摸鱼"给拦截了，通过这种拦截，为目标对象的方法操作做了铺垫，所以称之为代理模式。了解了如图3-10所示的调用关系，就可以清楚地了解这里的过程。

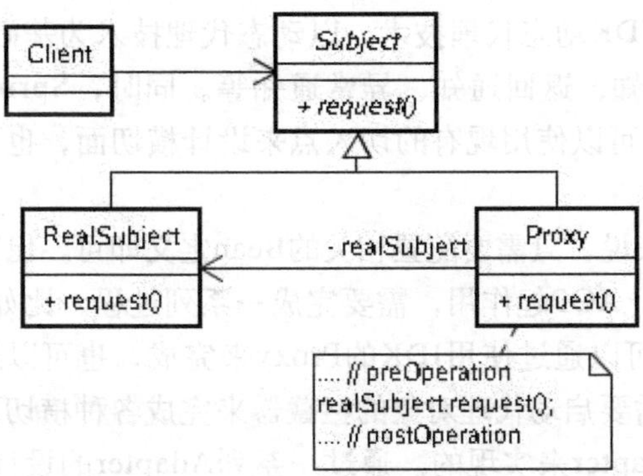

图3-9 Proxy模式的静态类图

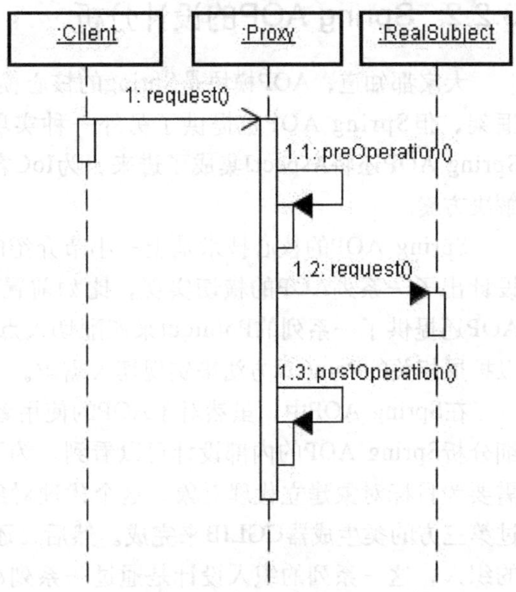

图3-10 Proxy模式的调用关系

在Proxy的调用过程中，如果客户（Client）调用Proxy的request方法，会在调用目标对象的request方法的前后调用一系列的处理，而这一系列的处理相对于目标对象来说是透明的，目标对象对这些处理可以毫不知情，这就是Proxy模式。

通过前面的介绍可以知道，JDK中已经实现了这个Proxy模式，在基于Java虚拟机设计应用程序时，只需要直接使用这个特性就可以了。具体来说，可以在Java的reflection包中看到Proxy对象，这个对象生成后，所起的作用就类似于Proxy模式中的Proxy对象。在使用时，还需要为代理对象（Proxy）设计一个回调方法，这个回调方法起到的作用是，在其中加入了作为代理需要额外处理的动作，或者说，在这个方法中，所谓额外动作，可以参考Proxy模式中的preOperation()和postOperation()方法。这个回调方法，如果在JDK中实现，需要实现下面所示的InvocationHandler接口：

```
public interface InvocationHandler {
public Object invoke(Object proxy, Method method, Object[] args) throws Throwable;
}
```

在这个接口方法中，只声明了一个invoke方法，这个invoke方法的第一个参数是代理对象实例，第二个参数是Method方法对象，代表的是当前Proxy被调用的方法，最后一个参数是被调用的方法中的参数。通过这些信息，在invoke方法实现中，已经可以了解Proxy对象的调用背景了。至于怎样让invoke方法和Proxy挂上钩，熟悉Proxy用法的读者都知道，只要在实现通过调用Proxy.newIntance方法生成具体Proxy对象时把InvocationHandler设置到参数里面就可以了，剩下的由Java虚拟机来完成。

3.2.2 Spring AOP的设计分析

大家都知道，AOP模块是Spring的核心模块，虽然在Java社区里AspectJ是最完整的AOP框架，但Spring AOP也提供了另外一种实现，这种实现并不是AspectJ的竞争者，相反，Spring AOP还将AspectJ集成了进来，为IoC容器和Spring应用开发提供了一个一致性的AOP解决方案。

Spring AOP的核心技术是上一小节介绍的JDK动态代理技术。以动态代理技术为基础，设计出了一系列AOP的横切实现，比如前置通知、返回通知、异常通知等。同时，Spring AOP还提供了一系列的Pointcut来匹配切入点，可以使用现有的切入点来设计横切面，也可以扩展相关的Pointcut方法来实现切入需求。

在Spring AOP中，虽然对于AOP的使用者来说，只需要配置相关的Bean定义即可，但仔细分析Spring AOP的内部设计可以看到，为了让AOP起作用，需要完成一系列过程，比如，需要为目标对象建立代理对象，这个代理对象可以通过使用JDK的Proxy来完成，也可以通过第三方的类生成器CGLIB来完成。然后，还需要启动代理对象的拦截器来完成各种横切面的织入，这一系列的织入设计是通过一系列Adapter来实现的。通过一系列Adapter的设计，可以把AOP的横切面设计和Proxy模式有机地结合起来，从而实现在AOP中定义好的各种织入方式。具体的设计实现可以参考后面的内容，这里只是简要介绍一下。

3.2.3 Spring AOP的应用场景

Spring AOP为IoC的使用提供了更多的便利，一方面，应用可以直接使用AOP的功能，设计应用的横切关注点，把跨越应用程序多个模块的功能抽象出来，并通过简单的AOP的使用，灵活地编制到模块中，比如可以通过AOP实现应用程序中的日志功能。另一方面，在Spring内部，一些支持模块也是通过Spring AOP来实现的，比如后面将要详细介绍的事务处理。从这两个角度就已经可以看到Spring AOP的核心地位了。下面以ProxyFactoryBean的实现为例，和大家一起来了解Spring AOP的具体设计和实现。

3.3 建立AopProxy代理对象

3.3.1 设计原理

在Spring的AOP模块中，一个主要的部分是代理对象的生成，而对于Spring应用，可以看到，是通过配置和调用Spring的ProxyFactoryBean来完成这个任务的。在ProxyFactoryBean中，封装了主要代理对象的生成过程。在这个生成过程中，可以使用JDK的Proxy和CGLIB两种生成方式。

以ProxyFactory的设计为中心，可以看到相关的类继承关系如图3-11所示。

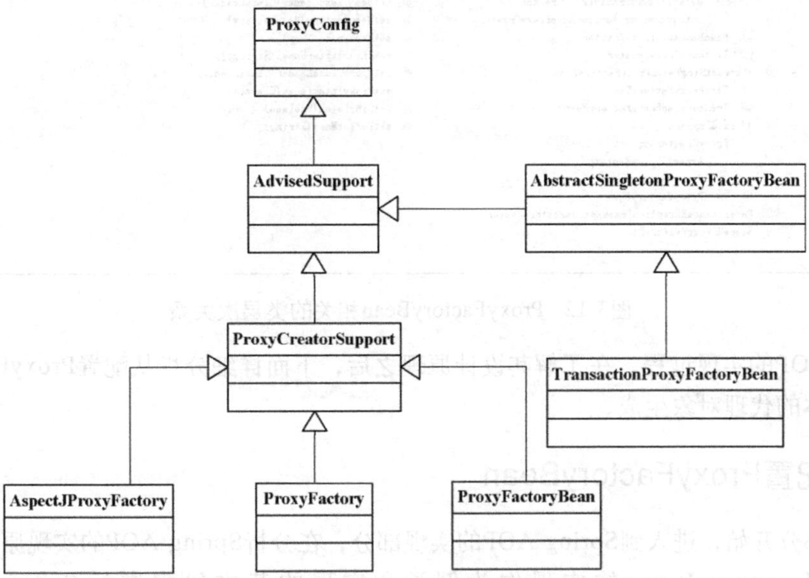

图3-11 类继承关系

在这个类继承关系中，可以看到完成AOP应用的类，比如AspectJProxyFactory、ProxyFactory和ProxyFactoryBean，它们都在同一个类的继承体系下，都是ProxyConfig、AdvisedSupport和ProxyCreatorSupport的子类。作为共同基类，可以将ProxyConfig看成是一个数据基类，这个数据基类为ProxyFactoryBean这样的子类提供了配置属性，在另一个基类AdvisedSupport的实现中，封装了AOP对通知和通知器的相关操作，这些操作对于不同的AOP的代理对象的生成都是一样的，但对于具体的AOP代理对象的创建，AdvisedSupport把它交给它的子类们去完成，对于ProxyCreatorSupport，可以将它看成是其子类创建AOP代理对象的一个辅助类。通过继承以上提到的基类的功能实现，具体的AOP代理对象的生成，根据不同的需要，分别由ProxyFactoryBean、AspectJProxyFactory和ProxyFactory来完成。对于需要使用AspectJ的AOP应用，AspectJProxyFactory起到集成Spring和AspectJ的作用，对于使用Spring AOP的应用，ProxyFactoryBean和ProxyFactoy都提供了AOP功能的封装，只是使用

ProxyFactoryBean，可以在IoC容器中完成声明式配置，而使用ProxyFactory，则需要编程式地使用Spring AOP的功能；对于它们是如何封装实现AOP功能的，会在本章小结中给出详细的分析，在这里，通过这些类层次关系的介绍，先给读者留下一个大致的印象。ProxyFactoryBean相关的类层次关系如图3-12所示。

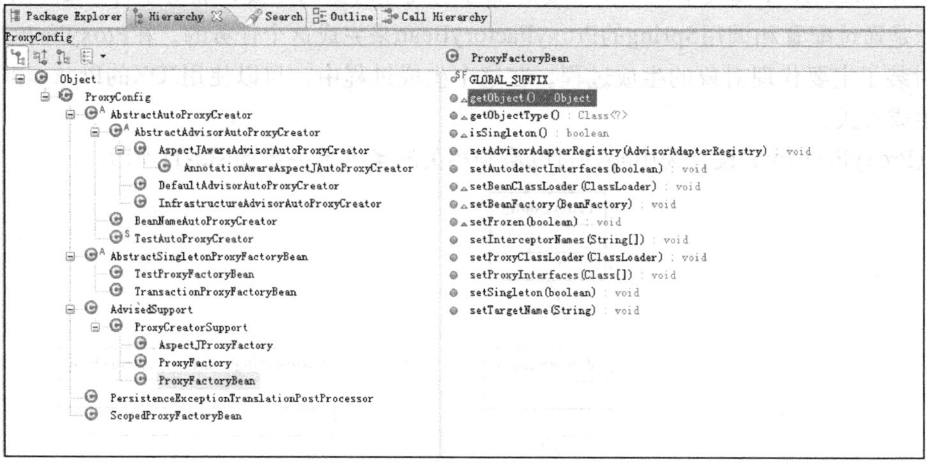

图3-12 ProxyFactoryBean相关的类层次关系

关于AOP的实现过程，在了解其设计原理之后，下面详细分析从配置ProxyFactoryBean开始到具体的代理对象生成。

3.3.2 配置ProxyFactoryBean

从这部分开始，进入到Spring AOP的实现部分，在分析Spring AOP的实现原理中，主要以ProxyFactoryBean的实现作为例子和实现的基本线索进行分析。这是因为ProxyFactoryBean是在Spring IoC环境中创建AOP应用的底层方法，也是最灵活的方法，Spring通过它完成了对AOP使用的封装。以ProxyFactoryBean的实现为入口，逐层深入，是一条帮助我们快速理解Spring AOP实现的学习路径。

在了解ProxyFactoryBean的实现之前，先简要介绍一下ProxyFactoryBean的配置和使用，在基于XML配置Spring的Bean时，往往需要一系列的配置步骤来使用ProxyFactoryBean和AOP。

1）定义使用的通知器Advisor，这个通知器应该作为一个Bean来定义。很重要的一点是，这个通知器的实现定义了需要对目标对象进行增强的切面行为，也就是Advice通知。

2）定义ProxyFactoryBean，把它作为另一个Bean来定义，它是封装AOP功能的主要类。在配置ProxyFactoryBean时，需要设定与AOP实现相关的重要属性，比如proxyInterface、interceptorNames和target等。从属性名称可以看出，interceptorNames属性的值往往设置为需要定义的通知器，因为这些通知器在ProxyFactoryBean的AOP配置下，是通过使用代理对象的拦截器机制起作用的。所以，这里依然沿用了拦截器这个名字，也算是旧瓶装新酒吧。

3）定义target属性，作为target属性注入的Bean，是需要用AOP通知器中的切面应用来增强的对象，也就是前面提到的base对象。

有了这些配置，就可以使用ProxyFactoryBean完成AOP的基本功能了。关于配置的例子，如代码清单3-10所示。与前面提到的配置步骤相对应，可以看到，除定义了ProxyFactoryBean的AOP封装外，还定义了一个Advisor，名为testAdvisor。作为ProxyFactory配置的一部分，还需要配置拦截的方法调用接口和目标对象。这些基本的配置，是使用ProxyFactoryBean实现AOP功能的重要组成，其实现和作用机制也是后面重点分析的内容。

代码清单3-10 配置ProxyFactoryBean

```
<bean id="testAdvisor" class="com.abc.TestAdvisor"/>
<bean id="testAOP" class="org.springframework.aop.ProxyFactoryBean>
<property name="proxyInterfaces"><value>com.test.AbcInterface"</value></property>
<property name="target">
   <bean class="com.abc.TestTarget"/>
</property>
<property name="interceptorNames">
   <list><value> testAdvisor</value></list>
</property>
</bean>
```

掌握这些配置后，就可以具体看一看这些AOP是如何实现的，也就是说，切面应用是怎样通过ProxyFactoryBean对target对象起作用的，下面我们会详细地分析这个部分。

3.3.3 ProxyFactoryBean生成AopProxy代理对象

在Spring AOP的使用中，我们已经了解到，可以通过ProxyFactoryBean来配置目标对象和切面行为。这个ProxyFactoryBean是一个FactoryBean，对FactoryBean这种Spring应用中经常出现的Bean的工作形式，大家一定不会感到陌生，对于FactoryBean的工作原理，已经在结合IoC容器的实现原理分析中做过阐述。在ProxyFactoryBean中，通过interceptorNames属性来配置已经定义好的通知器Advisor。虽然名字为interceptorNames，但实际上却是供AOP应用配置通知器的地方。在ProxyFactoryBean中，需要为target目标对象生成Proxy代理对象，从而为AOP横切面的编织做好准备工作。这些具体的代理对象生成工作，在以后的实现原理分析中，我们可以看到是通过JDK的Proxy或CGLIB来完成的。具体的AopProxy生成过程如图3-13所示。

ProxyFactoryBean的AOP实现需要依赖JDK或者CGLIB提供的Proxy特性。从FactoryBean中获取对象，是以getObject()方法作为入口完成的；ProxyFactoryBean实现中的getObject方法，是FactoryBean需要实现的接口。对ProxyFactoryBean来说，把需要对target目标对象增加的增强处理，都通过getObject方法进行封装了，这些增强处理是为AOP功能的实现提供服务的。getObject的实现如代码清单3-11所示。getObject方法首先对通知器链进行初始化，通知器链封装了一系列的拦截器，这些拦截器都要从配置中读取，然后为代理对象的生成做好准备。在生成代理对象时，因为Spring中有singleton类型和prototype类型这两种不同的Bean，所以要对代理对象的生成做一个区分。

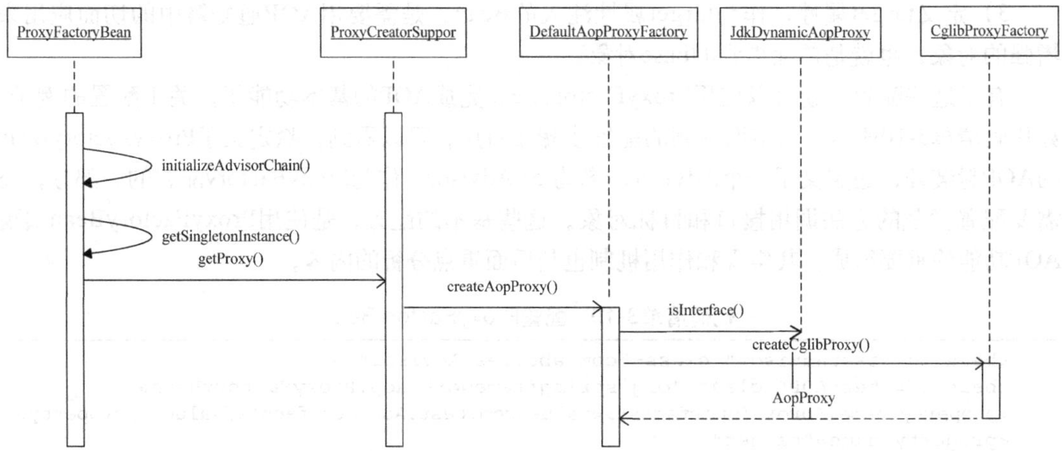

图3-13 AopProxy的生成过程

代码清单3-11 ProxyFactoryBean的getObject

```
public Object getObject() throws BeansException {
    //这里初始化通知器链
    initializeAdvisorChain();
    //这里对singleton和prototype的类型进行区分，生成对应的proxy
    if (isSingleton()) {
        return getSingletonInstance();
    }
    else {
        if (this.targetName == null) {
           logger.warn("Using non-singleton proxies with singleton targets is
           often undesirable. " +"Enable prototype proxies by setting the
           'targetName' property.");
        }
        return newPrototypeInstance();
    }
}
```

为Proxy代理对象配置Advisor链是在initializeAdvisorChain方法中完成的，如代码清单3-12所示。这个初始化过程有一个标志位advisorChainInitialized，这个标志用来表示通知器链是否已经初始化。如果已经初始化，那么这里就不会再初始化，而是直接返回。也就是说，这个初始化的工作发生在应用第一次通过ProxyFactoryBean去获取代理对象的时候。在完成这个初始化之后，接着会读取配置中出现的所有通知器，这个取得通知器的过程也比较简单，把通知器的名字交给容器的getBean方法就可以了，这是通过对IoC容器实现的一个回调来完成的。然后把从IoC容器中取得的通知器加入拦截器链中，这个动作是由addAdvisorOnChainCreation方法来实现的。

代码清单3-12 对Advisor配置链的初始化

```
private synchronized void initializeAdvisorChain() throws AopConfigException, BeansException {
    if (this.advisorChainInitialized) {
        return;
    }
    if (!ObjectUtils.isEmpty(this.interceptorNames)) {
        if (this.beanFactory == null) {
            throw new IllegalStateException("No BeanFactory available anymore
            (probably due to serialization) " +
            "- cannot resolve interceptor names " + Arrays.asList
            (this.interceptorNames));
        }
            if (this.interceptorNames[this.interceptorNames.length - 1].
            endsWith(GLOBAL_SUFFIX) &&this.targetName == null &&
            this.targetSource == EMPTY_TARGET_SOURCE) {
            throw new AopConfigException("Target required after globals");
        }
        // 这里是添加Advisor链的调用，是通过interceptorNames属性进行配置的
        for (String name : this.interceptorNames) {
            if (logger.isTraceEnabled()) {
                logger.trace("Configuring advisor or advice '" + name + "'");
            }
            if (name.endsWith(GLOBAL_SUFFIX)) {
                if (!(this.beanFactory instanceof ListableBeanFactory)) {
                    throw new AopConfigException(
                        "Can only use global advisors or interceptors with a
                        ListableBeanFactory");
                }
                addGlobalAdvisor((ListableBeanFactory) this.beanFactory,
                    name.substring(0, name.length() - GLOBAL_SUFFIX.length()));
            }
            else {
                /* 如果程序在这里被调用，那么需要加入命名的拦截器advice，并且需要检查这
                个Bean是singleton还是prototype类型*/
                Object advice;
                //如果是singleton类型Bean
                if (this.singleton || this.beanFactory.isSingleton(name)) {
                //加入advice或者advisor
                    advice = this.beanFactory.getBean(name);
                }
                else {
                    //对prototype类型Bean的处理
                    advice = new PrototypePlaceholderAdvisor(name);
                }
                addAdvisorOnChainCreation(advice, name);
            }
        }
    }
    this.advisorChainInitialized = true;
}
```

生成singleton的代理对象在getSingletonInstance()的代码中完成，这个方法是ProxyFactoryBean生成AopProxy代理对象的调用入口。代理对象会封装对target目标对象的调用，也就是说针对target对象的方法调用行为会被这里生成的代理对象所拦截。具体的生成过

程是，首先读取ProxyFactoryBean中的配置，为生成代理对象做好必要的准备，比如设置代理的方法调用接口等。Spring通过AopProxy类来具体生成代理对象。对于getSingletonInstance()方法中代理对象的生成过程，如代码清单3-13所示。

代码清单3-13 生成单件代理对象

```
private synchronized Object getSingletonInstance() {
    if (this.singletonInstance == null) {
        this.targetSource = freshTargetSource();
        if (this.autodetectInterfaces && getProxiedInterfaces().length == 0 &&
        !isProxyTargetClass()) {
            //根据AOP框架来判断需要代理的接口
            Class targetClass = getTargetClass();
            if (targetClass == null) {
                throw new FactoryBeanNotInitializedException("Cannot determine
                target class for proxy");
            }
// 这里设置代理对象的接口
setInterfaces(ClassUtils.getAllInterfacesForClass(targetClass, this.proxyClassLoader));
        }
        super.setFrozen(this.freezeProxy);
        // 注意这里的方法会使用ProxyFactory来生成需要的Proxy
        this.singletonInstance = getProxy(createAopProxy());
    }
    return this.singletonInstance;
}
//通过createAopProxy返回的AopProxy来得到代理对象
protected Object getProxy(AopProxy aopProxy) {
    return aopProxy.getProxy(this.proxyClassLoader);
}
```

这里出现了AopProxy类型的对象，Spring利用这个AopProxy接口类把AOP代理对象的实现与框架的其他部分有效地分离开来。AopProxy是一个接口，它由两个子类实现，一个是Cglib2AopProxy，另一个是JdkDynamicProxy。顾名思义，对这两个AopProxy接口的子类的实现，Spring分别通过CGLIB和JDK来生成需要的Proxy代理对象。

具体的代理对象的生成，是在ProxyFactoryBean的基类AdvisedSupport的实现中借助AopProxyFactory完成的，这个代理对象要么从JDK中生成，要么借助CGLIB获得。因为ProxyFactoryBean本身就是AdvisedSupport的子类，所以在ProxyFactoryBean中获得AopProxy是很方便的，可以在ProxyCreatorSupport中看到，具体的AopProxy是通过AopProxyFactory来生成的。至于需要生成什么样的代理对象，所有信息都封装在AdvisedSupport里，这个对象也是生成AopProxy的方法的输入参数，这里设置为this本身，因为ProxyCreatorSupport本身就是AdvisedSupport的子类。在ProxyCreatorSupport中生成代理对象的入口实现，如代码清单3-14所示。

代码清单3-14 ProxyCreatorSupport生成AopProxy对象

```
protected final synchronized AopProxy createAopProxy() {
    if (!this.active) {
```

```
        activate();
    }
    //通过AopProxyFactory取得AopProxy，这个AopProxyFactory是在初始化函数中
    //定义的，使用的是DefaultAopProxyFactory
    return getAopProxyFactory().createAopProxy(this);
}
```

这里使用了AopProxyFactory来创建AopProxy，AopProxyFactory使用的是DefaultAopProxyFactory。这个被使用的AopProxyFactory，作为AopProxy的创建工厂对象，是在ProxyFactoryBean的基类ProxyCreatorSupport中被创建的。在创建AopProxyFactory时，它被设置为DefaultAopProxyFactory，很显然，Spring给出了这个默认的AopProxyFactory工厂的实现。有了这个AopProxyFactory对象以后，问题就转换为在DefaultAopProxyFactory中，AopProxy是怎样生成的了。

关于AopProxy代理对象的生成，需要考虑使用哪种生成方式，如果目标对象是接口类，那么适合使用JDK来生成代理对象，否则Spring会使用CGLIB来生成目标对象的代理对象。为了满足不同的代理对象生成的要求，DefaultAopProxyFactory作为AopProxy对象的生产工厂，可以根据不同的需要生成这两种AopProxy对象。对于AopProxy对象的生产过程，在DefaultAopProxyFactory创建AopProxy的过程中可以清楚地看到，但这是一个比较高层次的AopProxy代理对象的生成过程，如代码清单3-15所示。所谓高层次，是指在DefaultAopProxyFactory创建AopProxy的过程中，对不同的AopProxy代理对象的生成所涉及的生成策略和场景做了相应的设计，但是对于具体的AopProxy代理对象的生成，最终并没有由DefaultAopProxyFactory来完成，比如对JDK和CGLIB这些具体的技术的使用，对具体的实现层次的代理对象的生成，是由Spring封装的JdkDynamicAopProxy和CglibProxyFactory类来完成的。

代码清单3-15 在DefaultAopProxyFactory中创建AopProxy

```
public AopProxy createAopProxy(AdvisedSupport config) throws AopConfigException {
    if (config.isOptimize() || config.isProxyTargetClass() ||hasNoUserSupplied-
        ProxyInterfaces(config)) {
        Class targetClass = config.getTargetClass();
        if (targetClass == null) {
            throw new AopConfigException("TargetSource cannot determine target class: " +
            "Either an interface or a target is required for proxy creation.");
        }//如果targetClass是接口类，使用JDK来生成Proxy
        if (targetClass.isInterface()) {
            return new JdkDynamicAopProxy(config);
        }
        if (!cglibAvailable) {
            throw new AopConfigException(
                    "Cannot proxy target class because CGLIB2 is not available. " +
                    "Add CGLIB to the class path or specify proxy interfaces.");
        } //如果不是接口类要生成Proxy，那么使用CGLIB来生成
        return CglibProxyFactory.createCglibProxy(config);
    }
    else {
        return new JdkDynamicAopProxy(config);
    }
}
```

在AopProxy代理对象的生成过程中，首先要从AdvisedSupport对象中取得配置的目标对象，这个目标对象是实现AOP功能所必需的，道理很简单，AOP完成的是切面应用对目标对象的增强，皮之不存，毛将焉附，这个目标对象可以看做是“皮”，而AOP切面增强就是依附于这块皮上的“毛”。如果这里没有配置目标对象，会直接抛出异常，提醒AOP应用，需要提供正确的目标对象的配置。在对目标对象配置的检查完成以后，需要根据配置的情况来决定使用什么方式来创建AopProxy代理对象，一般而言，默认的方式是使用JDK来产生AopProxy代理对象，但是如果遇到配置的目标对象不是接口类的实现，会使用CGLIB来产生AopProxy代理对象；在使用CGLIB来产生AopProxy代理对象时，因为CGLIB是一个第三方的类库，本身不在JDK的基本类库中，所以需要在CLASSPATH路径中进行正确的配置，以便能够加载和使用。在Spring中，使用JDK和CGLIB来生成AopProxy代理对象的工作，是由JdkDynamicAopProxy和CglibProxyFactory来完成的。详细的代理对象的生成过程会在下面的小节进行详细的分析。

3.3.4 JDK生成AopProxy代理对象

前面介绍的ProxyFactoryBean在AopProxy代理对象和IoC容器配置之间起到了桥梁的作用，这个桥梁作用体现在它为代理对象的最终生成做好了准备。AopProxy代理对象可以由JDK或CGLIB来生成，而JdkDynamicAopProxy和Cglib2AopProxy实现的都是通过AopProxy接口，它们的层次关系如图3-14所示。从源代码实现中，也可以看到相对应的接口实现关系。

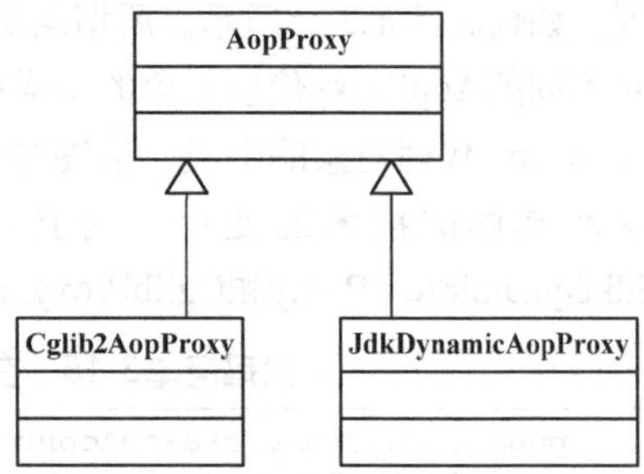

图3-14 AopProxy接口的层次关系

在这里可以看到使用两种代理对象的实现方式，一种是使用CGLIB，另一种使用JDK自己的Proxy。具体怎样生成代理对象，通过这两个类的源代码实现就可以了解，在AopProxy的接口下，设计了Cglib2AopProxy和JdkDynamicAopProxy两种Proxy代理对象的实现，而AopProxy的接口设计也很简单，就是获得Proxy代理对象。获得Proxy代理对象的方式有两种，一种方式是需要指定ClassLoader，另一种方式则不需要指定，如图3-15所示。

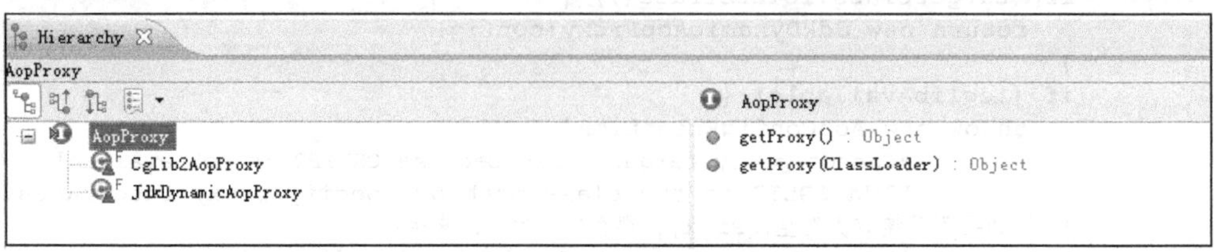

图3-15 AopProxy接口

先看看在AopProxy接口实现中，JdkDynamicAopProxy是怎样完成AopProxy代理对象生成工作的，这个代理对象的生成过程如代码清单3-16所示。在JdkDynamicAopProxy中，使用了JDK的Proxy类来生成代理对象，在生成Proxy对象之前，首先需要从advised对象中取得代理对象的代理接口配置，然后调用Proxy的newProxyInstance方法，最终得到对应的Proxy代理对象。在生成代理对象时，需要指明三个参数，一个是类装载器，一个是代理接口，另外一个就是Proxy回调方法所在的对象，这个对象需要实现InvocationHandler接口。这个InvocationHandler接口定义了invoke方法，提供代理对象的回调入口。对于JdkDynamicAopProxy，它本身实现了InvocationHandler接口和invoke方法，这个invoke方法是Proxy代理对象的回调方法，所以可以使用this来把JdkDynamicAopProxy指派给Proxy对象，也就是说JdkDynamicAopProxy对象本身，在Proxy代理的接口方法被调用时，会触发invoke方法的回调，这个回调方法完成了AOP编织实现的封装。在这里先重点关注AopProxy代理对象的生成，Proxy代理对象的invoke实现，将是详细分析AOP实现原理的重要部分。

代码清单3-16 JdkDynamicAopProxy生成Proxy代理对象

```
public Object getProxy(ClassLoader classLoader) {
    if (logger.isDebugEnabled()) {
        logger.debug("Creating JDK dynamic proxy: target source is " + this.advised.
        getTargetSource());
    }
    Class[] proxiedInterfaces = AopProxyUtils.completeProxiedInterfaces
    (this.advised);
    findDefinedEqualsAndHashCodeMethods(proxiedInterfaces);
    //这是调用JDK生成Proxy的地方
    return Proxy.newProxyInstance(classLoader, proxiedInterfaces, this);
}
```

3.3.5 CGLIB生成AopProxy代理对象

在AopProxy接口实现中，可以看到使用CGLIB来生成Proxy代理对象，这个Proxy代理对象的生成可以在Cglib2AopProxy的代码实现中看到，同样是在AopProxy的接口方法getProxy的实现中完成的，如代码清单3-17所示。

代码清单3-17 Cglib2AopProxy生成AopProxy代理对象

```
public Object getProxy(ClassLoader classLoader) {
    if (logger.isDebugEnabled()) {
        logger.debug("Creating CGLIB2 proxy: target source is " + this.advised.
        getTargetSource());
    }
    //从advised中取得在IoC容器中配置的target对象
    try {
        Class rootClass = this.advised.getTargetClass();
        Assert.state(rootClass != null, "Target class must be available for creating a
        CGLIB proxy");
        Class proxySuperClass = rootClass;
        if (AopUtils.isCglibProxyClass(rootClass)) {
            proxySuperClass = rootClass.getSuperclass();
            Class[] additionalInterfaces = rootClass.getInterfaces();
            for (Class additionalInterface : additionalInterfaces) {
```

```
                this.advised.addInterface(additionalInterface);
            }
        }
        //验证代理对象的接口设置
        // 创建并配置CGLIB的Enhancer，这个Enhancer对象是CGLIB的主要操作类
        Enhancer enhancer = createEnhancer();
        if (classLoader != null) {
            enhancer.setClassLoader(classLoader);
            if (classLoader instanceof SmartClassLoader &&
                ((SmartClassLoader) classLoader).isClassReloadable(proxySuperClass)) {
                enhancer.setUseCache(false);
            }
        }
        //设置Enhancer对象，包括设置代理接口，回调方法
        //来自advised的IoC配置，比如使用AOP的DynamicAdvisedInterceptor拦截器
        enhancer.setSuperclass(proxySuperClass);
        enhancer.setStrategy(new UndeclaredThrowableStrategy
        (UndeclaredThrowableException.class));
        enhancer.setInterfaces(AopProxyUtils.completeProxiedInterfaces(this.advised));
        enhancer.setInterceptDuringConstruction(false);
        Callback[] callbacks = getCallbacks(rootClass);
        enhancer.setCallbacks(callbacks);
        enhancer.setCallbackFilter(new ProxyCallbackFilter(
                this.advised.getConfigurationOnlyCopy(), this.fixedInterceptorMap,
                this.fixedInterceptorOffset));
        Class[] types = new Class[callbacks.length];
        for (int x = 0; x < types.length; x++) {
            types[x] = callbacks[x].getClass();
        }
        enhancer.setCallbackTypes(types);
        // 通过Enhancer生成代理对象
        Object proxy;
        if (this.constructorArgs != null) {
            proxy = enhancer.create(this.constructorArgTypes, this.constructorArgs);
        }
        else {
            proxy = enhancer.create();
        }
        return proxy;
    }
    catch (CodeGenerationException ex) {
        throw new AopConfigException("Could not generate CGLIB subclass of class [" +
                this.advised.getTargetClass() + "]: " +
                "Common causes of this problem include using a final class or a
                non-visible class",ex);
    }
    catch (IllegalArgumentException ex) {
        throw new AopConfigException("Could not generate CGLIB subclass of class [" +
                this.advised.getTargetClass() + "]: " +
                "Common causes of this problem include using a final class or anon-visible
                class", ex);
    }
    catch (Exception ex) {
        throw new AopConfigException("Unexpected AOP exception", ex);
    }
}
```

在代码清单中，可以看到具体对CGLIB的使用，比如对Enhancer对象的配置，以及通过Enhancer对象生成代理对象的过程。在这个生成代理对象的过程中，需要注意的是对Enhancer对象callback回调的设置，正是这些回调封装了Spring AOP的实现，就像前面介绍的JDK的Proxy对象的invoke回调方法一样。在Enhancer的callback回调设置中，实际上是通过设置DynamicAdvisedInterceptor拦截器来完成AOP功能的，如果读者感兴趣，可以在getCallbacks方法实现中看到回调DynamicAdvisedInterceptor的设置。

```
Callback aopInterceptor = new DynamicAdvisedInterceptor(this.advised);
```

DynamicAdvisedInterceptor中的回调实现会在下面详细分析，这里先埋一个伏笔。

这样，通过使用AopProxy对象封装target目标对象之后，ProxyFactoryBean的getObject方法得到的对象就不是一个普通的Java对象了，而是一个AopProxy代理对象。在ProxyFactoryBean中配置的target目标对象，这时已经不会让应用直接调用其方法实现，而是作为AOP实现的一部分。对target目标对象的方法调用会首先被AopProxy代理对象拦截，对于不同的AopProxy代理对象生成方式，会使用不同的拦截回调入口。例如，对于JDK的AopProxy代理对象，使用的是InvocationHandler的invoke回调入口；而对于CGLIB的AopProxy代理对象，使用的是设置好的callback回调，这是由对CGLIB的使用来决定的。在这些callback回调中，对于AOP实现，是通过DynamicAdvisedInterceptor来完成的，而DynamicAdvisedInterceptor的回调入口是intercept方法。通过这一系列的准备，已经为实现AOP的横切机制奠定了基础，在这个基础上，AOP的Advisor已经可以通过AopProxy代理对象的拦截机制，对需要它进行增强的target目标对象发挥切面的强大威力了。

可以把AOP的实现部分看成由基础设施准备和AOP运行辅助这两个部分组成，这里的AopProxy代理对象的生成，可以看成是一个静态的AOP基础设施的建立过程。通过这个准备过程，把代理对象、拦截器这些待调用的部分都准备好，等待着AOP运行过程中对这些基础设施的使用。对于应用触发的AOP应用，会涉及AOP框架的运行和对AOP基础设施的使用。这些动态的运行部分，是从前面提到的拦截器回调入口开始的，这些拦截器调用的实现原理，和AopProxy代理对象生成一样，也是AOP实现的重要组成部分，同时也是下面要重点分析的内容，让我们继续深入AopProxy代理对象的回调实现中去，慢慢地揭开Spring AOP实现的另一层神秘的面纱。

3.4 Spring AOP拦截器调用的实现

3.4.1 设计原理

在Spring AOP通过JDK的Proxy方式或CGLIB方式生成代理对象的时候，相关的拦截器已经配置到代理对象中去了，拦截器在代理对象中起作用是通过对这些方法的回调来完成的。

如果使用JDK的Proxy来生成代理对象，那么需要通过InvocationHandler来设置拦截器回调；而如果使用CGLIB来生成代理对象，就需要根据CGLIB的使用要求，通过Dynamic-AdvisedInterceptor来完成回调。关于这两种方式的拦截过程，下面我们会进行详细的分析。

3.4.2 JdkDynamicAopProxy的invoke拦截

前面介绍了在Spring中通过ProxyFactoryBean实现AOP功能的第一步、得到AopProxy代理对象的基本过程，以及通过使用JDK和CGLIB最终产生AopProxy代理对象的实现原理。下面来看看AopProxy代理对象的拦截机制是怎样发挥作用和实现AOP功能的。在JdkDynamicAopProxy中生成Proxy对象时，我们回顾一下它的AopProxy代理对象的生成调用，如下所示：

```
Proxy.newProxyInstance(classLoader, proxiedInterfaces, this);
```

这里的this参数对应的是InvocationHandler对象，InvocationHandler是JDK定义的反射类的一个接口，这个接口定义了invoke方法，而这个invoke方法是作为JDK Proxy代理对象进行拦截的回调入口出现的。在JdkDynamicAopProxy中实现了InvocationHandler接口，也就是说当Proxy对象的代理方法被调用时，JdkDynamicAopProxy的invoke方法作为Proxy对象的回调函数被触发，从而通过invoke的具体实现，来完成对目标对象方法调用的拦截或者说功能增强的工作。JdkDynamicAopProxy的invoke方法实现如代码清单3-18所示。从代码清单中可以看到，对Proxy对象的代理设置是在invoke方法中完成的，这些设置包括获取目标对象、拦截器链，同时把这些对象作为输入，创建了ReflectiveMethodInvocation对象，通过这个ReflectiveMethodInvocation对象来完成对AOP功能实现的封装。在这个invoke方法中，包含了一个完整的拦截器链对目标对象的拦截过程，比如获得拦截器链并对拦截器链中的拦截器进行配置，逐个运行拦截器链里的拦截增强，直到最后对目标对象方法的运行等。

代码清单3-18 AopProxy代理对象的回调

```
public Object invoke(Object proxy, Method method, Object[] args) throws Throwable {
    MethodInvocation invocation = null;
    Object oldProxy = null;
    boolean setProxyContext = false;
    TargetSource targetSource = this.advised.targetSource;
    Class targetClass = null;
    Object target = null;
    try {
        if (!this.equalsDefined && AopUtils.isEqualsMethod(method)) {
            //如果目标对象没有实现Object类的基本方法：equals
            return equals(args[0]);
        }
        if (!this.hashCodeDefined && AopUtils.isHashCodeMethod(method)) {
            //如果目标对象没有实现Object类的基本方法：hashCode
            return hashCode();
        }
        if (!this.advised.opaque && method.getDeclaringClass().isInterface() &&
                method.getDeclaringClass().isAssignableFrom(Advised.class)) {
            //根据代理对象的配置来调用服务
```

```
            return AopUtils.invokeJoinpointUsingReflection(this.advised, method, args);
        }
        Object retVal = null;
        if (this.advised.exposeProxy) {
                        oldProxy = AopContext.setCurrentProxy(proxy);
            setProxyContext = true;
        }
        //得到目标对象的地方
        target = targetSource.getTarget();
        if (target != null) {
            targetClass = target.getClass();
        }
                    // 这里获得定义好的拦截器链
        List<Object> chain = this.advised.getInterceptorsAndDynamicInterception
        Advice(method, targetClass);
        // 如果没有设定拦截器，那么就直接调用target的对应方法
        if (chain.isEmpty()) {
            retVal = AopUtils.invokeJoinpointUsingReflection(target, method, args);
        }
        else {
            // 如果有拦截器的设定，那么需要调用拦截器之后才调用目标对象的相应方法
            //通过构造一个ReflectiveMethodInvocation来实现，下面会看
            //这个ReflectiveMethodInvocation类的具体实现
            invocation = new ReflectiveMethodInvocation(proxy, target, method, args,
            targetClass, chain);
            //沿着拦截器链继续前进
            retVal = invocation.proceed();
        }
        if (retVal != null && retVal = = target && method.getReturnType().isInstance(proxy) &&
        !RawTargetAccess.class.isAssignableFrom(method.getDeclaringClass())) {
            retVal = proxy;
        }
        return retVal;
    }
    finally {
        if (target != null && !targetSource.isStatic()) {
                        targetSource.releaseTarget(target);
        }
        if (setProxyContext) {
            AopContext.setCurrentProxy(oldProxy);
        }
    }
}
```

3.4.3 Cglib2AopProxy的intercept拦截

在分析Cglib2AopProxy的AopProxy代理对象生成的时候，我们了解到对于AOP的拦截调用，其回调是在DynamicAdvisedInterceptor对象中实现的，这个回调的实现在intercept方法中，如代码清单3-19所示。Cglib2AopProxy的intercept回调方法的实现和JdkDynamicAopProxy的回调实现是非常类似的，只是在Cglib2AopProxy中构造CglibMethodInvocation对象来完成拦截器链的调用，而在JdkDynamicAopProxy中是通过构造ReflectiveMethodInvocation对象来完成这个功能的。

代码清单3-19 DynamicAdvisedInterceptor的intercept

```
public Object intercept(Object proxy, Method method, Object[] args, MethodProxy
methodProxy) throws Throwable {
    Object oldProxy = null;
    boolean setProxyContext = false;
    Class targetClass = null;
    Object target = null;
    try {
        if (this.advised.exposeProxy) {
            oldProxy = AopContext.setCurrentProxy(proxy);
            setProxyContext = true;
        }
        target = getTarget();
        if (target != null) {
            targetClass = target.getClass();
        }
        //从advised中取得配置好的AOP通知
        List<Object> chain = this.advised.getInterceptors
        AndDynamicInterceptionAdvice(method, targetClass);
        Object retVal = null;
        // 如果没有AOP通知配置，那么直接调用target对象的调用方法
        if (chain.isEmpty() && Modifier.isPublic(method.getModifiers())) {
            retVal = methodProxy.invoke(target, args);
        }
        else {
            //通过CglibMethodInvocation来启动advice通知
            retVal = new CglibMethodInvocation(proxy, target, method, args,
            targetClass, chain, methodProxy).proceed();
        }
        retVal = massageReturnTypeIfNecessary(proxy, target, method, retVal);
        return retVal;
    }
    finally {
        if (target != null) {
            releaseTarget(target);
        }
        if (setProxyContext) {
            AopContext.setCurrentProxy(oldProxy);
        }
    }
}
```

3.4.4 目标对象方法的调用

如果没有设置拦截器，那么会对目标对象的方法直接进行调用。对于JdkDynamicAopProxy代理对象，这个对目标对象的方法调用是通过AopUtils使用反射机制在AopUtils.invokeJoinpointUsingReflection的方法中实现的，如代码清单3-20所示。在这个调用中，首先得到调用方法的反射对象，然后使用invoke启动对方法反射对象的调用。

代码清单3-20 使用反射完成目标对象的方法调用

```
public static Object invokeJoinpointUsingReflection(Object target, Method method,
Object[] args)
    throws Throwable {
            // 这里是使用反射调用target对象方法的地方
    try {
        ReflectionUtils.makeAccessible(method);
        return method.invoke(target, args);
    }
    catch (InvocationTargetException ex) {
        //抛出AOP异常，对异常进行转换
        throw ex.getTargetException();
    }
    catch (IllegalArgumentException ex) {
        throw new AopInvocationException("AOP configuration seems to be invalid:
        tried calling method [" + method + "] on target [" + target + "]", ex);
    }
    catch (IllegalAccessException ex) {
        throw new AopInvocationException("Could not access method [" + method + "]", ex);
    }
}
```

对于使用Cglib2AopProxy的代理对象，它对目标对象的调用是通过CGLIB的MethodProxy对象来直接完成的，这个对象的使用是由CGLIB的设计决定的。具体的调用在DynamicAdvisedInterceptor的intercept方法中可以看到，使用的是CGLIB封装好的功能，相对JdkDynamicAopProxy的实现来说，形式上看起来较为简单，但它们的功能却是一样的，都是完成对目标对象方法的调用，具体的代码实现如下：

```
retVal = methodProxy.invoke(target, args);
```

3.4.5 AOP拦截器链的调用

在了解了对目标对象的直接调用以后，开始进入AOP实现的核心部分了，AOP是怎样完成对目标对象的增强的？这些实现封装在AOP拦截器链中，由一个个具体的拦截器来完成。

前面介绍了使用JDK和CGLIB会生成不同的AopProxy代理对象，从而构造了不同的回调方法来启动对拦截器链的调用，比如在JdkDynamicAopProxy中的invoke方法，以及在Cglib2AopProxy中使用DynamicAdvisedInterceptor的intercept方法。虽然它们使用了不同的AopProxy代理对象，但最终对AOP拦截的处理可谓殊途同归：它们对拦截器链的调用都是在ReflectiveMethodInvocation中通过proceed方法实现的。在proceed方法中，会逐个运行拦截器的拦截方法。在运行拦截器的拦截方法之前，需要对代理方法完成一个匹配判断，通过这个匹配判断来决定拦截器是否满足切面增强的要求。大家一定还记得前面提到的，在Pointcut切点中需要进行matches的匹配过程，即matches调用对方法进行匹配判断，来决定是否需要实行通知增强。以下看到的调用就是进行matches的地方，具体的处理过程在ReflectiveMethodInvocation的proceed方法中，如代码清单3-21所示。在proceed方法中，先进行判断，如果现在已经运行到拦截器链的末尾，那么就会直接调用目标对象的实现方法；

否则，沿着拦截器链继续进行，得到下一个拦截器，通过这个拦截器进行matches判断，判断是否是适用于横切增强的场合，如果是，从拦截器中得到通知器，并启动通知器的invoke方法进行切面增强。在这个过程结束以后，会迭代调用proceed方法，直到拦截器链中的拦截器都完成以上的拦截过程为止。

代码清单3-21 拦截器的运行

```
public Object proceed() throws Throwable {
    //从索引为-1的拦截器开始调用，并按序递增
    //如果拦截器链中的拦截器迭代调用完毕，这里开始调用target的函数，这个函数是通过
    //反射机制完成的，具体实现在AopUtils.invokeJoinpointUsingReflection方法中
    if (this.currentInterceptorIndex == this.interceptorsAndDynamic-
    MethodMatchers.size() - 1) {
          return invokeJoinpoint();
    }
    //这里沿着定义好的 interceptorOrInterceptionAdvice链进行处理
    Object interceptorOrInterceptionAdvice =
    this.interceptorsAndDynamicMethodMatchers.get(++this.currentInterceptorIndex);
    if (interceptorOrInterceptionAdvice instanceof InterceptorAndDynamicMethodMatcher) {
        //这里对拦截器进行动态匹配的判断，还记得前面分析的Pointcut吗？这里是
        //触发进行匹配的地方，如果和定义的Pointcut匹配，那么这个advice将会得到执行
        InterceptorAndDynamicMethodMatcher dm =
        (InterceptorAndDynamicMethodMatcher) interceptorOrInterceptionAdvice;
        if (dm.methodMatcher.matches(this.method, this.targetClass, this.arguments)) {
            return dm.interceptor.invoke(this);
        }
        else {
            //如果不匹配，那么proceed会被递归调用，直到所有的拦截器都被运行过为止
            return proceed();
        }
    }
    else {
        //如果是一个interceptor，直接调用这个interceptor对应的方法
        return((MethodInterceptor) interceptorOrInterceptionAdvice).invoke(this);
    }
}
```

以上就是整个拦截器及target目标对象方法被调用的过程。“小荷才露尖尖角”，我们已经在这里看到对advice通知的调用入口了，虽然这个大名鼎鼎的advice到现在还没有完全现身，但已经看到了它的运行轨迹。先提出几个问题来提提大家的兴趣：这些advisor是怎样从配置文件中获得，并配置到proxy的拦截器链中去的？我们平常使用的advice通知是怎样起作用的？这些都是了解AOP实现原理的重要问题，下面就这些问题已经展示的线索继续展开分析，去寻求这些问题的答案。

3.4.6 配置通知器

在整个AopProxy代理对象的拦截回调过程中，先回到ReflectiveMethodInvocation类的proceed方法。在这个方法里，可以看到得到了配置的interceptorOrInterceptionAdvice，如下所示：

```
Object interceptorOrInterceptionAdvice =
this.interceptorsAndDynamicMethodMatchers.get(++this.currentInterceptorIndex);
```

这个interceptorOrInterceptionAdvice是获得的拦截器，它通过拦截器机制对目标对象的行为增强起作用。这个拦截器来自interceptorsAndDynamicMethodMatchers，具体来说，它是interceptorsAndDynamicMethodMatchers持有的List中的一个元素。关于如何配置拦截器的问题，就转化为这个List中的拦截器元素是从哪里来，在哪里配置的问题。接着对invoke调用进行回放，回到JdkDynamicAopProxy中的invoke方法中，可以看到这个List中的interceptors是在哪个调用中获取的。对于Cglib2AopProxy，也有类似的过程，只不过这个过程是在DynamicAdvisedInterceptor的intercept回调中实现的，如下所示：

```
List<Object> chain = this.advised.getInterceptorsAndDynamicInterceptionAdvice(method,
targetClass);
```

在上面的代码中可以看到，获取interceptors的操作是由advised对象完成的，这个advised是一个AdvisedSupport对象，从类的继承关系上看，这个AdvisedSupport类同时也是ProxyFactoryBean的基类。从AdvisedSupport的代码中可以看到getInterceptorsAnd-DynamicInterceptionAdvice的实现，如代码清单3-22所示。在这个方法中取得了拦截器链，在取得拦截器链的时候，为提高取得拦截器链的效率，还为这个拦截器链设置了缓存。

代码清单3-22 AdvisedSupport取得拦截器

```
public List<Object> getInterceptorsAndDynamicInterceptionAdvice(Method method,
Class targetClass) {
    //这里使用了cache,利用cache去获取已有的inteceptor链,但是第一次还是需要自己
    //动手生成的。这个inteceptor链的生成是由 advisorChainFactory完成的,
    //在这里使用的是DefaultAdvisorChainFactory
    MethodCacheKey cacheKey = new MethodCacheKey(method);
    List<Object> cached = this.methodCache.get(cacheKey);
    if (cached == null) {
        cached = this.advisorChainFactory.getInterceptorsAndDynamicInterceptionAdvice(
                this, method, targetClass);
        this.methodCache.put(cacheKey, cached);
    }
    return cached;
}
```

取得拦截器链的工作是由配置好的advisorChainFactory 来完成的，从名字上可以猜到，它是一个生成通知器链的工厂。在这里，advisorChainFactory 被配置成一个DefaultAdvisorChainFactory对象，在DefaultAdvisorChainFactory中实现了interceptor链的获取过程，如代码清单3-23所示。在这个获取过程中，首先设置了一个List，其长度是由配置的通知器的个数来决定的，这个配置就是在XML中对ProxyFactoryBean做的interceptNames属性的配置。然后，DefaultAdvisorChainFactory会通过一个AdvisorAdapterRegistry来实现拦截器的注册，AdvisorAdapterRegistry对advice通知的织入功能起了很大的作用，关于AdvisorAdapterRegistry对象的实现原理，会在后面分析通知是如何实现增强的部分进行阐述。有了AdvisorAdapterRegistry注册器，利用它来对从ProxyFactoryBean配置中得到的通知进行适配，从而获得相应的拦截器，再把它加入前面设置好的List中去，完成所谓的拦截器注册过程。在拦截器适配和注册过程完成以后，List中的拦截器会被JDK生成的AopProxy代理对

象的invoke方法或者CGLIB代理对象的intercept拦截方法取得，并启动拦截器的invoke调用，最终触发通知的切面增强。

代码清单3-23 DefaultAdvisorChainFactory生成拦截器链

```
public List<Object> getInterceptorsAndDynamicInterceptionAdvice(
        Advised config, Method method, Class targetClass) {
    //advisor链已经在config中持有了，这里可以直接使用
    List<Object> interceptorList = new ArrayList<Object>(config.getAdvisors().length);
    boolean hasIntroductions = hasMatchingIntroductions(config, targetClass);
    AdvisorAdapterRegistry registry = GlobalAdvisorAdapterRegistry.getInstance();
    for (Advisor advisor : config.getAdvisors()) {
            if (advisor instanceof PointcutAdvisor) {
                        PointcutAdvisor pointcutAdvisor = (PointcutAdvisor) advisor;
            if (config.isPreFiltered() || pointcutAdvisor.getPointcut().
            getClassFilter().matches(targetClass)) {
//拦截器链是通过AdvisorAdapterRegistry来加入的，这个AdvisorAdapterRegistry
//对advice织入起了很大的作用，在后面的分析中会看到
MethodInterceptor[] interceptors = registry.getInterceptors(advisor);
            MethodMatcher mm = pointcutAdvisor.getPointcut().getMethodMatcher();
//使用MethodMatchers的matches方法进行匹配判断
            if (MethodMatchers.matches(mm, method, targetClass, hasIntroductions)) {
                if (mm.isRuntime()) {
    for (MethodInterceptor interceptor : interceptors) {
                            interceptorList.add(new InterceptorAndDynamic
                            MethodMatcher(interceptor, mm));
                                  }
                            }
                            else {
                                  interceptorList.addAll(Arrays.asList
                                  (interceptors));
                            }
                      }
                }
            }
            else if (advisor instanceof IntroductionAdvisor) {
                IntroductionAdvisor ia = (IntroductionAdvisor) advisor;
                if (config.isPreFiltered() || ia.getClassFilter().matches(targetClass)) {
                Interceptor[] interceptors = registry.getInterceptors(advisor);
                 interceptorList.addAll(Arrays.asList(interceptors));
                }
            }
            else {
                Interceptor[] interceptors = registry.getInterceptors(advisor);
                interceptorList.addAll(Arrays.asList(interceptors));
            }
    }
    return interceptorList;
}
//判断Advisors是否符合配置要求
private static boolean hasMatchingIntroductions(Advised config, Class targetClass) {
    for (int i = 0; i < config.getAdvisors().length; i++) {
      Advisor advisor = config.getAdvisors()[i];
        if (advisor instanceof IntroductionAdvisor) {
```

```
                IntroductionAdvisor ia = (IntroductionAdvisor) advisor;
                if (ia.getClassFilter().matches(targetClass)) {
                    return true;
                }
            }
        }
        return false;
    }
```

事实上，这里的advisor通知器是从AdvisorSupport中取得的，从对它的调用过程来看会非常清楚，如图3-16所示。

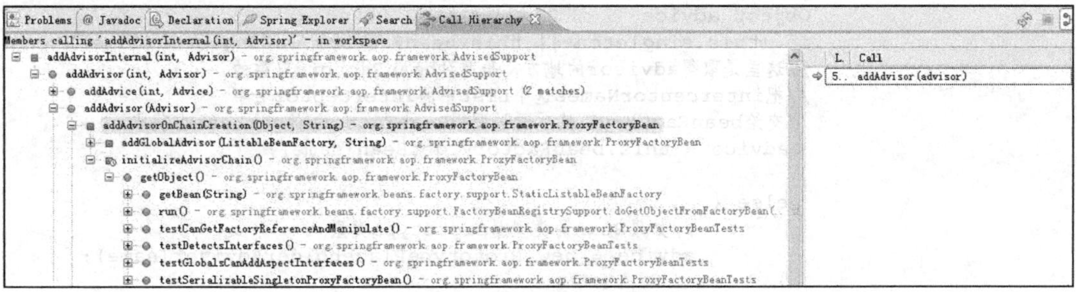

图3-16 Advisor的调用过程

在ProxyFactoryBean的getObject方法中对advisor进行初始化时，从XML配置中获取了advisor通知器。在ProxyFactoryBean中，对advisor进行初始化的代码实现如代码清单3-24所示。在这个初始化的advisor中，可以看到对IoC容器的一个getBean回调，通过对这个IoC容器的getBean调用来得到配置好的advisor通知器。

代码清单3-24 在拦截器链的初始化中获取advisor通知器

```
private synchronized void initializeAdvisorChain() throws AopConfigException, BeansException {
    if (this.advisorChainInitialized) {
        return;
    }
    if (!ObjectUtils.isEmpty(this.interceptorNames)) {
        if (this.beanFactory == null) {
            throw new IllegalStateException("No BeanFactory available anymore
            (probably due to serialization) " +
            "- cannot resolve interceptor names " + Arrays.asList
                (this.interceptorNames));
        }
        if (this.interceptorNames[this.interceptorNames.length - 1].
        endsWith(GLOBAL_SUFFIX) &&
        this.targetName == null && this.targetSource ==
                EMPTY_TARGET_SOURCE) {
            throw new AopConfigException("Target required after globals");
        }
                        for (String name : this.interceptorNames) {
            if (logger.isTraceEnabled()) {
                logger.trace("Configuring advisor or advice '" + name + "'");
```

```
                }
                if (name.endsWith(GLOBAL_SUFFIX)) {
                    if (!(this.beanFactory instanceof ListableBeanFactory)) {
                        throw new AopConfigException(
                                "Can only use global advisors or interceptors
                                with a ListableBeanFactory");
                    }
                    addGlobalAdvisor((ListableBeanFactory) this.beanFactory,
                    name.substring(0, name.length() - GLOBAL_SUFFIX.length()));
                }
                else {
                    //需要对Bean的类型进行判断，是单件类型还是prototype类型
                    Object advice;
                    if (this.singleton || this.beanFactory.isSingleton(name)) {
                    //这里是取得advisor的地方，是通过beanFactory取得的，
                    //把interceptorNames这个List中的interceptor名字
                    //交给beanFactory，然后通过调用BeanFactory的getBean去获取
                      advice = this.beanFactory.getBean(name);
                    }
                      else {
                              //如果Bean的类型是prototype类型
                              advice = new PrototypePlaceholderAdvisor(name);
                      }
                      addAdvisorOnChainCreation(advice, name);
                }
            }
        }
        this.advisorChainInitialized = true;
    }
```

advisor通知器的取得是委托给IoC容器完成的，但是在ProxyFactoryBean中是如何获得IoC容器，然后通过回调IoC容器的getBean方法来得到需要的通知器advisor的呢？这涉及IoC容器实现原理，在使用DefaultListableBeanFactory作为IoC容器的时候，它的基类是AbstractAutowireCapableBeanFactory，在这个基类中可以看到一个对Bean进行初始化的initializeBean方法。在这个Bean的初始化过程中，对IoC容器在Bean中的回调进行了设置。这个设置很简单，首先，判断这个Bean的类型是不是实现了BeanFactoryAware接口，如果是，那么它一定实现了BeanFactoryAware定义的接口方法，通过这个接口方法，可以把IoC容器设置到Bean自身定义的一个属性中去。这样，在这个Bean的自身实现中，就能够得到它所在的IoC容器，从而调用IoC容器的getBean方法，完成对IoC容器的回调，就像一个有特异功能的Bean一样，除了使用为自己设计的功能之外，还可以去调用它所在的容器的功能，如下所示：

```
if (bean instanceof BeanFactoryAware) {
        ((BeanFactoryAware) bean).setBeanFactory(this);
}
```

对于IoC容器的使用，如果需要回调容器，前提是当前的Bean需要实现BeanFactory-Aware接口，这个接口只需要实现一个接口方法setBeanFactory，同时设置一个属性来持有BeanFactory的IoC容器，就可以在Bean中取得IoC容器进行回调了。在IoC容器对Bean进行初始化的时候，会对Bean的类型进行判断，如果这是一个BeanFactoryAware的Bean类型，那么

IoC容器会调用这个Bean的setBeanFactory方法，完成对这个BeanFactory在Bean中的设置。具体来说，ProxyFactoryBean实现了这个接口，所以在它的初始化完成以后，可以在Bean中使用容器进行回调。这里设置的this对象，就是Bean所在的IoC容器，一般是DefaultListableBeanFactory对象。在得到这个设置好的BeanFactory以后，ProxyFactoryBean就可以通过回调容器的getBean去获取配置在Bean定义文件中的通知器了，获取通知器就是向IoC容器回调getBean的过程。了解IoC容器实现原理的读者都知道，这个getBean是IoC容器一个非常基本的方法。在调用时，ProxyFactoryBean需要给出通知器的名字，而这些名字都是在interceptorNames的List中已经配置好的，在IoC对FactoryBean进行依赖注入时，会直接注入到FactoryBean的interceptorNames的属性中。完成这个过程以后，ProxyFactoryBean就获得了配置的通知器，为完成切面增强做好准备。

3.4.7 Advice通知的实现

经过前面的分析，我们看到在AopProxy代理对象生成时，其拦截器也同样建立起来了，除此之外，我们还了解了拦截器的拦截调用和最终目标对象的方法调用的实现原理。但是，对于AOP实现的重要部分，Spring AOP定义的通知是怎样实现对目标对象的增强的呢？本小节将探讨这个问题。读者一定还记得，在为AopProxy代理对象配置拦截器的实现中，有一个取得拦截器的配置过程，这个过程是由DefaultAdvisorChainFactory实现的，而这个工厂类负责生成拦截器链，在它的getInterceptorsAndDynamicInterceptionAdvice方法中，有一个适配和注册过程，在这个适配和注册过程中，通过配置Spring预先设计好的拦截器，Spring加入了它对AOP实现的处理。为详细了解这个过程，先从DefaultAdvisorChainFactory的实现开始，如代码清单3-25所示。可以看到，在DefaultAdvisorChainFactory的实现中，首先构造了一个GlobalAdvisorAdapterRegistry单件，然后，对配置的Advisor通知器进行逐个遍历，这些通知器链都是配置在interceptorNames中的，从getInterceptorsAndDynamicInterceptionAdvice传递进来的advised参数对象中，可以方便地取得配置的通知器，有了这些通知器，接着就是一个由GlobalAdvisorAdapterRegistry来完成的拦截器的适配和注册过程。

代码清单3-25 DefaultAdvisorChainFactory使用GlobalAdvisorAdapterRegistry得到AOP拦截器

```
//得到注册器GlobalAdvisorAdapterRegistry,这是一个单件模式的实现
AdvisorAdapterRegistry registry = GlobalAdvisorAdapterRegistry.getInstance();
for (Advisor advisor : config.getAdvisors()) {
    if (advisor instanceof PointcutAdvisor) {
        PointcutAdvisor pointcutAdvisor = (PointcutAdvisor) advisor;
        if (config.isPreFiltered() || pointcutAdvisor.getPointcut().
        getClassFilter().matches(targetClass)) {
            //从GlobalAdvisorAdapterRegistry中取得MethodInterceptor的实现
            MethodInterceptor[] interceptors = registry.getInterceptors(advisor);
            MethodMatcher mm = pointcutAdvisor.getPointcut().getMethodMatcher();
            if (MethodMatchers.matches(mm, method, targetClass, hasIntroductions)) {
                    if (mm.isRuntime()) {
            //在getInterceptors()方法中创建新的对象实例
                    for (MethodInterceptor interceptor : interceptors) {
```

```
                    interceptorList.add(new InterceptorAndDynamicMethodMatcher
                    (interceptor, mm));
                        }
                    }
                    else {
    interceptorList.addAll(Arrays.asList(interceptors));
                    }
            }
        }
    }
```

仔细揣摩了以上代码的读者一定会注意到，在这个GlobalAdvisorAdapterRegistry中隐藏着不少AOP实现的重要细节，它的getInterceptors方法为AOP实现做出了很大的贡献，就是这个方法封装着advice织入实现的入口，我们先从GlobalAdvisorAdapterRegistry的实现入手，如代码清单3-26所示。从代码上看，GlobalAdvisorAdapterRegistry的实现很简洁，起到的基本上是一个适配器的作用，但同时它也是一个单件模式的应用，为Spring AOP模块提供了一个DefaultAdvisorAdapterRegistry单件，这个DefaultAdvisorAdapterRegistry是下面要分析的重点，像它的名字一样，由它来完成各种通知的适配和注册工作。

如图3-17所示为单件模式的使用，关于单件模式，可以对照Spring的源代码实现做一个了解。

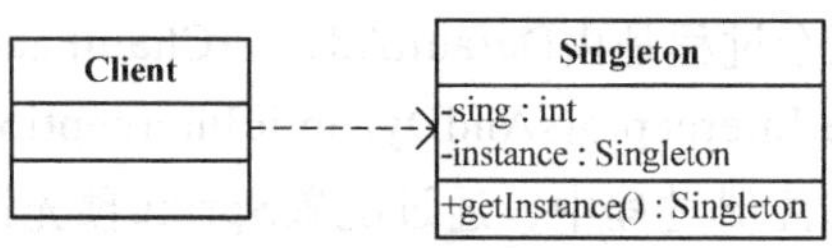

图3-17 单件设计模式

代码清单3-26 GlobalAdvisorAdapterRegistry的实现

```
public abstract class GlobalAdvisorAdapterRegistry {
    //单件模式的典型实现，使用静态类变量来保持一个唯一实例
    private static final AdvisorAdapterRegistry instance = new
    DefaultAdvisorAdapterRegistry();
    //返回单件DefaultAdvisorAdapterRegistry对象
    public static AdvisorAdapterRegistry getInstance() {
        return instance;
    }
}
```

从代码中可以看出，GlobalAdvisorAdapterRegistry是一个标准的单件模式的实现，它配置了一个静态的final变量instance，这个对象是在加载类的时候就生成的，而且GlobalAdvisorAdapterRegistry还是一个抽象类，不能被实例化，这样就保证了instance对象的唯一性。在使用这个instance的时候，也是通过一个静态方法getInstance()来完成的，这样就保证了这个instance唯一对象的获取。

到这里，神秘的面纱慢慢地被揭开了，在DefaultAdvisorAdapterRegistry中，设置了一系列的adapter适配器，正是这些adapter适配器的实现，为Spring AOP的advice提供编织能力。下面看一下DefaultAdvisorAdapterRegistry中究竟发生了什么，如代码清单3-27所示。首先，我们看到了一系列在AOP应用中与用到的Spring AOP的advice通知相对应的adapter适配实现，并看到了对这些adapter的具体使用。具体说来，对它们的使用主要体现在以下两个方面：一是调用adapter的support方法，通过这个方法来判断取得的advice属于什么类型的advice通知，从而根据不同的advice类型来注册不同的AdviceInterceptor，也就是前面看到的那些拦截器；另一方面，这些AdviceInterceptor都是Spring AOP框架设计好了的，是为实现不同的advice功能提供服务的。有了这些AdviceInterceptor，可以方便地使用由Spring提供的各种不同的advice来设计AOP应用。也就是说，正是这些AdviceInterceptor最终实现了advice通知在AopProxy代理对象中的织入功能。

代码清单3-27 DefaultAdvisorAdapterRegistry的实现

```
public class DefaultAdvisorAdapterRegistry implements AdvisorAdapterRegistry, Serializable {
    //持有一个AdvisorAdapter的List,这个List中的Adapter是与实现
    //Spring AOP的advice增强功能相对应的
    private final List<AdvisorAdapter> adapters = new ArrayList<AdvisorAdapter>(3);
    //这里把已有的advice实现的Adapter加入进来，有非常
    //熟悉的MethodBeforeAdvice、AfterReturningAdvice、ThrowsAdvice
    //这些AOP的advice封装实现
    public DefaultAdvisorAdapterRegistry() {
        registerAdvisorAdapter(new MethodBeforeAdviceAdapter());
        registerAdvisorAdapter(new AfterReturningAdviceAdapter());
        registerAdvisorAdapter(new ThrowsAdviceAdapter());
    }
    public Advisor wrap(Object adviceObject) throws UnknownAdviceTypeException {
        if (adviceObject instanceof Advisor) {
            return (Advisor) adviceObject;
        }
        if (!(adviceObject instanceof Advice)) {
            throw new UnknownAdviceTypeException(adviceObject);
        }
        Advice advice = (Advice) adviceObject;
        if (advice instanceof MethodInterceptor) {
                    return new DefaultPointcutAdvisor(advice);
        }
        for (AdvisorAdapter adapter : this.adapters) {
                    if (adapter.supportsAdvice(advice)) {
                return new DefaultPointcutAdvisor(advice);
            }
        }
        throw new UnknownAdviceTypeException(advice);
    }
    //这里是在DefaultAdvisorChainFactory中启动的getInterceptors方法
    public MethodInterceptor[] getInterceptors(Advisor advisor) throws
    UnknownAdviceTypeException {
        List<MethodInterceptor> interceptors = new ArrayList<MethodInterceptor>(3);
        //从Advisor通知器配置中取得advice通知
        Advice advice = advisor.getAdvice();
        //如果通知是MethodInterceptor类型的通知，直接加入interceptors的
```

```
        //List中，不需要适配
        if (advice instanceof MethodInterceptor) {
            interceptors.add((MethodInterceptor) advice);
        }
        //对通知进行适配，使用已经配置好的Adapter：MethodBeforeAdviceAdapter、
        //AfterReturningAdviceAdapter以及ThrowsAdviceAdapter，
        //然后从对应的adapter中取出封装好AOP编织功能的拦截器
        for (AdvisorAdapter adapter : this.adapters) {
            if (adapter.supportsAdvice(advice)) {
                interceptors.add(adapter.getInterceptor(advisor));
            }
        }
        if (interceptors.isEmpty()) {
            throw new UnknownAdviceTypeException(advisor.getAdvice());
        }
        return interceptors.toArray(new MethodInterceptor[interceptors.size()]);
    }
    public void registerAdvisorAdapter(AdvisorAdapter adapter) {
        this.adapters.add(adapter);
    }
}
```

在了解这些adapter实现之前，先复习一下adapter模式，如图3-18所示。与源代码实现进行对比，大家的理解会更加深刻，也不难在其实现中找到对应关系，从名字上就可以看到一系列的adapter，同样，adaptee就是一系列的advice。

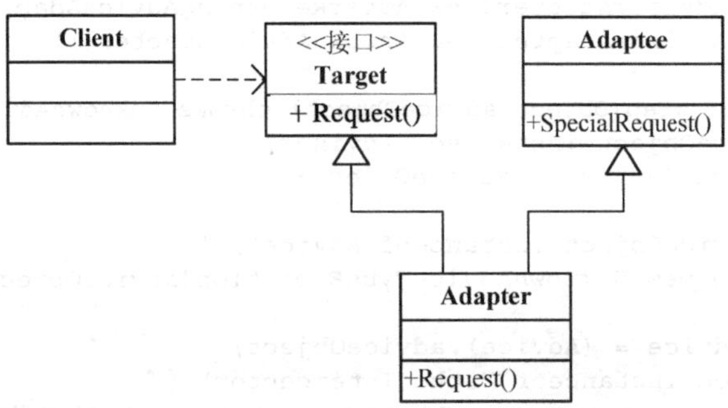

图3-18 adapter 模式

剥茧抽丝，继续看这些adapter，在DefaultAdvisorAdapterRegistry的getInterceptors调用中，从MethodBeforeAdviceAdapter、AfterReturningAdviceAdapter以及Throws-AdviceAdapter这几个通知适配器的名字上可以看到，它们完全和advice一一对应，在这里，它们作为适配器被加入到adaper的List中。换一个角度，从这几个类的设计层次和关系上看，它们都是实现AdvisorAdapter接口的同一层次的类，只是各自承担着不同的适配任务，一对一地服务于不同的advice实现，如图3-19所示。

从源代码实现的角度，这个类层次实现如图3-20所示。

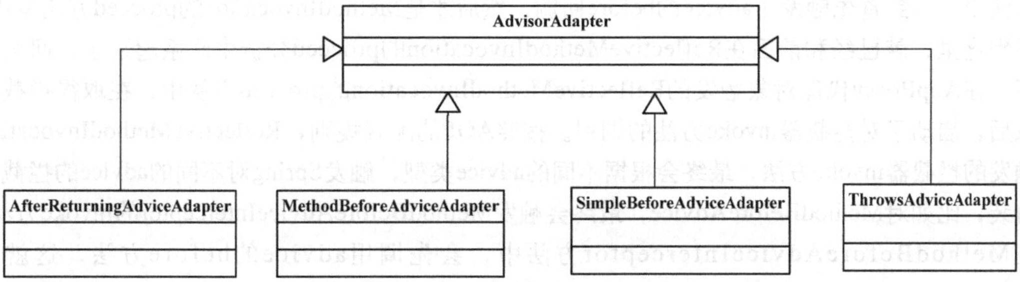

图3-19 AdvisorAdapter接口中类的设计层次和关系

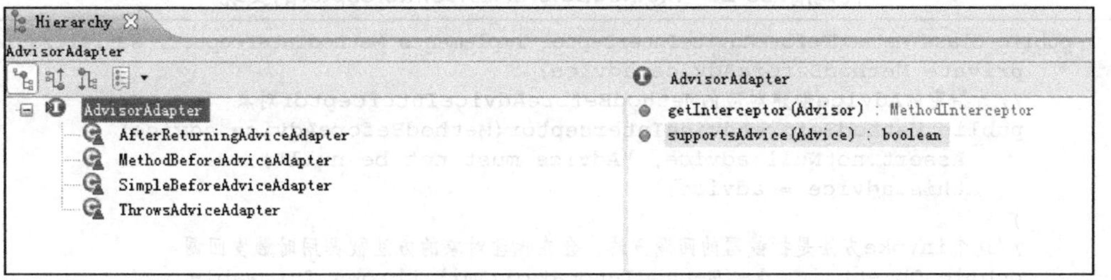

图3-20 AdvisorAdapter接口及其实现

以MethodBeforeAdviceAdapter为例，它的具体实现如代码清单3-28所示。这个MethodBeforeAdviceAdapter的实现并不复杂，它实现了AdvisorAdapter的两个接口方法：一个是supportsAdvice，这个方法对advice的类型进行判断，如果advice是MethodBeforeAdvice的实例，那么返回值为true；另一个是对getInterceptor接口方法的实现，这个方法把advice通知从通知器中取出，然后创建一个MethodBeforeAdviceInterceptor对象，通过这个对象把取得的advice通知包装起来，然后返回。

代码清单3-28 MethodBeforeAdviceAdapter的实现

```
class MethodBeforeAdviceAdapter implements AdvisorAdapter, Serializable {
    public boolean supportsAdvice(Advice advice) {
        return (advice instanceof MethodBeforeAdvice);
    }
    public MethodInterceptor getInterceptor(Advisor advisor) {
        MethodBeforeAdvice advice = (MethodBeforeAdvice) advisor.getAdvice();
        return new MethodBeforeAdviceInterceptor(advice);
    }
}
```

到这里就非常清楚了，Spring AOP为了实现advice的织入，设计了特定的拦截器对这些功能进行了封装。虽然应用不会直接用到这些拦截器，但却是advice发挥作用必不可少的准备。接着这条线索，还是以MethodBeforeAdviceInterceptor为例，看看它是怎样完成advice的封装的，如代码清单3-29所示。MethodBeforeAdviceInterceptor完成的是对MethodBeforeAdvice通知的封装，可以在MethodBeforeAdviceInterceptor设计的invoke回调方法中，看到首先触发了advice的before回调，然后才是MethodInvocation的proceed方法调用。看到这里，就已经和前面在ReflectiveMethodInvocation的proceed分析中联系起来了。回忆一下，在AopProxy代理对象触发的ReflectiveMethodInvocation的proceed方法中，在取得拦截器以后，启动了对拦截器invoke方法的调用。按照AOP的配置规则，ReflectiveMethodInvocation触发的拦截器invoke方法，最终会根据不同的advice类型，触发Spring对不同的advice的拦截器封装，比如对MethodBeforeAdvice，最终会触发MethodBeforeAdviceInterceptor的invoke方法。在MethodBeforeAdviceInterceptor方法中，会先调用advice的before方法，这就是MethodBeforeAdvice所需要的对目标对象的增强效果：在方法调用之前完成通知增强。

代码清单3-29 MethodBeforeAdviceInterceptor的实现

```
public class MethodBeforeAdviceInterceptor implements MethodInterceptor, Serializable {
    private MethodBeforeAdvice advice;
    //为指定的Advice创建对应的MethodBeforeAdviceInterceptor对象
    public MethodBeforeAdviceInterceptor(MethodBeforeAdvice advice) {
        Assert.notNull(advice, "Advice must not be null");
        this.advice = advice;
    }
    //这个invoke方法是拦截器的回调方法，会在代理对象的方法被调用时触发回调
    public Object invoke(MethodInvocation mi) throws Throwable {
        this.advice.before(mi.getMethod(), mi.getArguments(), mi.getThis() );
        return mi.proceed();
    }
}
```

了解了MethodBeforeAdviceInterceptor的实现原理，对于其他的advice通知的实现也可以举一反三，比如AfterReturningAdviceInterceptor的实现，它和MethodBeforeAdviceInterceptor实现不同的地方，就是在AfterReturningAdviceInterceptor的invoke方法中，先完成了MethodInvocation的proceed调用，也就是目标对象的方法调用，然后再启动advice通知的afterReturning回调，这些实现原理在代码中可以很清楚地看到，如代码清单3-30所示。

代码清单3-30 AfterReturningAdviceInterceptor的实现

```
public class AfterReturningAdviceInterceptor implements MethodInterceptor,
AfterAdvice, Serializable {
    private final AfterReturningAdvice advice;
    //为指定的advice创建AfterReturningAdviceInterceptor 对象
    public AfterReturningAdviceInterceptor(AfterReturningAdvice advice) {
        Assert.notNull(advice, "Advice must not be null");
        this.advice = advice;
    }
    public Object invoke(MethodInvocation mi) throws Throwable {
        Object retVal = mi.proceed();
        this.advice.afterReturning(retVal, mi.getMethod(), mi.getArguments(),
        mi.getThis());
        return retVal;
    }
}
```

ThrowsAdvice的实现，和上面两种情况非常类似，也是封装在对应的AdviceInterceptor中

实现的，如代码清单3-31所示，只是相对于MethodBeforeAdvice和AfterReturningAdvice的回调方法调用，ThrowsAdvice的回调方法调用要复杂一些，它维护了一个exceptionHandlerMap来对应不同的方法调用场景，这个exceptionHandlerMap中handler的取得是与触发ThrowsAdvice增强的异常相关的。

代码清单3-31 ThrowsAdviceInterceptor的实现

```
public class ThrowsAdviceInterceptor implements MethodInterceptor, AfterAdvice {
    private static final String AFTER_THROWING = "afterThrowing";
    private static final Log logger = LogFactory.getLog(ThrowsAdviceInterceptor.class);
    private final Object throwsAdvice;
        private final Map<Class, Method> exceptionHandlerMap = new HashMap<Class,
        Method>();
    public ThrowsAdviceInterceptor(Object throwsAdvice) {
        Assert.notNull(throwsAdvice, "Advice must not be null");
        this.throwsAdvice = throwsAdvice;
        //配置ThrowsAdvice的回调方法
        Method[] methods = throwsAdvice.getClass().getMethods();
        for (Method method : methods) {
            if (method.getName().equals(AFTER_THROWING) &&
                (method.getParameterTypes().length == 1 || method.
                getParameterTypes().length == 4) &&
                Throwable.class.isAssignableFrom(method.getParameterTypes()
                [method.getParameterTypes().length - 1])
                ) {
            //配置异常处理
        this.exceptionHandlerMap.put(method.getParameterTypes()
        [method.getParameterTypes().length - 1], method);
                if (logger.isDebugEnabled()) {
                    logger.debug("Found exception handler method: " + method);
                }
            }
        }

        if (this.exceptionHandlerMap.isEmpty()) {
            throw new IllegalArgumentException(
                    "At least one handler method must be found in class [" +
                    throwsAdvice.getClass() + "]");
        }
    }
    public int getHandlerMethodCount() {
        return this.exceptionHandlerMap.size();
    }
    private Method getExceptionHandler(Throwable exception) {
        Class exceptionClass = exception.getClass();
        if (logger.isTraceEnabled()) {
            logger.trace("Trying to find handler for exception of type [" +
            exceptionClass.getName() + "]");
        }
        Method handler = this.exceptionHandlerMap.get(exceptionClass);
        while (handler == null && !exceptionClass.equals(Throwable.class)) {
            exceptionClass = exceptionClass.getSuperclass();
            handler = this.exceptionHandlerMap.get(exceptionClass);
```

```
        }
        if (handler != null && logger.isDebugEnabled()) {
            logger.debug("Found handler for exception of type [" +
            exceptionClass.getName() + "]: " + handler);
        }
        return handler;
    }
    public Object invoke(MethodInvocation mi) throws Throwable {
        //把对目标对象的方法调用放入try/catch中，并在catch中触发
        //ThrowsAdvice的回调，
        //把异常接着向外抛出，不做过多的处理
        try {
            return mi.proceed();
        }
        catch (Throwable ex) {
            Method handlerMethod = getExceptionHandler(ex);
            if (handlerMethod != null) {
                invokeHandlerMethod(mi, ex, handlerMethod);
            }
            throw ex;
        }
    }
    //通过反射启动对ThrowsAdvice回调方法的调用
    private void invokeHandlerMethod(MethodInvocation mi, Throwable ex, Method method)
    throws Throwable {
        Object[] handlerArgs;
        if (method.getParameterTypes().length == 1) {
            handlerArgs = new Object[] { ex };
        }
        else {
            handlerArgs = new Object[] {mi.getMethod(), mi.getArguments(),
            mi.getThis(), ex};
        }
        try {
            method.invoke(this.throwsAdvice, handlerArgs);
        }
        catch (InvocationTargetException targetEx) {
            throw targetEx.getTargetException();
        }
    }
}
```

3.4.8 ProxyFactory实现AOP

在前面的分析中，我们了解了以ProxyFactoryBean为例Spring AOP的实现线索。回到前面提到的Spring AOP的类层次关系，从中看到，除了使用ProxyFactoryBean实现AOP应用之外，还可以使用ProxyFactory来实现Spring AOP的功能，只是在使用ProxyFactory的时候，需要编程式地完成AOP应用的设置。下面举一个使用ProxyFactory的例子，如代码清单3-32所示。

代码清单3-32 ProxyFactory的使用

```
TargetImpl target = new TargetImpl();
ProxyFactory aopFactory = new ProxyFactory(target);
aopFactory.addAdvisor(yourAdvisor);
aopFactory.addAdvice(yourAdvice);
TargetImpl targetProxy = (TargetImpl)aopFactory.getProxy();
```

对于使用ProxyFactory实现AOP功能，其实现原理与ProxyFactoryBean的实现原理是一样的，只是在最外层的表现形式上有所不同。ProxyFactory没有使用FactoryBean的IoC封装，而是通过直接继承ProxyCreatorSupport的功能来完成AOP的属性配置。至于其他ProxyCreatorSupport的子类，ProxyFactory取得AopProxy代理对象其实是和ProxyFactoryBean一样的，一般来说，也是以getProxy为入口，由DefaultAopProxyFactory来完成的。关于取得AopProxy的详细分析和以后对拦截器调用的实现原理，前面都分析过了，这里不再重复。对ProxyFactory实现感兴趣的读者，可以从代码清单3-33中看到它与ProxyFactoryBean实现上不同的地方。从代码清单中可以看到，由ProxyFactory的getProxy方法取得AopProxy代理对象，getProxy方法的实现使用了ProxyFactory的基类ProxyCreator-Support的createProxy方法来生成AopProxy代理对象，而AopProxy代理对象的生成是由AopProxyFactory来完成的，它会生成JDK或者CGLIB的代理对象。从这里的getProxy的实现开始，ProxyFactory和ProxyFactoryBean在AOP的功能实现上，包括以后拦截器的调用等，基本上都是一样的。

代码清单3-33 ProxyFactory的实现

```
public class ProxyFactory extends ProxyCreatorSupport {
    public ProxyFactory() {
    }
    public ProxyFactory(Object target) {
        Assert.notNull(target, "Target object must not be null");
        setInterfaces(ClassUtils.getAllInterfaces(target));
        setTarget(target);
    }
    public ProxyFactory(Class[] proxyInterfaces) {
        setInterfaces(proxyInterfaces);
    }
public ProxyFactory(Class proxyInterface, Interceptor interceptor) {
       addInterface(proxyInterface);
       addAdvice(interceptor);
    }
public ProxyFactory(Class proxyInterface, TargetSource targetSource) {
       addInterface(proxyInterface);
       setTargetSource(targetSource);
    }
    public <T> T getProxy() {
        return (T) createAopProxy().getProxy();
    }
    public <T> T  getProxy(ClassLoader classLoader) {
        return (T) createAopProxy().getProxy(classLoader);
    }
```

```
    public static Object getProxy(Class proxyInterface, Interceptor interceptor) {
        return new ProxyFactory(proxyInterface, interceptor).getProxy();
    }
    public static Object getProxy(Class proxyInterface, TargetSource targetSource) {
        return new ProxyFactory(proxyInterface, targetSource).getProxy();
    }
public static Object getProxy(TargetSource targetSource) {
        if (targetSource.getTargetClass() == null) {
            throw new IllegalArgumentException("Cannot create class proxy for
            TargetSource with null target class");
        }
        ProxyFactory proxyFactory = new ProxyFactory();
        proxyFactory.setTargetSource(targetSource);
        proxyFactory.setProxyTargetClass(true);
        return proxyFactory.getProxy();
    }
}
```

3.5 Spring AOP的高级特性

了解了Spring AOP的基本实现，下面通过一个使用Spring AOP高级特性的例子，来了解它的实现原理。在使用Spring AOP时，对目标对象的增强是通过拦截器来完成的。对于一些应用场合，需要对目标对象本身进行一些处理，比如，如何从一个对象池或对象工厂中获得目标对象等。对于这种情况，需要使用Spring的TargetSource接口特性，在这里，把这类AOP特性当成高级特性的一种，通过对这些AOP特性的实现原理的了解，可以实现对AOP基本特性的灵活运用。

Spring提供了许多现成的TargetSource实现，比如HotSwappableTargetSource，HotSwappableTargetSource使用户可以以线程安全的方式切换目标对象，提供所谓的热交换功能。这个特性是很有用的，尽管它的开启需要AOP应用进行显式的配置，但配置并不复杂，在使用时，只需要把HotSwappableTargetSource配置到ProxyFactoryBean的target属性就可以了，在需要更换真正的目标对象时，调用HotSwappableTargetSource的swap方法就可以完成。由此可见，对HotSwappableTargetSource的热交换功能的使用，是需要触发swap方法调用的。这个swap方法的实现很简单，它完成target对象的替换，也就是说，它使用新的target对象来替换原有的target对象。为了保证线程安全，需要把这个替换方法设为synchronized方法，如代码清单3-34所示。

代码清单3-34 HotSwappableTargetSource的swap方法

```
public synchronized Object swap(Object newTarget) throws IllegalArgumentException {
    Assert.notNull(newTarget, "Target object must not be null");
    Object old = this.target;
    this.target = newTarget;
    return old;
    }
    public synchronized Object getTarget() {
        return this.target;
}
```

这个target是怎样在AOP中起作用的呢？了解一下对getTarget的调用就很清楚了，HotSwappableTargetSource只是对真正的target做了一个简单的封装，以提供热交换的能力，并没有其他特别之处。对getTarget的方法调用关系，如图3-21所示。

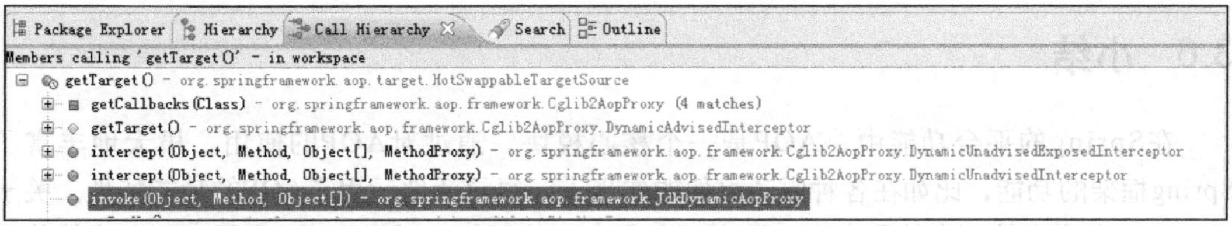

图3-21 AOP对getTarget的调用

以JdkDynamicAopProxy的实现为例，可以看到在AOP对Proxy代理对象进行invoke方法调用的时候，会通过getTarget调用取得真正的目标对象，如果已经调用过swap方法完成目标对象的热交换，那么交给AOP的已经是交换后的目标对象了，如代码清单3-35所示。具体来说，在invoke方法中，代理对象是在AopProxy代理对象的拦截器起作用之前，通过targetSource.getTarget()的调用来取得的，而这个代理对象是否被更换过，是由对swap方法的调用来负责的。因此，在invoke方法中，使用了什么样的代理对象，都不会对拦截器的行为做任何的改变。

代码清单3-35 invoke获取目标对象

```
target = targetSource.getTarget();
if (target != null) {
    targetClass = target.getClass();
}
            // 这里获得定义好的拦截器链
List<Object> chain = this.advised.getInterceptorsAndDynamicInterceptionAdvice
(method, targetClass);
// 如果没有设定拦截器，那么就直接调用target的对应方法
if (chain.isEmpty()) {
    retVal = AopUtils.invokeJoinpointUsingReflection(target, method, args);
}
else {
    // 如果有拦截器的设定，那么需要调用拦截器之后才调用目标对象的相应方法
    //通过构造一个ReflectiveMethodInvocation来实现
    invocation = new ReflectiveMethodInvocation(proxy, target, method, args,
    targetClass, chain);
    //沿着拦截器链，对Joinpoint连接器进行调用
    retVal = invocation.proceed();
}
            if (retVal != null && retVal == target && method.getReturnType().
            isInstance(proxy) &&
            !RawTargetAccess.class.isAssignableFrom(method.getDeclaringClass())) {
    retVal = proxy;
}
return retVal;
```

通过getTarget方法，完成了HotSwappableTargetSource与AOP的集成。这个热交换功能

为AOP的使用提供了更多便利，对构建应用的基础服务是非常有帮助的，比如可以在运行时支持需要改变的对象进行重新配置。对于其他AOP的高级特性，有兴趣的读者可以结合自己的需要进行分析。

3.6 小结

在Spring的平台功能中，AOP是一个核心模块，通过对AOP的使用，极大地丰富了Spring框架的功能，比如在各种驱动组件的实现上，很灵活地运用了AOP的功能特性。关于这一点，在本书接下来的几章中，读者可以很充分地了解。对于Spring应用，可以直接使用Spring AOP的功能，有了这些功能，对应用的模块化设计有很大的作用；同时，AOP技术的使用，也丰富了应用在设计上的技术选择。

本章对最基本的Spring AOP的实现方式进行了解析，具体来说，以ProxyFactory-Bean和ProxyFactory的实现为例，对Spring AOP的基本实现和工作原理进行了一些梳理和分析。ProxyFactoryBean是在IoC环境中创建代理的一个很灵活的方法，与其他方法相比，虽然有些繁琐，但并不妨碍大家从ProxyFactoryBean入手，去了解AOP在Spring中的基本实现。

在Spring AOP的基本实现中，可以了解Spring如何得到AopProxy代理对象，以及如何利用AopProxy代理对象来对拦截器进行处理。Proxy代理对象的使用，在Spring AOP的实现过程中是非常重要的一个部分，Spring AOP充分利用了像Java的Proxy、反射技术以及第三方字节码技术实现CGLIB这些技术方案，通过这些技术，完成了AOP需要的AopProxy代理对象的生成。回顾通过ProxyFactoryBean实现AOP的整个过程，可以看到，在它的实现中，首先需要对目标对象以及拦截器进行正确配置，以便AopProxy代理对象顺利产生；这些配置既可以通过配置ProxyFactoryBean的属性来完成，也可以通过编程式地使用ProxyFactory来实现。这两种AOP的使用方式只是在表面配置的方式上不同，对于内在的AOP实现原理它们是一样的。在生成AopProxy代理对象的时候，Spring AOP设计了专门的AopProxyFactory作为AopProxy代理对象的生产工厂，由它来负责产生相应的AopProxy代理对象，在使用ProxyFactoryBean得到AopProxy代理对象的时候，默认使用的AopProxy代理对象的生产工厂是DefaultAopProxyFactory对象。这个对象是AopProxy生产过程中一个比较重要的类，它定义了AopProxy代理对象的生成策略，从而决定使用哪种AopProxy代理对象的生成技术（是使用JDK的Proxy类还是使用CGLIB）来完成生产任务。而最终的AopProxy代理对象的产生，则是交给JdkDynamicAopProxy和Cglib2AopProxy这两个具体的工厂来完成，它们使用了不同的生产技术，前者使用的是JDK的Proxy技术（它使用InvocationHandler对象的invoke完成回调），后者使用的是CGLIB的技术。

在得到AopProxy代理对象后，在代理的接口方法被调用执行的时候，也就是当AopProxy暴露代理的方法被调用的时候，前面定义的Proxy机制就起作用了。当Proxy对象暴露的方法被调用时，并不是直接运行目标对象的调用方法，而是根据Proxy的定义，改变原有的目标对象方法调用的运行轨迹。这种改变体现在，首先会触发对这些方法调用进行拦截，这些拦截为对目标调用的功能增强提供了工作空间。拦截过程在JDK的Proxy代理对象中，是通过invoke方法来完成的，这个invoke方法是虚拟机触发的一个回调；而在CGLIB的Proxy代理对象中，拦截是由设置好的回调callback方法来完成的。有了这些拦截器的拦截作用，才会有AOP切面增强大显身手的舞台。

具体来说，在ProxyFactoryBean的回调中，首先会根据配置来对拦截器是否与当前的调用方法相匹配进行判断。如果当前的调用方法与配置的拦截器相匹配，那么相应的拦截器就会开始发挥作用。这个过程是一个遍历的过程，它会遍历在Proxy代理对象中设置的拦截器链中的所有拦截器。经过这个过程后，在代理对象中定义好的拦截器链中的拦截器会被逐一调用，直到整个拦截器的调用完成为止。在对拦截器的调用完成以后，才是对目标对象(target)的方法调用。这样，一个普通的Java对象的功能就得到了增强，这种增强和现有的目标对象的设计是正交解耦的，这也是AOP需要达到的一个目标。

在拦截器的调用过程中，实际上已经封装了Spring对AOP的实现，比如对各种通知器的增强织入功能。尽管在使用Spring AOP的时候，看到的是一些advice的使用，但实际上这些AOP应用中接触到的advice通知是不能直接对目标对象完成增强的。为了完成AOP应用需要的对目标对象的增强，Spring AOP做了许多工作，对应于每种advice通知，Spring设计了对应的AdviceAdapter通知适配器，这些通知适配器实现了advice通知对目标对象的不同增强方式。对于这些AdviceAdapter通知适配器，在AopProxy代理对象的回调方法中，需要有一个注册机制，它们才能发挥作用。完成这个注册过程之后，在拦截器链中运行的拦截器已经是经过这些AdviceAdapter适配过的拦截器了。有了这些拦截器，再去结合AopProxy代理对象的拦截回调机制，才能够让advice通知对目标对象的增强作用实实在在地发生。"谁知盘中餐，粒粒皆辛苦"，在软件开发世界里，没有什么免费午餐，看起来简洁易用的AOP，和IoC容器的实现一样，背后同样蕴含着许多艰苦的努力。

除了提供AOP的一些基本功能之外，Spring还提供了许多其他高级特性让用户更加方便地使用AOP。对于这些高级特性，本章选取了HotSwappableTargetSource来对它的实现原理进行分析，一叶知秋，希望能够在这里为对AOP其他特性的实现感兴趣的读者打开一扇门。

本章还提到了Proxy、反射等Java虚拟机特性的使用，CGLIB的使用，以及在它们建立的Proxy对象的基础上对拦截器特性的灵活运用，这些特性都是掌握本章内容的背景知识和重要基础。同时，不妨反过来看，通过了解本章中AOP的实现原理，也为使用这些Java虚拟机的特性以及CGLIB的技术提供了生动而精彩的应用案例。在AOP的实现中，还有一个值得注意的地方，ProxyFactoryBean得到Advisor配置的实现过程，是通过回调IoC容器的getBean方法来完成的，这个处理既简洁又巧妙，是灵活使用IoC容器功能的一个非常好的实例。以上这些，都是在本章中除了Spring AOP实现原理本身之外，非常值得读者学习和研究的地方。

Spring AOP秉持Spring的一贯设计理念，致力于AOP框架与IoC容器的紧密集成，通过集成AOP技术为Java EE应用开发中遇到的普遍问题提供解决方案，从而为AOP用户使用AOP技术提供最大的便利，为Java EE的应用开发人员服务。鉴于此，本章很大一部分内容与AOP和IoC容器的集成有比较大的关系。在没有使用第三方AOP解决方案的时候，Spring通过虚拟机的Proxy特性和CGLIB实现了AOP的基本功能，毫无疑问，这是本章阐述的主要内容和基本线索。有了Spring AOP实现原理的知识背景，为我们了解其他AOP框架与IoC容器的集成原理打下了很好的基础。如果读者感兴趣，可以了解一下优秀的AOP解决方案AspectJ和AspectWerkz是怎样与IoC容器集成的。

第二部分
Spring组件实现篇

这部分内容是Spring应用开发人员最为熟悉的，也是Spring应用开发中最常用到的部分。Spring组件涵盖的范围很广，比如Web应用环境与Spring MVC、JDBC应用、O/R映射、事务处理、远端调用等。但是，实际上Spring的组件并非局限于这几个模块，这里涉及的只是整个Spring组件体系中很小的一部分。

大家都对Spring的组件系统或多或少有些直接的体会，因为这些组件是整个Spring系统中最为活跃和非常引人入胜的部分。Spring的目标是为Java EE应用开发人员提供便利，这些便利往往体现在对Spring组件的使用上。有了这些组件，有了Spring支持的POJO开发，在把开发人员从传统Java EE开发方式中解放出来的同时，也为Java EE应用开发提供了犀利的武器。随着技术和市场需求的发展，这些纳入Spring体系的组件的实现也在不断发展和丰富，给人日新月异之感。一方面，组件的种类在不断增加，同一种类的组件中，往往集成了若干个优秀的具体产品来满足用户不同的技术选择；另一方面，随着组件功能的丰富和产品升级，Spring组件的相应实现部分也会随之更新，让人目不暇接。

“乱花渐欲迷人眼，浅草才能没马蹄。”选择多了，对应用开发人员评估和选择组件的能力也提出了更高的要求。更好地使用Spring平台，了解这些企业应用组件在Spring中的实现原理，的的确确是一件能够提高开发人员的技术水平和知识修养的事情，并且对开发人员使用Spring进行应用开发会有直接的帮助。

本书只选取了在组件系统中应用最普遍的一些模块进行初步的探讨和分析，一方面是因为大家对这些组件的使用都比较熟悉，另一方面是因为作为Java EE应用平台的Spring，尽管集成了许多优秀的组件为应用开发服务，但是，万变不离其宗，只要能透彻分析其中具有代表性的组件，对其他组件进行分析时也能够举一反三。

注意 笔者深知这部分内容博大精深，尽管已经尽了自己最大的努力，还是难免在分析中有所疏忽和遗漏，敬请读者批评指正。通过这些粗浅的分析，希望能提高读者利用分析源代码来了解平台设计原理的能力和兴趣。在开发中应用Spring组件时，如果遇到迷惑不解之处，不妨从这些组件的源代码中探个究竟。

从技术的依赖层次上看，这些组件的实现都是建立在Spring的核心（前面已经讲过的IoC/AOP模块）的基础上的。虽然涉及企业应用的方方面面，同时每一个组件的实现都自成体系，但了解其底层的技术是理解这些企业应用组件在Spring中实现的有效手段，也对提高使用这些组件的能力有显著的效果。我们已经深入Spring丛林的腹地，岂能空手而归，让我们继续努力前进，去探寻宝藏吧！

第4章

Spring MVC与Web环境

松下问童子，言师采药去。
只在此山中，云深不知处。
【唐】贾岛《寻隐者不遇》

本章内容

- Spring MVC概述
- Web环境中的Spring MVC
- 上下文在Web容器中的启动
- Spring MVC的设计与实现
- Spring MVC视图的呈现

4.1 Spring MVC概述

使用Spring的开发人员对很多Web开发技术都比较熟悉，比如SSH技术架构，也就是Struts+Spring+Hibernate的技术组合，它们是Web应用开发中最常用的技术架构之一。众所周知，这个技术架构以Struts作为Web框架来帮助应用构建UI，Spring作为应用平台，Hibernate作为O/R映射的数据持久化层实现。这个技术组合全部由开源软件组成，其中Struts是大名鼎鼎的Apache旗下的一个项目，Hibernate已经成为JBoss/RedHat产品组合中的一员，而Spring作为一个开源应用平台，与其他成熟的商用应用服务器一样，早就深入人心。

在这个技术组合中，Hibernate是一个独立的ORM数据持久化实现产品，对于ORM数据持久化实现，Spring本身并不提供自己独立的解决方案。对于数据持久化的功能实现，Spring提供了JDBC的封装，虽然在Spring JDBC中，可以实现将一些简单的数据记录到Java对象的数据转换，但和Hibernate相比，显得有些单薄，还不能算是一个在ORM领域独当一面的独立产品。Spring在持久化层支持的处理上，与在Web UI层的情况有些不同。在Web层，Spring提供了MVC解决方案，也就是本章将要详细分析的Spring MVC框架。

为什么会演进成这样一种情况，是由Spring自身的发展策略决定的。不管怎么说，作为一个开放的应用平台，Spring没有理由不为Hibernate的使用提供平台级别的支持，因为Hibernate是一个足够流行的持久化框架，失去了对Hibernate的支持，也许会失去许多对Hibernate情有独钟的应用开发者在选择应用平台时的青睐。从另一角度看，Spring的MVC框架和Struts相比，Spring JDBC封装和Hibernate相比，也许是因为竞争力有些欠缺，而没有能够成为普遍应用技术组合的组成部分而被广泛认可。毕竟“术业有专攻，闻道有先后”，但Spring在技术组合中作为应用平台的枢纽地位是不容置疑的，从这点上可以看到Spring地位的确立方式，Spring所具备的技术优势及其产品定位。

总的来说，在这个技术组合中，Spring起到了一个应用平台的作用，有点像企业应用的“操作系统”，从而为企业应用资源的使用提供一个一致的环境。具体来说，Spring提供的平台特性有IoC容器、AOP、事务处理、持久化驱动等。这里提到的平台有点像基础设施，以日常生活中常见的基础设施的使用为例来对比说明，或许能帮助读者建立更形象的理解。

在软件产品开发中，如果某些特性的使用比较普遍，那么这些特性往往可以作为平台特性来实现，然后通过对平台特性进行有效的封装，使其向应用开放，从而有效地提高应用开发的效率。就像在现代社会中，有了电力、网络、铁路、航空这些基础设施后，整个社会的运行效率和机器工业时代以前相比，简直不可同日而语。从另一个角度上看，这些所谓的平台特性也是相对的，它们往往在一开始是作为应用特性来实现的，就像电的使用一开始只是贵族才能享有的便利一样。“旧时王谢堂前燕，飞入寻常百姓家”，随着社会和经济的发展，电慢慢开始进入普通老百姓的日常生活，成为人们日常生活中不可缺少的一部分。这种进入是以一种基础设施和成熟产品的方式完成的，这样才能具备规模效应，去分摊基础设施建设的前期建设成本。

基于这种对比，我们可以惊奇地发现，对于基础软件的开发和应用，如果采用开源软件的开发方式来完成，可以看到开源的开发方式发挥着非常奇妙的作用。一方面，通过开源可以广泛地收集基础需求；另一方面，通过开源又有效地分摊了前期的开发、测试以及一些应用培育的成本。Linux的成功是一个例子。同样，Spring的蓬勃发展也有类似的因素在发挥作用。

一个优秀的平台对提高应用的开发效率是大有帮助的，它能让应用开发者站在巨人的肩膀上，这一点毋庸置疑。打个比方来说，现在有铁路、飞机和轮船，人们出门旅行时再也不需要完全依赖双腿去完成长途跋涉。在软件产品开发中也一样，因为平台已经提供了许多现成的特性实现，不需要应用对这些基础特性从头开始构思、设计和实现，而重点应该关注应用特性的需求本身。

对比公共基础设施的发展过程，在软件产品的开发中也可以得到与之相似的发展规律。在一些应用特性的使用和实现过程中，根据其内在的特点，慢慢地将它们的普遍意义提炼和抽象出来，有了这种提炼和抽象，这些特性就具备了成为平台特性的基础，从这点上说，平台本身也是在逐渐演化和发展的。对于怎样处理平台和应用特性之间的关系，使之能够满足产品功能、成本、开发周期、质量这些方面的要求，并为这些要求的实现和有效平衡提供有力支撑，这些往往也是非常值得软件产品架构师深入思考的问题。

虽然Struts+Spring+Hibernate技术组合中的Web层的应用框架是由Struts来完成的，但Spring自己也带有MVC框架为用户开发Web应用提供支持，对于Web UI的开发来说，这通常也是一个不错的选择。

Spring MVC是Spring的一个重要模块，因为作为开源的Java EE应用框架，很多Web应用是由Spring来支撑的。在Web应用中，MVC模式的使用已经广为人知，如果Spring没有自己实现的MVC模式的支持，那么作为一个整体解决方法，它是不完整的。MVC模式如图4-1所示。

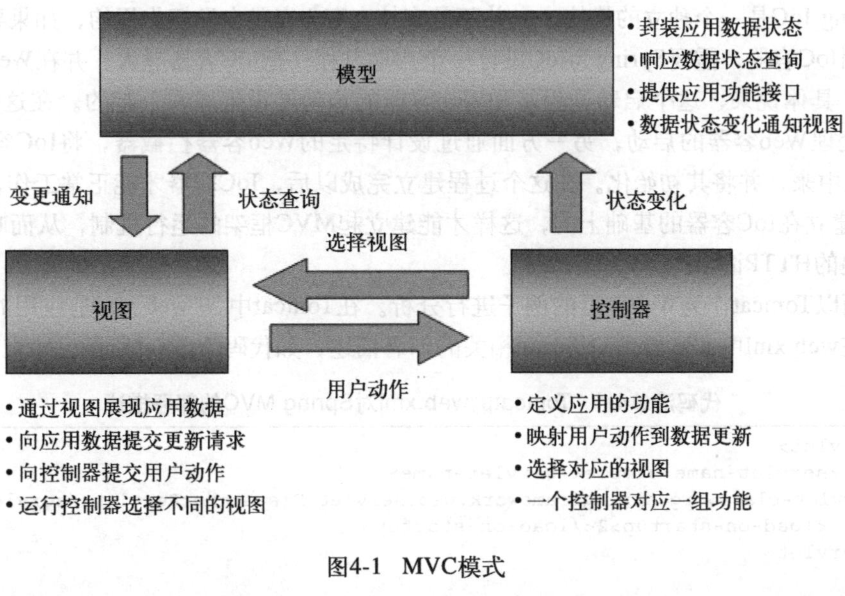

图4-1 MVC模式

MVC模式在UI设计中使用得非常普遍，在GoF设计模式的经典著作中，开篇就提到了这个模式。这个模式的主要特点是：分离了模型、视图、控制器三种角色，将业务处理从UI设计中独立出来，封装到模型和控制器设计中去，使得它们相互之间解耦，可以独立扩展而不需彼此依赖。

从大体上看，在使用Spring MVC的时候，需要在web.xml中配置DispatcherServlet，这个DispatcherServlet可以看成是一个前端控制器的具体实现，还需要在Bean定义中配置Web请求和Controller（控制器）的对应关系，以及各种视图的展现方式。在具体使用Controller的时候，会看到ModelAndView数据的生成，还会看到把ModelAndView数据交给相应的View（视图）来进行呈现。

本章会对这些Spring MVC设计进行详细的分析，旨在帮助读者了解Spring作为应用平台是怎样在Web应用中起作用的。实际上这个分析从实现原理上可以大致分为两个部分，一个部分着重于分析Spring的IoC容器是怎样在Web应用环境中发挥作用的，对于使用其他Web框架的应用，比如SSH使用Struts作为Web框架，一定要考虑它在Web环境中如何完成与IoC容器的集成，这个部分的分析是非常具有参考价值的；另一个部分着重于分析Spring MVC框架的实现原理，通过分析Spring MVC的实现，可以帮助读者举一反三，深入地了解MVC框架的工作原理。

4.2 Web环境中的Spring MVC

第3章分析了IoC容器的基本实现，下面来看看在Web环境中，Spring MVC是建立在IoC容器基础上的。了解Spring MVC，首先要了解Spring IoC容器是如何在Web环境中被载入并起作用的。

Spring IoC是一个独立的模块，它并不是直接在Web容器中发挥作用的，如果要在Web环境中使用IoC容器，需要Spring为IoC设计一个启动过程，把IoC容器导入，并在Web容器中建立起来。具体说来，这个启动过程是和Web容器的启动过程集成在一起的。在这个过程中，一方面处理Web容器的启动，另一方面通过设计特定的Web容器拦截器，将IoC容器载入到Web环境中来，并将其初始化。在这个过程建立完成以后，IoC容器才能正常工作，而Spring MVC是建立在IoC容器的基础上的，这样才能建立起MVC框架的运行机制，从而响应从Web容器传递的HTTP请求。

下面以Tomcat作为Web容器的例子进行分析。在Tomcat中， web.xml是应用的部署描述文件。在web.xml中常常看到与Spring相关的部署描述，如代码清单4-1所示。

代码清单4-1 Tomcat的web.xml对Spring MVC的部署描述

```
<servlet>
    <servlet-name>sample</servlet-name>
<servlet-class>org.springframework.web.servlet.DispatcherServlet</servlet-class>
     <load-on-startup>2</load-on-startup>
</servlet>
```

```
<servlet-mapping>
<servlet-name>sample</servelet-name>
    <url-pattern>/*</url-pattern>
</servlet-mapping>
<context-param>
<param-name>contextConfigLocation</param-name>
<param-value>/WEB-INF/applicationContext.xml</param-value>
</context-param>
<listener>
<listener-class>
org.springframework.web.context.ContextLoaderListener
</listener-class>
</listener>
```

这里看到的部署描述是Spring MVC与Tomcat的接口部分。在这个部署描述文件中，首先定义了一个Servlet对象，它是Spring MVC的DispatcherServlet。这个DispatcherServlet是MVC中很重要的一个类，起着分发请求的作用。它的实现原理是后面要详细分析的内容，这里暂且略过。

同时，在部署描述中，为这个DispatcherServlet定义了对应的URL映射，这些URL映射为这个Servlet指定了需要处理的HTTP请求。context-param参数的配置用来指定Spring IoC容器读取Bean定义的XML文件的路径，在这里，这个配置文件被定义为/WEBINF/applicationContext.xml。在这个文件中，可以看到Spring应用的Bean配置。最后，作为Spring MVC的启动类，ContextLoaderListener被定义为一个监听器，这个监听器是与Web服务器的生命周期相关联的，由ContextLoaderListener监听器负责完成IoC容器在Web环境中的启动工作，这个启动过程也是后面要详细分析的内容。

DispatchServlet和ContextLoaderListener提供了在Web容器中对Spring的接口，也就是说，这些接口与Web容器耦合是通过ServletContext来实现的。这个ServletContext为Spring的IoC容器提供了一个宿主环境，在宿主环境中，Spring MVC建立起一个IoC容器的体系。这个IoC容器体系是通过ContextLoaderListener的初始化来建立的，在建立IoC容器体系后，把DispatchServlet作为Spring MVC处理Web请求的转发器建立起来，从而完成响应HTTP请求的准备。有了这些基本配置，建立在IoC容器基础上的Spring MVC就可以正常地发挥作用了。了解Spring MVC在Web容器中的配置以后，下面我们就来看看IoC容器在Web容器中的启动过程是怎样实现的。

4.3 上下文在Web容器中的启动

4.3.1 IoC容器启动的基本过程

IoC容器的启动过程就是建立上下文的过程，该上下文是与ServletContext相伴而生的，同时也是IoC容器在Web应用环境中的具体表现之一。由ContextLoaderListener启动的上下文为根上下文。在根上下文的基础上，还有一个与Web MVC相关的上下文用来保存控制器

（DispatcherServlet）需要的MVC对象，作为根上下文的子上下文，构成一个层次化的上下文体系。在Web容器中启动Spring应用程序时，首先建立根上下文，然后建立这个上下文体系的，这个上下文体系的建立是由ContextLoder来完成的，具体过程如图4-2所示。

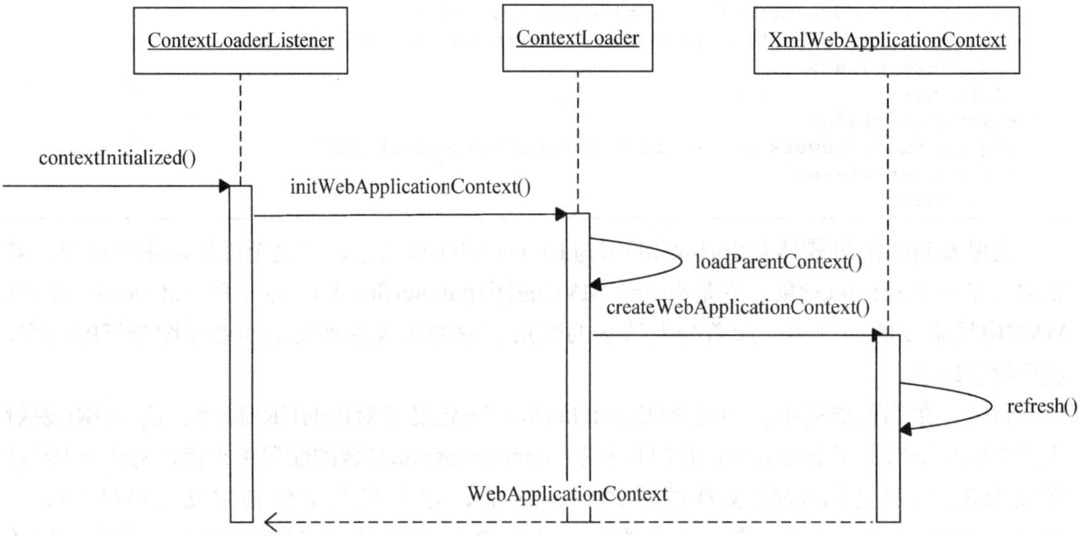

图4-2 在Web容器中启动Spring应用程序的过程

在web.xml中，已经配置了ContextLoaderListener，这个ContextLoaderListener是Spring提供的类，是为在Web容器中建立IoC容器服务的，它实现了ServletContextListener接口。这个接口是在Servlet API中定义的，提供了与Servlet生命周期结合的回调，比如contextInitialized方法和contextDestroyed方法。而在Web容器中，建立WebApplicationContext的过程，是在contextInitialized的接口实现中完成的。具体的载入IoC容器的过程是由ContextLoaderListener交由ContextLoader来完成的，而ContextLoader本身就是ContextLoaderListener的基类，它们之间的类关系如图4-3所示。

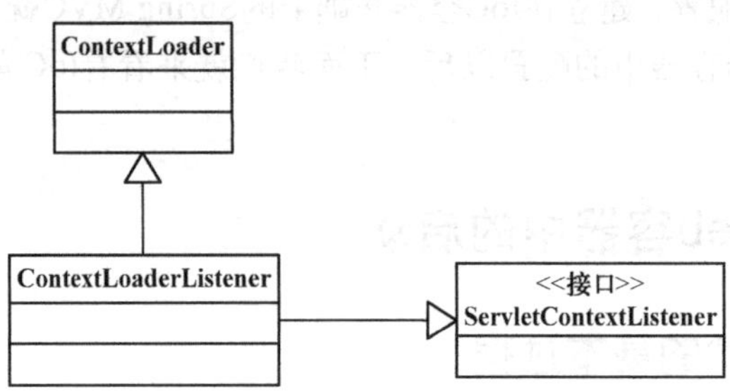

图4-3 载入IoC容器过程中的3个类之间的关系

在ContextLoader中，完成了两个IoC容器建立的基本过程，一个是在Web容器中建立起双亲IoC容器，另一个是生成相应的WebApplicationContext并将其初始化。

4.3.2 Web容器中的上下文设计

先从Web容器中的上下文入手，看看Web环境中的上下文设置有哪些特别之处，然后再到ContextLoaderListener中去了解整个容器启动的过程。为了方便在Web环境中使用IoC容器，Spring为Web应用提供了上下文的扩展接口WebApplicationContext来满足启动过程的需要。这个WebApplicationContext接口的类层次关系如图4-4所示。

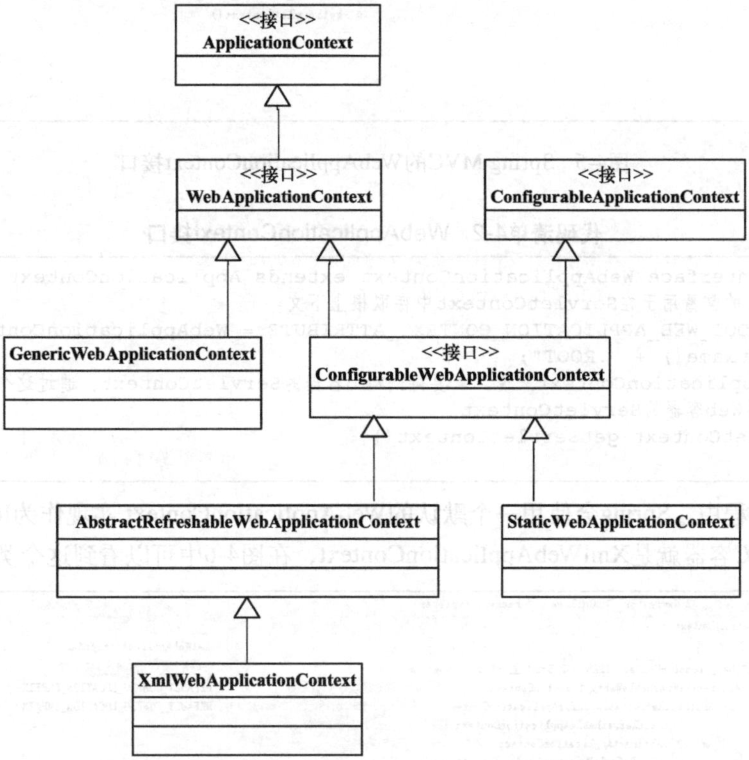

图4-4 WebApplicationContext接口的类继承关系

在这个类继承关系中，可以从熟悉的XmlWebApplicationContext入手来了解它的接口实现。在接口设计中，最后是通过ApplicationContex接口与BeanFactory接口对接的，而对于具体的功能实现，很多都是封装在其基类AbstractRefreshableWebApplicationContext中完成的。同样，在源代码中，也可以分析出类似的继承关系，如图4-5所示，在WebApplicationContext中还可以看到相关的常量设计，比如ROOT_WEB_APPLICATION_CONTEXT_ATTRIBUTE等，这个常量是用来索引在ServletContext中存储的根上下文的。关于具体的实现过程，在后面将会详细分析。

这个接口类定义的接口方法比较简单，如代码清单4-2所示。在这个接口中，定义了一个getServletContext方法，通过这个方法可以得到当前Web容器的Servlet上下文环境，通过这个方法，相当于提供了一个Web容器级别的全局环境。

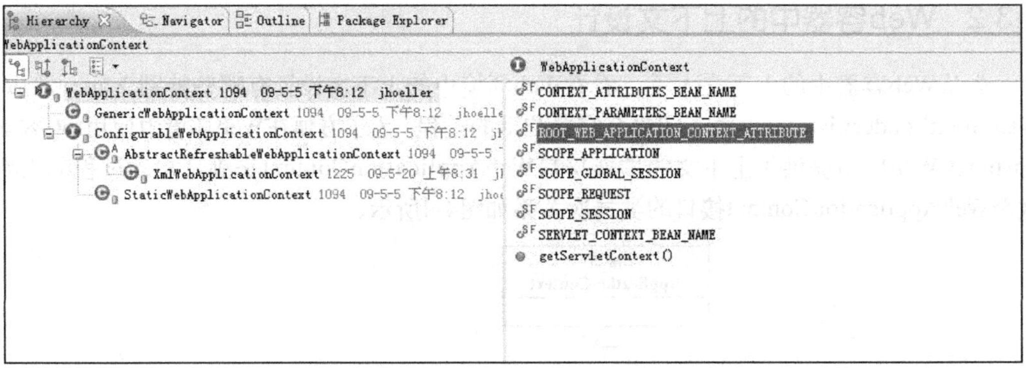

图4-5 Spring MVC的WebApplicationContext接口

代码清单4-2 WebApplicationContext接口

```
public interface WebApplicationContext extends ApplicationContext {
//这里定义的常量用于在ServletContext中存取根上下文
String ROOT_WEB_APPLICATION_CONTEXT_ATTRIBUTE = WebApplicationContext.
class.getName() + ".ROOT";
//对WebApplicationContext来说，需要得到Web容器的ServletContext，通过这个方法
//可以取得Web容器的ServletContext
   ServletContext getServletContext();
}
```

在启动过程中，Spring会使用一个默认的WebApplicationContext 实现作为IoC容器。这个默认使用的IoC容器就是XmlWebApplicationContext，在图4-6中可以看到这个类的继承关系。

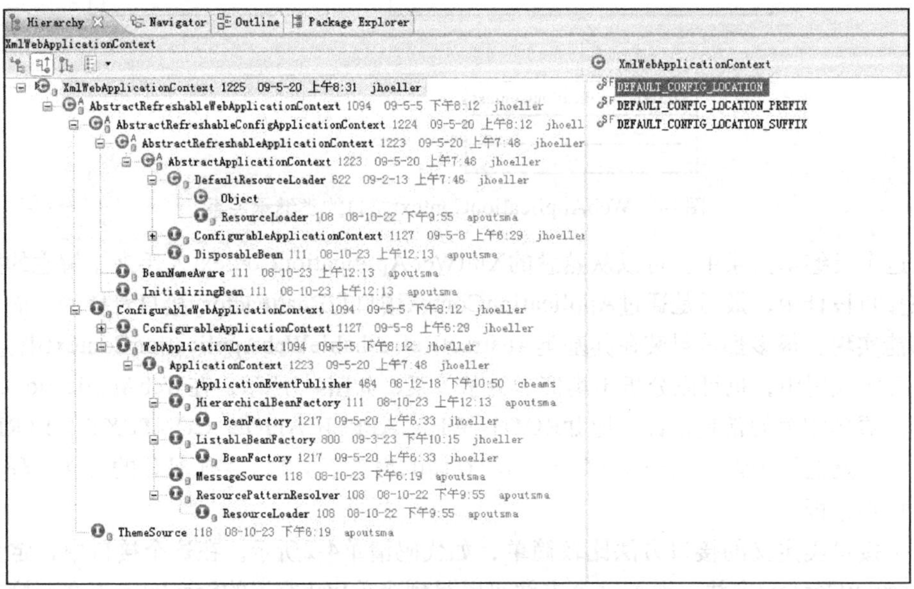

图4-6 XmlWebApplicationContext的继承关系

在这个继承关系中，XmlWebApplicationContext是从ApplicationContext继承下来的，在基本的ApplicationContext功能的基础上，增加了对Web环境和XML配置定义的处理。在XmlWebApplicationContext的初始化过程中，Web容器中的IoC容器被建立起来，从而在Web容器中建立起整个Spring应用。XmlWebApplicationContext中IoC容器的具体启动过程如代码清单4-3所示。与对IoC容器的初始化的分析一样，这个过程也有loadBeanDefinition对BeanDefinition的载入。在Web环境中，对定位BeanDefinition的Resource有特别的要求，这个要求的处理体现在对getDefaultConfigLocations方法的处理中。这里使用了默认的BeanDefinition的配置路径，这个路径在XmlWebApplicationContext中作为一个常量定义好了，即/WEB-INF/applicationContext.xml。

代码清单4-3 XmlWebApplicationContext的实现

```
public class XmlWebApplicationContext extends AbstractRefreshableWebApplicationContext {
//这里是设置默认BeanDefinition的地方，在/WEB-INF/applicationContext.xml文件中，
//如果不特别指定其他文件，IoC容器会从这里读取BeanDefinition来初始化IoC容器
public static final String DEFAULT_CONFIG_LOCATION = "/WEB-INF/applicationContext.xml";
//默认的配置文件位置在/WEB-INF/目录下
public static final String DEFAULT_CONFIG_LOCATION_PREFIX = "/WEB-INF/";
//默认的配置文件后缀名.xml文件
public static final String DEFAULT_CONFIG_LOCATION_SUFFIX = ".xml";
//又看到了熟悉的loadBeanDefinition，就像前面对IoC容器的分析一样，这个加载过程在
//容器refresh()时启动
protected void loadBeanDefinitions(DefaultListableBeanFactory beanFactory) throws IOException {
   //对于XmlWebApplicationContext，当然是使用XmlBeanDefinitionReader来
   //对BeanDefinition信息进行解析
   XmlBeanDefinitionReader beanDefinitionReader = new XmlBeanDefinitionReader(beanFactory);
   // 这里设置ResourceLoader，因为XmlWebApplicationContext是DefaultResource的
   //子类，所以这里同样会使用DefaultResourceLoader来定位BeanDefinition
   beanDefinitionReader.setResourceLoader(this);
   beanDefinitionReader.setEntityResolver(new ResourceEntityResolver(this));
   //允许子类为reader配置自定义的初始化过程
   initBeanDefinitionReader(beanDefinitionReader);
   //这里使用定义好的XmlBeanDefinitionReader来载入BeanDefinition
   loadBeanDefinitions(beanDefinitionReader);
}
protected void initBeanDefinitionReader(XmlBeanDefinitionReader beanDefinitionReader) {
}
//如果有多个BeanDefinition的文件定义，需要逐个载入，都是通过reader来完成的，
//这个初始化过程是由refreshBeanFactory方法来完成的，这里只是负责载入BeanDefinition
protected void loadBeanDefinitions(XmlBeanDefinitionReader reader) throws
BeansException, IOException {
    String[] configLocations = getConfigLocations();
    if (configLocations != null) {
        for (String configLocation : configLocations) {
             reader.loadBeanDefinitions(configLocation);
        }
    }
}
//这里是取得Resource位置的地方，使用了设定的默认配置位置，默认的配置
//位置是/WEB-INF/applicationContext.xml
protected String[] getDefaultConfigLocations() {
```

```
    if (getNamespace() != null) {
        return new String[] {DEFAULT_CONFIG_LOCATION_PREFIX + getNamespace() +
        DEFAULT_CONFIG_LOCATION_SUFFIX};
    }
    else {
         return new String[] {DEFAULT_CONFIG_LOCATION};
           }
    }
}
```

从代码中可以看到，在XmlWebApplicationContext中，基本的上下文功能都已经通过类的继承获得，这里需要处理的是，如何获取Bean定义信息，在这里，就转化为如何在Web容器环境如这里指定的/WEB-INF/applicationContext.xml中获得Bean定义信息。在获得Bean定义信息之后，后面的过程基本上就和前面分析的XmlFileSystemBeanFactory一样，是通过XmlBeanDefinitionReader来载入Bean定义信息的，最终完成整个上下文的初始化过程。

4.3.3 ContextLoader的设计与实现

对于Spring承载的Web应用而言，可以指定在Web应用程序启动时载入IoC容器（或者称为WebApplicationContext）。这个功能是由ContextLoaderListener这样的类来完成的，它是在Web容器中配置的监听器。这个ContextLoaderListener通过使用ContextLoader来完成实际的WebApplicationContext，也就是IoC容器的初始化工作。这个ContextLoader就像Spring应用程序在Web容器中的启动器。这个启动过程是在Web容器中发生的，所以需要根据Web容器部署的要求来定义ContextLoader，相关的配置在概述中已经看到了，这里就不重复了。

为了了解IoC容器在Web容器中的启动原理，这里对启动器ContextLoaderListener的实现进行分析。这个监听器是启动根IoC容器并把它载入到Web容器的主要功能模块，也是整个Spring Web应用加载IoC的第一个地方。从加载过程可以看到，首先从Servlet事件中得到ServletContext，然后可以读取配置在web.xml中的各个相关的属性值，接着ContextLoader会实例化WebApplicationContext，并完成其载入和初始化过程。这个被初始化的第一个上下文作为根上下文而存在，这个根上下文载入后，被绑定到Web应用程序的ServletContext上。任何需要访问根上下文的应用程序代码都可以从WebApplicationContextUtils类的静态方法中得到，具体取得根上下文的方法如下所示：

```
WebApplicationContext getWebApplicationContext(ServletContext sc)
```

下面分析具体的根上下文的载入过程。在ContextLoaderListener中，实现的是ServletContextListener接口，这个接口里的函数会结合Web容器的生命周期被调用。因为ServletContextListener 是 ServletContext 的监听者，如果 ServletContext 发生变化，会触发出相应的事件，而监听器一直在对这些事件进行监听，如果接收到了监听的事件，就会做出预先设计好的响应动作。由于ServletContext的变化而触发的监听器的响应具体包括：在服务器启动时，ServletContext 被创建的时候；服务器关闭时，ServletContext 将被销毁的时候等。对应这些事件及Web容器状态的变化，在监听器中定义了对应的事件响应的回调方法。比如在服务器启动时，ServletContextListener 的 contextInitialized()方法被调用，服务器将要关闭时，ServletContextListener 的 contextDestroyed()方法被调用。了解了Web容器中监听器的工作原理，下面看看服务器启动时ContextLoaderListener的调用完成了什么，如代码清单4-4所示。在这个初始化回调中，创建了ContextLoader，同时会利用创建出来的ContextLoader来完成IoC容器的初始化。

代码清单4-4 ContextLoaderListener的context初始化

```
public void contextInitialized(ServletContextEvent event) {
    //因为本身就是ContextLoader的子类，这里可以直接使用ContextLoader来初始化IoC容器
    this.contextLoader = createContextLoader();
    if (this.contextLoader == null) {
        this.contextLoader = this;
    }
this.contextLoader.initWebApplicationContext(event.getServletContext());
}
```

具体的初始化工作交给ContextLoader来完成，如代码清单4-5所示。在这个初始化过程中，完成根上下文在Web容器中的创建。这个根上下文是作为Web容器中唯一的实例而存在的，如果在这个初始化过程中，发现已经有根上下文被创建了，这里会抛出异常提示创建失败。根上下文创建成功以后，会被存到Web容器的ServletContext中去，供需要时使用。存取这个根上下文的路径是由Spring预先设置好的，在ROOT_WEB_APPLICATION_CONTEXT_ATTRIBUTE的属性中定义这个路径，这个路径默认被设置为：

```
ROOT_WEB_APPLICATION_CONTEXT_ATTRIBUTE = WebApplicationContext.class.getName() + ".ROOT"
```

代码清单4-5 ContextLoader对IoC容器的初始化

```
//这里开始对WebApplicationContext进行初始化
public WebApplicationContext initWebApplicationContext(ServletContext servletContext)
    throws IllegalStateException, BeansException {
    //判断在ServletContext中是否已经有根上下文存在
    if (servletContext.getAttribute(WebApplicationContext.
    ROOT_WEB_APPLICATION_CONTEXT_ATTRIBUTE) != null) {
        throw new IllegalStateException(
                "Cannot initialize context because there is already a root
                application context present - " +
                "check whether you have multiple ContextLoader* definitions in
                your web.xml!");
    }
    servletContext.log("Initializing Spring root WebApplicationContext");
    if (logger.isInfoEnabled()) {
        logger.info("Root WebApplicationContext: initialization started");
    }
    long startTime = System.currentTimeMillis();
    try {
                // 这里载入根上下文的双亲上下文
        ApplicationContext parent = loadParentContext(servletContext);

        /* 这里创建在ServletContext中存储的根上下文ROOT_WEB_APPLICATION_CONTEXT,同
           时把它存到ServletContext中去,注意这里使用的ServletContext的属性值是
```

```
            ROOT_WEB_APPLICATION_CONTEXT_ATTRIBUTE，以后的应用都是根据这个属性值取得
            根上下文的*/
        this.context = createWebApplicationContext(servletContext, parent);
        servletContext.setAttribute(WebApplicationContext.
        ROOT_WEB_APPLICATION_CONTEXT_ATTRIBUTE, this.context);
    currentContextPerThread.put(Thread.currentThread().
        getContextClassLoader(), this.context);
        if (logger.isDebugEnabled()) {
            logger.debug("Published root WebApplicationContext as
            ServletContext attribute with name [" +
    WebApplicationContext.ROOT_WEB_APPLICATION_CONTEXT_ATTRIBUTE + "]");
        }
        if (logger.isInfoEnabled()) {
            long elapsedTime = System.currentTimeMillis() - startTime;
            logger.info("Root WebApplicationContext: initialization
            completed in " + elapsedTime + " ms");
        }
        return this.context;
    }
    catch (RuntimeException ex) {
        logger.error("Context initialization failed", ex);
servletContext.setAttribute(WebApplicationContext.ROOT_WEB_APPLICATION_
CONTEXT_ATTRIBUTE, ex);
        throw ex;
    }
    catch (Error err) {
        logger.error("Context initialization failed", err);
servletContext.setAttribute(WebApplicationContext.ROOT_WEB_APPLICATION_
CONTEXT_ATTRIBUTE, err);
        throw err;
    }
}
```

具体的根上下文的创建，可以参考代码清单4-6。在代码清单4-6中，可以看到对根上下文的参数设置，比如设置了双亲上下文、对ServletContext的引用等。完成这些基本的设置以后，通过对refresh方法的调用，重启整个IoC容器，就像一般的IoC容器的初始化过程一样。关于这个refresh方法的调用以及功能实现大家已经很熟悉了，这里不再赘述。

代码清单4-6 创建根上下文

```
protected WebApplicationContext createWebApplicationContext(
    ServletContext servletContext, ApplicationContext parent) throws BeansException {
    //这里判断使用什么样的类在Web容器中作为IoC容器
    Class contextClass = determineContextClass(servletContext);
    if (!ConfigurableWebApplicationContext.class.isAssignableFrom
    (contextClass)) {
    throw new ApplicationContextException("Custom context class [" +
    contextClass.getName() + "] is not of type [" + ConfigurableWebApplicationContext.
    class.getName() + "]");
    }
    //直接实例化需要产生的IoC容器，并设置IoC容器的各个参数，然后通过refresh启动容器的初始化
    ConfigurableWebApplicationContext wac =
            (ConfigurableWebApplicationContext) BeanUtils.instantiateClass(contextClass);
```

```
    wac.setId(servletContext.getServletContextName());
    //设置双亲上下文
    wac.setParent(parent);
    //设置ServletContext以及配置文件的位置参数
    wac.setServletContext(servletContext);
    wac.setConfigLocation(servletContext.getInitParameter(CONFIG_LOCATION_PARAM));
    customizeContext(servletContext, wac);
    //启动容器的初始化，这是已经很熟悉的refresh调用
    wac.refresh();
    return wac;
}
```

使用什么样的类作为上下文是在determineContextClass方法中确定的，如代码清单4-7所示。在确定使用何种IoC容器的过程中可以看到，应用可以在部署描述符中指定使用什么样的IoC容器，这个指定操作是通过CONTEXT_CLASS_PARAM参数的设置完成的。如果没有指定特定的IoC容器，将使用默认的IoC容器，也就是XmlWebApplicationContext对象作为在Web环境中使用的IoC容器。

代码清单4-7 确定使用的IoC容器

```
protected Class determineContextClass(ServletContext servletContext) throws
ApplicationContextException {
    //这里读取在ServletContext中对CONTEXT_CLASS_PARAM参数的配置
    String contextClassName = servletContext.
    getInitParameter(CONTEXT_CLASS_PARAM);
    //如果在ServletContext中配置了需要使用的CONTEXT_CLASS,那就使用这个class,
    //当然前提是这个class是可用的
    if (contextClassName != null) {
        try {
            return ClassUtils.forName(contextClassName, ClassUtils.
            getDefaultClassLoader());
        }
        catch (ClassNotFoundException ex) {
            throw new ApplicationContextException(
                    "Failed to load custom context class [" + contextClassName
                    + "]", ex);
        }
    }
    else {//如果没有额外的配置，那么使用默认的ContextClass
        contextClassName = defaultStrategies.getProperty
        (WebApplicationContext.class.getName());
        try {
            return ClassUtils.forName(contextClassName, ContextLoader.class.
            getClassLoader());
        }
        catch (ClassNotFoundException ex) {
            throw new ApplicationContextException(
                    "Failed to load default context class [" +
                    contextClassName + "]", ex);
        }
    }
}
```

这就是IoC容器在Web容器中的启动过程，与在应用中启动IoC容器的方式相类似，所不同的是这里需要考虑Web容器的环境特点，比如各种参数的设置， IoC容器与Web容器ServletContext的结合等。在初始化这个上下文以后，该上下文会被存储到SevletContext中，这样就建立了一个全局的关于整个应用的上下文。同时，在启动Spring MVC时，我们还会看到这个上下文被以后的DispatcherServlet在进行自己持有的上下文的初始化时，设置为DispatcherServlet自带的上下文的双亲上下文。这个过程我们将在分析Spring MVC实现的地方清楚地看到。

4.4 Spring MVC的设计与实现

4.4.1 Spring MVC的应用场景

前面简要回顾了MVC模式，并且知道了Spring MVC是一个MVC模式的实现。在Spring MVC的使用中，看到了在web.xml中，除了需要配置ContextLoaderListener之外，还要对DispatcherServlet进行配置。作为一个Servlet，这个DispatcherServlet实现的是Sun的J2EE核心模式中的前端控制器模式（Front Controller），作为一个前端控制器，所有的Web请求都需要通过它来处理，进行转发、匹配、数据处理后，并转由页面进行展现，因此这个DispatcerServlet可以看成是Spring MVC实现中最为核心的部分，它的设计与分析也是下面分析Spring MVC的一条主线。

除了这条主线，在Spring MVC中，对于不同的Web请求的映射需求，Spring MVC提供了不同的HandlerMapping的实现，可以让应用开发选取不同的映射策略。在默认的情况下，DispatcherSevlet选取了BeanNameUrlHandlerMapping作为映射策略实现。除了映射策略可以定制之外，Spring MVC提供了各种Controller的实现来供应用扩展和使用，以应对不同的控制器使用场景，这些Controller控制器的需要实现handleRequest接口方法，并返回ModelAndView对象。Spring MVC还提供了各种视图实现，比如常用的JSP视图、Excel视图、PDF视图等，为应用UI开发提供丰富的视图选择。除此之外，Spring MVC还提供了拦截器供应用使用，允许应用对Web请求进行拦截，以及前置处理和后置处理；针对Web应用中常用到的国际化支持，Spring MVC还提供了LocalResolver实现和接口，应用可以定制自己的区域解析器。

4.4.2 Spring MVC设计概览

在前面的分析过程中，了解了Spring的上下文体系通过ContextLoader和DispatcherServlet建立并初始化的过程。

在完成对ContextLoaderListener的初始化以后，Web容器开始初始化DispatcherServlet，这个初始化的启动与在web.xml中对载入次序的定义有关。DispatcherServlet会建立自己的上下文来持有Spring MVC的Bean对象，在建立这个自己持有的IoC容器时，会从ServletContext

中得到根上下文作为DispatcherServlet持有上下文的双亲上下文。有了这个根上下文，再对自己持有的上下文进行初始化，最后把自己持有的这个上下文保存到ServletContext中，供以后检索和使用。

为了解这个过程，可以从DispatcherServlet的父类FrameworkServlet的代码入手，去探寻DispatcherServlet的启动过程，它同时也是Spring MVC的启动过程。ApplicationContext的创建过程和ContextLoader创建根上下文的过程有许多类似的地方。下面来看一下这个DispatcherServlet类的继承关系，以便对这个DispatcherServlet在Spring MVC框架中的地位有大致的了解。在此基础上，接下来分析Spring MVC的实现，这部分的设计分析从DispacherServlet入手，因为它是Spring MVC实现的主线。先看看这个核心类的继承关系是如何设计的，如图4-7所示。

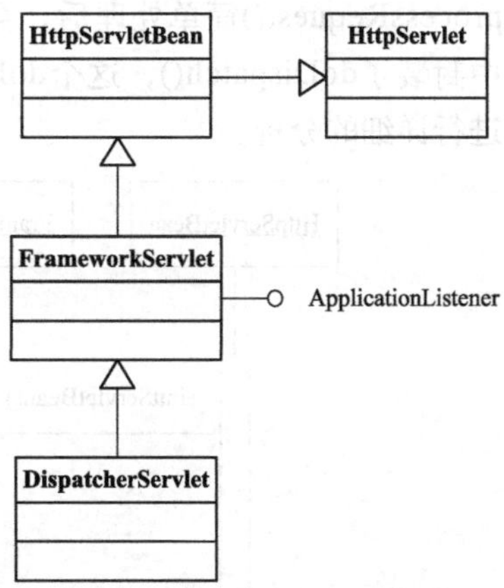

图4-7 DispacherServlet类的继承关系

从源代码的分析中，同样可以得到DispatcherServlet的继承关系，如图4-8所示。

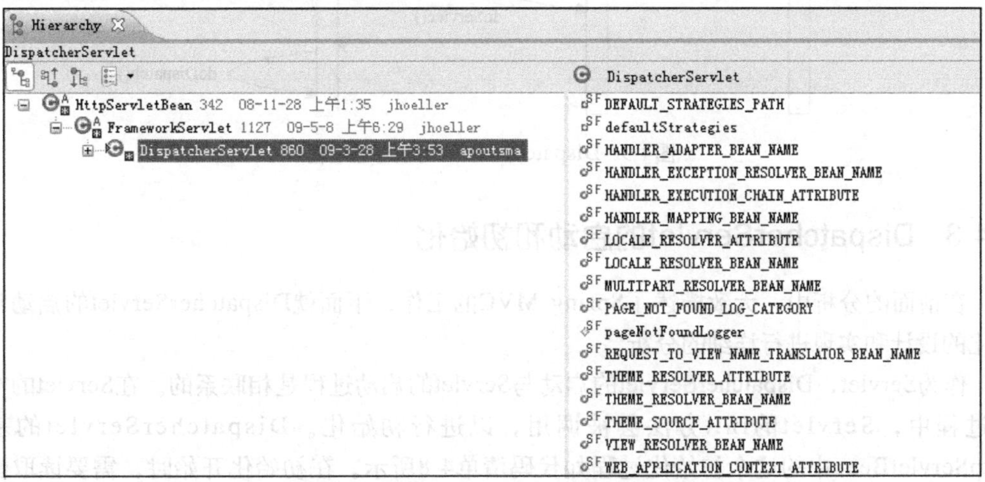

图4-8 DispatcherSerlvet的继承体系

DispatcherServlet通过继承FrameworkServlet和HttpServletBean而继承了HttpServlet，通过使用Servlet API来对HTTP请求进行响应，成为Spring MVC的前端处理器，同时成为MVC模块与Web容器集成的处理前端。在MVC框架建立起来之后，可以从图4-9中看出大致的处理过程。

从图4-9中可以看到，DispatcherServlet的工作大致可以分为两个部分：一个是初始化部分，由initServletBean()启动，通过initWebApplicationContext()方法最终调用DispatcherServlet的initStrategies方法，在这个方法里，DispatcherServlet对MVC模块的其他部分进行了初始化，比如handlerMapping、ViewResolver等；另一个是对HTTP请求进行响应，

作为一个Servlet，Web容器会调用Servlet的doGet()和doPost()方法，在经过FrameworkServlet的processRequest()简单处理后，会调用DispatcherServlet的doService()方法，在这个方法调用中封装了doDispatch()，这个doDispatch()是Dispatcher实现MVC模式的主要部分，会在下面进行详细的分析。

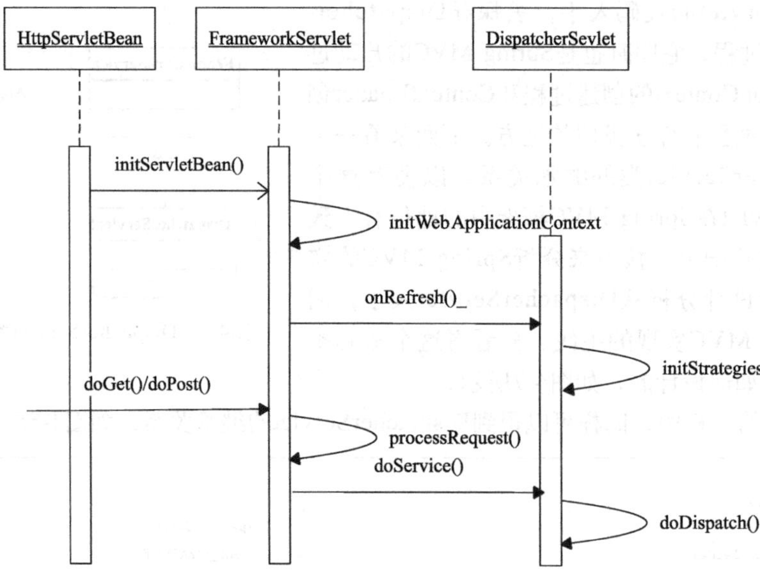

图4-9 DispatcherServlet的处理过程

4.4.3 DispatcherServlet的启动和初始化

在前面的分析中，大致描述了Spring MVC的工作，下面就DispatcherServlet的启动和初始化的设计和实现进行详细的分析。

作为Servlet，DispatcherServlet的启动与Servlet的启动过程是相联系的。在Servlet的初始化过程中，Servlet的init方法会被调用，以进行初始化。DispatcherServlet的基类HttpServletBean中的这个初始化过程如代码清单4-8所示。在初始化开始时，需要读取配置在ServletContext中的Bean属性参数，这些属性参数设置在web.xml的Web容器初始化参数中。使用编程式的方式来设置这些Bean属性，在这里可以看到对PropertyValues和BeanWrapper的使用。对于这些和依赖注入相关的类的使用，在分析IoC容器的初始化时，尤其是在依赖注入实现分析时，有过“亲密接触”。只是这里的依赖注入是与Web容器初始化相关的，初始化过程由HttpServletBean来完成。

接着会执行DispatcherServlet持有的IoC容器的初始化过程，在这个初始化过程中，一个新的上下文被建立起来，这个DispatcherServlet持有的上下文被设置为根上下文的子上下文。可以认为，根上下文是和Web应用相对应的一个上下文，而DispatcherServlet持有的上下文是和Servlet对应的一个上下文。在一个Web应用中，往往可以容纳多个Servlet存在；与此相对应，对于应用在Web容器中的上下体系，一个根上下文可以作为许多Servlet上下文的双亲上下文。了解了这一点，对在Web环境中IoC容器中的Bean设置和检索会有更多的了解，因为了解IoC工作原理的读者知道，在向IoC容器getBean时，IoC容器会首先向其双亲上下文去getBean，也就是说，在根上下文中定义的Bean是可以被各个Servlet持有的上下文得到和共享的。DispatcherServlet持有的上下文被建立起来以后，也需要和其他IoC容器一样完成初始化，这个初始化也是通过refresh方法来完成的。最后，DispatcherServlet给这个自己持有的上下文命名，并把它设置到Web容器的上下文中，这个名称和在web.xml中设置的DispatcherServlet的Servlet名称有关，从而保证了这个上下文在Web环境上下文体系中的唯一性。

代码清单4-8 DispatcherServlet的初始化

```
public final void init() throws ServletException {
    if (logger.isDebugEnabled()) {
        logger.debug("Initializing servlet '" + getServletName() + "'");
    }
    //获取Servlet的初始化参数，对Bean属性进行配置
    try {
        PropertyValues pvs = new ServletConfigPropertyValues(getServletConfig(),
        this.requiredProperties);
        BeanWrapper bw = PropertyAccessorFactory.forBeanPropertyAccess(this);
        ResourceLoader resourceLoader = new ServletContextResourceLoader
        (getServletContext());
        bw.registerCustomEditor(Resource.class, new ResourceEditor
        (resourceLoader));
        initBeanWrapper(bw);
        bw.setPropertyValues(pvs, true);
    }
    catch (BeansException ex) {
        logger.error("Failed to set bean properties on servlet '" + getServletName()
        + "'", ex);
        throw ex;
    }
    // 调用子类的initServletBean进行具体的初始化
    initServletBean();
    if (logger.isDebugEnabled()) {
        logger.debug("Servlet '" + getServletName() + "' configured successfully");
}
//这个 initServletBean的初始化过程在FrameworkServlet中完成
protected final void initServletBean() throws ServletException, BeansException {
    getServletContext().log("Initializing Spring FrameworkServlet '" +
    getServletName() + "'");
    if (this.logger.isInfoEnabled()) {
        this.logger.info("FrameworkServlet '" + getServletName() + "': initialization
        started");
    }
    long startTime = System.currentTimeMillis();
    //这里初始化上下文
    try {
        this.webApplicationContext = initWebApplicationContext();
        initFrameworkServlet();
    }
```

```
        catch (ServletException ex) {
            this.logger.error("Context initialization failed", ex);
            throw ex;
        }
        catch (BeansException ex) {
            this.logger.error("Context initialization failed", ex);
            throw ex;
        }
        if (this.logger.isInfoEnabled()) {
            long elapsedTime = System.currentTimeMillis() - startTime;
            this.logger.info("FrameworkServlet '" + getServletName() + "': initialization
            completed in " +elapsedTime + " ms");
        }
    }
    protected WebApplicationContext initWebApplicationContext() throws BeansException {
        WebApplicationContext wac = findWebApplicationContext();
        if (wac == null) {
            //这里调用WebApplicationContextUtils静态类来得到根上下文，这个根上下文是
            //保存在ServletContext中的
            //使用这个根上下文作为当前MVC上下文的双亲上下文
            WebApplicationContext parent =
                    WebApplicationContextUtils.getWebApplicationContext
              (getServletContext());
            wac = createWebApplicationContext(parent);
        }
        if (!this.refreshEventReceived) {
            onRefresh(wac);
        }
        //把当前建立的上下文存到ServletContext中去，注意使用的属性名是和当前Servlet名相关的
        if (this.publishContext) {
            String attrName = getServletContextAttributeName();
            getServletContext().setAttribute(attrName, wac);
            if (this.logger.isDebugEnabled()) {
              this.logger.debug("Published WebApplicationContext of servlet '" +
              getServletName() +
                    "' as ServletContext attribute with name [" + attrName + "]");
            }
        }
        return wac;
    }
```

在这里，这个MVC的上下文就建立起来了，具体取得根上下文的过程在WebApplicationContextUtils中实现，如代码清单4-9所示。这个根上下文是ContextLoader设置到ServletContext中去的，使用的属性是ROOT_WEB_APPLICATION_ CONTEXT_ATTRIBUTE，同时对这个IoC容器的Bean配置文件，ContextLoade也进行了设置，默认的位置是在/WEB-INF/applicationContext.xml文件中。由于这个根上下文是DispatcherServlet建立的上下文的双亲上下文，所以根上下文中管理的Bean也是可以被DispatcherServlet的上下文使用的。通过getBean向IoC容器获取Bean时，容器会先到它的双亲IoC容器中获取getBean，这些在分析IoC容器的实现原理时重点讲解过。

代码清单4-9 取得根上下文

```
public static WebApplicationContext getWebApplicationContext(ServletContext sc) {
    /*使用了ROOT_WEB_APPLICATION_CONTEXT_ATTRIBUTE,这个属性代表的根上下文在
    ContextLoaderListener初始化的过程中被建立，并被设置到ServletContext中*/
    return getWebApplicationContext(sc, WebApplicationContext.ROOT_WEB_
    APPLICATION_CONTEXT_ATTRIBUTE);
}
```

回到FrameworkServlet的实现中来看一下DispatcherServlet的上下文是怎样建立的。这个建立过程与前面建立根上下文的过程非常类似，如代码清单4-10所示。建立DispatcherServlet的上下文，需要把根上下文作为参数传递给它。然后使用反射技术来实例化上下文对象，并为它设置参数。根据默认的配置，这个上下文对象也是XmlWebApplicationContext对象，这个类型是在DEFAULT_CONTEXT_CLASS参数中设置好并允许BeanUtilis使用的。在实例化结束以后，需要为这个上下文对象设置好一些基本的配置，这些配置包括它的双亲上下文、Bean定义配置的文件位置等。完成这些配置以后，最后通过调用IoC容器的refresh方法来完成IoC容器的最终初始化，这和前面我们对IoC容器实现原理的分析中所看到的IoC容器初始化的过程是一致的。

代码清单4-10 FrameworkServlet建立WebApplicationContext

```
protected WebApplicationContext createWebApplicationContext(WebApplicationContext parent)
        throws BeansException {
    if (this.logger.isDebugEnabled()) {
        this.logger.debug("Servlet with name '" + getServletName() +
                "' will try to create custom WebApplicationContext context of class '" +
                getContextClass().getName() + "'" + ", using parent context
                [" + parent + "]");
    }
    if (!ConfigurableWebApplicationContext.class.isAssignableFrom
    (getContextClass())) {
        throw new ApplicationContextException(
                "Fatal initialization error in servlet with name '" +
        getServletName() +
                "': custom WebApplicationContext class [" +
                getContextClass().getName() +
                "] is not of type ConfigurableWebApplicationContext");
    }
    //实例化需要的具体上下文对象，并为这个上下文对象设置属性
    /*这里使用的是DEFAULT_CONTEXT_CLASS，这个DEFAULT_CONTEXT_CLASS被设置为
      XmlWebApplicationContext.class，所以在DispatcherServlet中使用的IoC容器是
      XmlWebApplicationContext*/
    ConfigurableWebApplicationContext wac =
            (ConfigurableWebApplicationContext) BeanUtils.
            instantiateClass(getContextClass());
    wac.setId(getServletContext().getServletContextName() + "." + getServletName());
    //这里配置的双亲上下文，就是在ContextLoader中建立的根上下文
    wac.setParent(parent);
    //设置ServletContext的引用和其他相关的配置信息
    wac.setServletContext(getServletContext());
    wac.setServletConfig(getServletConfig());
```

```
        wac.setNamespace(getNamespace());
        wac.setConfigLocation(getContextConfigLocation());
        wac.addApplicationListener(new SourceFilteringListener(wac, this));
        postProcessWebApplicationContext(wac);
        //这里同样是通过refresh来调用容器的初始化过程的
        wac.refresh();
        return wac;
    }
```

这时候DispatcherServlet中的IoC容器已经建立起来了，这个IoC容器是根上下文的子容器。这样的设置，使得对具体的一个Bean定义查找过程来说，如果要查找一个由DispatcherServlet所在的IoC容器来管理的Bean，系统会首先到根上下文中去查找。如果查找不到，才会到DispatcherServlet所管理的IoC容器去进行查找，这是由IoC容器getBean的实现来决定的。关于这个机制的实现，可以参考第3章中对getBean实现的分析。通过一系列在Web容器中执行的动作，在这个上下文体系建立和初始化完毕的基础上，Spring MVC就可以发挥其作用了。下面来分析一下Spring MVC的具体实现。

在前面分析DispatchServlet的初始化过程中可以看到，DispatchServlet持有一个以自己的Servlet名称命名的IoC容器。这个IoC容器是一个WebApplicationContext对象，这个IoC容器建立起来以后，意味着DispatcherServlet拥有自己的Bean定义空间，这为使用各个独立的XML文件来配置MVC中各个Bean创造了条件。由于在初始化结束以后，与Web容器相关的加载过程实际上已经完成了，Spring MVC的具体实现和普通的Spring应用程序的实现并没有太大的差别。在Spring MVC DispatcherServer的初始化过程中，以对HandlerMapping的初始化调用作为触发点，了解Spring MVC模块初始化的方法调用关系。如图4-10所示，这个调用关系最初是由HttpServletBean的init方法触发的，这个HttpServletBean是HttpServlet的子类。接着会在HttpServletBean的子类FrameworkServlet中对IoC容器完成初始化，在这个初始化方法中，会调用DispatcherServlet的initStrategies方法，在这个initStrategies方法中，启动整个Spring MVC框架的初始化。

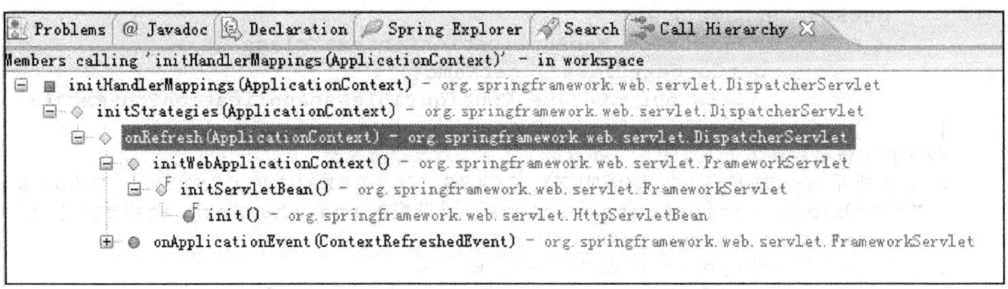

图4-10 DispatcherServlet对MVC的初始化

在这个调用关系中可以看到对MVC的初始化是在DispatcherServlet的initStrategies中完成的，包括对各种MVC框架的实现元素，比如支持国际化的LocalResolver、支持request映射的HandlerMappings，以及视图生成的ViewResolver等的初始化，如代码清单4-11所示。

代码清单4-11 对MVC框架的初始化

```
protected void initStrategies(ApplicationContext context) {
    initMultipartResolver(context);
    initLocaleResolver(context);
    initThemeResolver(context);
    initHandlerMappings(context);
    initHandlerAdapters(context);
    initHandlerExceptionResolvers(context);
    initRequestToViewNameTranslator(context);
    initViewResolvers(context);
}
```

对于具体的初始化过程，根据上面的方法名称，很容易理解。以HandlerMapping为例来说明这个initHandlerMappings()过程。这里的Mapping关系的作用是，为HTTP请求找到相应的Controller控制器，从而利用这些控制器Controller去完成设计好的数据处理工作。HandlerMappings完成对MVC中Controller的定义和配置，只不过在Web这个特定的应用环境中，这些控制器是与具体的HTTP请求相对应的。DispatcherServlet中HandlerMappings初始化过程的具体实现如代码清单4-12所示。在HandlerMapping初始化的过程中，把在Bean配置文件中配置好的handlerMapping从IoC容器中取得。

代码清单4-12 对HandlerMapping的初始化

```
private void initHandlerMappings(ApplicationContext context) {
    this.handlerMappings = null;
    //这里导入所有的HandlerMapping Bean，这些Bean可以在当前的DispatcherServlet的
    //IoC容器中，也可能在其双亲上下文中
    //这个detectAllHandlerMappings的默认值设为true，即默认地从所有的IoC容器中取
    if (this.detectAllHandlerMappings) {
        Map<String, HandlerMapping> matchingBeans =
                BeanFactoryUtils.beansOfTypeIncludingAncestors(context,
                HandlerMapping.class, true, false);
        if (!matchingBeans.isEmpty()) {
                this.handlerMappings = new ArrayList<HandlerMapping>
                (matchingBeans.values());
                OrderComparator.sort(this.handlerMappings);
        }
    }
    else { //可以根据名称从当前的IoC容器中通过getBean获取handlerMapping
        try {
                HandlerMapping hm = context.getBean(HANDLER_MAPPING_BEAN_NAME,
                HandlerMapping.class);
                this.handlerMappings = Collections.singletonList(hm);
        }
        catch (NoSuchBeanDefinitionException ex) {
        }
    }
    //如果没有找到handerMappings，那么需要为Servlet设定默认的handlerMappings，这些默
    //认的值可以设置在DispatcherServlet.properties中
    if (this.handlerMappings == null) {
        this.handlerMappings = getDefaultStrategies(context, HandlerMapping.class);
        if (logger.isDebugEnabled()) {
```

```
                logger.debug("No HandlerMappings found in servlet
                '" + getServletName() + "': using default");
            }
        }
    }
```

经过以上的读取过程，handlerMappings变量就已经获取了在BeanDefinition中配置好的映射关系。其他的初始化过程和handlerMappings比较类似，都是直接从IoC容器中读入配置，所以这里的MVC初始化过程是建立在IoC容器已经初始化完成的基础上的。至于这些上下文是如何获得的，可以参见前面对IoC容器在Web环境中加载的实现原理的分析。

4.4.4 MVC处理HTTP分发请求

1. HandlerMapping的配置和设计原理

前面分析了DispatcherServlet对Spring MVC框架的初始化过程，在此基础上，我们再进一步分析HandlerMapping的实现原理，看看这个MVC框架中比较关键的控制部分是如何实现的。

在初始化完成时，在上下文环境中已定义的所有HandlerMapping都已经被加载了，这些加载的handlerMappings被放在一个List中并被排序，存储着HTTP请求对应的映射数据。这个List中的每一个元素都对应着一个具体handlerMapping的配置，一般每一个handlerMapping可以持有一系列从URL请求到Controller的映射，而Spring MVC提供了一系列的HandlerMapping实现，如图4-11所示。

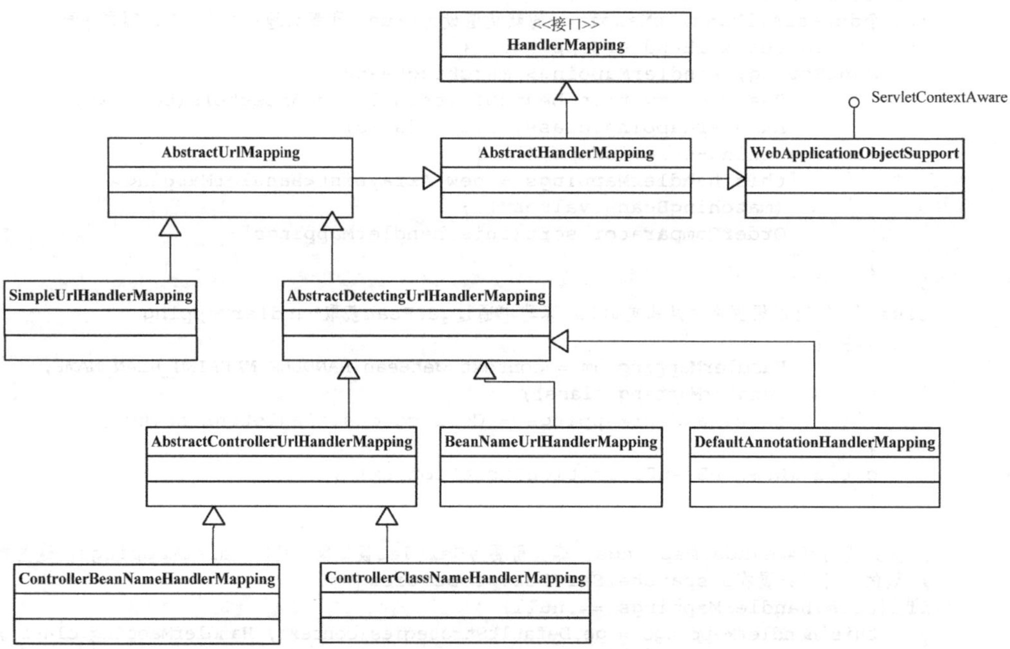

图4-11 HandlerMapping的设计原理

以SimpleUrlHandlerMapping这个handlerMapping为例来分析HandlerMapping的设计与实现。在SimpleUrlHandlerMapping中，定义了一个map来持有一系列的映射关系。通过这些在HandlerMapping中定义的映射关系，即这些URL请求和控制器的对应关系，使Spring MVC应用可以根据HTTP请求确定一个对应的Controller。具体来说，这些映射关系是通过接口类HandlerMapping来封装的，在HandlerMapping接口中定义了一个getHandler方法，通过这个方法，可以获得与HTTP请求对应的HandlerExecutionChain，在这个HandlerExecutionChain中，封装了具体的Controller对象，如代码清单4-13所示。

代码清单4-13　HandlerMapping接口

```
public interface HandlerMapping {
String PATH_WITHIN_HANDLER_MAPPING_ATTRIBUTE = HandlerMapping.class.getName()
 + ".pathWithinHandlerMapping";
String URI_TEMPLATE_VARIABLES_ATTRIBUTE = HandlerMapping.class.getName() +
".uriTemplateVariables";
/*调用getHandler实际上返回的是一个HandlerExecutionChain，这是典型的Command的模式的使用，
  这个HandlerExecutionChain不但持有handler本身，还包括了处理这个HTTP请求相关的拦截器*/
HandlerExecutionChain getHandler(HttpServletRequest request) throws Exception;
}
```

这个HandlerExecutionChain的实现看起来比较简洁，它持有一个Interceptor链和一个handler对象，这个handler对象实际上就是HTTP请求对应的Controller，在持有这个handler对象的同时，还在HandlerExecutionChain中设置了一个拦截器链，通过这个拦截器链中的拦截器，可以为handler对象提供功能的增强。要完成这些工作，需要对拦截器链和handler都进行配置，这些配置都是在HandlerExecutionChain的初始化函数中完成的。为了维护这个拦截器链和handler，HandlerExecutionChain还提供了一系列与拦截器链维护相关一些操作，比如可以为拦截器链增加拦截器的addInterceptor方法等。HandlerExecutionChain的实现如代码清单4-14所示。

代码清单4-14　HandlerExecutionChain的实现

```
public class HandlerExecutionChain {
private final Object handler;
private HandlerInterceptor[] interceptors;
private List<HandlerInterceptor> interceptorList;
public HandlerExecutionChain(Object handler) {
    this(handler, null);
}
public HandlerExecutionChain(Object handler, HandlerInterceptor[] interceptors) {
    if (handler instanceof HandlerExecutionChain) {
        HandlerExecutionChain originalChain = (HandlerExecutionChain) handler;
        this.handler = originalChain.getHandler();
        this.interceptorList = new ArrayList<HandlerInterceptor>();
        CollectionUtils.mergeArrayIntoCollection(originalChain.getInterceptors(),
        this.interceptorList);
        CollectionUtils.mergeArrayIntoCollection(interceptors, this.interceptorList);
    }
    else {
        this.handler = handler;
        this.interceptors = interceptors;
```

```
        }
    }
    public Object getHandler() {
        return this.handler;
    }
    public void addInterceptor(HandlerInterceptor interceptor) {
        initInterceptorList();
        this.interceptorList.add(interceptor);
    }
    public void addInterceptors(HandlerInterceptor[] interceptors) {
        if (interceptors != null) {
            initInterceptorList();
            this.interceptorList.addAll(Arrays.asList(interceptors));
        }
    }
    private void initInterceptorList() {
        if (this.interceptorList == null) {
            this.interceptorList = new ArrayList<HandlerInterceptor>();
        }
        if (this.interceptors != null) {
            this.interceptorList.addAll(Arrays.asList(this.interceptors));
            this.interceptors = null;
        }
    }
    public HandlerInterceptor[] getInterceptors() {
        if (this.interceptors == null && this.interceptorList != null) {
            this.interceptors = this.interceptorList.toArray(new
            HandlerInterceptor[this.interceptorList.size()]);
        }
        return this.interceptors;
    }
    public String toString() {
        return String.valueOf(this.handler);
    }
    }
```

HandlerExecutionChain中定义的Handler和Interceptor需要在定义HandlerMapping时配置好，例如对具体的SimpleURLHandlerMapping，要做的就是根据URL映射的方式，注册Handler和Interceptor，从而维护一个反映这种映射关系的handlerMap。当需要匹配HTTP请求时，需要查询这个handlerMap中的信息来得到对应的HandlerExecutionChain。这些信息是什么时候配置好的呢？这里有一个注册过程，这个注册过程在容器对Bean进行依赖注入时发生，它实际上是通过一个Bean的postProcessor来完成的。如果想要了解这个调用过程，可以参考图4-12。以SimpleHandlerMapping为例，需要注意的是，这里用到了对容器的回调，只有SimpleHandlerMapping是ApplicationContextAware的子类才能启动这个注册过程。这个注册过程完成的是反映URL和Controller之间映射关系的handlerMap的建立，对这个注册过程的具体分析会在后面进行。

还可以从图4-13中看到SimpleHandlerMapping的继承关系。

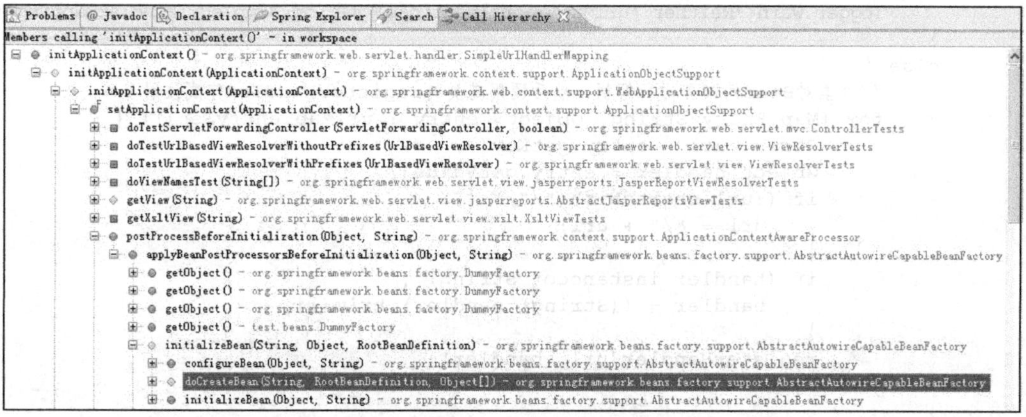
Problems | Javadoc | Declaration | Spring Explorer | Search | Call Hierarchy
Members calling 'initApplicationContext()' - in workspace
initApplicationContext() - org.springframework.web.servlet.handler.SimpleUrlHandlerMapping
initApplicationContext(ApplicationContext) - org.springframework.context.support.ApplicationObjectSupport
initApplicationContext(ApplicationContext) - org.springframework.web.context.support.WebApplicationObjectSupport
setApplicationContext(ApplicationContext) - org.springframework.context.support.ApplicationObjectSupport
doTestServletForwardingController(ServletForwardingController, boolean) - org.springframework.web.servlet.mvc.ControllerTests
doTestUrlBasedViewResolverWithoutPrefixes(UrlBasedViewResolver) - org.springframework.web.servlet.view.ViewResolverTests
doTestUrlBasedViewResolverWithPrefixes(UrlBasedViewResolver) - org.springframework.web.servlet.view.ViewResolverTests
doViewNamesTest(String[]) - org.springframework.web.servlet.view.jasperreports.JasperReportViewResolverTests
getView(String) - org.springframework.web.servlet.view.jasperreports.AbstractJasperReportsViewTests
getXsltView(String) - org.springframework.web.servlet.view.xslt.XsltViewTests
postProcessBeforeInitialization(Object, String) - org.springframework.context.support.ApplicationContextAwareProcessor
applyBeanPostProcessorsBeforeInitialization(Object, String) - org.springframework.beans.factory.support.AbstractAutowireCapableBeanFactory
getObject() - org.springframework.beans.factory.DummyFactory
getObject() - org.springframework.beans.factory.DummyFactory
getObject() - org.springframework.beans.factory.DummyFactory
getObject() - test.beans.DummyFactory
initializeBean(String, Object, RootBeanDefinition) - org.springframework.beans.factory.support.AbstractAutowireCapableBeanFactory
configureBean(Object, String) - org.springframework.beans.factory.support.AbstractAutowireCapableBeanFactory
doCreateBean(String, RootBeanDefinition, Object[]) - org.springframework.beans.factory.support.AbstractAutowireCapableBeanFactory
initializeBean(Object, String) - org.springframework.beans.factory.support.AbstractAutowireCapableBeanFactory

图4-12 启动HandlerMapping的注册

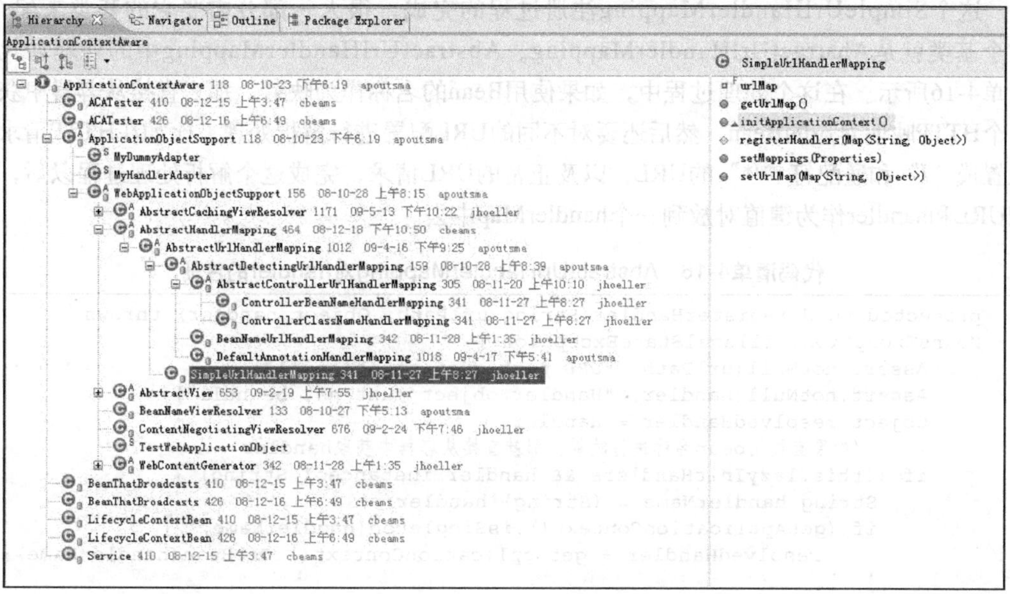
Hierarchy | Navigator | Outline | Package Explorer
ApplicationContextAware
SimpleUrlHandlerMapping
urlMap
getUrlMap()
initApplicationContext()
registerHandlers(Map<String, Object>)
setMappings(Properties)
setUrlMap(Map<String, Object>)
ApplicationContextAware 118 08-10-23 下午6:19 apoutsma
ACATester 410 08-12-15 上午3:47 cbeams
ACATester 426 08-12-16 上午6:49 cbeams
ApplicationObjectSupport 118 08-10-23 下午6:19 apoutsma
MyDummyAdapter
MyHandlerAdapter
WebApplicationObjectSupport 156 08-10-28 上午8:15 apoutsma
AbstractCachingViewResolver 1171 09-5-13 下午10:22 jhoeller
AbstractHandlerMapping 464 08-12-18 下午10:50 cbeams
AbstractUrlHandlerMapping 1012 09-4-16 下午9:25 apoutsma
AbstractDetectingUrlHandlerMapping 159 08-10-28 上午8:39 apoutsma
AbstractControllerUrlHandlerMapping 305 08-11-20 上午10:10 jhoeller
ControllerBeanNameHandlerMapping 341 08-11-27 上午8:27 jhoeller
ControllerClassNameHandlerMapping 341 08-11-27 上午8:27 jhoeller
BeanNameUrlHandlerMapping 342 08-11-28 上午1:35 jhoeller
DefaultAnnotationHandlerMapping 1018 09-4-17 下午5:41 apoutsma
SimpleUrlHandlerMapping 341 08-11-27 上午8:27 jhoeller
AbstractView 653 09-2-19 上午7:55 jhoeller
BeanNameViewResolver 133 08-10-27 下午5:13 apoutsma
ContentNegotiatingViewResolver 676 09-2-24 下午7:46 jhoeller
TestWebApplicationObject
WebContentGenerator 342 08-11-28 上午1:35 jhoeller
BeanThatBroadcasts 410 08-12-15 上午3:47 cbeams
BeanThatBroadcasts 426 08-12-16 上午6:49 cbeams
LifecycleContextBean 410 08-12-15 上午3:47 cbeams
LifecycleContextBean 426 08-12-16 上午6:49 cbeams
Service 410 08-12-15 上午3:47 cbeams

图4-13 SimpleUrlMapping的继承关系

了解了这些调用关系的发生后，我们将进一步分析在SimpleUrlHandlerMapping中的注册过程是如何完成的，如代码清单4-15所示。

代码清单4-15 SimpleUrlHandlerMapping注册Handler

```
public void initApplicationContext() throws BeansException {
    super.initApplicationContext();
    registerHandlers(this.urlMap);
    }
protected void registerHandlers(Map<String, Object> urlMap) throws BeansException {
    if (urlMap.isEmpty()) {
```

```
        logger.warn("Neither 'urlMap' nor 'mappings' set on SimpleUrlHandlerMapping");
    }
    else {
        //这里对Bean的配置进行解析，然后调用基类的registerHandler完成注册
        for (Map.Entry<String, Object> entry : urlMap.entrySet()) {
            String url = entry.getKey();
            Object handler = entry.getValue();
            if (!url.startsWith("/")) {
                url = "/" + url;
            }
            if (handler instanceof String) {
                handler = ((String) handler).trim();
            }
            registerHandler(url, handler);
        }
    }
}
```

这个SimpleUrlHandlerMapping注册过程的完成，很大一部分需要它的基类来配合，这个基类就是AbstractUrlHandlerMapping。AbstractUrlHandlerMapping中的处理如代码清单4-16所示。在这个处理过程中，如果使用Bean的名称作为映射，那么直接从容器中获取这个HTTP映射对应的Bean，然后还要对不同的URL配置进行解析处理，比如在HTTP请求中配置成“/”和通配符“/*”的URL，以及正常的URL请求，完成这个解析处理过程以后，会把URL和handler作为键值对放到一个handlerMap中去。

代码清单4-16 AbstractUrlHandlerMapping对handler的注册

```
protected void registerHandler(String urlPath, Object handler) throws
BeansException, IllegalStateException {
    Assert.notNull(urlPath, "URL path must not be null");
    Assert.notNull(handler, "Handler object must not be null");
    Object resolvedHandler = handler;
        //如果直接用bean名称进行映射，那就直接从容器中获取handler
    if (!this.lazyInitHandlers && handler instanceof String) {
        String handlerName = (String) handler;
        if (getApplicationContext().isSingleton(handlerName)) {
            resolvedHandler = getApplicationContext().getBean(handlerName);
        }
    }
    Object mappedHandler = this.handlerMap.get(urlPath);
    if (mappedHandler != null) {
        if (mappedHandler != resolvedHandler) {
            throw new IllegalStateException(
                    "Cannot map handler [" + handler + "] to URL path [" + urlPath +
                    "]: There is already handler [" + resolvedHandler + "] mapped.");
        }
    }
    else { //处理URL是"/"的映射，把这个"/"映射的controller设置到rootHandler中
        if (urlPath.equals("/")) {
            if (logger.isInfoEnabled()) {
                logger.info("Root mapping to handler [" + resolvedHandler + "]");
            }
```

```
            setRootHandler(resolvedHandler);
        }
        //处理URL是"/*"的映射，把这个"/"映射的Controller设置到defaultHandler中
        else if (urlPath.equals("/*")) {
            if (logger.isInfoEnabled()) {
                logger.info("Default mapping to handler [" + resolvedHandler + "]");
            }
            setDefaultHandler(resolvedHandler);
        }
        //处理正常的URL映射，设置handlerMap的key和value，分别对应于URL和
        //映射的controller
        else {
            this.handlerMap.put(urlPath, resolvedHandler);
            if (logger.isInfoEnabled()) {
                logger.info("Mapped URL path [" + urlPath + "] onto handler [" +
                    resolvedHandler + "]");
            }
        }
    }
}
```

这里的handlerMap是一个HashMap，其中保存了URL请求和Controller的映射关系，这个handlerMap是在AbstractUrlHandlerMapping中定义的，如下所示：

```
private final Map<String, Object> handlerMap = new LinkedHashMap<String, Object>();
```

这个配置好URL请求和handler映射数据的handlerMap，为Spring MVC响应HTTP请求准备好了基本的映射数据，根据这个handlerMap以及设置于其中的映射数据，可以方便地由URL请求得到它所对应的handler。有了这些准备工作，Spring MVC就开始"敞开怀抱"，静静等待HTTP请求的到来了。

2. 使用HandlerMapping完成请求的映射处理

继续通过SimpleUrlHandlerMapping的实现来分析HandlerMapping的接口方法getHandler，该方法会根据初始化时得到的映射关系来生成DispatcherServlet需要的HandlerExecutionChain，也就是说，这个getHandler方法是实际使用HandlerMapping完成请求的映射处理的地方。在前面的HandlerExecutionChain的执行过程中，首先在AbstractHandlerMapping中启动getHandler的调用，如代码清单4-17所示。

代码清单4-17 AbstractHandlerMapping的getHandler调用

```
public final HandlerExecutionChain getHandler(HttpServletRequest request) throws Exception {
    Object handler = getHandlerInternal(request);
    //使用默认的Handler,也就是"/"对应的handler
    if (handler == null) {
        handler = getDefaultHandler();
    }
    if (handler == null) {
        return null;
    }
    // 这里通过名称取出对应的Handler Bean
    if (handler instanceof String) {
```

```
            String handlerName = (String) handler;
            handler = getApplicationContext().getBean(handlerName);
        }
        //这里把Handler封装到HandlerExecutionChain中并加上拦截器
        return getHandlerExecutionChain(handler, request);
    }
    protected HandlerExecutionChain getHandlerExecutionChain(Object handler,
    HttpServletRequest request) {
        if (handler instanceof HandlerExecutionChain) {
            HandlerExecutionChain chain = (HandlerExecutionChain) handler;
            chain.addInterceptors(getAdaptedInterceptors());
            return chain;
        }
        else {
            return new HandlerExecutionChain(handler, getAdaptedInterceptors());
        }
    }
```

取得handler的具体过程在 getHandlerInternal方法中实现，这个方法接受HTTP请求作为参数，它的实现在AbstractHandlerMapping的子类AbstractUrlHandlerMapping中，这个实现过程包括从HTTP请求中得到URL，并根据URL到urlMapping中获得handler。其实现过程如代码清单4-18所示。

代码清单4-18 AbstractUrlHandlerMapping的getHandlerInternal

```
    protected Object getHandlerInternal(HttpServletRequest request) throws Exception {
        //从request中得到请求的URL路径
        String lookupPath = this.urlPathHelper.getLookupPathForRequest(request);
        /*将得到的URL路径与Handler进行匹配，得到对应的Handler，如果没有对应的Hanlder，返回
          null，这样默认的Handler会被使用*/
        Object handler = lookupHandler(lookupPath, request);
        if (handler == null) {
            //这里需要注意的是对默认handler的处理
            Object rawHandler = null;
            if ("/".equals(lookupPath)) {
                rawHandler = getRootHandler();
            }
            if (rawHandler == null) {
                rawHandler = getDefaultHandler();
            }
            if (rawHandler != null) {
                validateHandler(rawHandler, request);
                handler = buildPathExposingHandler(rawHandler, lookupPath, null);
            }
        }
        if (handler != null && logger.isDebugEnabled()) {
            logger.debug("Mapping [" + lookupPath + "] to handler '" + handler + "'");
        }
        else if (handler == null && logger.isTraceEnabled()) {
            logger.trace("No handler mapping found for [" + lookupPath + "]");
        }
        return handler;
    }
        //lookupHandler根据URL路径启动在handlerMap中对handler的检索，并最终返回handler对象
```

```
protected Object lookupHandler(String urlPath, HttpServletRequest request) throws
Exception {
    Object handler = this.handlerMap.get(urlPath);
    if (handler != null) {
        validateHandler(handler, request);
        return buildPathExposingHandler(handler, urlPath, null);
    }
    String bestPathMatch = null;
    for (String registeredPath : this.handlerMap.keySet()) {
        if (getPathMatcher().match(registeredPath, urlPath) &&
             (bestPathMatch == null || bestPathMatch.length() <registeredPath.length())) {
            bestPathMatch = registeredPath;
        }
    }
    if (bestPathMatch != null) {
        handler = this.handlerMap.get(bestPathMatch);
        validateHandler(handler, request);
        String pathWithinMapping = getPathMatcher().
        extractPathWithinPattern(bestPathMatch, urlPath);
        Map<String, String> uriTemplateVariables =
                getPathMatcher().extractUriTemplateVariables(bestPathMatch, urlPath);
        return buildPathExposingHandler(handler, pathWithinMapping,
        uriTemplateVariables);
    }
    return null;
}
```

经过这一系列对HTTP请求进行解析和匹配handler的过程，得到了与请求对应的handler处理器。在返回的handler中，已经完成了在HandlerExecutionChain中的封装工作，为handler对HTTP请求的响应做好了准备。然而，在MVC中，还有一个重要的问题：请求是怎样实现分发，从而到达对应的handler的呢？有了前面的分析，如果再对前端HTTP请求分发的过程有所了解，那么基本上可以看到HTTP请求在MVC框架中处理过程的全貌了。

3. Spring MVC对HTTP请求的分发处理

重新回到DispatcherServlet，毫无疑问，它是Spring MVC框架中非常重要的一个类，不但建立了自己持有的IoC容器，还肩负着请求分发处理的重任。在MVC框架初始化完成以后，对HTTP请求的处理是在doService()方法中完成的。DispatcherServlet是HttpServlet的子类，与其他HttpServlet一样，可以通过doService()来响应HTTP的请求。然而，依照Spring MVC的使用，业务逻辑的调用入口是在handler的handler函数中实现的，这里是连接Spring MVC和应用业务逻辑实现的地方。DispatcherServlet的doService的实现如代码清单4-19所示。

代码清单4-19 DispatcherServlet的doService

```
protected void doService(HttpServletRequest request, HttpServletResponse response)
throws Exception {
    if (logger.isDebugEnabled()) {
        String requestUri = new UrlPathHelper().getRequestUri(request);
        logger.debug("DispatcherServlet with name '" + getServletName() + "'
```

```
            processing " + request.getMethod() +
                        " request for [" + requestUri + "]");
        }
        //对HTTP请求参数进行快照处理
        request.setAttribute(WEB_APPLICATION_CONTEXT_ATTRIBUTE, getWebApplicationContext());
        request.setAttribute(LOCALE_RESOLVER_ATTRIBUTE, this.localeResolver);
        request.setAttribute(THEME_RESOLVER_ATTRIBUTE, this.themeResolver);
        request.setAttribute(THEME_SOURCE_ATTRIBUTE, getThemeSource());
        try {
            //这个doDispatch是分发请求的入口
            doDispatch(request, response);
        }
        finally {
            if (attributesSnapshot != null) {
                restoreAttributesAfterInclude(request, attributesSnapshot);
            }
        }
    }
```

对请求的处理实际上是由doDispatch()来完成的，这个方法很长，但是过程简单明了，如代码清单4-20所示。这个doDispatch方法是DispatcherServlet完成Dispatcher的主要方法，包括准备ModelAndView，调用getHandler来响应HTTP请求，然后通过执行Handler的处理来得到返回的ModelAndView结果，最后把这个ModelAndView对象交给相应的视图对象去呈现。在这里，可以看到MVC模式核心的实现，同时，也是在这里完成了模型、视图和控制器的紧密结合，其协同模型和控制器的过程如图4-14所示。

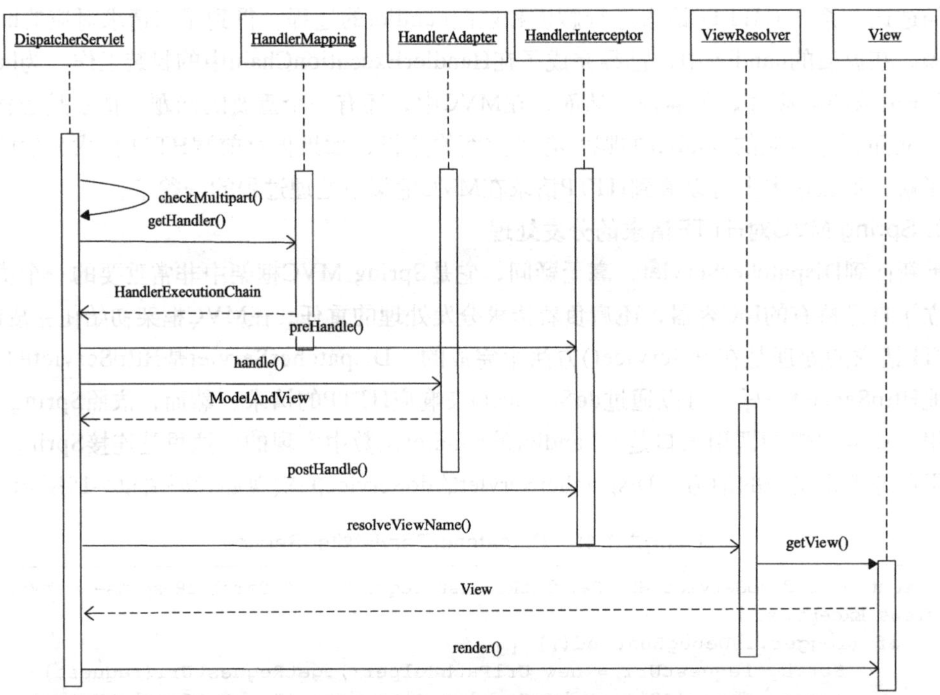

图4-14 doDispatch协同模型和控制器的过程

代码清单4-20 DispatcherServlet的doDispatch

```
protected void doDispatch(HttpServletRequest request, HttpServletResponse
response) throws Exception {
    HttpServletRequest processedRequest = request;
    HandlerExecutionChain mappedHandler = null;
    int interceptorIndex = -1;
    //这里为视图准备好一个ModelAndView，这个ModelAndView持有handler处理请求的结果
    try {
        ModelAndView mv = null;
        boolean errorView = false;
        try {
            processedRequest = checkMultipart(request);
            //根据请求得到对应的handler，handler的注册以及getHandler的实现
            mappedHandler = getHandler(processedRequest, false);
            if (mappedHandler == null || mappedHandler.getHandler() == null) {
                noHandlerFound(processedRequest, response);
                return;
            }
            //为注册的拦截器配置预处理方法
            //调用handler的拦截器，从HandlerExecutionChain中取出Interceptor进行前处理
            HandlerInterceptor[] interceptors = mappedHandler.getInterceptors();
            if (interceptors != null) {
                for (int i = 0; i < interceptors.length; i++) {
                    HandlerInterceptor interceptor = interceptors[i];
                    if (!interceptor.preHandler(processedRequest, response,
                        mappedHandler.getHandler())) {
                        triggerAfterCompletion(mappedHandler, interceptorIndex,
                        processedRequest, response, null);
                        return;
                    }
                    interceptorIndex = i;
                }
            }
            /*这里是实际调用handler的地方，在执行handler之前，用HandlerAdapter先检查一
              下handler的合法性：是不是按Spring的要求编写的handler*/
            //handler处理的结果封装到ModelAndView对象中，为视图提供展现数据
            HandlerAdapter ha = getHandlerAdapter(mappedHandler.getHandler());
            /*通过调用HandleAdapter的handle方法，实际上触发对Controller的
              handleRequest方法的调用*/
            mv = ha.handle(processedRequest, response, mappedHandler.getHandler());
            //判断是否需要进行视图名的翻译和转换
            if (mv != null && !mv.hasView()) {
                mv.setViewName(getDefaultViewName(request));
            }
                    if (interceptors != null) {
                for (int i = interceptors.length - 1; i >= 0; i--) {
                    HandlerInterceptor interceptor = interceptors[i];
                    interceptor.postHandle(processedRequest, response,
                    mappedHandler.getHandler(), mv);
                }
            }
        }
        catch (ModelAndViewDefiningException ex) {
            logger.debug("ModelAndViewDefiningException encountered", ex);
```

```
                mv = ex.getModelAndView();
            }
            catch (Exception ex) {
                Object handler = (mappedHandler != null ?
                mappedHandler.getHandler() : null);
                mv = processHandlerException(processedRequest, response, handler, ex);
                errorView = (mv != null);
            }
            // 这里使用视图对ModelAndView数据的展现
            if (mv != null && !mv.wasCleared()) {
                render(mv, processedRequest, response);
                if (errorView) {
                    WebUtils.clearErrorRequestAttributes(request);
                }
            }
            else {
                if (logger.isDebugEnabled()) {
                    logger.debug("Null ModelAndView returned to DispatcherServlet
                    with name '" + getServletName() +
                            "': assuming HandlerAdapter completed request handling");
                }
            }
                    triggerAfterCompletion(mappedHandler, interceptorIndex,
                    processedRequest, response, null);
        }
        catch (Exception ex) {
            triggerAfterCompletion(mappedHandler, interceptorIndex, processedRequest,
            response, ex);
            throw ex;
        }
        catch (Error err) {
            ServletException ex = new NestedServletException("Handler processing failed", err);
                    triggerAfterCompletion(mappedHandler, interceptorIndex,
                    processedRequest, response, ex);
            throw ex;
        }
        finally {
            if (processedRequest != request) {
                cleanupMultipart(processedRequest);
            }
        }
    }
```

我们可以很清楚地看到和MVC框架紧密相关的代码，比如如何得到和HTTP请求相对应的HandlerExecutionChain，执行handler并把模型数据展现到视图中去。这个handler的请求处理过程是一个比较典型的Command模式的应用。下面介绍Handler在DispatcherServlet中是如何取得的，这样就和前面对handlerMapping的分析接续起来了。在DispatcherServlet中取得handler的过程如代码清单4-21所示。

代码清单4-21 在DispatcherServlet中取得handler的过程

```
protected HandlerExecutionChain getHandler(HttpServletRequest request, boolean
cache) throws Exception {
```

```
    HandlerExecutionChain handler = (HandlerExecutionChain)
request.getAttribute(HANDLER_EXECUTION_CHAIN_ATTRIBUTE);
    if (handler != null) {
        if (!cache) {
            request.removeAttribute(HANDLER_EXECUTION_CHAIN_ATTRIBUTE);
        }
        return handler;
    }
    //这里是从HandlerMapping中去取handler的调用，与前面对handlerMapping的
    //分析在这里衔接上了
    for (HandlerMapping hm : this.handlerMappings) {
        if (logger.isTraceEnabled()) {
            logger.trace(
                    "Testing handler map [" + hm + "] in DispatcherServlet with name '"
                    + getServletName() + "'");
        }
        handler = hm.getHandler(request);
        if (handler != null) {
            if (cache) {
                request.setAttribute(HANDLER_EXECUTION_CHAIN_ATTRIBUTE, handler);
            }
            return handler;
        }
    }
    return null;
}
```

在以上的代码实现中，可以看到，在DispatcherServlet中获取handler的时候，首先会在HttpRequest中取得handler，相当于获取一个缓存中的handler。这个handler对应HTTP的HANDLER_EXECUTION_CHAIN_ATTRIBUTE属性位置，这个属性位置被定义为DispatcherServlet.class.getName() + ".HANDLER"。如果通过这样的方式得不到handler，那么会通过在DispatcherServlet中持有的handlerMapping来生成一个。handlerMapping得到handler的过程会遍历当前持有的所有 handlerMapping，因为在DispatcherServlet中可能定义了不止一个handlerMapping，在这一系列的handlerMapping中，只要找到了一个需要的handler，就会停止查找，而返回当前已经得到的handler。在找到handler以后，通过handler返回的是一个HandlerExecutionChain对象，其中包含了最终的Controller和定义的一个拦截器链。对于这个过程，在前面对SimpleUrlHandlerMapping的实现中已经分析过了，在那里可以了解getHandler是怎样得到一个 HandlerExecutionChain的。得到HandlerExecutionChain以后，DispatcherServlet通过HandlerAdapter对这个Handler的合法性进行判断，然后返回适配结果。这个处理过程如代码清单4-22所示。

代码清单4-22　DispatcherServlet的getHandlerAdapter

```
protected HandlerAdapter getHandlerAdapter(Object handler) throws ServletException {
    //对持有的所有adapter进行匹配
    for (HandlerAdapter ha : this.handlerAdapters) {
        if (logger.isTraceEnabled()) {
            logger.trace("Testing handler adapter [" + ha + "]");
        }
```

```
        if (ha.supports(handler)) {
            return ha;
        }
    }
    throw new ServletException("No adapter for handler [" + handler +
            "]: Does your handler implement a supported interface like Controller?");
}
```

通过判断，可以知道这个handler是不是Controller接口的实现，比如可以通过具体HandlerAdapter的实现来了解这个适配过程。以SimpleControllerHandlerAdapter的实现为例来了解这个判断是怎样起作用的，如代码清单4-23所示。这个判断通过support方法来实现，判断当前的handler是不是Controller对象，如果是，那么返回true，如果不是，那么返回false。

代码清单4-23 SimpleControllerHandlerAdapter的实现

```
public class SimpleControllerHandlerAdapter implements HandlerAdapter {
    //判断将要调用的handler是不是Controller
    public boolean supports(Object handler) {
        return (handler instanceof Controller);
    }
    public ModelAndView handle(HttpServletRequest request,
    HttpServletResponse response, Object handler)
            throws Exception {
        return ((Controller) handler).handleRequest(request, response);
    }
    public long getLastModified(HttpServletRequest request, Object handler) {
        if (handler instanceof LastModified) {
            return ((LastModified) handler).getLastModified(request);
        }
        return -1L;
    }
}
```

经过上面一系列的处理，得到了handler对象，接着就可以开始调用handler对象中的HTTP响应动作了。在handler中封装了应用业务逻辑，由这些逻辑对HTTP请求进行相应的处理，生成各种需要的数据，并把这些数据封装到ModelAndView对象中去，这个ModelAndView的数据封装是Spring MVC框架的要求。对handler来说，这些都是通过调用handler的handleRequest方法来触发完成的。在得到ModelAndView对象以后，这个ModelAndView对象会被交给MVC模式中的视图类，由视图类对ModelAndView对象中的数据进行呈现。视图呈现的调用入口在DispatcherServlet的doDispatch方法中实现，它的调用入口是render方法。关于这个render方法的具体实现，下面会进行详细分析。

4.5 Spring MVC视图的呈现

4.5.1 DispatcherServlet视图呈现的设计

前面分析了Spring MVC中的M（Model）和C（Controller）相关的实现，其中的M大致对应成ModelAndView的生成，而C大致对应到DispatcherServlet和与用户业务逻辑有关的handler实现。在Spring MVC框架中，DipatcherServlet起到了非常核心的作用，是整个MVC框架的调度枢纽。对于下面关心的视图呈现功能，它的调用入口同样在DispatcherServlet中的doDispatch方法中实现。具体来说，在DispatcherServlet中，对视图呈现的处理是在render方法调用中完成的，其实现如代码清单4-24所示。为了完成视图的呈现工作，需要从ModelAndView对象中取得视图对象，然后调用视图对象的render方法，由这个视图对象来完成特定的视图呈现工作。同时，由于是在Web的环境中，因此视图对象的呈现往往需要完成与HTTP请求和响应相关的处理，这些对象会作为参数传到视图对象的render方法中，供render方法使用。

代码清单4-24 DispatcherServlet的render

```
protected void render(ModelAndView mv, HttpServletRequest request,
HttpServletResponse response) throws Exception {
    //从request中读取locale信息，并设置response的locale值
    Locale locale = this.localeResolver.resolveLocale(request);
    response.setLocale(locale);
    View view = null;
    //根据ModleAndView中设置的视图名称进行解析，得到对应的视图对象
    if (mv.isReference()) {
        //需要对视图名进行解析
        view = resolveViewName(mv.getViewName(), mv.getModelInternal(), locale, request);
        if (view == null) {
            throw new ServletException(
                    "Could not resolve view with name '" + mv.getViewName() +
                    "' in servlet with name '" + getServletName() + "'");
        }
    }//ModelAndView中有可能已经直接包含了View对象，那就可以直接使用
    else {
        //直接从ModelAndView对象中取得实际的视图对象
        view = mv.getView();
        if (view == null) {
            throw new ServletException("ModelAndView [" + mv + "] neither contains a
            view name nor a " +
                    "View object in servlet with name '" + getServletName() + "'");
        }
    }
  //提交视图对象进行展现
  if (logger.isDebugEnabled()) {
        logger.debug("Rendering view [" + view + "] in DispatcherServlet with
        name '" + getServletName() + "'");
    }
    //调用view实现对数据进行呈现，并通过HttpResponse把视图呈现给HTTP客户端
    view.render(mv.getModelInternal(), request, response);
}
```

从上面可以看到，该视图的呈现过程是这样的，在ModelAndView中寻找视图对象的逻辑名，如果已经在ModelAndView中设置了视图对象的名称，就对这个名称进行解析，从而得到实际需要使用的视图对象。还有一种可能是ModelAndView中已经有了最终完成视图呈

现的视图对象，如果这样，那么这个视图对象是可以直接使用的。不管如何，得到视图对象以后，都是通过调用这个视图对象的render方法来完成数据的显示过程的。不同的视图类型，往往对应着不同视图对象的实现。在了解这些特定的视图对象实现之前，先来了解DispatcherServlet是如何通过解析视图的逻辑名得到视图对象的，如代码清单4-25所示。

代码清单4-25 DispatcherServlet解析视图

```
protected View resolveViewName(String viewName,
        Map<String, Object> model,
        Locale locale,
        HttpServletRequest request) throws Exception {
    //调用ViewResolver进行解析
    for (ViewResolver viewResolver : this.viewResolvers) {
        View view = viewResolver.resolveViewName(viewName, locale);
        if (view != null) {
            return view;
        }
    }
    return null;
}
```

ViewResolver的解析过程可以参考常见的BeanNameViewResolver的resolveViewName实现。其实现方法很简单：直接到上下文中通过名称的对应关系把作为View对象的Bean取到，如代码清单4-26所示。首先取得当前的IoC容器，然后判断在IoC容器中是否含有指定名称的视图Bean，如果有，则通过getBean去获取。

代码清单4-26 从上下文中解析视图

```
public View resolveViewName(String viewName, Locale locale) throws BeansException {
    ApplicationContext context = getApplicationContext();
    if (!context.containsBean(viewName)) {
        return null;
    }
    return (View) context.getBean(viewName, View.class);
}
```

这样就得到了需要的View对象，下面来介绍View对象的拿手好戏。在分析View的实现之前，先来看看Spring MVC中的View的继承体系。从这个继承体系上可以看到，Spring MVC对常用的视图都提供了支持，比如JPS/JSTL视图、FreeMaker视图、Velocity视图、Excel和PDF视图等。对于这些丰富的视图支持，Spring MVC通过与第三方框架的集成来实现，为开发Web应用的UI部分提供了许多便利。具体的继承关系如图4-15所示。

如果从源代码实现的角度进行分析，同样也可以看到这样一个View的继承关系，在View接口下，实现了一系列的具体View对象，而这些具体的View对象，又根据其不同的特性归类在不同的抽象类中，比如在View接口类下的AbstractView类又具体细分为AbstractExcelView类、AbstractUrlBaseView类等，通过这种方式，对不同的视图类实现方式进行归类，便于应用的使用和拓展。同时，View接口设计也很简单，只需要实现一个Render接口。从源代码分析出来的类继承视图如图4-16所示。

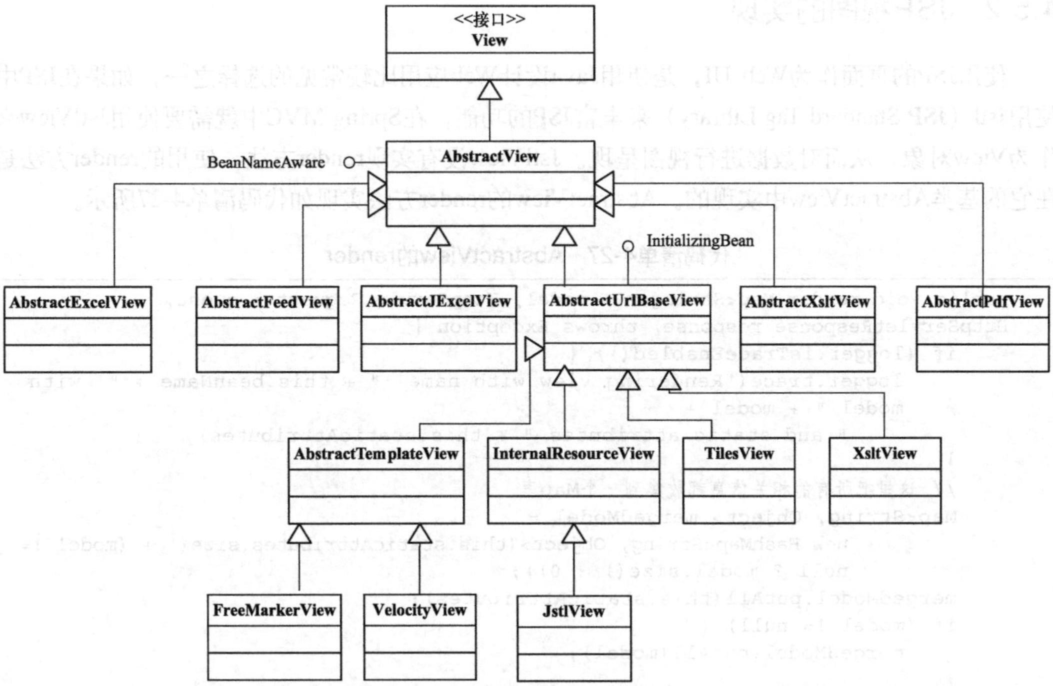

图4-15 Spring MVC的继承关系

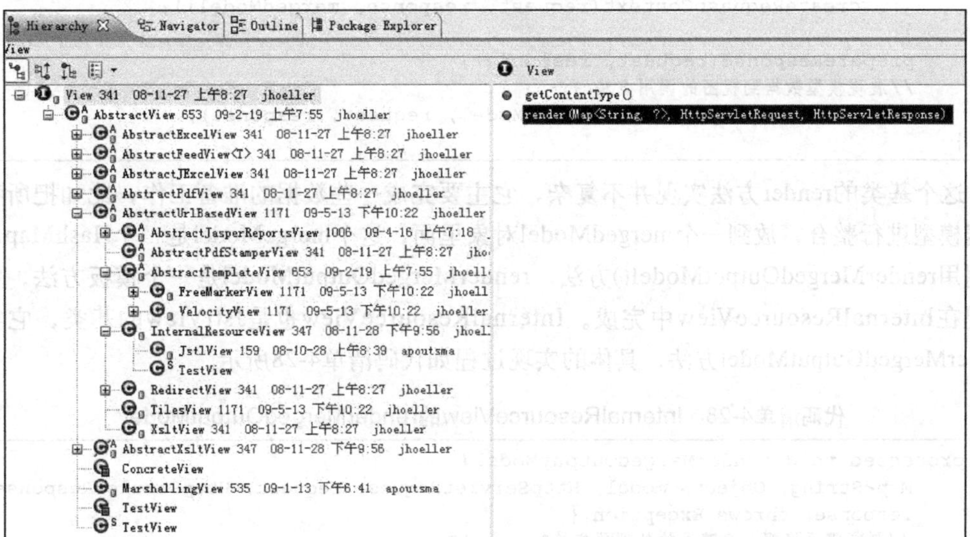

图4-16 Spring MVC提供的视图支持

在对这些View的相关类有了大致的了解后，后面将分析几种常见View的实现。

4.5.2 JSP视图的实现

使用JSP的页面作为Web UI，是使用Java设计Web应用比较常见的选择之一，如果在JSP中使用Jstl（JSP Standard Tag Library）来丰富JSP的功能，在Spring MVC中就需要使用JstlView来作为View对象，从而对数据进行视图呈现。JstlView没有实现render方法，使用的render方法是在它的基类AbstractView中实现的。AbstractView的render方法实现如代码清单4-27所示。

代码清单4-27 AbstractView的render

```
public void render(Map<String, ?> model, HttpServletRequest request,
HttpServletResponse response) throws Exception {
    if (logger.isTraceEnabled()) {
        logger.trace("Rendering view with name '" + this.beanName + "' with
        model " + model +
            " and static attributes " + this.staticAttributes);
    }
    // 这里把所有的相关信息都收集到一个Map里
    Map<String, Object> mergedModel =
            new HashMap<String, Object>(this.staticAttributes.size() + (model !=
            null ? model.size() : 0));
    mergedModel.putAll(this.staticAttributes);
    if (model != null) {
        mergedModel.putAll(model);
    }
    if (this.requestContextAttribute != null) {
        mergedModel.put(this.requestContextAttribute,
        createRequestContext(request, response, mergedModel));
    }
    prepareResponse(request, response);
    //展现模型数据到视图的调用方法
    renderMergedOutputModel(mergedModel, request, response);
}
```

这个基类的render方法实现并不复杂，它主要完成一些数据的准备工作，比如把所有的数据模型进行整合，放到一个mergedModel对象里面，这个mergeModel是一个HashMap，然后调用renderMergedOutputModel()方法。renderMergedOutputModel是一个模板方法，它的实现在InternalResourceView中完成。InternalResourceView也是JstlView的基类，它实现renderMergedOutputModel方法，具体的实现过程如代码清单4-28所示。

代码清单4-28 InternalResourceView的renderMergedOutputModel

```
protected void renderMergedOutputModel(
    Map<String, Object> model, HttpServletRequest request, HttpServletResponse
    response) throws Exception {
    //判断需要将哪一个请求的处理器交给RequestDispatcher
    HttpServletRequest requestToExpose = getRequestToExpose(request);
    //对数据进行处理，把模型对象存放到ServletContext中
    exposeModelAsRequestAttributes(model, requestToExpose);
    exposeHelpers(requestToExpose);
      //获取InternalResource定义的内部资源路径
```

```
String dispatcherPath = prepareForRendering(requestToExpose, response);
    //把请求转发到前面获取的内部资源路径中去
RequestDispatcher rd = requestToExpose.getRequestDispatcher(dispatcherPath);
if (rd == null) {
    throw new ServletException(
        "Could not get RequestDispatcher for [" + getUrl() + "]: check
        that this file exists within your WAR");
}
        if (useInclude(requestToExpose, response)) {
    response.setContentType(getContentType());
    if (logger.isDebugEnabled()) {
        logger.debug("Including resource [" + getUrl() + "] in
        InternalResourceView '"+ getBeanName() + "'");
    }
    rd.include(requestToExpose, response);
}
else {
            /*转发请求到内部定义好的资源上，比如JSP页面，JSP页面的展现由Web容器负责，
              在这种情况下，View只是起到转发请求的作用*/
    exposeForwardRequestAttributes(requestToExpose);
    if (logger.isDebugEnabled()) {
        logger.debug("Forwarding to resource [" + getUrl() + "] in
        InternalResourceView '" + getBeanName() + "'");
    }
    rd.forward(requestToExpose, response);
}
}
```

从上面的代码可以看到，首先对模型数据进行处理，这个处理是在exposeModelAsRequestAttributes方法中实现的，这是一个设计在AbstractView中的方法，这个exposeModelAsRequestAttributes把ModelAndView中的模型数据和其他请求数据都放到HttpServletRequest的属性中去，这样一来，就可以通过HttpServletRequest的属性得到和使用这些数据了。exposeModelAsRequestAttributes在AbstractView中的实现如代码清单4-29所示。

代码清单4-29 AbstractView的exposeModelAsRequestAttributes

```
protected void exposeModelAsRequestAttributes(Map<String, Object> model,
HttpServletRequest request) throws Exception {
    for (Map.Entry<String, Object> entry : model.entrySet()) {
        String modelName = entry.getKey();
        Object modelValue = entry.getValue();
        if (modelValue != null) {
            request.setAttribute(modelName, modelValue);
            if (logger.isDebugEnabled()) {
                logger.debug("Added model object '" + modelName + "' of type
                [" + modelValue.getClass().getName() +
                    "] to request in view with name '" + getBeanName() + "'");
            }
        }
        else {
            request.removeAttribute(modelName);
            if (logger.isDebugEnabled()) {
                logger.debug("Removed model object '" + modelName +
```

```
                        "' from request in view with name '" + getBeanName() + "'");
            }
        }
    }
}
```

回到数据处理部分的exposeHelper();，这是一个模板方法，在JstlView中的实现如代码清单4-30所示，它包含了对Jstl的相关处理。

代码清单4-30 JstlView的exposeHelper

```
protected void exposeHelpers(HttpServletRequest request) throws Exception {
    if (this.messageSource != null) {
        JstlUtils.exposeLocalizationContext(request, this.messageSource);
    }
    else {
        JstlUtils.exposeLocalizationContext(new RequestContext(request,
        getServletContext()));
    }
}
```

在这些处理的基础上，实际的数据到页面的输出是由InternalResourceView来完成的，render完成资源的重定向处理。需要做的是，在得到实际视图的InternalResource路径以后，把请求转发到资源中去。如何得到资源的路径呢？在InternalResourceView中可以看到调用，如代码清单4-31所示。在这里可以看到，从request中取得URL的路径，并对取得的路径进行了相应的处理。

代码清单4-31 InternalResourceView的prepareForRendering

```
protected String prepareForRendering(HttpServletRequest request,
HttpServletResponse response)
        throws Exception {
    //从request中获取URL路径
    String path = getUrl();
    if (this.preventDispatchLoop) {
        String uri = request.getRequestURI();
        if (path.startsWith("/") ? uri.equals(path) : uri.equals(StringUtils.
        applyRelativePath(uri, path))) {
          throw new ServletException("Circular view path [" + path + "]:
        would dispatch back " +
                "to the current handler URL [" + uri + "] again. Check your
                ViewResolver setup! " +
                "(Hint: This may be the result of an unspecified view, due
                to default view name generation.)");
        }
    }
    return path;
}
```

在得到URL路径之后，使用RequestDispatcher把请求转发到这个资源上，就完成了带JSTL的JSP页面的展现。

4.5.3 ExcelView的实现

除了能够使用JSP这种常用的页面呈现外，Spring MVC还整合了其他常用数据格式的页面展现，比如Excel数据。在呈现Excel视图时，Spring并没有开发自己的Excel实现方案，而是使用已有的Java Excel解决方案来生成Excel文件，然后通过与MVC框架的整合，把生成的Excel文件输出到HTTP的Response中，在HTTP的客户端展现出来。Spring 3.0分别提供了POI和JExcelAPI两个方案在MVC框架中的整合，它们的使用分别对应两个View类：AbstractExcelView和AbstractJExcelView。在这里，以POI的实现为例，对在Spring MVC中展示Excel视图的实现原理做一个简要的分析。

提示　POI是Apache开源软件项目。该项目的目的是通过使用POI的Java API直接操作各种文档的数据，文档包括Microsoft的OLE 2 Compound格式的文档和Office OpenXML格式的文档。通过POI的纯Java实现，可以对Excel、Word、Powerpoint的文档数据进行读/写。感兴趣的读者可以去详细了解POI项目的具体情况，POI的官方网站地址为：http://poi.apache.org/index.html。

在AbstractExcelView中，Excel视图的呈现是通过POI来完成的，如代码清单4-32所示。可以看到，POI的对象HSSFWorkbook用来在POI中抽象Excel文件的对象。这个工作簿可以从模板Excel文件里取得，模板Excel文件可以通过URL来指定，也可以通过HSSFWorkbook对象生成一个新的Excel文件。在得到代表Excel文件的HSSFWorkbook对象以后，就是通过这个对象对Excel文件中的数据进行处理。这些文件的数据处理没有在AbstractExcelView中实现，而是交给应用去完成的，这里为该实现定义了一个抽象方法buildExcelDocument，应用需要实现该抽象方法，以完成自己的数据操作。

完成Excel的数据操作后，Excel文件就已经准备好了，下面介绍把它输出到HTTP客户端的过程。首先需要设置HTTP响应的输出类型，以便客户端进行识别。完成设置后，把HSSFWorkbook对象代表的数据输出到HTTP响应中，这样就完成了在服务器端的Excel视图呈现过程。

代码清单4-32　AbstractExcelView的renderMergedOutputModel

```
protected final void renderMergedOutputModel(
    Map<String, Object> model, HttpServletRequest request,
    HttpServletResponse response) throws Exception {
    //HSSFWorkBook是POI的对象，用来抽象Excel的WorkBook
    HSSFWorkbook workbook;
    //从URL链接创建POI的Excel文档对象作为模板
    if (this.url != null) {
        workbook = getTemplateSource(this.url, request);
    } //如果没有模板，直接创建新的POI的Excel对象
    else {
        workbook = new HSSFWorkbook();
        logger.debug("Created Excel Workbook from scratch");
    }
    /*这个方法是一个抽象方法，由子类来实现，在子类实现中，由应用来设计将数据写入Excel文档的具
```

```
      体操作，比如哪个cell写入哪些数据等*/
    buildExcelDocument(model, workbook, request, response);
    //设置Response的文档类型，使用的文档类型是："application/vnd.ms-excel"
    response.setContentType(getContentType());
    //把Excel数据写入到Servlet的Response中，呈现到HTTP客户端
    ServletOutputStream out = response.getOutputStream();
    workbook.write(out);
    out.flush();
    }
//从已有的xls文件创建POI的workbook对象
protected HSSFWorkbook getTemplateSource(String url, HttpServletRequest request)
throws Exception {
    LocalizedResourceHelper helper = new LocalizedResourceHelper
    (getApplicationContext());
    Locale userLocale = RequestContextUtils.getLocale(request);
    Resource inputFile = helper.findLocalizedResource(url, EXTENSION, userLocale);
    //创建Excel文本对象
    if (logger.isDebugEnabled()) {
        logger.debug("Loading Excel workbook from " + inputFile);
    }
    POIFSFileSystem fs = new POIFSFileSystem(inputFile.getInputStream());
    return new HSSFWorkbook(fs);
}
//这里定义了抽象方法，子类可以实现这个方法来创建自己需要的HSSFWorkbook文档对象
protected abstract void buildExcelDocument(
        Map<String, Object> model, HSSFWorkbook workbook, HttpServletRequest
        request, HttpServletResponse response)
        throws Exception;
//该方法可以帮助在Excel文档中定位具体的cell单元
protected HSSFCell getCell(HSSFSheet sheet, int row, int col) {
    HSSFRow sheetRow = sheet.getRow(row);
    if (sheetRow == null) {
        sheetRow = sheet.createRow(row);
    }
    HSSFCell cell = sheetRow.getCell((short) col);
    if (cell == null) {
        cell = sheetRow.createCell((short) col);
    }
    return cell;
}
//该方法可以帮助在Excel的cell单元中写入具体的值
protected void setText(HSSFCell cell, String text) {
    cell.setCellType(HSSFCell.CELL_TYPE_STRING);
    cell.setCellValue(new HSSFRichTextString(text));
}
```

对需要输出Excel的视图文档的应用来说，只需要继承AbstractExcelView，然后实现buildExcelDocument方法的具体操作。在实现buildExcelDocument方法时，可以使用在Controller中已经产生的模型数据，也可以从其他数据源读取数据，从而完成Excel文件的生成。通过AbstractExcelView，用户的Excel数据可以很容易地与MVC框架结合起来，为Web用户提供Excel文档的视图支持。如果需要增加对其他文档类型的支持，可以参考Excel视图

的实现，比如可以完成对Word和PPT文档的视图实现等。

Spring的源代码在提供了Spring MVC框架代码的同时，还提供了一些测试用例来测试AbstractView的功能实现。这些测试用例中有关于如何生成Excel文档的应用实例，为用户创建自己的Excel文档视图提供了很好的参考。可在ExcelViewTests中查看这些测试代码，以下的这个测试用例为用户使用AbstractExcelView提供了很好的参考，如代码清单4-33所示。这个测试用例展示了如何使用POI的API来生成Excel中的Sheet，以及如何在相应的cell位置生成数据。作为测试用例，还可以在其中看到对Excel写入数据的验证实现。在Spring源代码中，还有许多这样的测试用例实现，它们对学习Spring API的使用和测试用例设计来说，都是很好的参考资料。

代码清单4-33　测试用例testJExcel

```
public void testJExcel() throws Exception {
    AbstractJExcelView excelView = new AbstractJExcelView() {
        //buildExcelDocument生成具体的Excel文档，比如在哪个sheet的哪个cell单元
        //写入什么样的数据
        protected void buildExcelDocument(Map model,
               WritableWorkbook wb,
               HttpServletRequest request,
               HttpServletResponse response)
               throws Exception {
               WritableSheet sheet = wb.createSheet("Test Sheet", 0);
               //在Excel表格中，加入测试数据
               sheet.addCell(new Label(2, 4, "Test Value"));
               sheet.addCell(new Label(2, 3, "Test Value"));
               sheet.addCell(new Label(3, 4, "Test Value"));
               sheet.addCell(new Label(2, 4, "Test Value"));
        }
    };
    //因为这里没有整合到DispatcherServlet和IoC容器中，所以需要手动启动render方法触
    //发视图的呈现
    excelView.render(new HashMap(), request, response);
    //这里是测试验证部分，从Response中读入数据，从而验证前面数据的写入是否正确
    Workbook wb = Workbook.getWorkbook(new ByteArrayInputStream
     (response.getContentAsByteArray()));
    assertEquals("Test Sheet", wb.getSheet(0).getName());
    Sheet sheet = wb.getSheet("Test Sheet");
    Cell cell = sheet.getCell(2, 4);
    assertEquals("Test Value", cell.getContents());
}
```

4.5.4 PDF视图的实现

MVC作为一个框架，为整合各种视图提供了极大的便利。前面已经讲过Excel视图的产生，接下来讲一讲PDF视图的实现。同样，PDF视图的实现也是在AbstractPdfView中完成的，Spring使用的也是第三方开源的PDF解决方案iText。

提示 iText是免费的基于Java语言的PDF文件生成类库，可以方便Java运行环境(比如Servlet)集成，为使用者提供对PDF文件的内容操作功能。项目的官方网站：http://www.lowagie.com/iText/。

同样地，iText与Spring MVC的集成部分在AbstractPdfView的代码中，与前面实现Excel视图呈现的实现相类似，如代码清单4-34所示。在这里可以看到使用iText创建PDF文件并输出到HTTP响应的过程。在iText中，使用Document对象来抽象对PDF文件的使用。

代码清单4-34 AbstractPdfView

```
//在构造函数中为HTTP的Response设置文档类型："application/pdf"
public AbstractPdfView() {
    setContentType("application/pdf");
}
protected final void renderMergedOutputModel(
    Map<String, Object> model, HttpServletRequest request, HttpServletResponse response)
    throws Exception {
    ByteArrayOutputStream baos = createTemporaryOutputStream();
            //创建iText的与PDF文件操作相关的对象
    Document document = newDocument();
    PdfWriter writer = newWriter(document, baos);
    prepareWriter(model, writer, request);
    buildPdfMetadata(model, document, request);
            //创建PDF文件的内容，具体的创建过程交给子类的buildPdfDocument方法去完成
    document.open();
    buildPdfDocument(model, document, writer, request, response);
    document.close();
            //输出到HTTP Response，将PDF视图呈现到客户端
    writeToResponse(response, baos);
}
```

如何使用好AbstractPdfView？同样可以通过AbstractPdfView的测试用例看个明白，这些测试用例在PdfViewTests中，参考这个对PDF的测试代码可以了解具体的AbstractPdfView是如何使用的，如代码清单4-35所示。在这个测试用例中，通过AbstractPdfView的实现为PDF文件添加一段文字："this should be in the PDF"，输出到HTTP响应中以后，再从HTTP响应中读入以前写入的数据，完成一个环回的数据验证。

代码清单4-35 测试用例PdfViewTests

```
public class PdfViewTests extends TestCase {
public void testPdf() throws Exception {
    final String text = "this should be in the PDF";
    MockHttpServletRequest request = new MockHttpServletRequest();
    MockHttpServletResponse response = new MockHttpServletResponse();
    //使用AbstractPdfView为PDF添加字符串
    AbstractPdfView pdfView = new AbstractPdfView() {
        protected void buildPdfDocument(Map model, Document document, PdfWriter writer,
            HttpServletRequest request, HttpServletResponse response) throws Exception {
          document.add(new Paragraph(text));
        }
    };
```

```
        //把PDF视图通过HTTP Response呈现到客户端，并从HTTP的Response中回读数据
        pdfView.render(new HashMap(), request, response);
        byte[] pdfContent = response.getContentAsByteArray();
        assertEquals("correct response content type", "application/pdf",
        response.getContentType());
        assertEquals("correct response content length", pdfContent.length,
        response.getContentLength());
        //这里生成一个PDF文件，内容与使用PDF视图写入到HTTP的Response中的一样
        Document document = new Document(PageSize.A4);
        ByteArrayOutputStream baos = new ByteArrayOutputStream();
        PdfWriter writer = PdfWriter.getInstance(document, baos);
        writer.setViewerPreferences(PdfWriter.AllowPrinting |
        PdfWriter.PageLayoutSinglePage);
        document.open();
        document.add(new Paragraph(text));
        document.close();
        byte[] baosContent = baos.toByteArray();
        assertEquals("correct size", pdfContent.length, baosContent.length);
        //对回读数据和新生成的PDF数据进行字节比较
        int diffCount = 0;
        for (int i = 0; i < pdfContent.length; i++) {
            if (pdfContent[i] != baosContent[i]) {
                diffCount++;
            }
        }
        assertTrue("difference only in encryption", diffCount < 70);
    }
```

通过了解Spring MVC框架的AbstractPdfView的实现原理，可以看到，这个AbstractPdfView为服务器向客户端呈现PDF文件视图提供了很大的帮助。有了这个AbstractPdfView的帮助，应用只需要使用iText的相关类库的PDF文档操作功能，专注于用户数据在PDF中的生成，也就是在buildPdfDocument中实现PDF数据的生成，就可以方便地完成PDF视图在HTTP环境中的呈现。关于PDF文件视图的配置和PDF文件在HTTP中的呈现实现，以及它与MVC环境的集成，都不需要花费太多的精力，这些工作都由Spring MVC帮助应用完成了。

4.6 小结

本章对整个Spring MVC框架的运行过程和实现进行了简要的分析，从在Web环境中建立Spring IoC容器的实现原理入手，先分析了Spring IoC容器在Web容器中的配置和初始化完成过程。从整个体系上看，这些Web应用可以看成是一个Spring应用，与一般的Spring应用并无太大的差别，都需要配置IoC容器和各种Bean定义。在理解了Spring IoC容器实现原理的基础上，这些内容并不难理解。只是因为Web容器存在一定的特殊性，所以在配置方面，需要使用Spring作为平台的Web应用有一些与Web环境相对应的特殊处理，比如对Servlet和ServletContext的使用等。

对Spring作为应用平台的Web应用开发而言，Spring为它们提供了Spring MVC框架，作

为对Struts这样的Web框架的替代。当然，作为应用平台，Spring并不会强制应用对Web框架的选择，但对Web应用开发而言，选择直接使用Spring MVC可以给应用开发带来许多便利。毫无疑问，Spring MVC很好地提供了与Web环境中的IoC容器的集成，同时，和其他Web应用一样，使用Spring MVC, 应用只需要专注于处理逻辑和视图呈现的开发（当然这些开发需要符合Spring MVC的开发习惯）。在视图呈现部分，Spring MVC同时也集成了许多现有的Web UI实现，比如Excel、PDF这些文档视图的生成，因为集成其他方案可以说是Spring的拿手好戏，从这种一致性的开发模式上看，它在很大程度上降低了Web应用开发的门槛。

在理解了整个应用背景之后，Spring MVC的整体实现就比较好理解了。通过逐步分析Spring MVC的实现原理，我们对MVC模式的具体实现有了深刻的认识。具体来说，整个Spring MVC的运作是以DispatcherServlet为中心进行控制的。总的来说，Spring MVC的实现大致由以下几个步骤完成：

1）需要建立Controller控制器和HTTP请求之间的映射关系，即在Spring MVC实现中是如何根据请求得到对应的Controller的？通过分析可以看到，在Spring MVC中，这个工作是由在handlerMapping中封装的HandlerExecutionChain对象来完成的，而对Controller控制器和HTTP请求的映射关系的配置是在Bean定义中描述，并在IoC容器初始化时，通过初始化HandlerMapping来完成的，这些定义的映射关系会被载入到一个handlerMap中使用。

2）在初始化过程中，Controller对象和HTTP请求之间的映射关系建立好以后，为Spring MVC接收HTTP请求并完成响应处理做好了准备。在MVC框架接收到HTTP请求的时候，DispatcherServlet会根据具体的URL请求信息，在HandlerMapping中进行查询，从而得到对应的HandlerExecutionChain。在这个HandlerExecutionChain中封装了配置的Controller，这个请求对应的Controller会完成请求的响应动作，生成需要的ModelAndView对象，这个对象就像它的名字所表示的一样，可以从该对象中获得Model模型数据和视图对象。

3）得到ModelAndView以后，DispatcherServlet把获得的模型数据交给特定的视图对象，从而完成这些数据的视图呈现工作。这个视图呈现由视图对象的render方法来完成。毫无疑问，对应于不同的视图对象，render方法会完成不同的视图呈现处理，为用户提供丰富的Web UI表现。

从Spring MVC在视图呈现部分的实现可以看到，它充分发挥了Spring一贯以来的兼容并蓄风格，为Web应用对各种视图的实现提供了丰富选择。本章选取了JSP视图、Excel视图和PDF视图，对这些视图实现的基本原理进行了简要分析。在对Excel视图和PDF视图呈现的实现原理的分析中，可以看到，Spring MVC使用了许多第三方的解决方案，比如POI、iText这些类库。这些第三方解决方案很巧妙地与Spring MVC框架整合在一起，为应用提供视图生成的帮助，在减轻用户生成视图的负担的同时，也非常清晰地体现了Spring作为应用平台和服务集成环境带给应用开发的价值。

第5章

数据库操作组件的实现

胜日寻芳泗水滨，无边光景一时新。

等闲识得东风面，万紫千红总是春。

——【宋】朱熹《春日》

本章内容

- Spring JDBC的设计与实现
- Spring JDBC中模板类的设计与实现
- Spring JDBC中RDBMS操作对象的实现
- Spring ORM的设计与实现
- Spring驱动Hibernate的设计与实现
- Spring驱动iBatis的设计与实现

5.1 Spring JDBC的设计与实现

5.1.1 应用场景

在Java开发环境中，使用JDBC技术对关系数据库进行操作。通过JDBC，Java语言的客户端可以访问数据库的数据，比如CURD（创建、更新、查询、删除）等对数据库数据的基本操作。尽管在实际应用中，对于不同的数据库产品，还需要有相对应的数据库驱动作为支持，但由于有了JDBC和SQL，对数据库应用而言，其程序的可移植性在很大程度上得到了增强。

JDBC已经能够满足大部分用户操作数据库数据的需求，但在使用JDBC时，应用必须自己来管理数据库资源，比如数据库连接、数据库提交、处理数据库抛出的异常等，对底层的数据库实现还有一定的依赖。作为应用开发平台的Spring，对数据库操作需求提供了很好的支持，并在原始的JDBC基础上，构建了一个抽象层，提供了许多使用JDBC的模板和驱动模块，为Spring应用操作关系数据库提供了更大的便利。这些设计好的模板，封装了数据库数据存取的基本过程，并在具体的操作步骤上为用户提供了定制空间（模板模式的使用）。通过这种方式，一方面提高了应用开发的效率，另一方面又为应用开发提供了灵活性。另外，在Spring建立的JDBC的框架中，还设计了一种更面向对象的方法，相对于JDBC模板，这种实现更像是一个简单的ORM工具，为应用提供了另外一种选择。下面将对这两种设计进行详细分析。

5.1.2 设计概要

前面提到过，Spring JDBC提供了一系列的模板类为应用提供便利，在介绍Spring JDBC的设计之前，先来复习一下GOF设计模式中的模板模式，如图5-1所示。

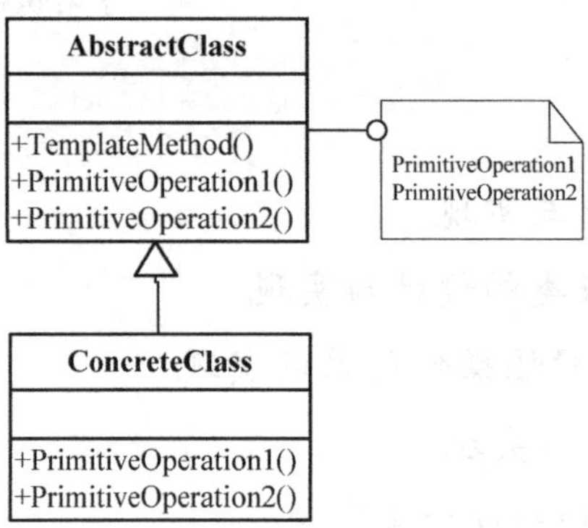

图5-1 GOF设计模式中的模板模式

在模板模式中，一般会定义一个抽象类，在抽象类中定义了模板方法（TemplateMothod）。在模板方法中，会对处理过程进行描述，同时，这个描述中的一些具体方法（Primitive-Operation1/2）是可以灵活处理的，就像中学英语考试中的"完形填空"一样。模板的使用者只需要设计一个具体的类，继承模板类，然后定制那些具体方法，这样既能重用整个模板的处理框架，又能发挥具体子类的灵活性，所以这种模式称为模板模式。这种模式的使用在Spring中是很常见的，比如JdbcTemplate、HibernateTemplate等。在这些Spring设计的模板中，大部分封装了对JDBC和Hibernate处理的通用过程，比如数据库资源管理、Hibernate的Session管理等，在应用使用时，只需要设计自己定制化的或者和应用相关的部分就可以了。

5.2　Spring JDBC中模板类的设计与实现

5.2.1　设计原理

在Spring JDBC中，JdbcTemplate是一个主要的模板类，它的类继承关系如图5-2所示。从类继承关系上来看，JdbcTemplate继承了基类JdbcAccessor和接口类JdbcOperation。在基类JdbcAccessor的设计中，对DataSource数据源进行管理和配置。在JdbcOperation接口中，定义了通过JDBC操作数据库的基本操作方法，而JdbcTemplate提供这些接口方法的实现，比如execute方法、query方法、update方法等。

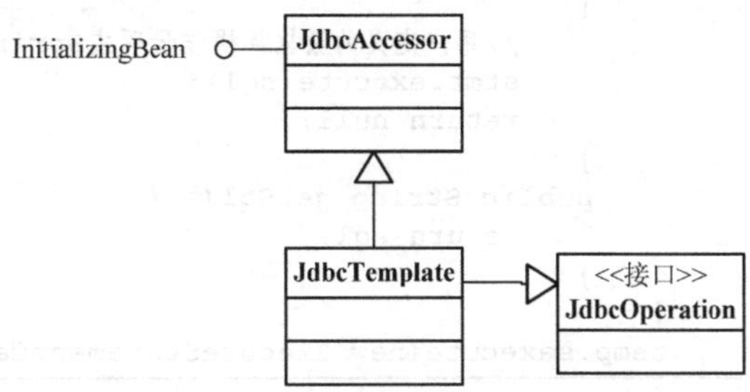

图5-2　JdbcTemplate的类图

对于JdbcTemplate模板类的使用和具体实现，下面会详细分析。

5.2.2　JdbcTemplate的基本使用

如果大家使用过Spring JDBC，那肯定不会对JdbcTemplate感到陌生。在Spring JDBC中，JdbcTemplate是操作数据库的类，它提供了许多便利的数据库操作方法，比如查询、更新等。而且，在Spring中，有许多类似于JdbcTemplate的模板类，使用方法也都非常类似，比如在ORM包中会看到的HibernateTemplate等。

简单看来，这些在Spring中设计和实现好的模板类都是通过回调函数的使用来完成其功能的。对满足应用的数据库操作需求而言，应用程序只需要在回调接口中实现自己需要的定制行为，比如使用客户设计好的SQL语句等，就能够完成对数据库中数据的操作。不过，Spring JDBC在这层回调函数的基础上进行了再次封装，为用户提供了许多操作数据库的现成方法，在一定程度上更便于用户使用。JdbcTemplate是一个很重要的类，它的类继承关系和主要的实现方法如图5-3所示。在图5-3的方法中，可以看到一系列的execute方法实现。除了这些方法实现外，JdbcTemplate还提供了对query、update等的实现，感兴趣的读者可以直接到JdbcTemplate的源代码实现中去了解。

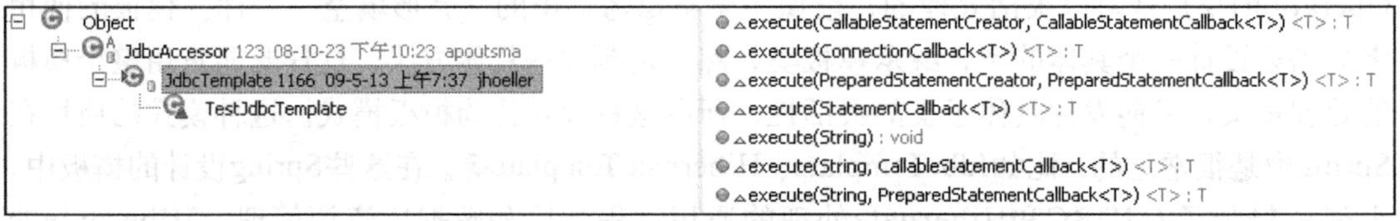

图5-3 JdbcTemplate的类继承关系和主要实现方法

在使用JdbcTemplate时，有些有特点的回调函数是大家比较熟悉的，如代码清单5-1所示，它大致展示了JdbcTemplate的最基本使用方式。

代码清单5-1 使用JdbcTemplate

```
JdbcTemplate temp = new JdbcTemplate(datasource);
class ExecuteStatementCallback implements StatementCallback<Object>, SqlProvider {
    public Object doInStatement(Statement stmt) throws SQLException
    {
        //用户定义的数据库操作代码或Spring为用户封装的数据库操作实现
        stmt.execute(sql);
        return null;
    }
    public String getSql() {
        return sql;
    }
}
temp.sexecute(new ExecuteStatementCallback());
```

在模板的回调方法doInStatement 中嵌入的是用户对数据库进行操作的代码，可以由Spring来完成（前面提到过，Spring JDBC在这个最基本的模板上还提供了进一步的封装），或者由客户应用直接完成，然后通过JdbcTemplate的execute方法就可以完成相应的数据库操作。

5.2.3 JdbcTemplate的execute实现

下面以JdbcTemplate.execute()为例进一步分析JdbcTemplate中的代码是如何完成使命的。这个方法是在JdbcTemplate中被其他方法调用的基本方法之一，应用程序往往使用这个方法来执行基本的SQL语句，如代码清单5-2所示。在execute的实现中看到了对数据库进行操作的基本过程，比如需要取得数据库Connection，根据应用对数据库操作的需要创建数据库的Statement，对数据库操作进行回调，处理数据库异常，最后把数据库Connection关闭等。这里展示了使用JDBC完成数据库操作的完整过程，熟悉JDBC使用的读者不会感到陌生，只是Spring对这些较为通用的JDBC使用通过JdbcTemplate进行了一个封装而已。execute方法的设计时序如图5-4所示。

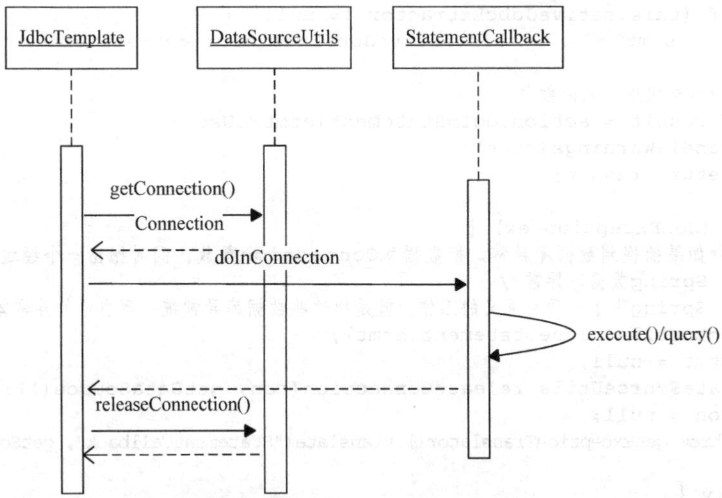

图5-4　execute方法的设计时序

代码清单5-2　JdbcTemplate的execute方法

```
//execute方法执行的是输入的SQL语句
public void execute(final String sql) throws DataAccessException {
    if (logger.isDebugEnabled()) {
        logger.debug("Executing SQL statement [" + sql + "]");
    }
    class ExecuteStatementCallback implements StatementCallback<Object>, SqlProvider {
        public Object doInStatement(Statement stmt) throws SQLException {
            stmt.execute(sql);
            return null;
        }
        public String getSql() {
            return sql;
        }
    }
    execute(new ExecuteStatementCallback());
}
//这是使用java.sql.Statement处理静态SQL语句的方法
public <T> T execute(StatementCallback<T> action) throws DataAccessException {
    Assert.notNull(action, "Callback object must not be null");
    //这里取得数据库的Connection，这个数据库的Connection已经在Spring的事务管理之下
    Connection con = DataSourceUtils.getConnection(getDataSource());
    Statement stmt = null;
    try {
        Connection conToUse = con;
        if (this.nativeJdbcExtractor != null &&
        this.nativeJdbcExtractor.isNativeConnectionNecessaryForNativeStatements()) {
            conToUse = this.nativeJdbcExtractor.getNativeConnection(con);
        }
        //创建Statement
        stmt = conToUse.createStatement();
        applyStatementSettings(stmt);
        Statement stmtToUse = stmt;
```

```
            if (this.nativeJdbcExtractor != null) {
                stmtToUse = this.nativeJdbcExtractor.getNativeStatement(stmt);
            }
            //这里调用回调函数
            T result = action.doInStatement(stmtToUse);
            handleWarnings(stmt);
            return result;
        }
        catch (SQLException ex) {
            /*如果捕捉到数据库异常，把数据库Connection释放，同时抛出一个经过Spring转换过的
              Spring数据库异常*/
            //Spring做了一项有意义的工作，就是把这些数据库异常统一到自己的异常体系里了
            JdbcUtils.closeStatement(stmt);
            stmt = null;
            DataSourceUtils.releaseConnection(con, getDataSource());
            con = null;
            throw getExceptionTranslator().translate("StatementCallback", getSql(action), ex);
        }
        finally {
            JdbcUtils.closeStatement(stmt);
            //释放数据库Connection
            DataSourceUtils.releaseConnection(con, getDataSource());
        }
    }
```

5.2.4 JdbcTemplate的query实现

JdbcTemplate中给出的query、update等常用方法的实现，大多都是依赖于前面提到的execute方法。query的设计时序如图5-5所示。

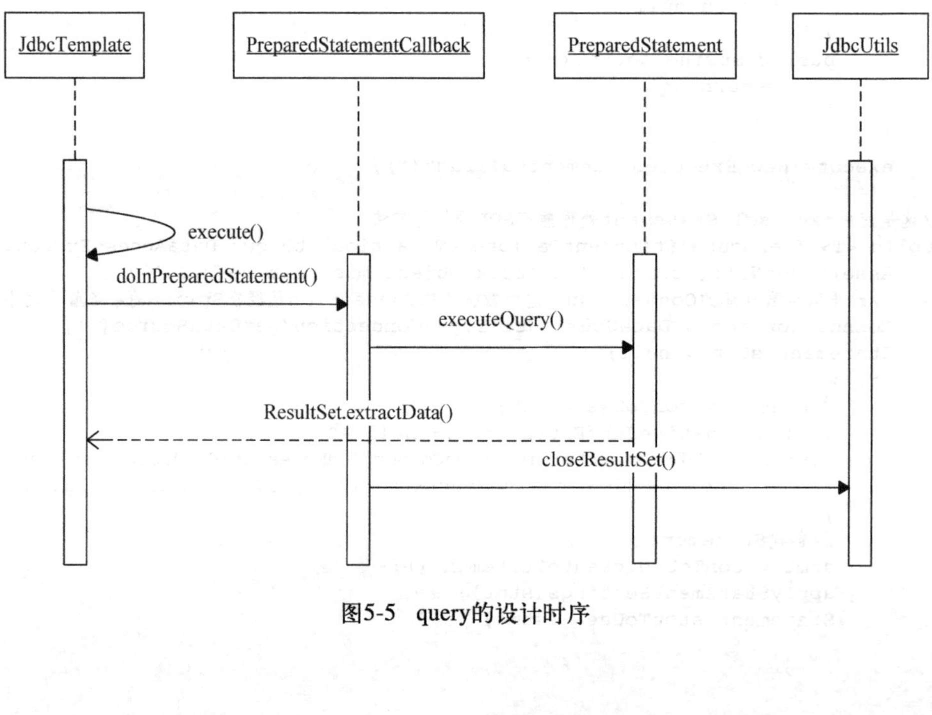

图5-5 query的设计时序

JdbcTemplate中query方法的实现原理如代码清单5-3所示。query方法是通过使用PreparedStatementCallback的回调方法doInPreparedStatement来实现的。在回调函数中，可以看到PreparedStatement的执行，以及查询结果的返回等处理。

代码清单5-3 JdbcTemplate的query方法

```
public <T> T query(
        PreparedStatementCreator psc, final PreparedStatementSetter pss, final
        ResultSetExtractor<T> rse)
        throws DataAccessException {
    Assert.notNull(rse, "ResultSetExtractor must not be null");
    logger.debug("Executing prepared SQL query");
    //调用excute并设置excute的回调函数
    return execute(psc, new PreparedStatementCallback<T>() {
        public T doInPreparedStatement(PreparedStatement ps) throws SQLException {
            //准备查询结果集
            ResultSet rs = null;
            try {
                    if (pss != null) {
                    pss.setValues(ps);
                }
                //这里执行SQL查询
                rs = ps.executeQuery();
                ResultSet rsToUse = rs;
                if (nativeJdbcExtractor != null) {
                    rsToUse = nativeJdbcExtractor.getNativeResultSet(rs);
                }//返回需要的记录集合
                return rse.extractData(rsToUse);
            }
            finally {
                //最后关闭查询的记录集，数据库连接在execute()中释放
                JdbcUtils.closeResultSet(rs);
                if (pss instanceof ParameterDisposer) {
                    ((ParameterDisposer) pss).cleanupParameters();
                }
            }
        }
    });
}
```

5.2.5 使用数据库Connection

在以上这些对数据库的操作中，使用了辅助类DataSourceUtils。Spring通过这个辅助类来对数据的Connection进行管理，比如利用它来完成打开和关闭Connection等。DataSourceUtils对这些数据库Connection管理的实现，如代码清单5-4所示。在数据库应用中，数据库Connection的使用往往与事务管理有很紧密的联系，这里也可以看到与事务处理相关的操作，比如Connection和当前线程的绑定等。

代码清单5-4 DataSourceUtils对数据库连接的管理

```
//这是取得连接的调用，是通过调用doGetConnection完成的，这里执行了异常的转换操作
public static Connection getConnection(DataSource dataSource) throws
CannotGetJdbcConnectionException {
    try {
        return doGetConnection(dataSource);
    }
    catch (SQLException ex) {
        throw new CannotGetJdbcConnectionException("Could not get JDBC Connection", ex);
    }
}
public static Connection doGetConnection(DataSource dataSource) throws SQLException {
    Assert.notNull(dataSource, "No DataSource specified");
    /*把对数据库的Connection放到事务管理中进行管理，这里使用在Transaction-
      SynchronizationManager中定义的ThreadLocal变量来和线程绑定数据库连接*/
    /*如果在TransactionSynchronizationManager中已经有了与当前线程绑定的数据库连接，那
      就直接取出来使用*/
    ConnectionHolder conHolder = (ConnectionHolder) Transaction SynchronizationManager.
    getResource(dataSource);
    if (conHolder != null && (conHolder.hasConnection() || conHolder.
    isSynchronizedWithTransaction())) {
        conHolder.requested();
        if (!conHolder.hasConnection()) {
            logger.debug("Fetching resumed JDBC Connection from DataSource");
            conHolder.setConnection(dataSource.getConnection());
        }
        return conHolder.getConnection();
    }
    // 这里得到需要的数据库Connection，它是在Bean配置文件中定义好的
    /*最后把新打开的数据库Connection通过TransactionSynchronizationManager和当前线程
      绑定起来*/
    logger.debug("Fetching JDBC Connection from DataSource");
    Connection con = dataSource.getConnection();
    if (TransactionSynchronizationManager.isSynchronizationActive()) {
        logger.debug("Registering transaction synchronization for JDBC Connection");
        ConnectionHolder holderToUse = conHolder;
        if (holderToUse == null) {
            holderToUse = new ConnectionHolder(con);
        }
        else {
            holderToUse.setConnection(con);
        }
        holderToUse.requested();
        TransactionSynchronizationManager.registerSynchronization(
                new ConnectionSynchronization(holderToUse, dataSource));
        holderToUse.setSynchronizedWithTransaction(true);
        if (holderToUse != conHolder) {
            TransactionSynchronizationManager.bindResource(dataSource, holderToUse);
        }
    }
    return con;
}
```

实际的DataSource对象是如何得到的呢？显然，需要在上下文中进行配置。这个

DataSource对象作为JdbcTemplate基类JdbcAccessor的属性，可以通过IoC容器的依赖注入设置到JdbcTemplate中，或者在使用JdbcTemplate的时候，由应用直接在初始化时提供DataSource对象注入给JdbcTemplate。

对于DataSource缓冲池的实现， 用户可以通过定义Apache Jakarta Commons DBCP或者C3P0提供的DataSource来完成，然后在IoC容器中配置好后交给JdbcTemplate就可以使用了。同时，有了JdbcTemplate封装的方法，使一些简单的JDBC操作变得非常方便。JdbcTemplate提供的许多现成的查询方法，比如queryForInt、queryForObject等，已经能够很好地满足一些简单的JDBC查询处理了。和查询一样，JdbcTemplate也提供了许多不同参数类型的update方法供用户使用，这些update方法的实现原理与query的实现原理基本相同，感兴趣的读者可以参考query的实现进一步进行分析，这里就不重复了。

5.3 Spring JDBC中RDBMS操作对象的实现

前面介绍了，JdbcTemplate提供了许多简单的查询和更新功能。但是，有时可能需要更高层次的抽象，以及更面向对象的方法来访问数据库。Spring为我们提供了org.springframework.jdbc.object包，其中包含了SqlQuery、SqlMappingQuery、SqlUpdate和StoredProcedure等类，这些类都是Spring JDBC应用程序可以使用的。但要注意，在使用这些类时需要为它们配置好JdbcTemplate作为其基本的操作实现，因为在它们的功能实现中，对数据库操作的实现基本上还是依赖于JdbcTemplate来完成的。

下面将对Spring JDBC中一些RDBMS操作对象的实现进行探讨。在进入具体的讨论之前，先来看看这些RDBMS对象的基本继承关系，如图5-6所示。

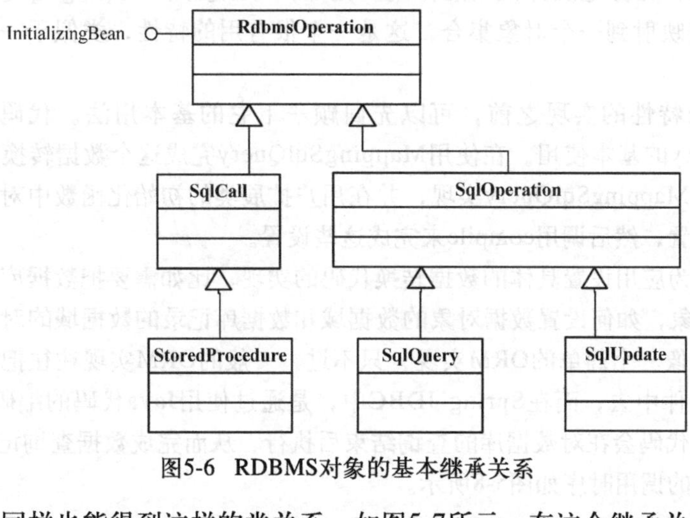

图5-6 RDBMS对象的基本继承关系

从源代码中同样也能得到这样的类关系，如图5-7所示。在这个继承关系图中可以看到RdbmsOperation的一系列子类，比如StoreProcedure、SqlQuery、MappingSqlQuery、SqlUpdate等。这些子类构成了RDBMS体系，为通过JDBC完成数据库操作提供了更强大的功能。

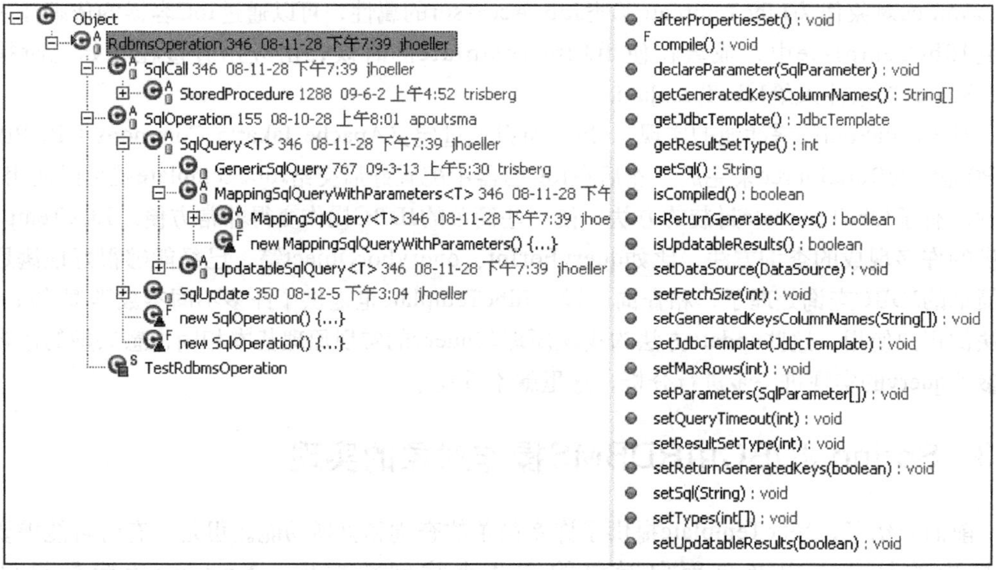

图5-7 从源代码中得到的RDBMS继承关系

5.3.1 SqlQuery的实现

Spring除了提供对JDBC的基本操作的支持之外，还为应用在更高层面上使用关系数据库提供了许多支持，这些支持都建立在Spring JDBC实现的基础上。这样，用户可省去许多重复的手工代码，充分地发挥框架的作用。比如，可以使用MappingSqlQuery将数据库表的数据记录直接映射到一个对象集合，这是一个很有用的特性，类似于一个简单的O/R映射实现。

在了解这个特性的实现之前，可以先回顾一下它的基本用法。代码清单5-5演示了MappingSqlQuery的基本使用。在使用MappingSqlQuery完成这个数据转换功能的时候，需要用户扩展一个MappingSqlQuery实现，并在用户扩展类的初始化函数中对SQL查询语句和查询参数进行设置，然后调用compile来完成这些设置。

此外，需要为应用设置具体的数据转换代码的实现，比如需要把数据库记录转换成什么样的Java数据对象，如何设置数据对象的数据域和数据库记录的数据域的对应关系。这里的这个数据转换很像一个简单的ORM实现，只不过，一般的ORM实现往往把这个映射关系设置到一个配置文件中去，而在Spring JDBC中，是通过使用Java代码的编码方式来完成的。这部分数据转换代码会在对数据库的查询结束后执行，从而完成数据查询记录到Java数据对象的转换。具体的调用时序如图5-8所示。

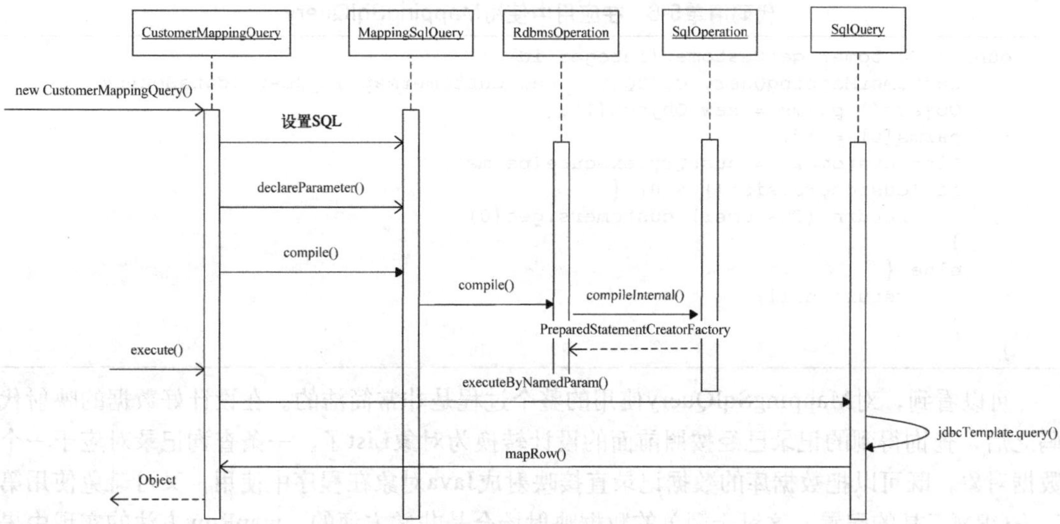

图5-8　数据转换的调用时序图

代码清单5-5　使用MappingSqlQuery

```
private class CustomerMappingQuery extends MappingSqlQuery {
    public CustomerMappingQuery(DataSource ds) {
        //这里把DataSource和查询的SQL语句设置到MappingSqlQuery的属性中去
        super(ds, "SELECT id, name FROM customer WHERE id = ?");
        //declareParameter和compile实现了什么，将在下面分析
        super.declareParameter(new SqlParameter("id", Types.INTEGER));
        compile();
    }
        //把查询得到的记录集合中的记录转换为对象的具体方法
    public Object mapRow(ResultSet rs, int rowNumber) throws SQLException {
        Customer cust = new Customer();
        cust.setId((Integer) rs.getObject("id"));
        cust.setName(rs.getString("name"));
        return cust;
    }
}
```

有了以上的数据转换操作设置，接下来看看这个功能在应用中是如何使用的，如代码清单5-6所示。它的使用很简单，需要创建一个扩展了MappingSqlQuery的子类的CustomerMappingQuery对象。在CustomerMappingQuery的设计中，参数声明和执行的SQL语句是已经设计好的。只要根据参数声明的设计，为参数指定配置，然后执行execute方法，就可以得到一系列的Java数据对象，这些Java数据对象都是根据数据库查询结果和数据转换生成的。有了这些Java数据对象，数据就可以被Java应用直接使用了。

代码清单5-6 在应用中使用MappingSqlQuery

```
public Customer getCustomer(Integer id) {
    CustomerMappingQuery custQry = new CustomerMappingQuery(dataSource);
    Object[] parms = new Object[1];
    parms[0] = id;
    List customers = custQry.execute(parms);
    if (customers.size() > 0) {
        return (Customer) customers.get(0);
    }
    else {
        return null;
    }
}
```

可以看到，对MappingSqlQuery使用的整个过程是非常简洁的。在设计好数据的映射代码之后，查询得到的记录已经按照前面的设计转换为对象List了。一条查询记录对应于一个数据对象，既可以把数据库的数据记录直接映射成Java对象在程序中使用，又可避免使用第三方ORM工具的配置，这对于简单的数据映射场合是非常方便的。mapRow方法的实现中提供的数据转换规则和Hibernate的hbm文件的作用是非常类似的。

下面从declareParameter入手来分析一下这个功能是如何实现的，其具体的实现在MappingSqlQuery的基类RdbmsOperation的源代码中可以看到，如代码清单5-7所示。从代码中可以看出，RdbmsOperation实现的参数声明和完成的工作并不复杂，只是把需要声明的参数加入一个声明参数列表。为了防止参数的重复加入，需要对isCompiled变量进行判断。在compile调用时设置isCompiled变量，标识compile过程已经执行过了。

代码清单5-7 RdbmsOperation的declareParameter

```
public void declareParameter(SqlParameter param) throws InvalidDataAccessApiUsageException {
//声明参数只能在compile之前，如果已经完成了compile，那么声明是无效的，并会抛出异常
    if (isCompiled()) {
        throw new InvalidDataAccessApiUsageException("Cannot add parameters
        once the query is compiled");
    }//声明就是把参数加入到declaredParameters中去，这个declaredParameters是
    //定义好的一个LinkedList<SqlParameter>()属性，供compile使用
    this.declaredParameters.add(param);
}
```

compile的过程同样也在RdbmsOperation中完成，如代码清单5-8所示。这个compile完成的工作不多，首先是对isCompiled变量的判断，然后调用compileInternal来完成compile的具体操作，接着把isCompiled设置为true。

代码清单5-8 RdbmsOperation的compile

```
public final void compile() throws InvalidDataAccessApiUsageException {
    //如果没有做过compile，执行以下的代码，否则什么都不做；如果已经做过compile，
    //在declareParameters时会抛出异常，所以这里没有异常抛出
    if (!isCompiled()) {
        if (getSql() == null) {
            throw new InvalidDataAccessApiUsageException("Property 'sql' is required");
```

```
        }
        try {
            this.jdbcTemplate.afterPropertiesSet();
        }
        catch (IllegalArgumentException ex) {
            throw new InvalidDataAccessApiUsageException(ex.getMessage());
        }
        //调用compileInternal完成具体的compile过程，并设置compiled标志位
        compileInternal();
        this.compiled = true;
        if (logger.isDebugEnabled()) {
            logger.debug("RdbmsOperation with SQL [" + getSql() + "] compiled");
        }
    }
}
```

compileInternal方法在SqlOperation中完成，如代码清单5-9所示。在compileInternal中生成一个PrepareStatementCreatorFactory作为Statement的工厂，这个工厂负责生成声明参数的Statement，对它的使用我们会在查询执行时看到。

代码清单5-9 compileInternal的实现

```
protected final void compileInternal() {
    //这里是对参数的compile过程，所有的参数都在getDeclaredParameters中生成了
    //一个PreparedStatementCreatorFactory
    this.preparedStatementFactory = new PreparedStatementCreatorFactory
    (getSql(), getDeclaredParameters());
    this.preparedStatementFactory.setResultSetType(getResultSetType());
    this.preparedStatementFactory.setUpdatableResults(isUpdatableResults());
    this.preparedStatementFactory.setReturnGeneratedKeys
    (isReturnGeneratedKeys());
    if (getGeneratedKeysColumnNames() != null) {
        this.preparedStatementFactory.setGeneratedKeysColumnNames
        (getGeneratedKeysColumnNames());
    }
this.preparedStatementFactory.setNativeJdbcExtractor(getJdbcTemplate().
getNativeJdbcExtractor());
    onCompileInternal();
}
```

在完成了compile之后，对MappingSqlQuery的准备工作就基本完成了。在执行查询时，实际上执行的是SqlQuery的executeByNamedParam方法，这个方法需要完成的工作包括配置SQL语句，配置数据记录到数据对象的转换的RowMapper，然后使用JdbcTemplate来完成数据的查询，并启动数据记录到Java数据对象的转换，如代码清单5-10所示。

代码清单5-10 SqlQuery的executeByNamedParam方法

```
public List<T> executeByNamedParam(Map<String, ?> paramMap, Map context) throws
DataAccessException {
    validateNamedParameters(paramMap);
    //得到需要执行的SQL语句
    ParsedSql parsedSql = getParsedSql();
    MapSqlParameterSource paramSource = new MapSqlParameterSource(paramMap);
```

```
        String sqlToUse = NamedParameterUtils.substituteNamedParameters(parsedSql, paramSource);
        //配置好SQL语句需要的Parameters及rowMapper，这个rowMapper完成数据记录到对象的转换
        Object[] params = NamedParameterUtils.buildValueArray(parsedSql, paramSource,
        getDeclaredParameters());
        RowMapper<T> rowMapper = newRowMapper(params, context);
        /*我们又看到了JdbcTemplate，这里使用JdbcTemplate来完成对数据库的查询操作，所以说
          JdbcTemplate是非常基本的操作类*/
        return getJdbcTemplate().query(newPreparedStatementCreator(sqlToUse, params),
        rowMapper);
    }
```

在这里，通过这些封装和Spring提供的模板代码，只需要定义SQL语句和SqlParameter就能够满足需求。同时，这些特性也大大增强了应用代码的模块化和可维护性。

通过分析发现，最后的数据库操作还是由JdbcTemplate来完成的。在这里可以了解对JdbcTemplate的灵活使用。从另一个方面来看，这些已有的Spring JDBC实现对JdbcTemplate的扩展，以及直接使用JdbcTemplate完成复杂数据库操作的应用而言，也是很好的参考。通过使用Spring JDBC提供的SqlQuery基本特性，免去了手工处理ResultSet数据，并对其中每一条数据记录进行逐个迭代，手工转化为Java数据对象的繁琐过程。有数据库开发经验的读者，对这个过程一定有比较深刻的印象。虽然这个过程并不复杂，但是通过使用Spring JDBC来完成这个基本特性至少有一个好处，那就是为这种转换的实现提供了一个统一的模式。

从软件工程角度来说，这种统一模式的使用很好地体现了平台带给应用开发的一个好处，因为应用平台已经为应用开发人员之间的沟通创建了一个极为有效的交流媒介，就像面向对象语言中的那些设计模式一样。为了维护概念的完整性，有效的沟通是必不可少的。这个“概念完整性”包括软件需求本身的完整性，以及通过产品实现得到的对软件需求完整性的反馈及验证，从而体现出一种需求到实现的完整性，甚至还包括在产品实现过程中的完整性维护等。这一系列完整性的需求体现了软件工程自身的内在特点，从而带来了各种不同层次的沟通挑战。这些沟通挑战具体体现在：如何从应用领域范围内得到有效的软件产品需求的沟通挑战，从软件产品需求到产品实现之间的有效设计范围内的沟通挑战，以及在产品实现过程中的沟通挑战等。在这里，采用应用平台至少能够得到的一个好处与前面介绍的一样，即在功能需求实现中，在对一个具体特性的使用过程中体现出来的一致性。这种一致性至少能够在实现层面上对沟通挑战的应对起到一个正面的作用。这种沟通平台的建立和对沟通挑战的成功应对，毫无疑问，对一个软件产品最终走向成功的贡献是巨大的，这种正面的模式建立得越多，效果发挥得越充分，软件产品成功的可能性也就越大。

5.3.2 SqlUpdate的实现

与前面分析的SqlQuery类似，SqlUpdate也是一个常用的RDBMS类，但它主要提供对数据的更新功能。SqlUpdate的使用和实现原理与前面提到的SqlQuery非常类似。和前面一样，先看看这个类的基本使用，如代码清单5-11所示。在使用中，首先也需要对数据源、SQL查询语句和参数声明进行设置，然后调用compile来完成设置过程。SqlUpdate的使用非常简洁，对应

用来说，只需要提供具体的参数对象的值，并调用update方法就可以完成整个数据的更新过程，至于数据库Connection的管理、事务处理场景的处理等在数据库操作中都会涉及的基本过程，由作为应用平台的Spring来处理。在Spring的实现中，SqlUpdate的设计时序如图5-9所示。

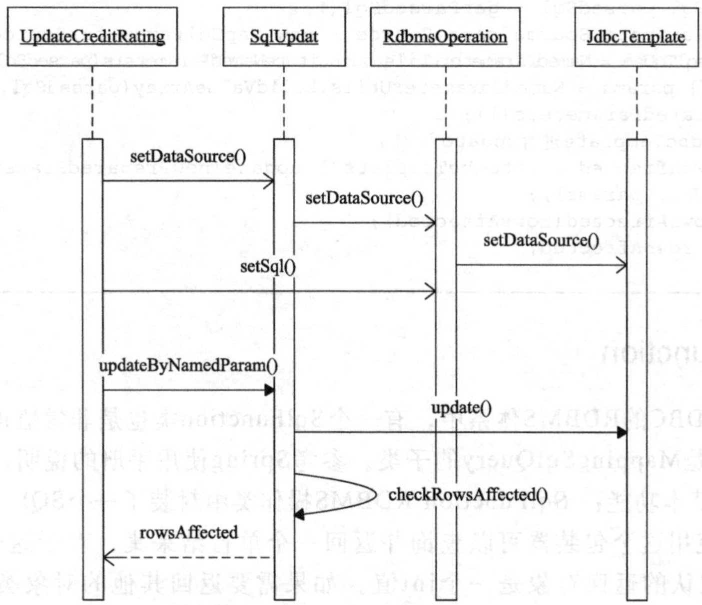

图5-9 SqlUpdate的设计时序

代码清单5-11 对SqlUpdate的使用

```
public class UpdateCreditRating extends SqlUpdate {
    //注入数据源，提供SQL语句以及声明参数，然后完成compile
    public UpdateCreditRating(DataSource ds) {
        setDataSource(ds);
        setSql("update customer set credit_rating = ? where id = ?");
        declareParameter(new SqlParameter(Types.NUMERIC));
        declareParameter(new SqlParameter(Types.NUMERIC));
        compile();
    }
    //提供具体的参数对象，并调用update完成数据库数据的更新
    public int run(int id, int rating) {
        Object[] params =
            new Object[] {
                new Integer(rating),
                new Integer(id)};
        return update(params);
    }
}
```

具体的update过程是由SqlUpdate里的updateByNamedParam方法完成的，它的具体实现与SqlQuery的实现一样，也是使用JdbcTemplate来完成的，如代码清单5-12所示。

代码清单5-12 SqlUpdate的updateByNamedParam

```
public int updateByNamedParam(Map<String, ?> paramMap) throws DataAccessException {
    validateNamedParameters(paramMap);
    // 设置SQL和配置SQL的参数
    ParsedSql parsedSql = getParsedSql();
    MapSqlParameterSource paramSource = new MapSqlParameterSource(paramMap);
    String sqlToUse = NamedParameterUtils.substituteNamedParameters(parsedSql, paramSource);
    Object[] params = NamedParameterUtils.buildValueArray(parsedSql, paramSource,
    getDeclaredParameters());
    //调用JdbcTemplate进行update
    int rowsAffected = getJdbcTemplate().update(newPreparedStatementCreator
    (sqlToUse, params));
    checkRowsAffected(rowsAffected);
    return rowsAffected;
}
```

5.3.3 SqlFunction

在Spring JDBC的RDBMS体系中，有一个SqlFunction类也是非常值得注意的。这个SqlFunction类是MappingSqlQuery的子类。参考Spring使用手册的说明，可以大致了解SqlFunction的基本功能：SqlFunction RDBMS操作类中封装了一个SQL“函数”包装器(wrapper)，使用这个包装器可以查询并返回一个单行结果集，对于这个单行结果集，SqlFunction默认的返回对象是一个int值。如果需要返回其他的对象类型，可以仿照JdbcTemplate中queryForXxx的实现，由应用对它进行扩展以实现返回对象的调整。使用SqlFunction的优势在于，用户不必手动创建JdbcTemplate，对于这些设置，SqlFunction已经替用户完成了。在使用SqlFunction的时候，由于SqlFunction是一个具体类，通常并不需要设计它的子类。SqlFunction的使用很简单，基本过程是这样的，首先创建该类的实例，然后声明SQL语句以及参数就可以调用相关的run方法完成SQL语句的执行，这种执行可以重复进行。下面是一个使用SqlFunction从而返回指定数据库中特定的数据表的记录行数的简单例子，如代码清单5-13所示。在代码中可以看到，为了使用SqlFunction，首先要创建一个SqlFunction对象，创建时需要为它指定数据源和执行的SQL语句。这里指定的SQL语句很简单，它只需要查询表的记录数目。创建完成以后，执行compile，然后就可以调用SqlFunction的run方法来完成指定的SQL语句的执行，从而得到查询数据记录行数的返回结果。在Spring的实现中，SqlFunction的设计时序如图5-10所示。

代码清单5-13 SqlFunction使用实例

```
public int countRows() {
    SqlFunction sf = new SqlFunction(dataSource, "select count(*) from mytable");
    sf.compile();
    return sf.run();
}
```

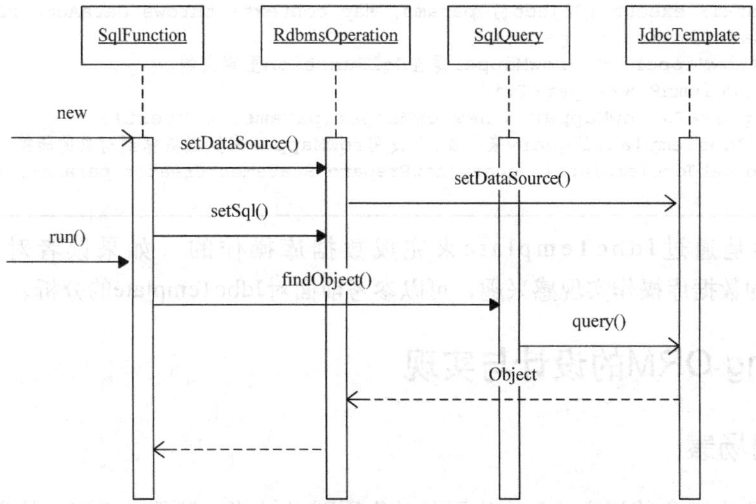

图5-10　SqlFunction的设计时序

了解了SqlFunction的基本使用以后，接下来通过SqlFunction的run方法来了解具体的实现过程，如代码清单5-14所示，这是SqlFunction执行SQL语句的实现部分。

代码清单5-14　SqlFunction的run方法

```
public int run(Object... parameters) {
    Object obj = super.findObject(parameters);
    if (!(obj instanceof Number)) {
        throw new TypeMismatchDataAccessException("Couldn't convert result object
        [" + obj + "] to int");
    }
    return ((Number) obj).intValue();
}
```

在run方法中，调用的是super.findObject方法，这个方法在SolFunction的基类SqlQuery中实现，如代码清单5-15所示。对SqlFunction而言，super.findObject方法定义了SingleColumnRowMapper来完成数据记录到数据对象的转换，而不需要应用去实现这个转换的具体设计。这个数据转换器SingleColumnRowMapper是Spring定义好的，其作用与使用MappingSqlQuery对象时mapRow方法的作用一样，即完成数据库数据查询记录到Java数据对象的转换实现。

代码清单5-15　SqlQuery的findObject

```
public T findObject(Object[] params, Map context) throws DataAccessException {
    //调用SqlQuery的execute方法来执行数据库操作
    List<T> results = execute(params, context);
    return DataAccessUtils.singleResult(results);
}
public T findObject(Object... params) throws DataAccessException {
    return findObject(params, null);
}
```

```
public List<T> execute(Object[] params, Map context) throws DataAccessException {
    validateParameters(params);
    /*取得rowMapper, 这个rowMapper是在SqlFunction里定义的
    SingleColumnRowMapper<T>*/
    RowMapper<T> rowMapper = newRowMapper(params, context);
    //调用JdbcTemplate的query来完成,并使用rowMapper来完成数据到对象的转换
    return getJdbcTemplate().query(newPreparedStatementCreator(params), rowMapper);
}
```

这里仍然是通过JdbcTemplate来完成数据库操作的。如果读者对这些具体的JdbcTemplate的数据库操作实现感兴趣，可以参考前面对JdbcTemplate的分析。

5.4 Spring ORM的设计与实现

5.4.1 应用场景

作为一种面向对象的语言，Java为面向对象原则（封装、继承、多态）的实现提供了语言及运行环境支持。然而，由于这些面向对象的原则是从软件工程的基础上发展而来的，与从数学理论中发展起来的关系数据库技术在基础上存在着很大的不同，因此，在利用Java语言进行开发时，在与关系数据库打交道的过程中就出现了一些不匹配的地方。为了解决这些不匹配问题，出现了ORM技术。随着技术的发展，已经有不少成熟的Java ORM产品供开发者选择。

在通常情况下，可以直接使用Hibernate。Hibernate的历史和Spring一样悠久， 在使用Hibernate的过程中，除了需要处理像Session、SessionFactory这些Hibernate类之外，还需要处理诸如事务处理、打开Session和关闭Session这样的问题，这在某种程度上增加了使用Hibernate的难度。而Spring提供的Hibernate封装，如HibernateDaoSupport、HibernateTemplate等，简化了这些通用过程。在使用通用过程时，只需要直接关注数据的动作就可以了，比如数据的查询、更新等，从这个角度上说，Spring提供了重要的价值。

同样地，Spring的ORM包提供了对许多ORM产品的支持。对于开源软件来说，Hibernate和iBatis是应用较为广泛的两个ORM产品，所以本书选择以这两个产品为例对Spring ORM的实现进行分析。在对Hibernate和iBatis的驱动支持的分析过程中，读者可以体会到Spring为简化用户使用ORM产品所做的一些努力，以及对应用开发使用其他的ORM产品所起到的启示作用。

5.4.2 设计概要

打开Spring ORM包会看到Spring为主要的ORM工具都提供了封装支持，除了熟知的Hibernate外，还有iBatis、JPA等。应用通过Spring使用这些ORM工具时，通常使用Spring提供的Template类（模板类）。在这些模板类里，封装了主要的数据操作方法，比如query、update等，并且在Template封装中，已经包含了前面所说的通用过程，这些通用过程包括

Hibernate中的Session的处理、Connection的处理、事务的处理等。关于Template模板类的设计与实现，是下面要分析的主要内容。在ORM包中，以Template为核心的类设计如图5-11所示。

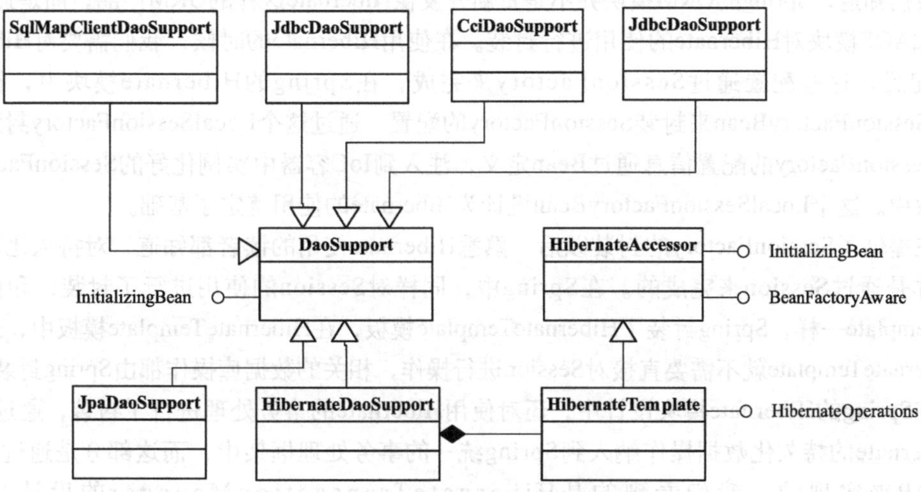

图5-11 以Template为核心的类设计

在这个类关系中，可以看到Spring JDBC/ORM设计的大致情况。DaoSupport是一个基本类，在这个类的基础上，设计了各种相关的子类，比如JpaDaoSupport、Hibernate-DaoSupport、JdbcDaoSupport、SqlMapClientDaoSupport等。这些DaoSupport类和相关的数据库实现支持相对应，比如，HibernateDaoSupport就封装了Hibernate的基本功能，并且它持有一个HibernateTemplate对象，对Hibernate的驱动就是由这个HibernateTemplate类来实现的。当然，也可以不通过DaoSupport类，而直接使用这些Template类来支持对数据库的操作。

5.5 Spring驱动Hibernate的设计与实现

ORM产品出现之后，许多复杂的面向对象数据到数据库持久化的工作得到了简化。相对于ORM产品的直接使用，Spring应用开发可以通过Spring平台提供的ORM产品方案，更方便地使用各种持久化工具，比如Hibernate和iBatis。作为一个成熟和知名的开源软件项目，Hibernate在很大程度上已经成为Java ORM产品的一个杰出代表。如果读者具备单独使用Hibernate的基础，本节的内容是很好理解的，因为Spring不提供具体的ORM实现，只为应用提供对ORM产品的集成环境和使用平台。为了让平台用户更好地使用Hibernate这个ORM产品，Spring为Hibernate用户提供了更为便利的API使用封装，这些使用封装由HibernateTemplate这样的类来完成。有了这些封装，Spring为应用更好地使用Hibernate这样的第三方产品提供了便利。在本书中，把这种平台对第三方产品的支持称为对组件的驱动支持，对于像Hibernate这样的第三方产品，可以把它类比为一个在操作系统中看到的设备组件。通过这种类比关系，为读者提供一个形象的解释，从而帮助读者更好地认识Spring的架构。

5.5.1 设计原理

我们知道，Spring的ORM模块并不是重新开发像Hibernate这样的ORM产品，而是通过IoC容器和AOP模块对Hibernate的使用进行封装。在使用Hibernate的时候，我们需要对Hibernate进行配置，这些配置通过SessionFactory来完成，在Spring的Hibernate模块中，提供了LocalSessionFactoryBean来封装SessionFactory的配置，通过这个LocalSessionFactory封装，可以将SessionFactory的配置信息通过Bean定义，注入到IoC容器中实例化好的SessionFactory单件对象中。这个LocalSessionFactoryBean设计为Hibernate的使用奠定了基础。

在提供了SessionFactory的封装以后，熟悉Hibernate使用的读者都知道，对持久化数据进行操作是通过Session来完成的。在Spring中，同样对Session的使用进行了封装，和前面的JdbcTemplate一样，Spring封装了HibernateTemplate模板，在HibernateTemplate模板中，通过使用HibernateTemplate就不需要直接对Session进行操作，相关的数据库操作都由Spring封装好了。

在Spring的Hibernate模块设计中，还对使用Hibernate的事务处理进行了封装，通过封装，将Hibernate的持久化数据操作纳入到Spring统一的事务处理框架中，而这部分是通过Spring的AOP来实现的，我们看到的是HibernateTransactionManager的设计。作为PlatformTransactionManager的子类，HibernateTransactionManager实现了和Hibernate事务处理相关的通用过程。关于这一部分，我们在后面事务处理的章节中会专门进行阐述，这里就不详细展开了。

5.5.2 Hibernate的SessionFactory

下面对Spring封装Hibernate的实现进行分析，和之前一样，还是从对Hibernate的配置实现入手。从配置中可以看到，在Spring中使用Hibernate，一般会以LocalSessionFactoryBean作为一个基本的配置Bean，这个Bean是一个FactoryBean。对于FactoryBean的实现原理，已经在第3章中分析过。顾名思义，这个LocalSessionFactoryBean是用来对Hibernate的Session进行管理的。可以在LocalSessionFactoryBean的基类AbstractSessionFactoryBean中看到有关的实现，如代码清单5-16所示。其类继承关系如图5-12所示。

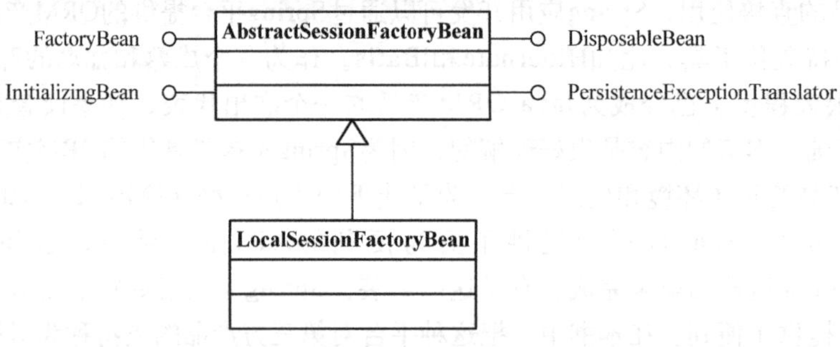

图5-12 AbstractSessionFactoryBean的类继承关系

对于LocalSessionFactoryBean这样一个FactoryBean，大家已经非常熟悉了，可以直接通过它的getObject方法来了解它是如何产生具体对象的。在getObject方法中，可以看到，没有太多对目标对象的生成和修饰，只完成一件非常单纯的任务，就是将已经在IoC容器中配置好的SessionFactory返回。

代码清单5-16　AbstractSessionFactoryBean

```
//getObject () 实际上是FactoryBean的生产方法
public SessionFactory getObject() {
    return this.sessionFactory;
}
```

这里的SessionFactory就是在Hibernate中用到的SessionFactory，这个SessionFactory是一个单件，作为一个工厂对象，也可以用来生成Session。对于Session的使用，使用过Hibernate的读者都应该有印象，这个Session是作为Hibernate完成对象持久化的上下文出现的，同时这个Session也是Hibernate封装对象持久化操作的一个主要类。知道了怎样得到Session，接下来了解一开始提到的生成Session的单件SessionFactory，它是如何产生的呢？SessionFactory的创建是在AbstractSessionFactoryBean中完成的，如代码清单5-17所示。可以看到，SessionFactory的创建是在容器依赖注入完成以后，由IoC容器的回调方法afterPropertiesSet来完成的。这个IoC容器回调方法的启动，是因为LocalSessionFactoryBean实现了InitializingBean接口，而这个InitializingBean接口的afterPropertiesSet方法会被IoC容器回调，这是IoC容器对Bean进行生命周期管理的一部分。

代码清单5-17　AbstractSessionFactoryBean创建SessionFactoryBean

```
public void afterPropertiesSet() throws Exception {
    //buildSessionFactory是通过配置信息得到SessionFactory的地方
    SessionFactory rawSf = buildSessionFactory();
    this.sessionFactory = wrapSessionFactoryIfNecessary(rawSf);
    afterSessionFactoryCreation();
}
```

先看看SessionFactory是怎样创建的，buildSessionFactory方法很长，其实现却不难理解，代码中包含了创建Hibernate的SessionFactory以及配置Hibernate的详尽过程，其中有一个很长的对SessionFactory进行配置的清单，包含了对SessionFactory的各个属性的配置。具体的代码在LocalSessionFactoryBean中，如代码清单5-18所示。

代码清单5-18　LocalSessionFactoryBean的buildSessionFactory

```
protected SessionFactory buildSessionFactory() throws Exception {
    //创建SessionFactory的配置对象
    Configuration config = newConfiguration();
    /*配置数据源、事务管理器和LobHandler到Holder中，这些Holder是ThreadLocal变量，这样
      这些资源就和线程绑定了*/
    DataSource dataSource = getDataSource();
    if (dataSource != null) {
        configTimeDataSourceHolder.set(dataSource);
    }
    if (this.jtaTransactionManager != null) {
```

```
        //设置Spring提供的JTA事务管理器
        configTimeTransactionManagerHolder.set(this.jtaTransactionManager);
    }
    if (this.cacheProvider != null) {
    //设置Hibernate的缓存提供器
        configTimeCacheProviderHolder.set(this.cacheProvider);
    }
    if (this.lobHandler != null) {
        configTimeLobHandlerHolder.set(this.lobHandler);
    }
    //Hibernate不允许直接设置Bean的ClassLoader，需要通过线程的方式实现
    Thread currentThread = Thread.currentThread();
    ClassLoader threadContextClassLoader = currentThread.getContextClassLoader();
    boolean overrideClassLoader =
            (this.beanClassLoader != null && !this.beanClassLoader.
            equals(threadContextClassLoader));
    if (overrideClassLoader) {
        currentThread.setContextClassLoader(this.beanClassLoader);
    }
    /*很长的配置清单，对Hibernate的各个属性进行配置，这里通过Hibernate的Configuration来
      实现配置*/
            try {
        if (isExposeTransactionAwareSessionFactory()) {
            config.setProperty(
                    Environment.CURRENT_SESSION_CONTEXT_CLASS, SpringSessionContext.
                    class.getName());
        }
        if (this.jtaTransactionManager != null) {
                        config.setProperty(
                        Environment.TRANSACTION_STRATEGY, JTATransactionFactory.
                        class.getName());
            config.setProperty(
                        Environment.TRANSACTION_MANAGER_STRATEGY, LocalTransaction
                        ManagerLookup.class.getName());
        }
        else {
            config.setProperty(
                    Environment.TRANSACTION_STRATEGY, SpringTransactionFactory.
                    class.getName());
        }
        if (this.entityInterceptor != null) {
            config.setInterceptor(this.entityInterceptor);
        }
        if (this.namingStrategy != null) {
            config.setNamingStrategy(this.namingStrategy);
        }
        if (this.typeDefinitions != null) {
                        Mappings mappings = config.createMappings();
            for (TypeDefinitionBean typeDef : this.typeDefinitions) {
                mappings.addTypeDef(typeDef.getTypeName(), typeDef.getTypeClass(),
                typeDef.getParameters());
            }
        }
        if (this.filterDefinitions != null) {
            for (FilterDefinition filterDef : this.filterDefinitions) {
```

```
                config.addFilterDefinition(filterDef);
            }
        }
        if (this.configLocations != null) {
            for (Resource resource : this.configLocations) {
                //载入Hibernate的配置信息，该配置信息在指定的资源位置
                config.configure(resource.getURL());
            }
        }
        if (this.hibernateProperties != null) {
            //将Hibernate的属性信息加入到配置中去
            config.addProperties(this.hibernateProperties);
        }
        if (dataSource != null) {
            Class providerClass = LocalDataSourceConnectionProvider.class;
            if (isUseTransactionAwareDataSource() || dataSource instanceof
            TransactionAwareDataSourceProxy) {
                providerClass = TransactionAwareDataSource Connection
                        Provider.class;
            }
            else if (config.getProperty(Environment.TRANSACTION_MANAGER_
            STRATEGY) != null) {
                providerClass = LocalJtaDataSourceConnectionProvider.class;
            }
            //使用Spring提供的数据源，设置Hibernate的ConnectionProvider
            config.setProperty(Environment.CONNECTION_PROVIDER,
            providerClass.getName());
        }
        if (this.cacheProvider != null) {
            //设置Hibernate的缓存提供器
            config.setProperty(Environment.CACHE_PROVIDER,
            LocalCacheProviderProxy.class.getName());
        }
        if (this.mappingResources != null) {
            for (String mapping : this.mappingResources) {
                Resource resource = new ClassPathResource(mapping.trim(),
                this.beanClassLoader);
                config.addInputStream(resource.getInputStream());
            }
        }
        if (this.mappingLocations != null) {
            for (Resource resource : this.mappingLocations) {
                config.addInputStream(resource.getInputStream());
            }
        }
        if (this.cacheableMappingLocations != null) {
            for (Resource resource : this.cacheableMappingLocations) {
                config.addCacheableFile(resource.getFile());
            }
        }
        if (this.mappingJarLocations != null) {
            for (Resource resource : this.mappingJarLocations) {
                config.addJar(resource.getFile());
            }
        }
```

```
if (this.mappingDirectoryLocations != null) {
    for (Resource resource : this.mappingDirectoryLocations) {
         File file = resource.getFile();
         if (!file.isDirectory()) {
             throw new IllegalArgumentException(
                    "Mapping directory location [" + resource + "]
                    does not denote a directory");
         }
         config.addDirectory(file);
    }
}
// 编译Hibernate需要的mapping信息
postProcessMappings(config);
config.buildMappings();
if (this.entityCacheStrategies != null) {
    for (Enumeration classNames = this.entityCacheStrategies.
    propertyNames(); classNames.hasMoreElements();) {
         String className = (String) classNames.nextElement();
         String[] strategyAndRegion =
         StringUtils.commaDelimitedListToStringArray
         (this.entityCacheStrategies.getProperty(className));
         if (strategyAndRegion.length > 1) {
             config.setCacheConcurrencyStrategy(className,
             strategyAndRegion[0],strategyAndRegion[1]);
         }
         else if (strategyAndRegion.length > 0) {
           config.setCacheConcurrencyStrategy(className, strategyAndRegion[0]);
         }
    }
}
if (this.collectionCacheStrategies != null) {
    //设置缓存策略
    for (Enumeration collRoles = this.collectionCacheStrategies.
    propertyNames(); collRoles.hasMoreElements();) {
         String collRole = (String) collRoles.nextElement();
         String[] strategyAndRegion =
         StringUtils.commaDelimitedListToStringArray(this.
         collectionCacheStrategies.getProperty(collRole));
         if (strategyAndRegion.length > 1) {
            config.setCollectionCacheConcurrencyStrategy(collRole,
            strategyAndRegion[0], strategyAndRegion[1]);
         }
         else if (strategyAndRegion.length > 0) {
                config.setCollectionCacheConcurrencyStrategy
                (collRole, strategyAndRegion[0]);
         }
    }
}
if (this.eventListeners != null) {
    //设置Hibernate的事件监听器
for (Map.Entry<String, Object> entry : this.eventListeners.entrySet()) {
              String listenerType = entry.getKey();
              Object listenerObject = entry.getValue();
              if (listenerObject instanceof Collection) {
                 Collection<Object> listeners = (Collection<Object>)listenerObject;
```

```
                    EventListeners listenerRegistry = config.getEventListeners();
                    Object[] listenerArray =(Object[])Array.newInstance
                    (listenerRegistry.getListenerClassFor(listenerType),
                    listeners.size());
                    listenerArray = listeners.toArray(listenerArray);
                    config.setListeners(listenerType, listenerArray);
                }
                else {
                    config.setListener(listenerType, listenerObject);
                }
            }
        }
        postProcessConfiguration(config);
        // 这里是根据Configuration配置创建SessionFactory的地方
        logger.info("Building new Hibernate SessionFactory");
        this.configuration = config;
        return newSessionFactory(config);
    }
    //最后把和线程绑定的资源清空
    finally {
        if (dataSource != null) {
            configTimeDataSourceHolder.set(null);
        }
        if (this.jtaTransactionManager != null) {
            configTimeTransactionManagerHolder.set(null);
        }
        if (this.cacheProvider != null) {
            configTimeCacheProviderHolder.set(null);
        }
        if (this.lobHandler != null) {
            configTimeLobHandlerHolder.set(null);
        }
        if (overrideClassLoader) {
            currentThread.setContextClassLoader(threadContextClassLoader);
        }
    }
}
//调用Configuration生成SessionFactory
protected SessionFactory newSessionFactory(Configuration config) throwsHibernateException {
    return config.buildSessionFactory();
}
```

在上面的代码中看到，LocalSessionFactory的作用包括：首先读取Hibernate的配置，然后生成SessionFactory，接下来了解它在Spring中是怎样使用Hibernate的。

5.5.3 HibernateTemplate的实现

与JDBC的使用类似，在使用Hibernate完成O/R映射工作时，Spring为用户提供了HibernateTemplate。在使用HibernateTemplate时，和JdbcTemplate一样，Spring仍然使用相同的模式，即通过execute回调来完成，其调用过程如图5-13所示。

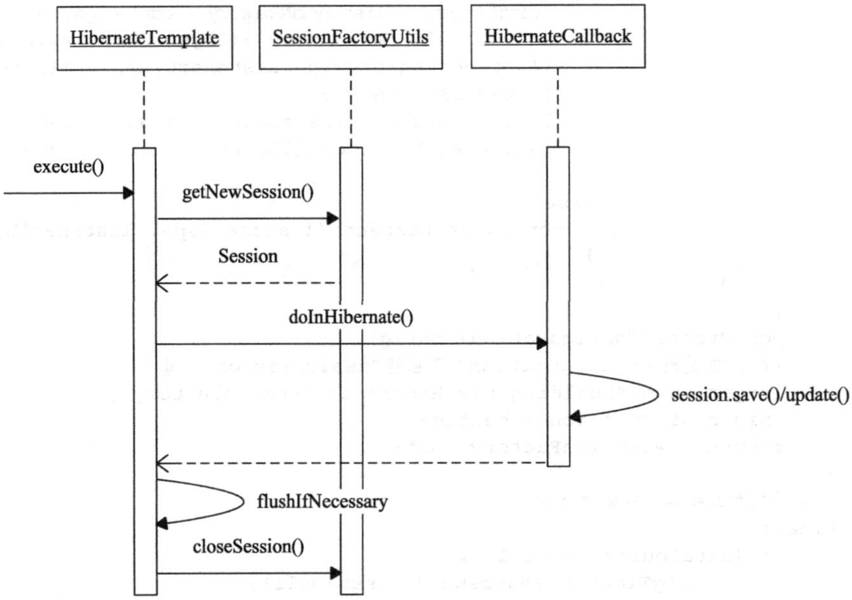

图5-13 HibernateTemplate中execute的调用过程

在这个过程中，如果应用调用HibernateTemplate的execute方法，首先HibernateTemplate会从SessionFactoryUtils中得到Hibernate的Session，熟悉Hibernate的读者都知道这个Session的作用，这里就不多说了。有了Session，就能利用它来操作Hibernate了，这时，Hibernate会把这个Session设置到HibernateCallback中。这个HibernateCallback实际上提供了回调方法doInHibernate，这个方法是应用设计的。doInHibernate()这个回调方法会使用Session对Hibernate进行操作，比如session.save()、session.load()、session.update()、session.query()等，基本上和直接使用Hibernate是一样的。在完成这个实际的工作之后，返回对Hibernate的操作结果，然后执行flush，让内存和数据库同步，最后调用SessionFactoryUtils来关闭当前的Session，从而完成这次Hibernate的操作。对应用来说，如果使用HibernateTemplate，只需要关注怎样直接使用Session来操作Hibernate就可以了，当然这些动作要封装在HibernateCallback中的doInHibernate()这个回调方法中实现。其他的如怎样得到Session、怎样同步数据、怎样关闭Session这些常规而重复的动作，都已经由HibernateTemplate来封装好并完成了。为了详细了解以上HibernateTemplate的具体实现，下面给出它的源代码，如代码清单5-19所示。

代码清单5-19 HibernateTemplate的execute

```
public <T> T execute(HibernateCallback<T> action) throws DataAccessException {
    return doExecute(action, false, false);
}
protected <T> T doExecute(HibernateCallback<T> action, boolean enforceNewSession,
boolean enforceNativeSession)
        throws DataAccessException {
```

```
        Assert.notNull(action, "Callback object must not be null");
        //这里是取得Hibernate的Session，取得的过程会在下面进行分析
        //判断是否强制需要新的Session，如果需要，那么直接通过SessionFactory
        //打开一个新的Session，否则需要结合配置和当前Transaction的情况来使用Session
        Session session = (enforceNewSession ?
                SessionFactoryUtils.getNewSession(getSessionFactory(),
                getEntityInterceptor()) :getSession());
    //判断Transaction是否已经存在，如果是，那么使用的就是当前Transaction的Session
        boolean existingTransaction = (!enforceNewSession &&
                (isAllowCreate() || SessionFactoryUtils.isSessionTransactional
                (session, getSessionFactory())));
        if (existingTransaction) {
            logger.debug("Found thread-bound Session for HibernateTemplate");
        }
        FlushMode previousFlushMode = null;
        try {
            previousFlushMode = applyFlushMode(session, existingTransaction);
            enableFilters(session);
            Session sessionToExpose =
                    (enforceNativeSession || isExposeNativeSession() ? session :
                    createSessionProxy(session));
    //这里是对HibernateCallBack中回调函数的调用，Session作为参数可以由回调函数使用
            T result = action.doInHibernate(sessionToExpose);
            flushIfNecessary(session, existingTransaction);
            return result;
        }
        catch (HibernateException ex) {
            throw convertHibernateAccessException(ex);
        }
        catch (SQLException ex) {
            throw convertJdbcAccessException(ex);
        }
        catch (RuntimeException ex) {
            throw ex;
        } //如果存在Transaction，那么当前的回调使用完Session后，不关闭这个Session
        finally {
            if (existingTransaction) {
                logger.debug("Not closing pre-bound Hibernate Session after HibernateTemplate");
                disableFilters(session);
                if (previousFlushMode != null) {
                    session.setFlushMode(previousFlushMode);
                }
            } //如果不存在Transaction，那么关闭当前的Session
            else {
                if (isAlwaysUseNewSession()) {
                    SessionFactoryUtils.closeSession(session);
                }
                else {
                    SessionFactoryUtils.closeSessionOrRegisterDeferredClose
                    (session, getSessionFactory());
                }
            }
        }
    }
```

从代码中可以看到，execute方法对Hibernate的处理与单独使用Hibernate完成O/R映射的过程非常类似。因为在使用Hibernate时，往往需要考虑事务管理，所以，在execute方法中，也需要对事务管理的使用做一些处理，这些都和Session的获得有关。

要创建Session，可以由已经准备好的SessionFactory来完成。在完成了对Hibernate的FlushMode设置以后，通过调用定义好的回调方法来实现，比如，可以在execute方法中设置方法参数中的HibernateCallback对象，并重写回调方法doInHibernate，从而实现通过Hibernate来完成数据持久化操作。在这个回调方法中封装了对Hibernate的具体使用。在执行完回调以后，完成对当前Session的处理。是否关闭当前Session，是需要根据事务管理的情况来决定的。

对于常用的HibernateTemplate的API，在通过它们在Spring应用中使用Hibernate时，大多都是通过调用前面分析过的HibernateTemplate的execute方法来完成的，这个实现一般通过为excute方法提供HibernateCallback的回调来完成。以HibernateTemplate中实现的find方法为例来说明这个实现原理。这个find方法负责的工作是，根据给出的HQL来完成Hibernate查询。在这个例子中，可以看到Spring使用Hibernate的实现思路，我们从find方法在HibernateTemplate中的具体实现入手，如代码清单5-20所示。这个find方法中定义了HibernateCallback回调，这个回调方法通过Session来创建一个query，在为这个query对象配置好参数以后，启动查询得到查询结果，查询结果是一个持有对象的List。这里对Hibernate的使用与单独使用Hibernate的query和HQL语句来完成对象查询是一样的。

代码清单5-20 HibernateTemplate中find方法的实现

```
public List find(final String queryString, final Object... values) throws DataAccessException {
    return executeWithNativeSession(new HibernateCallback<List>() {
        //这里是提供回调函数的地方
        public List doInHibernate(Session session) throws HibernateException {
            //使用Session创建Hibernate的query
            Query queryObject = session.createQuery(queryString);
            prepareQuery(queryObject);
            //这里为query配置参数，并返回query的结果
            if (values != null) {
                for (int i = 0; i < values.length; i++) {
                    queryObject.setParameter(i, values[i]);
                }
            }
            return queryObject.list();
        }
    });
}
```

除了上面看到的例子外，HibernateTemplate中还有许多其他的方法，从名字上就可以大致了解到这些方法所代表的对Hibernate的相关操作。只要看看源代码，就会发现在HibernateTemplate的回调函数中使用的就是Hibernate的API。在HibernateTemplate中实现的是对Hibernate API的封装，通过这一层template的封装来简化Hibernate的使用。

5.5.4 Session的管理

在这些对Hibernate API的使用中，离不开Hibernate的Session，它是Hibernate处理持久化对象的上下文，也是使用Hibernate完成持久化工作的一个核心类。前面已经介绍了，Spring对Hibernate Session的管理功能是由SessionFactoryUtils这个类来提供的，如代码清单5-21所示。在得到Session的过程中，考虑到事务处理的情况，如果当前线程已经绑定事务，而且这个事务是通过Hibernate的Session来实现的，那么Session使用的Connection就应该是与当前线程绑定的那个。新建Session和单独使用SessionFactory打开新Session一样，都是使用SessionFactory的openSession来创建新的Session。这些与Session相关的动作执行都和当前的事务管理状态有很大的关系。关于Spring的事务管理，会在第6章进行详细分析。

代码清单5-21 利用SessionFactoryUtils创建Session

```
//这个方法使用SessionFactory创建新的Session
public static Session getNewSession(SessionFactory sessionFactory, Interceptor
entityInterceptor) {
    Assert.notNull(sessionFactory, "No SessionFactory specified");
    try {
        SessionHolder sessionHolder = (SessionHolder) TransactionSynchronizationManager.
        getResource(sessionFactory);
        if (sessionHolder != null && !sessionHolder.isEmpty()) {
            if (entityInterceptor != null) {
                return sessionFactory.openSession
                (sessionHolder.getAnySession().connection(), entityInterceptor);
            }
            else {
                return sessionFactory.openSession
                (sessionHolder.getAnySession().connection());
            }
        }
        else {
            if (entityInterceptor != null) {
                return sessionFactory.openSession(entityInterceptor);
            }
            else {
                return sessionFactory.openSession();
            }
        }
    }
    catch (HibernateException ex) {
        throw new DataAccessResourceFailureException("Could not open Hibernate
        Session", ex);
    }
}
```

对于不需要强制新建Session的情况，Session的取得就比较复杂。在SessionFactoryUtils中实现getSession的代码如代码清单5-22所示，包括了与事务处理相关的部分和Session与线程绑定的处理。根据事务处理的情况来得到需要的Session，这个Session可以是以前与线程绑定的那个Session，也可以是一个新创建的Session。

代码清单5-22 SessionFactoryUtils的getSession

```
public static Session getSession(
        SessionFactory sessionFactory, Interceptor entityInterceptor,
        SQLExceptionTranslator jdbcExceptionTranslator) throws DataAccessResource
            FailureException {
        try {
            return doGetSession(sessionFactory, entityInterceptor,
            jdbcExceptionTranslator, true);
        }
        catch (HibernateException ex) {
            throw new DataAccessResourceFailureException("Could not open
            Hibernate Session", ex);
        }
}
//doGetSession是实际取得Session的地方
private static Session doGetSession(
        SessionFactory sessionFactory, Interceptor entityInterceptor,
        SQLExceptionTranslator jdbcExceptionTranslator, boolean allowCreate)
        throws HibernateException, IllegalStateException {
        Assert.notNull(sessionFactory, "No SessionFactory specified");
        //取得和当前线程绑定的SessionHolder
        SessionHolder sessionHolder = (SessionHolder) TransactionSynchronizationManager.
        getResource(sessionFactory);
        if (sessionHolder != null && !sessionHolder.isEmpty()) {
        // 当前线程中有SessionHolder，说明在前面线程的执行中已经创建过Session了
        Session session = null;
        if (TransactionSynchronizationManager.isSynchronizationActive() &&
            sessionHolder.doesNotHoldNonDefaultSession()) {
            // 在Spring的Transaction管理中，使用的是与当前事务绑定的Session
            session = sessionHolder.getValidatedSession();
            if (session != null && !sessionHolder.
                isSynchronizedWithTransaction()) {
                logger.debug("Registering Spring transaction synchronization for
                existing Hibernate Session");
                TransactionSynchronizationManager.registerSynchronization(
                new SpringSessionSynchronization(sessionHolder, sessionFactory,
                jdbcExceptionTranslator, false));
                sessionHolder.setSynchronizedWithTransaction(true);
                // 设置FlushMode的状态
                FlushMode flushMode = session.getFlushMode();
                if (flushMode.lessThan(FlushMode.COMMIT) &&
                    !TransactionSynchronizationManager.
                    isCurrentTransactionReadOnly()) {
                    session.setFlushMode(FlushMode.AUTO);
                    sessionHolder.setPreviousFlushMode(flushMode);
                }
                }
            }
            else {
                            session = getJtaSynchronizedSession
                (sessionHolder, sessionFactory, jdbcExceptionTranslator);
            } //返回已有的Session，这种情况下，不需要创建新的Session
            if (session != null) {
                return session;
```

```
        }
    }
    //创建新的Session，因为当前线程还没有建立过Session
    logger.debug("Opening Hibernate Session");
    Session session = (entityInterceptor != null ?
            sessionFactory.openSession(entityInterceptor) :
            sessionFactory.openSession());
    // 这里把新创建的Session与线程绑定，并同时根据事务管理器的设置进行设置
    if (TransactionSynchronizationManager.isSynchronizationActive()) {
            logger.debug("Registering Spring transaction synchronization for
            new Hibernate Session");
        SessionHolder holderToUse = sessionHolder;
        if (holderToUse == null) {
            holderToUse = new SessionHolder(session);
        }
        else {
            holderToUse.addSession(session);
        }
        if (TransactionSynchronizationManager.
        isCurrentTransactionReadOnly()) {
            session.setFlushMode(FlushMode.MANUAL);
        }
        TransactionSynchronizationManager.registerSynchronization(
                new SpringSessionSynchronization(holderToUse, sessionFactory,
                jdbcExceptionTranslator, true));
        holderToUse.setSynchronizedWithTransaction(true);
        if (holderToUse != sessionHolder) {
            TransactionSynchronizationManager.bindResource(sessionFactory, holderToUse);
        }
    }
    else {
                registerJtaSynchronization(session, sessionFactory,
            jdbcExceptionTranslator,sessionHolder);
    }
            if (!allowCreate && !isSessionTransactional(session, sessionFactory)) {
        closeSession(session);
        throw new IllegalStateException("No Hibernate Session bound to thread, " +
        "and configuration does not allow creation of non-transactional one here");
    }
    return session;
}
```

在得到需要的Session以后，用户就可以像使用其他的在Spring中出现的Template那样来使用Hibernate的基本功能。在HibernateTemplate的使用中可以看到，Spring为Session的获取和关闭做好了准备，同时，在事务处理相关的工作方面，比如和线程的绑定操作等，也都做好了封装。这些过程，如果没有被Spring封装，那么都是需要在Hibernate应用中手动处理的，这不但繁琐而且需要一定的技巧。从以上的Spring实现中可以看到，这些重复的处理过程都在HibernateTemplate中完成，这种一致化降低了应用开发的难度，体现了Spring的价值。

5.6 Spring驱动iBatis的设计与实现

iBatis也是一个优秀的ORM开源产品，它的实现有其独到之处。相比Hibernate动态生成SQL的实现方式，iBatis采用XML描述的SQL语句来控制读取数据库的操作，使用户使用起来非常方便。与其他的ORM产品相比，iBatis的优势是它的易用性。iBatis现在已经是Apache基金会的一个子项目，如果想了解iBatis项目的详细情况，可以到http://ibatis. apache.org上去看一看。在Spring中，和对Hibernate提供封装一样，也对iBatis提供了封装，它们的设计有非常类似的地方、熟悉Spring Hibernate的设计后，对Spring iBatis的设计也就不难理解了。

5.6.1 设计原理

对iBatis的使用相对来说比较简单，在Spring的封装中，有几个基本过程。首先需要创建SqlMapClient，这个SqlMapClient类似于在Hibernate中的Session，对于它的创建，在Spring中设计了SqlMapClientFactoryBean，通过这个FactoryBean来读取对SqlMapClient的配置和具体创建。

在配置和创建好SqlMapClient之后，在Spring中同样为SqlMapClient的使用封装了SqlMapClientTemplate，它同样作为一个模板类，封装了通过SqlMapClient完成的主要操作。关于具体的SqlMapClientFactoryBean和SqlMapClientTemplate的实现是下面要分析的主要内容。

5.6.2 创建SqlMapClient

与前面分析Hibernate的实现一样，在分析iBatis实现时，也从Spring读取iBatis的配置入手来了解Spring驱动iBatis的设计与实现。

在Spring的IoC容器中，iBatis实例通常通过SqlMapClientFactoryBean来设置，这个FactoryBean的具体实现如代码清单5-23所示。在SqlMapClientFactoryBean中完成SqlMapClient的创建，SqlMapClient是用户使用iBatis操作数据库的主要类。这个创建过程包括一些对SqlMapClient的配置过程（比如对数据源DataSource的配置），以及对参数的配置等。这个创建过程是在afterPropertiesSet中完成的，它在依赖注入完成以后被IoC容器回调。对于这个InitializingBean接口的IoC回调方法，大家都已经很熟悉了。

代码清单5-23 SqlMapClientFactoryBean的getObject

```
//返回SqlMapClient
public SqlMapClient getObject() {
    return this.sqlMapClient;
}
public void afterPropertiesSet() throws Exception {
    if (this.lobHandler != null) {
        //为SqlMapClient设置LobHander
        configTimeLobHandlerHolder.set(this.lobHandler);
    }
    //这里是创建SqlMapClient的入口
    try {
        this.sqlMapClient = buildSqlMapClient(this.configLocations,
```

```
            this.mappingLocations, this.sqlMapClientProperties);
            //为SqlMapClient设置DataSource数据源
            if (this.dataSource != null) {
                TransactionConfig transactionConfig = (TransactionConfig)
                this.transactionConfigClass.newInstance();
                DataSource dataSourceToUse = this.dataSource;
                if (this.useTransactionAwareDataSource && !(this.dataSource
                instanceof TransactionAwareDataSourceProxy)) {
                    dataSourceToUse = new TransactionAware DataSourceProxy
                    (this.dataSource);
                }
                transactionConfig.setDataSource(dataSourceToUse);
                transactionConfig.initialize(this.transactionConfigProperties);
                applyTransactionConfig(this.sqlMapClient, transactionConfig);
            }
        }
        finally {
            if (this.lobHandler != null) {
                configTimeLobHandlerHolder.set(null);
            }
        }
    }
    //具体的SqlMapClient的创建过程
    protected SqlMapClient buildSqlMapClient(
            Resource[] configLocations, Resource[] mappingLocations, Properties properties)
            throws IOException {
        if (ObjectUtils.isEmpty(configLocations)) {
            throw new IllegalArgumentException("At least 1 'configLocation' entry is required");
        }
        SqlMapClient client = null;
        SqlMapConfigParser configParser = new SqlMapConfigParser();
        for (Resource configLocation : configLocations) {
            InputStream is = configLocation.getInputStream();
            try {
                client = configParser.parse(is, properties);
            }
            catch (RuntimeException ex) {
                throw new NestedIOException("Failed to parse config resource: " +
                configLocation, ex.getCause());
            }
        }
        if (mappingLocations != null) {
            SqlMapParser mapParser = SqlMapParserFactory.
            createSqlMapParser(configParser);
            for (Resource mappingLocation : mappingLocations) {
                try {
                    mapParser.parse(mappingLocation.getInputStream());
                }
                catch (NodeletException ex) {
                    throw new NestedIOException("Failed to parse mapping resource:
                    " + mappingLocation, ex);
                }
            }
        }
        return client;
    }
```

5.6.3 SqlMapClientTemplate的实现

自SqlMapClient创建以来，Spring还是使用一贯的办法，封装了一个Template类，在对iBatis的SqlMapClient的使用中，用SqlMapClientTemplate来封装对iBatis的操作。SqlMapClientTemplate的类继承关系如图5-14所示。

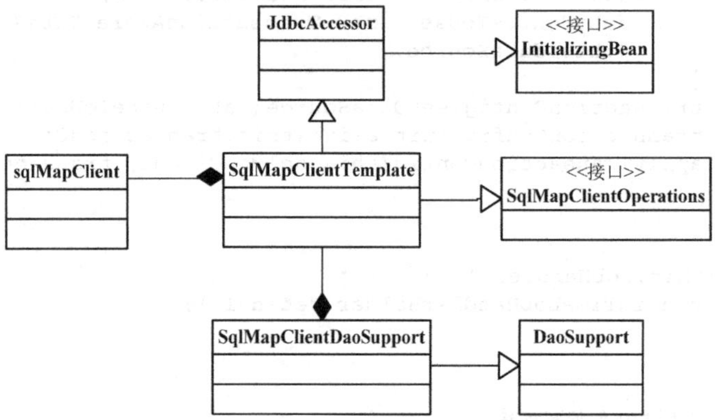

图5-14 SqlMapClientTemplate的类继承关系

从图5-14中可以看到，SqlMapClientTemplate是一个核心，这个类持有一个SqlMapClient，这个类是iBatis的类，是直接使用iBatis时需要用到的，它提供了使用iBatis的API，类似于Hibernate中的Session。同时，SqlMapClientDaoSupport中持有一个SqlMapClientTemplate，尽管对iBatis的操作基本是由SqlMapClientTemplate来完成的，但应用可以通过扩展SqlMapClientDaoSupport来对iBatis进行操作。Spring封装iBatis的操作基本上封装在SqlMapClientTemplate的设计和实现中，具体的设计时序如图5-15所示。

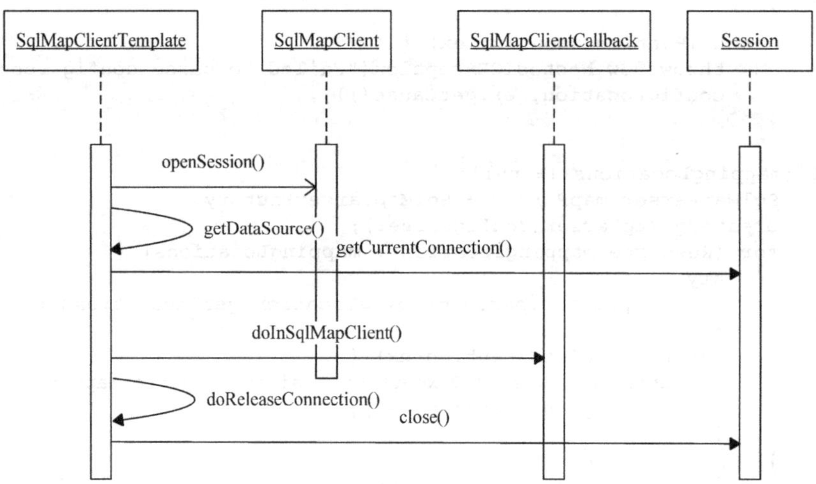

图5-15 SqlMapClientTemplate的设计时序

在这个时序过程中，Template会先从SqlMapClient中得到Session和DataSource，并进行一系列的初始化过程，然后回调SqlMapClientCallback的doInSqlMapClient方法执行具体的动作，最后释放数据库连接和关闭Session。关于具体的实现，我们可以参考SqlMapClientTemplate的源代码，如代码清单5-24所示。

代码清单5-24 SqlMapClientTemplate的execute

```
//使用SqlMapExecutor来完成数据的操作
public <T> T execute(SqlMapClientCallback<T> action) throws DataAccessException {
    Assert.notNull(action, "Callback object must not be null");
    Assert.notNull(this.sqlMapClient, "No SqlMapClient specified");
    //通过SqlMapClient创建SqlMapSession
    SqlMapSession session = this.sqlMapClient.openSession();
    if (logger.isDebugEnabled()) {
        logger.debug("Opened SqlMapSession [" + session + "] for iBATIS operation");
    }
    Connection ibatisCon = null;
    //这里获取DataSource数据源
    try {
        Connection springCon = null;
        DataSource dataSource = getDataSource();
        boolean transactionAware = (dataSource instanceof
        TransactionAwareDataSourceProxy);
        /*这里获取Connection，如果已经在Spring的事务管理之下，数据源可以直接使用，否则，
          使用DataSourceUtils来产生需要的Connection，并将得到的Connection置于Spring
          的事务管理之中 */
        try {
            ibatisCon = session.getCurrentConnection();
            if (ibatisCon == null) {
                springCon = (transactionAware ?
                        dataSource.getConnection() : DataSourceUtils.
                        doGetConnection(dataSource));
                session.setUserConnection(springCon);
                if (logger.isDebugEnabled()) {
                    logger.debug("Obtained JDBC Connection [" + springCon + "]
                    for iBATIS operation");
                }
            }
            else {
                if (logger.isDebugEnabled()) {
                    logger.debug("Reusing JDBC Connection [" + ibatisCon + "]
                    for iBATIS operation");
                }
            }
        }
        catch (SQLException ex) {
            throw new CannotGetJdbcConnectionException("Could not get
        JDBC Connection", ex);
        }
        // 这里执行SqlMapClientCallback的回调
        try {
            return action.doInSqlMapClient(session);
        }
```

```
        catch (SQLException ex) {
            throw getExceptionTranslator().translate("SqlMapClient operation",
            null, ex);
        } //释放DataSource
        finally {
            try {
                if (springCon != null) {
                    if (transactionAware) {
                        springCon.close();
                    }
                    else {
                        DataSourceUtils.doReleaseConnection(springCon, dataSource);
                    }
                }
            }
            catch (Throwable ex) {
                logger.debug("Could not close JDBC Connection", ex);
            }
        }

    }
    finally {
        if (ibatisCon == null) {
          session.close();
        }
    }
}
```

SqlMapClientTemplate的其他方法与Spring封装的HibernateTemplate实现一样，也是通过调用execute方法并提供回调函数来实现的。以常用的queryForObject为例，来了解这个queryForObject的实现过程，如代码清单5-25所示。

代码清单5-25 SqlMapClientTemplate的queryForObject

```
public Object queryForObject(final String statementName, final Object parameterObject)
        throws DataAccessException {
    //这里调用了execute，同时提供了使用SqlMapExecutor的回调函数
    return execute(new SqlMapClientCallback<Object>() {
        public Object doInSqlMapClient(SqlMapExecutor executor) throws SQLException {
           return executor.queryForObject(statementName, parameterObject);
        }
    });
}
```

在得到需要的SqlMapClient以后，应用就可以像使用其他的Template那样使用iBatis的基本功能了。在SqlMapClientTemplate中，Spring已经为对DataSource的获取和关闭，以及事务处理的绑定做好了封装，同时在这些基础上为用户提供了许多便利的iBatis的操作实现。与前面的JdbcTemplate、HibernateTemplate一样，实现的方法也非常类似。感兴趣的读者不妨比较一下这三种Template实现的异同点，相信能够加深对这些Spring数据库操作组件的理解。

5.7 小结

本章详细讲解了Spring与数据库操作相关的部分。在Spring中，数据库的操作组件大致可以分为两个大类：一类是Spring通过JDBC的封装为用户直接提供对数据库进行操作的组件；另一类是Spring集成现有的ORM工具，在使用ORM工具的基础上，提供对数据库进行操作的组件。已有很多ORM领域的优秀产品实现成为Spring ORM部分需要集成的目标，这其中包括了大家熟悉的Hibernate、iBatis、JPA、JDO等。本章选取了Hibernate和iBatis，以它们为例来分析Spring对ORM产品驱动的实现原理。

本章首先涉及的内容是对Spring JDBC实现原理的分析，通过了解Spring JDBC的实现原理，可以发现，使用Spring JDBC可以帮助用户完成许多基本的数据库操作，这些基本操作在Spring中是由JdbcTeamplate来提供的。在JdbcTemplate的基础之上，Spring还提供了许多RDBMS对象，通过对这些RDBMS对象的操作，可以帮助用户更便利地进行数据库应用的开发。在这里，虽然没有使用像Hibernate这样的ORM方案，但是通过灵活运用RDBMS，也能完成一些简单的数据和Java对象的映射工作，这在很大程度上方便了使用JDBC进行数据库操作的应用开发人员。例如，可以使用MappingSqlQuery将表数据直接映射到一个对象集合中。这有点像简单的ORM工具完成的功能，但是因为映射比较简单，使用基本的JDBC就可以了，还没有复杂到需要引入第三方ORM工具的地步。从这个角度来看，Spring的确为用户提供了许多灵活的选择来为应用代码的实现提供支持。至于选择什么样的技术方案来支撑应用的开发，需要Spring应用开发者根据自己的项目特点来确定。但Spring已经为用户准备了非常丰富的备选方案，在这点上充分体现了Spring的应用平台价值。

与JdbcTemplate提供对JDBC操作的支持一样，Spring为使用Hibernate实现O/R映射的应用提供了HibernateTemplate。HibernateTemplate的使用和实现的方法都与JdbcTemplate非常类似，同时HibernateTemplate还封装了对Hibernate Session的管理，免去了应用自己去实现与线程绑定，以及与事务管理相结合的重复工作。通过这一层简单的封装，使用户在Spring环境中使用Hibernate更加简单高效。

iBatis作为使用上比较简洁的另一个知名ORM产品iBatis，Spring没有理由不对它提供支持。在这里，与对Hibernate提供支持一样，Spring依然通过FactoryBean来完成对iBatis的配置，使用Template来封装相应的操作。尽管iBatis的使用已经很简单了，但经过Spring内部的封装后，iBatis的使用变得更加简洁而有力了。

万紫千红总是春，对于企业中应用得很普遍的数据库操作，Spring提供了如此多的技术选择，就像春天广阔原野上盛开着的朵朵鲜花，任君采撷。通过Spring的有效封装，这些选择的实现又体现出一种内在的和谐与统一。理解了其中的机理，举一反三，进而自由地去选择适合自己的数据库操作方案，从而可以更游刃有余地去满足应用的需求。

第6章

Spring事务处理的实现

子曰："参乎！吾道一以贯之。"

——【春秋】孔子《论语》里仁篇

本章内容

- Spring与事务处理
- Spring事务处理的设计概览
- Spring事务处理的应用场景
- Spring声明式事务处理
- Spring事务处理的设计与实现
- Spring事务处理器的设计与实现

6.1　Spring与事务处理

Java EE应用中的事务处理是一个重要并且涉及范围很广的领域。对于读者已经很熟悉的ACID属性，这里就不做过多阐述了。事务管理的实现往往涉及并发和数据一致性方面的问题，具有这些方面的知识背景，可以增强对事务处理的理解。作为应用平台的Spring，具有在多种环境中配置和使用事务处理的能力，也就是说通过使用Spring的事务处理，可以把事务处理的工作统一起来，并为事务处理提供通用的支持。

由于这方面的内容比较多且比较复杂，因此本章只阐述一些在事务处理中最为基本的使用场景，即Spring是怎样实现对单个数据库局部事务的处理的。在涉及单个数据库局部事务的事务处理中，事务的最终实现和数据库的支持是紧密相关的。对局部数据库事务来说，一个事务处理的操作单元往往对应着一系列的数据库操作。数据库产品对这些数据库的SQL操作已经提供了原子性的支持，对SQL操作而言，它的操作结果有两种：一种是提交成功，数据库操作成功；另一种是回滚，数据库操作不成功，恢复到操作以前的状态。

在事务处理中，事务处理单元的设计与相应的业务逻辑设计有很紧密的联系。在很多情况下，不会只有一个单独的数据库操作，而是有一组数据库操作。在这个处理过程中，首先涉及的是事务处理单元划分的问题， Spring借助IoC容器的强大配置能力，为应用提供了声明式的事务划分方式，这种声明式的事务处理，为Spring应用使用事务管理提供了统一的方式。有了Spring事务管理的支持，只需要通过一些简单的配置，应用就能完成复杂的事务处理工作，从而为用户使用事务处理提供很大的方便。

6.2　Spring事务处理的设计概览

在Spring的事务处理模块中，可以看到的类层次结构如图6-1所示。

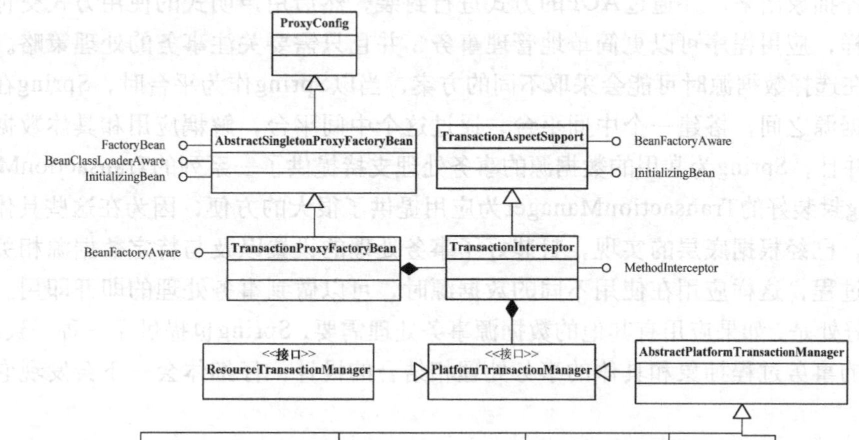

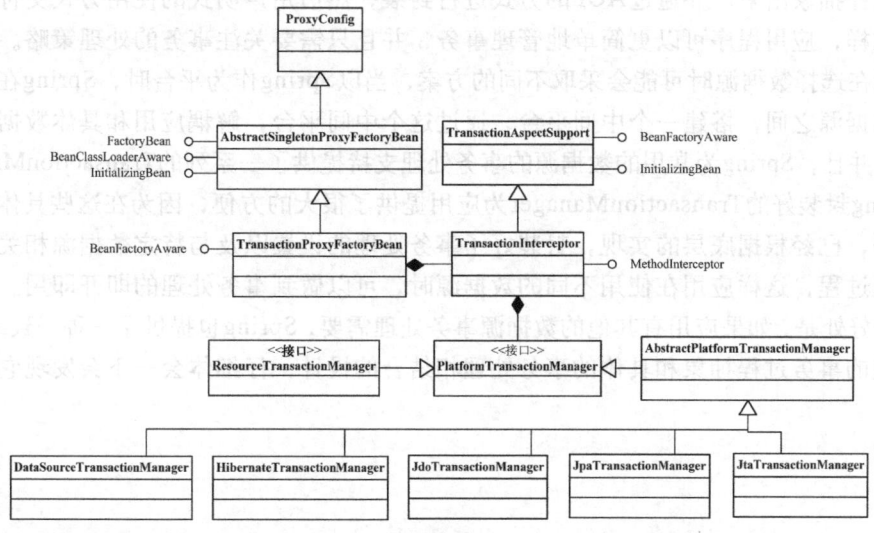

图6-1　Spring的事务处理模块中的类层次结构

从图6-1中可以看到，Spring事务处理模块是通过AOP功能来实现声明式事务处理的，比如事务属性的配置和读取，事务对象的抽象等。因此，在Spring事务处理中，可以通过设计一个TransactionProxyFactoryBean来使用AOP功能，通过这个TransactionProxyFactoryBean可以生成Proxy代理对象，在这个代理对象中，通过TransactionInterceptor来完成对代理方法的拦截，正是这些AOP的拦截功能，将事务处理的功能编织进来。在Spring事务处理中，在实现声明式事务处理时，这是AOP和IoC模块集成的部分。对于具体的事务处理实现，比如事务的生成、提交、回滚、挂起等，由于不同的底层数据库有不同的支持方式，因此，在Spring事务处理中，对主要的事务实现做了一个抽象和适配。适配的具体事务处理器包括：对DataSource数据源的事务处理支持，对Hibernate数据源的事务处理支持，对JDO数据源的事务处理支持，对JPA和JTA等数据源的事务处理支持等。这一系列的事务处理支持，都是通过设计PlatformTransactionManager、AbstractPlatforTransactionManager以及一系列具体事务处理器来实现的，而PlatformTransactionManager又实现了TransactionInterceptor接口，通过这样一个接口实现设计，就把这一系列的事务处理的实现与前面提到的TransactionProxyFactoryBean结合起来，从而形成了一个Spring声明式事务处理的设计体系。

6.3 Spring事务处理的应用场景

Spring作为应用平台或框架的设计出发点是支持POJO的开发，这点在实现事务处理的时候也不例外。在Spring中，它既支持编程式事务管理方式，又支持声明式事务处理方式，在使用Spring处理事务的时候，声明式事务处理通常比编程式事务管理更方便一些。

Spring对应用的支持，一方面，通过声明式事务处理，将事务处理的过程和业务代码分离出来。这种声明方式实际上是通过AOP的方式来完成。显然，Spring已经把那些通用的事务处理过程抽象出来，并通过AOP的方式进行封装，然后用声明式的使用方式交付给客户使用。这样，应用程序可以更简单地管理事务，并且只需要关注事务的处理策略。另一方面，应用在选择数据源时可能会采取不同的方案，当以Spring作为平台时，Spring在应用和具体的数据源之间，搭建一个中间平台，通过这个中间平台，解耦应用和具体数据源之间的绑定，并且，Spring为常用的数据源的事务处理支持提供了一系列的TransactionManager。这些Spring封装好的TransactionManager为应用提供了很大的方便，因为在这些具体事务处理过程中，已经根据底层的实现，封装好了事务处理的设置以及与特定数据源相关的特定事务处理过程，这样应用在使用不同的数据源时，可以做到事务处理的即开即用。这样的另外一个好处是，如果应用有其他的数据源事务处理需要，Spring也提供了一种一致的方式。这种有机的事务过程抽象和具体的事务处理相结合的设计，仔细体会一下会发现它是非常精妙的。

6.4 Spring声明式事务处理

6.4.1 设计原理与基本过程

在使用Spring声明式事务处理的时候，一种常用的方法是结合IoC容器和Spring已有的TransactionProxyFactoryBean对事务管理进行配置，比如，可以在这个TransactionProxyFactoryBean中为事务方法配置传播行为、并发事务隔离级别等事务处理属性，从而对声明式事务的处理提供指导。具体来说，在以下的内容中，在对声明式事务处理的原理分析中，声明式事务处理的实现大致可以分为以下几个部分：

- 读取和处理在IoC容器中配置的事务处理属性，并转化为Spring事务处理需要的内部数据结构。具体来说，这里涉及的类是TransactionAttributeSourceAdvisor，从名字可以看出，它是一个AOP通知器，Spring使用这个通知器来完成对事务处理属性值的处理。处理的结果是，在IoC容器中配置的事务处理属性信息，会被读入并转化成TransactionAttribute表示的数据对象，这个数据对象是Spring对事物处理属性值的数据抽象，对这些属性的处理是和TransactionProxyFactoryBean拦截下来的事务方法的处理结合起来的。
- Spring事务处理模块实现统一的事务处理过程。这个通用的事务处理过程包含处理事务配置属性，以及与线程绑定完成事务处理的过程，Spring通过TransactionInfo和TransactionStatus这两个数据对象，在事务处理过程中记录和传递相关执行场景。
- 底层的事务处理实现。对于底层的事务操作，Spring委托给具体的事务处理器来完成，这些具体的事务处理器，就是在IoC容器中配置声明式事务处理时，配置的PlatformTransactionManager的具体实现，比如DataSourceTransactionManager和HibernateTransactionManager等。这两个具体的事务处理器的实现原理也是本章分析的内容。

6.4.2 实现分析

1. 事务处理拦截器的配置

和前面的思路一样，从声明式事务处理的基本用法入手，来了解它的基本实现原理。大家都已经很熟悉了，在使用声明式事务处理的时候，需要在IoC容器中配置TransactionProxyFactoryBean，这是一个FactoryBean，对于FactoryBean这个在Spring中经常使用的工厂Bean，大家一定不会陌生。看到FactoryBean，毫无疑问，会让大家立刻想起它的getObject()方法，但关于具体是怎样建立起事务处理的对象机制的，可以通过下面的时序图进行了解，如图6-2所示。在IoC容器进行注入的时候，会创建TransactionInterceptor对象，而这个对象会创建一个TransactionAttributePointcut，为读取TransactionAttribute做准备。在容器初始化的过程中，由于实现了InitializingBean接口，因此AbstractSingletonProxyFactoryBean会实现afterPropertiesSet()方法，正是在这个方法实例化了一个ProxyFactory，建立起Spring AOP的应用，在这里，会为这个ProxyFactory设置通知、目标对象，并最终返回Proxy代理对象。在Proxy代理对象建立起来以后，在调用其代理方法的时候，会调用相应的Transaction-Interceptor拦截器，在这个调用中，会根据TransactionAttribute配置的事务属性进行配置，从而为事务处理做好准备。

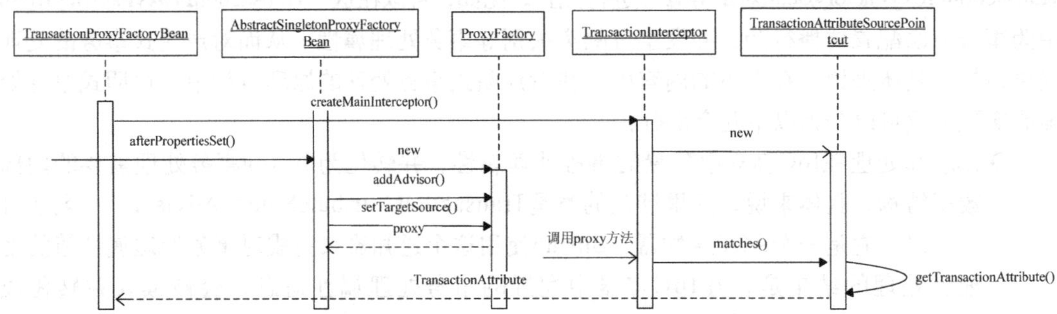

图6-2 建立事务处理对象的时序图

从TransactionProxyFactoryBean入手，通过代码实现来了解Spring是如何通过AOP功能来完成事务管理配置的，具体时序图如代码清单6-1所示。从代码清单6-1中可以看到，Spring为声明式事务处理的实现所做的一些准备工作：包括为AOP配置基础设施，这些基础设施包括设置拦截器TransactionInterceptor、通知器DefaultPointcutAdvisor或TransactionAttributeSourceAdvisor。同时，在TransactionProxyFactoryBean的实现中，还可以看到注入进来的PlatformTransactionManager和事务处理属性TransactionAttribute等。

代码清单6-1 TransactionProxyFactoryBean

```
public class TransactionProxyFactoryBean extends AbstractSingletonProxyFactoryBean
    implements BeanFactoryAware {
/*这个拦截器TransactionInterceptor通过AOP发挥作用，通过这个拦截器的实现，Spring封装了事
  务处理实现，关于它的具体实现，下面会详细地分析*/
private final TransactionInterceptor transactionInterceptor = new TransactionInterceptor();
private Pointcut pointcut;
//通过依赖注入的PlatformTransactionManager
public void setTransactionManager(PlatformTransactionManager transactionManager) {
    this.transactionInterceptor.setTransactionManager(transactionManager);
}
//通过依赖注入的事务属性以Properties的形式出现
//把从BeanDefinition中读到的事务管理的属性信息注入到TransactionInterceptor中
public void setTransactionAttributes(Properties transactionAttributes) {
    this.transactionInterceptor.setTransactionAttributes
    (transactionAttributes);
}
public void setTransactionAttributeSource(TransactionAttributeSource
transactionAttributeSource) {
this.transactionInterceptor.setTransactionAttributeSource(transactionAttributeSource);
}
```

```
public void setPointcut(Pointcut pointcut) {
    this.pointcut = pointcut;
}
public void setBeanFactory(BeanFactory beanFactory) {
    this.transactionInterceptor.setBeanFactory(beanFactory);
}
//这里创建Spring AOP对事务处理的Advisor
protected Object createMainInterceptor() {
    this.transactionInterceptor.afterPropertiesSet();
    if (this.pointcut != null) {
    //这里使用默认的通知器DefaultPointcutAdvisor，并为通知器配置事务处理拦截器
        return new DefaultPointcutAdvisor(this.pointcut,
        this.transactionInterceptor);
    }
    else {
        /*如果没有配置pointcut，使用TransactionAttributeSourceAdvisor作为通知器，并
          为通知器设置TransactionInterceptor作为拦截器
    */
        return new TransactionAttributeSourceAdvisor
        (this.transactionInterceptor);
    }
}
```

以上代码完成了AOP配置，对于用户来说，一个值得关心的问题是，Spring的TransactionInterceptor配置是在什么时候被启动并成为Advisor通知器的一部分的呢？从对createMainInterceptor方法的调用分析中可以看到，这个createMainInterceptor方法在IoC容器完成Bean的依赖注入时，通过initializeBean方法被调用，具体的调用过程如图6-3所示。

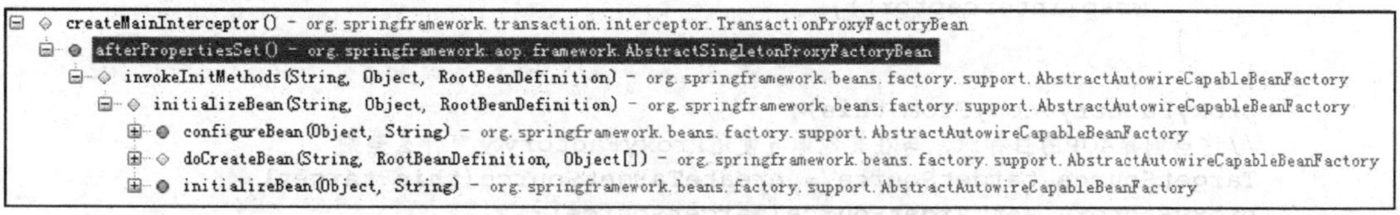

图6-3 调用createMainInterceptor的过程

在TransactionProxyFactoryBean中看到的afterPropertiesSet方法，是Spring事务处理完成AOP配置的地方，这个afterPropertiesSet方法的功能实现如代码清单6-2所示。在代码清单6-2中可以看到，在建立TransactionProxyFactoryBean的事务处理拦截器的时候，首先需要对ProxyFactoryBean的目标Bean设置进行检查，如果这个目标Bean的设置是正确的，就会创建一个ProxyFactory对象，从而实现AOP的使用。在afterPropertiesSet的方法实现中，可以看到为ProxyFactory生成代理对象、配置通知器、设置代理接口方法等。

代码清单6-2 TransactionProxyFactoryBean的afterPropertiesSet

```
public void afterPropertiesSet() {
    //必须配置target的属性，同时需要target是一个bean reference
    if (this.target == null) {
        throw new IllegalArgumentException("Property 'target' is required");
```

```
    }
    if (this.target instanceof String) {
        throw new IllegalArgumentException("'target' needs to be a bean reference,
        not a bean name as value");
    }
    if (this.proxyClassLoader == null) {
        this.proxyClassLoader = ClassUtils.getDefaultClassLoader();
    }
    //TransactionProxyFactoryBean使用ProxyFactory完成AOP的基本功能
    /*这个ProxyFactory提供Proxy对象，并将TransactionInterceptor设置为target方法调用
      的拦截器*/
    ProxyFactory proxyFactory = new ProxyFactory();
    if (this.preInterceptors != null) {
        for (Object interceptor : this.preInterceptors) {
          proxyFactory.addAdvisor(this.advisorAdapterRegistry.
          wrap(interceptor));
        }
    }
    //这里是Spring加入通知器的地方
    /*可以加入两种通知器，   分别是DefaultPointcutAdvisor和TransactionAttributeSourceAdvisor*/
    /*这里调用TransactionProxyFactoryBean的createMainInterceptor方法来生成需要的Advisors*/
    /*在ProxyFactory的基类AdvisedSupport中，维护了一个用来持有advice的LinkedList，通
      过对这个LinkedList的元素执行添加、修改、删除等操作，用来管理配置给ProxyFactory的通
      知器*/
    proxyFactory.addAdvisor(this.advisorAdapterRegistry.wrap
    (createMainInterceptor()));
    if (this.postInterceptors != null) {
        for (Object interceptor : this.postInterceptors) {
          proxyFactory.addAdvisor(this.advisorAdapterRegistry.
          wrap(interceptor));
        }
    }
    proxyFactory.copyFrom(this);
    //这里创建AOP的目标源，与在其他地方使用ProxyFactory没有什么差别
    TargetSource targetSource = createTargetSource(this.target);
    proxyFactory.setTargetSource(targetSource);
    if (this.proxyInterfaces != null) {
        proxyFactory.setInterfaces(this.proxyInterfaces);
    }
    else if (!isProxyTargetClass()) {
        //需要根据AOP基础设施来确定使用哪个接口作为代理
        proxyFactory.setInterfaces(
ClassUtils.getAllInterfacesForClass(targetSource.getTargetClass(),
    this.proxyClassLoader));
    }
    //这里设置代理对象
    this.proxy = proxyFactory.getProxy(this.proxyClassLoader);
}
/*ProxyFactory是如何生成Proxy对象的，可以到ProxyFactory的实现中去了解一下，在AOP实现原
  理的分析中已经分析过了*/
public <T> T  getProxy(ClassLoader classLoader) {
    return (T) createAopProxy().getProxy(classLoader);
}
/*调用createAopProxy()方法来生成Proxy对象，这个方法在ProxyFactory的基类
```

```
    ProxyCreatorSupport中实现*/
    protected final synchronized AopProxy createAopProxy() {
        if (!this.active) {
            activate();
        }//这里使用DefaultAopProxyFactory来创建AopProxy
        /*因为这个ProxyFactory类本身就是ProxyConfig的子类, 所以这里创建AopProxy的过程和一般
          Proxy代理的创建过程是一样的*/
        return getAopProxyFactory().createAopProxy(this);
    }
```

DefaultAopProxyFactory创建AOP Proxy的过程在第4章分析AOP的实现原理时已经分析过了，这里就不再重复了。可以看到，通过以上的一系列步骤，Spring为实现事务处理而设计的拦截器TransctionInterceptor已经设置到ProxyFactory生成的AOP 代理对象中去了，这里的TransactionInterceptor是作为AOP Advice的拦截器来实现它的功能的。在IoC容器中，配置其他与事务处理有关的属性，比如，比较熟悉的transactionManager和事务处理的属性，也同样会被设置到已经定义好的TransactionInterceptor中去。这些属性配置在TransactionInterceptor对事务方法进行拦截时会起作用。在AOP配置完成以后，可以看到，在Spring声明式事务处理实现中的一些重要的类已经悄然登场，比如TransactionAttributeSourceAdvisor和TransactionInterceptor。正是这些类通过AOP封装了Spring对事务处理的基本实现，有了这些基础的知识，下面就可以详细地分析这些类的具体实现。

2. 事务处理配置的读入

在AOP配置完成的基础上，以TransactionAttributeSourceAdvisor的实现为入口，了解具体的事务属性配置是如何读入的，具体实现如代码清单6-3所示。

代码清单6-3 TransactionInterceptor的实现

```
    //与其他Advisor一样，同样需要定义AOP中用到的Interceptor和Pointcut
    //Interceptor使用的是已经见过的拦截器: TransactionInterceptor
    private TransactionInterceptor transactionInterceptor;
    //对于pointcut,这里定义了一个内部类TransactionAttributeSourcePointcut
    private final TransactionAttributeSourcePointcut pointcut = new
    TransactionAttributeSourcePointcut() {
      @Override
      /*这里通过调用transactionInterceptor来得到事务的配置属性, 在对Proxy的方法进行匹配调
        用时, 会使用到这些配置属性*/
        protected TransactionAttributeSource getTransactionAttributeSource() {
            return (transactionInterceptor != null ? transactionInterceptor.g
            etTransactionAttributeSource() : null);
        }
    }
```

在声明式事务处理中，通过对目标对象的方法调用进行拦截实现，这个拦截通过AOP发挥作用。在AOP中，对于拦截的启动，首先需要对方法调用是否需要拦截进行判断，而判断的依据是那些在TransactionProxyFactoryBean中为目标对象设置的事务属性。也就是说，需要判断当前的目标方法调用是不是一个配置好的并且需要进行事务处理的方法调用。具体来说，这个匹配判断在TransactionAttributeSourcePointcut中完成，它的实现如代码清单6-4所

示。在代码清单6-4中，可以看到在AOP的Pointcut类中的一个matches方法，这个matches方法的实现原理在第4章的AOP实现中已经做过分析，这里就不重复了，感兴趣的读者可以去参考第4章的内容。在这个为事务处理服务的TransactionAttributeSourcePointcut的matches方法实现中，首先把事务方法的属性配置读取到TransactionAttributeSource对象中，有了这些事务处理的配置以后，根据当前方法调用的Method对象和目标对象，对是否需要启动事务处理拦截器进行判断。

代码清单6-4 TransactionAttributeSourcePointcut的matches方法

```
public boolean matches(Method method, Class targetClass) {
    TransactionAttributeSource tas = getTransactionAttributeSource();
    return (tas == null || tas.getTransactionAttribute(method, targetClass) != null);
}
```

在Pointcut的matches判断过程中，会用到transactionAttributeSource对象，这个transactionAttributeSource对象是在对TransactionInterceptor进行依赖注入时就配置好的。它的设置是在TransactionInterceptor的基类TransactionAspectSupport中完成的，配置的是一个NameMatchTransactionAttributeSource对象，这个配置过程如代码清单6-5所示。

代码清单6-5 配置transactionAttributeSource

```
//配置transactionAttributeSource
/*这是一个NameMatchTransactionAttributeSource对象，同时把在IoC容器中设置的事务处理属性
  配置到这个transactionAttributeSource中*/
public void setTransactionAttributes(Properties transactionAttributes) {
    NameMatchTransactionAttributeSource tas = new NameMatchTransaction
    AttributeSource();
    tas.setProperties(transactionAttributes);
    this. transactionAttributeSource = tas;
}
```

在以上的代码实现中，可以看到，NameMatchTransactionAttributeSource作为TransactionAttributeSource的具体实现，是实际完成事务处理属性读入和匹配的地方。对于NameMatchTransactionAttributeSource是怎样实现事务处理属性的读入和匹配的，可以在代码清单6-6中看到。在对事务属性TransactionAttributes进行设置时，会从事务处理属性配置中读取事务方法名和配置属性，在得到配置的事务方法名和属性以后，会把它们作为键值对加入到一个nameMap中。

在应用调用目标方法的时候，因为这个目标方法已经被TransactionProxyFactoryBean代理，所以TransactionProxyFactoryBean需要判断这个调用方法是否是事务方法。这个判断的实现，是通过在NameMatchTransactionAttributeSource中能否为这个调用方法返回事务属性来完成的。具体的实现过程是这样的：首先，以调用方法名为索引在nameMap中查找相应的事务处理属性值，如果能够找到，那么就说明该调用方法和事务方法是直接对应的；如果找不到，那么就会遍历整个nameMap，对保存在nameMap中的每一个方法名，使用PatternMatchUtils的SimpleMatch方法进行命名模式上的匹配。这里使用PatternMatchUtils进

行匹配的原因是，在设置事务方法的时候，可以不需要为事务方法设置一个完整的方法名，而可以通过设置方法名的命名模式来完成，比如可以通过对通配符*的使用等。所以，如果直接通过方法名没能够匹配上，而通过方法名的命名模式能够匹配上，这个方法也是需要进行事务处理的方法，相对应地，它所配置的事务处理属性也会从nameMap中取出来，从而触发事务处理拦截器的拦截。

代码清单6-6 NameMatchTransactionAttributeSource的实现

```
//设置配置的事务方法
public void setProperties(Properties transactionAttributes) {
    TransactionAttributeEditor tae = new TransactionAttributeEditor();
    Enumeration propNames = transactionAttributes.propertyNames();
    while (propNames.hasMoreElements()) {
        String methodName = (String) propNames.nextElement();
        String value = transactionAttributes.getProperty(methodName);
        tae.setAsText(value);
        TransactionAttribute attr = (TransactionAttribute) tae.getValue();
        addTransactionalMethod(methodName, attr);
    }
}
public void addTransactionalMethod(String methodName, TransactionAttribute attr) {
    if (logger.isDebugEnabled()) {
        logger.debug("Adding transactional method [" + methodName + "] with
        attribute [" + attr + "]");
    }
    this.nameMap.put(methodName, attr);
}
//对调用的方法进行判断，判断它是否是事务方法，如果是事务方法，那么取出相应的事务配置属性
public TransactionAttribute getTransactionAttribute(Method method, Class targetClass) {
    //判断当前目标调用的方法与配置的事务方法是否直接匹配
    String methodName = method.getName();
    TransactionAttribute attr = this.nameMap.get(methodName);
    //如果不能直接匹配，就通过调用PatternMatchUtils的simpleMatch方法来进行匹配判断
    if (attr == null) {
        String bestNameMatch = null;
        for (String mappedName : this.nameMap.keySet()) {
          if (isMatch(methodName, mappedName) &&
                  (bestNameMatch == null || bestNameMatch.length() <=
                  mappedName.length())) {
                  attr = this.nameMap.get(mappedName);
                  bestNameMatch = mappedName;
          }
        }
    }
    return attr;
}
//事务方法的匹配判断，详细的匹配过程在PatternMatchUtils中实现
protected boolean isMatch(String methodName, String mappedName) {
    return PatternMatchUtils.simpleMatch(mappedName, methodName);
}
```

对getTransactionAttribute的典型调用过程如图6-4所示。

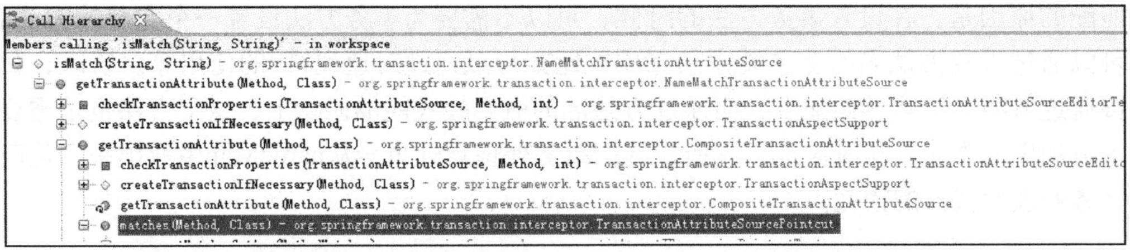

图6-4 getTransactionAttribute的典型调用过程

通过以上过程可以得到与目标对象调用方法相关的TransactionAttribute对象，在这个对象中，封装了事务处理的配置。具体来说，在前面的匹配过程中，如果匹配返回的结果是null，那么说明当前的调用方法不是一个事务方法，不需要纳入Spring统一的事务管理中，因为它并没有配置在TransactionProxyFactoryBean的事务处理设置中。如果返回的TransactionAttribute对象不是null，那么这个返回的TransactionAttribute对象就已经包含了对事务方法的配置信息，对应这个事务方法的具体事务配置也已经读入到TransactionAttribute对象中了，为TransactionInterceptor做好了对调用的目标方法添加事务处理的准备。

3. 事务处理拦截器的设计与实现

在完成以上的准备工作以后，经过TransactionProxyFactoryBean的AOP包装，此时如果对目标对象进行方法调用，起作用的对象实际上是一个Proxy代理对象，对目标对象方法的调用，不会直接作用在TransactionProxyFactoryBean设置的目标对象上，而会被设置的事务处理拦截器拦截。而在TransactionProxyFactoryBean的AOP实现中，获取Proxy对象的过程并不复杂，TransactionProxyFactoryBean作为一个FactoryBean，对这个Bean的对象的引用是通过调用TransactionProxyFactoryBean的getObject方法来得到的。这个方法大家已经很熟悉了，如代码清单6-7所示。

代码清单6-7 TransactionProxyFactoryBean的getObject方法

```
//返回的是一个Proxy，这个Proxy是ProxyFactory生成的AOP代理，已经封装了对事务
//处理的拦截器配置
public Object getObject() {
    if (this.proxy == null) {
        throw new FactoryBeanNotInitializedException();
    }
    return this.proxy;
}
```

关于如何对AOP代理起作用，如果还有印象，大家会注意到一个重要的invoke方法，这个invoke()方法是Proxy代理对象的回调方法，在调用Proxy对象的代理方法时触发这个回调。在事务处理拦截器TransactionInterceptor中，invoke方法的实现如代码清单6-8所示。可以看到，这个回调的实现是很清晰的，其过程是，首先获得调用方法的事务处理配置，这个取得事务处理配置的过程已经在前面分析过了；在得到事务处理配置以后，会取得配置的PlatformTransactionManager，由这个事务处理器来实现事务的创建、提交、回滚操作。

PlatformTransactionManager事务处理器是在IoC容器中配置的，比如，大家已经很熟悉的DataSourceTransactionManager和HibernateTransactionManager。有了这一系列的具体事务处理器的配置，在Spring事务处理模块的统一管理下，由这些具体的事务处理器来完成事务的创建、提交、回滚等底层的事务操作。

代码清单6-8 TransactionInterceptor的invoke回调

```
public Object invoke(final MethodInvocation invocation) throws Throwable {
    //得到代理的目标对象，并将事务属性传递给目标对象
    Class targetClass = (invocation.getThis() != null ? invocation.getThis().getClass() : null);
    // 这里读取事务的属性配置，通过TransactionAttributeSource对象取得
    final TransactionAttribute txAttr =
            getTransactionAttributeSource().getTransactionAttribute
            (invocation.getMethod(), targetClass);
    //根据TransactionProxyFactoryBean的配置信息获得具体的事务处理器
    final PlatformTransactionManager tm = determineTransactionManager(txAttr);
    final String joinpointIdentification = methodIdentification
    (invocation.getMethod());
    //这里区分不同类型的PlatformTransactionManager，因为它们的调用方式不同
    //对CallbackPreferringPlatformTransactionManager来说，需要回调函数来
    //实现事务的创建和提交
    //对非CallbackPreferringPlatformTransactionManager来说，不需要通过
    //回调函数来实现事务的创建和提交
    //像DataSourceTransactionManager就不是CallbackPreferringPlatformTransactionManager，
    不需要通过回调的方式来使用
    if (txAttr == null || !(tm instanceof CallbackPreferring
    PlatformTransactionManager)) {
    /*这里创建事务，同时把创建事务过程中得到的信息放到TransactionInfo中去，
    TransactionInfo是保存当前事务状态的对象*/
    TransactionInfo txInfo = createTransactionIfNecessary(tm, txAttr,
    joinpointIdentification);
    Object retVal = null;
    try {
        //这里的调用使处理沿着拦截器链进行，使最后目标对象的方法得到调用
        retVal = invocation.proceed();
    }
    catch (Throwable ex) {
        // 如果在事务处理方法调用中出现了异常，事务处理如何进行需要根据
        //具体的情况考虑回滚或者提交
        completeTransactionAfterThrowing(txInfo, ex);
        throw ex;
    }
    finally {
    //这里把与线程绑定的TransactionInfo设置为oldTransationInfo
        cleanupTransactionInfo(txInfo);
    }
    //这里通过事务处理器来对事务进行提交
    commitTransactionAfterReturning(txInfo);
    return retVal;
    }
    else {
        // 采用回调的方法来使用事务处理器
        try {
```

```
            Object result = ((CallbackPreferringPlatformTransactionManager)
            tm).execute(txAttr,new TransactionCallback<Object>() {
            public Object doInTransaction(TransactionStatus status) {
        TransactionInfo txInfo = prepareTransactionInfo(tm, txAttr,
        joinpointIdentification, status);
                    try {
                    return invocation.proceed();
                    }
                        catch (Throwable ex) {
                            if (txAttr.rollbackOn(ex)) {
                            //RuntimeException会导致事务回滚
                            if (ex instanceof RuntimeException) {
                                throw (RuntimeException) ex;
                            }
                                else {
                    throw new ThrowableHolderException(ex);
                            }
                            }
                            else {
                        //正常的返回，导致事务提交
                            return new ThrowableHolder(ex);
                            }
                        }
                        finally {
                            cleanupTransactionInfo(txInfo);
                        }
                        }
                    });
                        if (result instanceof ThrowableHolder) {
            throw ((ThrowableHolder) result).getThrowable();
        }
        else {
            return result;
            }
        }
        catch (ThrowableHolderException ex) {
            throw ex.getCause();
          }
    }
}
```

以事务提交为例，通过图6-5所示的时序图来简要的说明这个过程。在调用代理的事务方法时，因为前面已经完成了一系列AOP配置，对事务方法的调用，最终启动TransactionInterceptor拦截器的invoke方法。在这个方法中，首先会读取该事务方法的事务属性配置，然后根据事务属性配置以及具体事务处理器的配置来决定采用哪一个事务处理器，这个事务处理器实际上是一个PlatformTransactionManager。在确定好具体的事务处理器之后，会根据事务的运行情况和事务配置来决定是不是需要创建新的事务。对于Spring而言，事务的管理实际上是通过一个TransactionInfo对象来完成的，在该对象中，封装了事务对象和事务处理的状态信息，这是事务处理的抽象。在这一步完成以后，会对拦截器链进行处理，因为有可能在该事务对象中还配置了除事务处理AOP之外的其他拦截器。在结束对拦截器链处理之后，会对TransactionInfo中的信息进行更新，以反映最近的事务处理情况，在这个时候，也就完成了事务提交的准备，通过调用事务处理器PlatformTransactionManager的commitTransactionAfterReturning方法来完成事务的提交。这个提交的处理过程已经封装在PlatformTransactionManager的事务处理器中了，而与具体数据源相关的处理过程，最终委托给相关的具体事务处理器来完成，比如DataSourceTransactionManager、HibernateTransactionManager等。

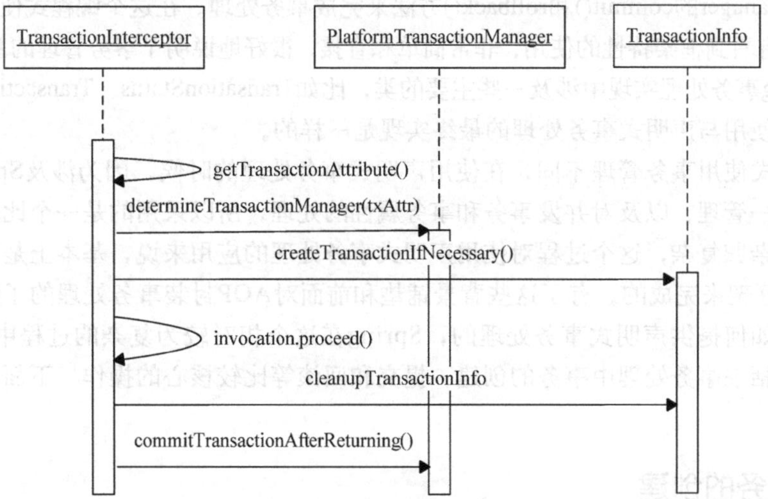

图6-5 事务提交的时序图

在这个invoke()方法的实现中，可以看到整个事务处理在AOP拦截器中实现的全过程。同时，它也是Spring采用AOP封装事务处理和实现声明式事务处理的核心部分。这部分实现，是一个桥梁，它胶合了具体的事务处理和Spring AOP框架，可以看成是一个Spring AOP应用，在这个桥梁搭建完成以后，Spring事务处理的实现就开始了。

6.5 Spring事务处理的设计与实现

6.5.1 Spring事务处理的编程式使用

声明式事务处理的即开即用特性为用户提供了很大的方便。与第1章介绍的对IoC容器的使用相类似，Spring的事务处理也可以通过编程的方式进行使用，了解这种使用方式，对理解Spring事务处理的实现是有很大帮助的。对于Spring事务处理的编程式使用如代码清单6-9所示。

代码清单6-9 事务处理的编程式使用

```
TransactionDefinition td = new DefaultTransactionDefinition();
TransactionStatus status = transactionManager.getTransaction(td);
try{
    //这里是需要进行事务处理的方法调用
    }catch (ApplicationException e) {
```

```
        transactionManager.rollback(status);
        throw e
    }
transactionManager.commit(status);
```

在编程式使用事务处理的过程中，利用DefaultTransactionDefinition对象来持有事务处理属性。同时，在创建事务的过程中得到一个TransactionStatus对象，然后通过直接调用transactionManager的commit()和rollback()方法来完成事务处理。在这个编程式使用事务管理的过程中，没有看到框架特性的使用，非常简单和直接，很好地说明了事务管理的基本实现过程，以及在Spring事务处理实现中涉及一些主要的类，比如TransationStatus、TransactionManager等，对这些类的使用与声明式事务处理的最终实现是一样的。

与编程式使用事务管理不同，在使用声明式事务处理的时候，因为涉及Spring框架对事务处理的统一管理，以及对并发事务和事务属性的处理，所以采用的是一个比较复杂的处理过程，但复杂归复杂，这个过程对使用声明式事务处理的应用来说，基本上是不可见的，而是由Spring框架来完成的。有了这些背景铺垫和前面对AOP封装事务处理的了解，下面来看看Spring是如何提供声明式事务处理的，Spring在这个相对较为复杂的过程中封装了什么。这层封装包括在事务处理中事务的创建、提交和回滚等比较核心的操作。下面对相关内容进行详细分析。

6.5.2 事务的创建

作为声明式事务处理实现的起始点，需要注意TransactionInterceptor拦截器的invoke回调中使用的createTransactionIfNecessary方法，这个方法是在TransactionInterceptor的基类TransactionAspectSupport中实现的。为了了解这个方法的实现，先分析一下TransactionInterceptor的基类实现TransactionAspectSupport，并以这个方法的实现为入口，了解Spring是如何根据当前的事务状态和事务属性配置完成事务创建的。这个TransactionAspectSupport的createTransactionIfNecessary方法作为事务创建的入口，其具体的实现时序如图6-6所示。在createTransactionIfNecessary方法的调用中，会向AbstractTransactionManager执行getTransaction()，这个获取Transaction事务对象的过程，在AbstractTransactionManager实现中需要对事务的情况做出不同的处理，然后，创建一个TransactionStatus，并把这个TransactionStatus设置到对应的TransactionInfo中去，同时将TransactionInfo和当前的线程绑定，从而完成事务的创建过程。

如果从源代码实现的角度上去了解这个过程，那么可以参考代码清单6-10所示的代码。在代码清单6-10的createTransactionIfNeccessary方法调用中，可以看到两个重要的数据对象TransactionStatus和TransactionInfo的创建，这两个对象持有的数据是事务处理器对事务进行处理的主要依据，对这两个对象的使用贯穿着整个事务处理的全过程。

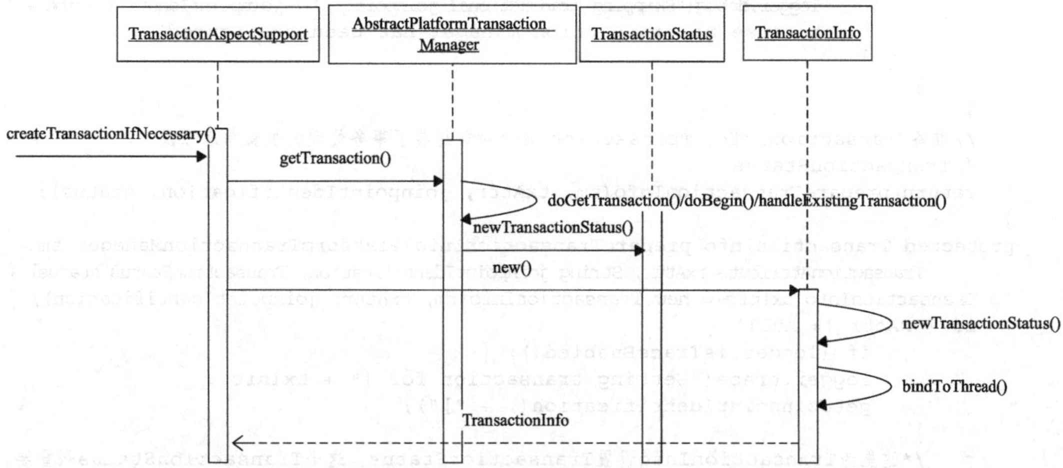

图6-6 调用createTransactionIfNecessary的时序图

代码清单6-10 TransactionAspectSupport的createTransactionIfNecessary方法

```
protected TransactionInfo createTransactionIfNecessary(Method method, Class targetClass) {
    // 首先读取事务方法调用的事务配置属性
    TransactionAttribute txAttr = getTransactionAttributeSource().
getTransactionAttribute(method, targetClass);
    // 确定使用的PlatformTransactionManager
    PlatformTransactionManager tm = determineTransactionManager(txAttr);
    return createTransactionIfNecessary(tm, txAttr,
    methodIdentification(method));
}
protected TransactionInfo createTransactionIfNecessary(
        PlatformTransactionManager tm, TransactionAttribute txAttr, final
    String joinpointIdentification) {
    //如果没有指定名字，使用方法特征来作为事务名
    if (txAttr != null && txAttr.getName() == null) {
        txAttr = new DelegatingTransactionAttribute(txAttr) {
            @Override
            public String getName() {
                return joinpointIdentification;
            }
        };
    }
    //这个TransactionStatus封装了事务执行的状态信息
    TransactionStatus status = null;
    if (txAttr != null) {
        if (tm != null) {
            //这里使用了定义好的事务方法的配置信息
            //事务创建由事务处理器来完成，同时返回TransactionStatus来记录当前的事务状态，
            //包括已经创建的事务
            status = tm.getTransaction(txAttr);
        }
        else {
            if (logger.isDebugEnabled()) {
```

```
                logger.debug("Skipping transactional joinpoint [" + joinpointIdentification +"]
                because no transaction manager has been configured");
            }
        }
    }
    //准备TransactionInfo，TransactionInfo对象封装了事务处理的配置信息以及
    //TransactionStatus
    return prepareTransactionInfo(tm, txAttr, joinpointIdentification, status);
}
protected TransactionInfo prepareTransactionInfo(PlatformTransactionManager tm,
        TransactionAttribute txAttr, String joinpointIdentification, TransactionStatus status) {
    TransactionInfo txInfo = new TransactionInfo(tm, txAttr, joinpointIdentification);
    if (txAttr != null) {
            if (logger.isTraceEnabled()) {
            logger.trace("Getting transaction for [" + txInfo.
            getJoinpointIdentification() + "]");
        }
        /*这里为TransactionInfo设置TransactionStatus，这个TransactionStatus很重要，
          它持有管理事务处理需要的数据，比如，transaction对象就是由TransactionStatus来持
          有的*/
        txInfo.newTransactionStatus(status);
    }
    else {
        if (logger.isTraceEnabled())
            logger.trace("Don't need to create transaction for [" +
            joinpointIdentification +"]: This method isn't transactional.");
    }
    //这里把当前的TransactionInfo与线程绑定，同时在TransactionInfo中由一个变量来保存以前
    //的TransactionInfo，这样就持有了一连串与事务处理相关的TransactionInfo
    //虽然不一定需要创建新的事务，但是总会在请求事务时创建TransactionInfo
    txInfo.bindToThread();
    return txInfo;
}
```

在以上的处理过程之后，可以看到，具体的事务创建可以交给事务处理器来完成。在事务的创建过程中，已经为事务的管理做好了准备，包括记录事务处理状态，以及绑定事务信息和线程等。下面到事务处理器中去了解一下更底层的事务创建过程。createTransactionIfNecessary()方法被代码清单6-10中的tm.getTransaction(txAttr)调用触发，生成一个TransactionStatus对象，封装了底层事务对象的创建。可以看到，AbstractPlatformTransactionManager提供了创建事务的模板，这个模板会被具体的事务处理器所使用，如代码清单6-11所示。在代码清单中可以看到，AbstractPlatformTransactionManager会根据事务属性配置和当前进程绑定的事务信息，对事务是否需要创建，怎样创建进行一些通用的处理，然后把事务创建的底层工作交给具体的事务处理器完成。尽管具体的事务处理器完成事务创建的过程各不相同，但是不同的事务处理器对事务属性和当前进程事务信息的处理都是相同的，这些相同的处理部分就是在代码清单6-11中看到的，在AbstractPlatformTransactionManager的实现中完成的，这个实现过程是Spring提供统一事务处理的一个重要部分。

代码清单6-11 AbstractPlatformTransactionManager的getTransaction方法

```
public final TransactionStatus getTransaction(TransactionDefinition definition)
throws TransactionException {
    /*这个doGetTransaction()是抽象函数，Transaction对象的取得由具体的事务处理器实现，比
      如DataSourceTransactionManager*/
    Object transaction = doGetTransaction();
    //缓存debug标志位
    boolean debugEnabled = logger.isDebugEnabled();
    //如果没有设置事务属性，那么使用默认的事务属性DefaultTransactionDefinition
    *关于这个DefaultTransactionDefinition，在前面编程式使用事务处理的时候遇到过。这个
     DefaultTransactionDefinition的默认事务处理属性是：propagationBehavior =
     PROPAGATION_REQUIRED;isolationLevel=ISOLATION_DEFAULT;timeout=TIMEOUT_DEF
     AULT;readOnly = false;*/
    if (definition == null) {
        // 如果没有给定任何事务处理定义就使用默认定义
        definition = new DefaultTransactionDefinition();
    }
    /*检查当前线程是否已经存在事务，如果已经存在事务，那么需要根据在事务属性中定义的事务传播属
      性配置来处理事务的产生*/
    if (isExistingTransaction(transaction)) {
            //这里对当前线程中已经有事务存在的情况进行处理，结果封装在TransactionStatus中
        return handleExistingTransaction(definition, transaction, debugEnabled);
    }
            //检查事务属性中timeout的设置是否合理
    if (definition.getTimeout() < TransactionDefinition.TIMEOUT_DEFAULT) {
        throw new InvalidTimeoutException("Invalid transaction timeout",
definition.getTimeout());
    }
            //当前没有事务存在，这时需要根据事务属性设置来创建事务
    //这里会看到对事务传播属性设置的处理，比如mandatory、required、required_new、nested等
    //这里的处理对理解这些属性的使用是非常有帮助的
    if (definition.getPropagationBehavior() == TransactionDefinition.
    PROPAGATION_MANDATORY) {
        throw new IllegalTransactionStateException(
        "No existing transaction found for transaction marked with propagation 'mandatory'");
    }
    else if (definition.getPropagationBehavior() == TransactionDefinition.
    PROPAGATION_REQUIRED ||
          definition.getPropagationBehavior() == TransactionDefinition.
            PROPAGATION_REQUIRES_NEW ||
        definition.getPropagationBehavior() == TransactionDefinition.
        PROPAGATION_NESTED) {
        SuspendedResourcesHolder suspendedResources = suspend(null);
        if (debugEnabled) {
            logger.debug("Creating new transaction with name [" +
            definition.getName() + "]: " + definition);
        }
        try {
        //这里是创建事务的调用，由具体的事务处理器来完成，比如HibernateTransactionManager
        //和DataSourceTransactionManager等
            doBegin(transaction, definition);
        }
        catch (RuntimeException ex) {
```

```
            resume(null, suspendedResources);
            throw ex;
        }
        catch (Error err) {
            resume(null, suspendedResources);
            throw err;
        }
        boolean newSynchronization = (getTransactionSynchronization() !=
        SYNCHRONIZATION_NEVER);
        //返回TransactionStatus封装事务执行情况
        //默认getTransactionSynchronization=SYNCHRONIZATION_ALWAYS
        //所以在这种情况下，newSynchronization为true
        return newTransactionStatus(
                definition, transaction, true, newSynchronization,
                debugEnabled, suspendedResources);
    }
    else {
        /* TransationStatus没有transaction对象，因为在newTransactionStatus中对应于
        transaction的参数是null*/
        boolean newSynchronization = (getTransactionSynchronization() ==
        SYNCHRONIZATION_ALWAYS);
        return newTransactionStatus(definition, null, true, newSynchronization,
        debugEnabled, null);
    }
}
```

从代码清单6-11中可以看到AbstractTransactionManager提供的创建事务的实现模板，在这个模板的基础上，具体的事务处理器需要定义自己的实现来完成底层的事务创建工作，比如需要实现isExistingTransaction和doBegin方法。关于这些由具体事务处理器实现的方法会在下面结合具体的事务处理器实现（比如DataSourceTransactionManager和HibernateTransactionManager）进行分析。

事务创建的结果是生成一个TransactionStatus对象，通过这个对象来保存事务处理需要的基本信息，这个对象与前面提到过的TransactionInfo对象联系在一起，TransactionStatus是TransactionInfo的一个属性，然后会把TransactionInfo保存在ThreadLocal对象里，这样当前线程可以通过ThreadLocal对象取得TransactionInfo，以及与这个事务对应的TransactionStatus对象，从而把事务的处理信息与调用事务方法的当前线程绑定起来。在AbstractPlatformTransactionManager创建事务的过程中，可以看到TransactionStatus的创建过程，如代码清单6-12所示。

代码清单6-12 AbstractPlatformTransactionManager的newTransactionStatus

```
protected DefaultTransactionStatus newTransactionStatus(
    TransactionDefinition definition, Object transaction, boolean newTransaction,
    boolean newSynchronization, boolean debug, Object suspendedResources) {
    //这里判断是不是新事务，如果是新事务，那么需要把事务属性存放到当前线程中
    //TransactionSynchronizationManager维护一系列的ThreadLocal变量来保持
    //事务属性，比如并发事务隔离级别，是否有活跃的事务等
    boolean actualNewSynchronization = newSynchronization &&
            !TransactionSynchronizationManager.isSynchronizationActive();
    if (actualNewSynchronization) {
            TransactionSynchronizationManager.setActualTransactionActive
```

```
            (transaction != null);
            TransactionSynchronizationManager.
            setCurrentTransactionIsolationLevel(
                (definition.getIsolationLevel() != TransactionDefinition.
            ISOLATION_DEFAULT) ?
                definition.getIsolationLevel() : null);
            TransactionSynchronizationManager.setCurrentTransactionReadOnly
            (definition.isReadOnly());
            TransactionSynchronizationManager.setCurrentTransactionName
            (definition.getName());
            TransactionSynchronizationManager.initSynchronization();
        }//这里把结果记录在DefaultTransactionStatus中返回
        return new DefaultTransactionStatus(
            transaction, newTransaction, actualNewSynchronization,
            definition.isReadOnly(), debug, suspendedResources);
    }
```

新事务的创建是比较好理解的，这里需要根据事务属性配置进行创建。所谓创建，首先是把创建工作交给具体的事务处理器来完成，比如DataSourceTransactionManager，把创建的事务对象在TransactionStatus中保存下来，然后将其他的事务属性和线程ThreadLocal变量进行绑定。

相对于创建全新事务的另一种情况是：在创建当前事务时，线程中已经有事务存在了。这种情况同样需要处理，在声明式事务处理中，在当前线程调用事务方法的时候，就会考虑事务的创建处理，这个处理在方法handleExistingTransaction中完成的，如代码清单6-13所示。这里对现有事务的处理，会涉及事务传播属性的具体处理，比如PROPAGATION_NOT_SUPPORTED、PROPAGATION_REQUIRES_NEW等。

代码清单6-13 handleExistingTransaction方法的实现

```
private TransactionStatus handleExistingTransaction(
    TransactionDefinition definition, Object transaction, boolean debugEnabled)
    throws TransactionException {
    /*如果当前线程已有事务存在，且当前事务的传播属性设置是never，那么抛出异常，说明这种情况是
      有问题的，Spring无法处理当前的事务创建*/
    if (definition.getPropagationBehavior() == TransactionDefinition.
    PROPAGATION_NEVER) {
            throw new IllegalTransactionStateException(
                        "Existing transaction found for transaction marked
            with propagation 'never'");
    }
    /*如果当前事务的配置属性是PROPAGATION_NOT_SUPPORTED，同时当前线程已经存在事务了，那
      么将事务挂起*/
    if (definition.getPropagationBehavior() == TransactionDefinition.
    PROPAGATION_NOT_SUPPORTED) {
        if (debugEnabled) {
            logger.debug("Suspending current transaction");
        }
        Object suspendedResources = suspend(transaction);
        boolean newSynchronization = (getTransactionSynchronization() ==
        SYNCHRONIZATION_ALWAYS);
        //注意这里的参数，transaction为null，newTransaction为false，
```

```
        //意味着事务方法不需要放在事务环境中执行
        //同时挂起事务的信息记录也保存在TransactionStatus中，这里包括了
        //进程ThreadLocal对事务信息的记录
        return newTransactionStatus(
              definition, null, false, newSynchronization, debugEnabled,
              suspendedResources);
    }
    /*如果当前事务的配置属性是PROPAGATION_REQUIRES_NEW，创建新事务，同时把当前线程中存在
      的事务挂起*/
    /*与创建全新事务的过程类似，区别在于，在创建全新事务时不用考虑已有事务的挂起，但在这里，需
      要考虑已有事务的挂起处理*/
    if (definition.getPropagationBehavior() == TransactionDefinition.
    PROPAGATION_REQUIRES_NEW) {
        if (debugEnabled) {
            logger.debug("Suspending current transaction, creating new
            transaction with name [" +definition.getName() + "]");
        }
        SuspendedResourcesHolder suspendedResources = suspend(transaction);
        try {
            doBegin(transaction, definition);
        }
        catch (RuntimeException beginEx) {
            resumeAfterBeginException(transaction, suspendedResources, beginEx);
            throw beginEx;
        }
        catch (Error beginErr) {
            resumeAfterBeginException(transaction, suspendedResources, beginErr);
            throw beginErr;
        }
        boolean newSynchronization = (getTransactionSynchronization() !=
        SYNCHRONIZATION_NEVER);
        /*挂起事务的信息记录保存在TransactionStatus中，这里包括了进程ThreadLocal对事务
          信息的记录*/
        return newTransactionStatus(
              definition, transaction, true, newSynchronization, debugEnabled,
              suspendedResources);
    }
    //嵌套事务的创建
    if (definition.getPropagationBehavior() == TransactionDefinition.
        PROPAGATION_NESTED) {
        if (!isNestedTransactionAllowed()) {
            throw new NestedTransactionNotSupportedException(
                  "Transaction manager does not allow nested
                  transactions by default - " +"specify
                  'nestedTransactionAllowed' property with value 'true'");
        }
        if (debugEnabled) {
            logger.debug("Creating nested transaction with name [" +
            definition.getName() + "]");
        }
        if (useSavepointForNestedTransaction()) {
            //在Spring管理的事务中，创建事务保存点
            DefaultTransactionStatus status =
                    newTransactionStatus(definition, transaction, false,
                    false, debugEnabled, null);
```

```
            status.createAndHoldSavepoint();
            return status;
        }
        else {
            doBegin(transaction, definition);
            boolean newSynchronization = (getTransactionSynchronization() !=
            SYNCHRONIZATION_NEVER);
            return newTransactionStatus(definition, transaction, true,
            newSynchronization, debugEnabled, null);
        }
    }
    if (debugEnabled) {
        logger.debug("Participating in existing transaction");
    } //这里判断在当前事务方法中的属性配置与已有事务的属性配置是否一致，如果不一致，
      //那么不执行事务方法并抛出异常
    if (isValidateExistingTransaction()) {
        if (definition.getIsolationLevel() != TransactionDefinition.
        ISOLATION_DEFAULT) {
            Integer currentIsolationLevel = TransactionSynchronizationManager.
            getCurrentTransactionIsolationLevel();
            if (currentIsolationLevel == null || currentIsolationLevel !=
            definition.getIsolationLevel()) {
                Constants isoConstants =
                DefaultTransactionDefinition.constants;
                throw new IllegalTransactionStateException("Participating
                transaction with definition [" +
                        definition + "] specifies isolation level
                        which is incompatible with existing transaction: " +
                                (currentIsolationLevel != null ?
                                        isoConstants.toCode(currentIsolationLevel,
                                DefaultTransactionDefinition.PREFIX_ISOLATION) :
                                        "(unknown)"));
            }
        }
        if (!definition.isReadOnly()) {
            if (TransactionSynchronizationManager.
            isCurrentTransactionReadOnly()) {
                throw new IllegalTransactionStateException("Participating
                transaction with definition [" +
                        definition + "] is not marked as read-only but
                        existing transaction is");
            }
        }
    }//返回TransactionStatus，注意第三个参数false代表当前事务方法没有使用新的事务
    boolean newSynchronization = (getTransactionSynchronization() !=
    SYNCHRONIZATION_NEVER);
    return newTransactionStatus(definition, transaction, false,
    newSynchronization, debugEnabled, null);
}
```

6.5.3 事务的挂起

事务的挂起牵涉线程与事务处理信息的保存，可以看一下事务挂起的实现，如代码清单6-14所示。

代码清单6-14 事务的挂起

```
//返回的SuspendedResourcesHolder会作为参数传给TransactionStatus
protected final SuspendedResourcesHolder suspend(Object transaction) throws TransactionException {
    if (TransactionSynchronizationManager.isSynchronizationActive()) {
        List<TransactionSynchronization> suspendedSynchronizations =
        doSuspendSynchronization();
        try {
            Object suspendedResources = null;
            /*把挂起事务的处理交给具体事务处理器去完成，如果具体的事务处理器不支持事务挂起，
            那么默认抛出异常TransactionSuspensionNotSupportedException*/
            if (transaction != null) {
                suspendedResources = doSuspend(transaction);
            }
    //这里在线程中保存与事务处理有关的信息，并重置线程中相关的ThreadLocal变量
            String name = TransactionSynchronizationManager.
            getCurrentTransactionName();
            TransactionSynchronizationManager.setCurrentTransactionName(null);
            boolean readOnly = TransactionSynchronizationManager.
            isCurrentTransactionReadOnly();
            TransactionSynchronizationManager.
            setCurrentTransactionReadOnly(false);
            Integer isolationLevel = TransactionSynchronizationManager.
            getCurrentTransactionIsolationLevel();
            TransactionSynchronizationManager.
            setCurrentTransactionIsolationLevel(null);
            boolean wasActive = TransactionSynchronizationManager.
            isActualTransactionActive();
            TransactionSynchronizationManager.setActualTransactionActive
            (false);
            return new SuspendedResourcesHolder(
                    suspendedResources, suspendedSynchronizations, name,
                    readOnly, isolationLevel, wasActive);
        }
        catch (RuntimeException ex) {
            //doSuspend()方法失败，而初始的事务依然存在
            doResumeSynchronization(suspendedSynchronizations);
            throw ex;
        }
        catch (Error err) {
            doResumeSynchronization(suspendedSynchronizations);
            throw err;
        }
    }
    else if (transaction != null) {
        Object suspendedResources = doSuspend(transaction);
        return new SuspendedResourcesHolder(suspendedResources);
    }
    else {
                return null;
    }
}
```

基于以上内容，就可以完成声明式事务处理的创建了。声明式事务处理能使事务处理应用的开发变得简单，但是简单的背后，蕴含着平台付出的许多努力，看到这里，相信大家都

已经有了一个深刻的体会。

6.5.4 事务的提交

下面来看看事务提交是如何实现的。有了前面的对事务创建的分析，下面来分析一下在Spring中，声明式事务处理的事务提交是如何完成的。事务提交的入口调用在TransactionInteceptor的invoke方法中实现，如以下的代码片段所示：

```
commitTransactionAfterReturning(txInfo);
```

在这个调用中，我们看到的txInfo是TransactionInfo对象，这个参数TransactionInfo对象是创建事务时生成的。同时，Spring的事务管理框架生成的TransactionStatus对象就包含在TransactionInfo对象中。这个commitTransactionAfterReturning方法在TransactionInteceptor的实现部分是比较简单的，它通过直接调用事务处理器来完成事务提交，如代码清单6-15所示。

代码清单6-15 TransactionInteceptor的事务提交调用入口

```
protected void commitTransactionAfterReturning(TransactionInfo txInfo) {
    if (txInfo != null && txInfo.hasTransaction()) {
        if (logger.isTraceEnabled()) {
            logger.trace("Completing transaction for [" + txInfo.
            getJoinpointIdentification() + "]");
        }
        txInfo.getTransactionManager().commit(txInfo.getTransactionStatus());
    }
}
```

与前面分析事务的创建过程一样，我们需要到事务处理器中去看看事务是如何提交的。同样，在AbstractPlatformTransactionManager中也有一个模板方法支持具体的事务处理器对事务提交的实现，在AbstractPlatformTransactionManager中，这个模板方法的实现与前面我们看到的getTransaction很类似，如代码清单6-16所示。

代码清单6-16 AbstractPlatformTransactionManager的commit方法

```
public final void commit(TransactionStatus status) throws TransactionException {
    //在TransactionStatus中标识事务已经结束
    if (status.isCompleted()) {
        throw new IllegalTransactionStateException(
                "Transaction is already completed - do not call commit or
                rollback more than once per transaction");
    }
    //如果事务处理过程中发生了异常，调用回滚
    DefaultTransactionStatus defStatus = (DefaultTransactionStatus) status;
    if (defStatus.isLocalRollbackOnly()) {
        if (defStatus.isDebug()) {
            logger.debug("Transactional code has requested rollback");
        }//这里处理回滚
        processRollback(defStatus);
        return;
    }
```

```
    if (!shouldCommitOnGlobalRollbackOnly() && defStatus.
    isGlobalRollbackOnly()) {
        if (defStatus.isDebug()) {
            logger.debug("Global transaction is marked as rollback-only but
            transactional code requested commit");
        }
        processRollback(defStatus);
        //抛出UnexpectedRollbackException异常
        if (status.isNewTransaction() || isFailEarlyOnGlobalRollbackOnly()) {
            throw new UnexpectedRollbackException(
                "Transaction rolled back because it has been marked
                as rollback-only");
        }
        return;
    }
    //处理提交的入口
    processCommit(defStatus);
}
private void processCommit(DefaultTransactionStatus status) throws TransactionException {
    try {
        boolean beforeCompletionInvoked = false;
        try {
            //事务提交的准备工作由具体的事务处理器来完成
            prepareForCommit(status);
            triggerBeforeCommit(status);
            triggerBeforeCompletion(status);
            beforeCompletionInvoked = true;
            boolean globalRollbackOnly = false;
            if (status.isNewTransaction() || isFailEarlyOnGlobalRollbackOnly()) {
                globalRollbackOnly = status.isGlobalRollbackOnly();
            }//这里是嵌套事务的处理
            if (status.hasSavepoint()) {
                if (status.isDebug()) {
                    logger.debug("Releasing transaction savepoint");
                }
                status.releaseHeldSavepoint();
            }
/*下面对根据当前线程中保存的事务状态进行处理，如果当前的事务是一个新事务，调用具体事务处理器的
  完成提交，如果当前所持有的事务不是一个新事务，则不提交，由已经存在的事务来完成提交*/
            else if (status.isNewTransaction()) {
                if (status.isDebug()) {
                    logger.debug("Initiating transaction commit");
                }//具体的事务提交由具体的事务处理器来完成
                doCommit(status);
            }
                if (globalRollbackOnly) {
                throw new UnexpectedRollbackException(
                        "Transaction silently rolled back because it has been
                        marked as rollback-only");
            }
        }
        catch (UnexpectedRollbackException ex) {
            triggerAfterCompletion(status, TransactionSynchronization.
            STATUS_ROLLED_BACK);
            throw ex;
```

```
        }
        catch (TransactionException ex) {
                if (isRollbackOnCommitFailure()) {
            doRollbackOnCommitException(status, ex);
            }
            else {
                triggerAfterCompletion(status, TransactionSynchronization.
                STATUS_UNKNOWN);
            }
            throw ex;
        }
        catch (RuntimeException ex) {
            if (!beforeCompletionInvoked) {
                triggerBeforeCompletion(status);
            }
            doRollbackOnCommitException(status, ex);
            throw ex;
        }
        catch (Error err) {
            if (!beforeCompletionInvoked) {
                triggerBeforeCompletion(status);
            }
            doRollbackOnCommitException(status, err);
            throw err;
        }
        //触发afterCommit()回滚
        try {
            triggerAfterCommit(status);
        }
        finally {
            triggerAfterCompletion(status, TransactionSynchronization.
            STATUS_COMMITTED);
        }
    }
    finally {
        cleanupAfterCompletion(status);
    }
}
```

可以看到，事务提交的准备都是由具体的事务处理器来实现的。当然，对这些事务提交的处理，需要通过对TransactionStatus保存的事务处理的相关状态进行判断。提交过程涉及AbstractPlatformTransactionManager中的doCommit和prepareForCommit方法，它们都是抽象方法，都在具体的事务处理器中完成实现，在下面对具体事务处理器的实现原理的分析中，可以看到对这些实现方法的具体分析。

6.5.5 事务的回滚

除了事务的创建、挂起和提交外，再来看一看事务的回滚是如何完成的。回滚处理和事务提交非常相似，如代码清单6-17所示。

代码清单6-17 AbstractPlatformTransactionManager的processRollback方法

```
private void processRollback(DefaultTransactionStatus status) {
    try {
        try {
            triggerBeforeCompletion(status);
            //嵌套事务的回滚处理
            if (status.hasSavepoint()) {
                if (status.isDebug()) {
                    logger.debug("Rolling back transaction to savepoint");
                }
                status.rollbackToHeldSavepoint();
            }//当前事务调用方法中新建事务的回滚处理
            else if (status.isNewTransaction()) {
                if (status.isDebug()) {
                    logger.debug("Initiating transaction rollback");
                }//这个doRollback处理是由具体的事务处理器来完成的
                doRollback(status);
            }//如果在当前事务调用方法中没有新建事务的回滚处理
            else if (status.hasTransaction()) {
                if (status.isLocalRollbackOnly() || isGlobalRollbackOn
                ParticipationFailure()) {
                    if (status.isDebug()) {
                        logger.debug(
                        "Participating transaction failed -
                        marking existing transaction as rollback-only");
                    }
                    doSetRollbackOnly(status);
                }//由线程中的前一个事务来处理回滚，这里不执行任何操作
                else {
                    if (status.isDebug()) {
                        logger.debug(
                        "Participating transaction failed - letting
                        transactionoriginator decide on rollback");
                    }
                }
            }
            else {
                logger.debug("Should roll back transaction but cannot - no
                transaction available");
            }
        }
        catch (RuntimeException ex) {
            triggerAfterCompletion(status,
            TransactionSynchronization.STATUS_UNKNOWN);
            throw ex;
        }
        catch (Error err) {
            triggerAfterCompletion(status,
            TransactionSynchronization.STATUS_UNKNOWN);
            throw err;
        }
        triggerAfterCompletion(status,
        TransactionSynchronization.STATUS_ROLLED_BACK);
    }
```

```
        finally {
            cleanupAfterCompletion(status);
        }
    }
```

以上对事务的创建、提交和回滚的实现原理进行了分析，希望能够为读者理清一条基本思路。这些过程的实现都比较复杂，一方面这些处理会涉及很多事务属性的处理；另一方面会涉及事务处理过程中状态的设置，同时在事务处理的过程中，有许多处理也需要根据相应的状态来完成。这样看来，在实现事务处理的基本过程中就会产生许多事务处理的操作分支。由于篇幅原因，不能在这里为大家详细阐述，敬请谅解，有兴趣的读者可以在此基础上，根据需要进一步分析和研究。但总的来说，在事务执行的实现过程中，作为执行控制的TransactionInfo对象和TransactionStatus对象特别值得我们注意，比如它们如何与线程进行绑定，如何记录事务的执行情况等。同时，如果大家在配置事务属性时有什么疑惑，不妨直接看看这些事务属性的处理过程，通过对这些实现原理的了解，可以极大地提高对这些事务处理属性使用的理解程度。

6.6 Spring事务处理器的设计与实现

6.6.1 Spring事务处理的应用场景

下面，我们以DataSourceTransactionManager和HibernateTransactionManager这两个常用的事务处理器为例，探讨一下在具体的事务处理器中如何实现事务创建、提交和回滚这些底层的事务处理操作。在DataSourceTransationManager和HibernateTransationManager的设计中，如图6-7所示，它们作为具体的事务管理器实现，和其他事务管理器实现一样，比如JtaTransactionManager，JpaTransactionManager和JdoTransactionManager，继承自AbstractPlatformManager、作为一个基类，AbstractPlatfromManager封装了Spring事务处理中通用的处理部分，比如事务的创建、提交、回滚，事务状态和信息的处理，与线程的绑定等，有了这些通用处理的支持，对于具体的事务管理器而言，它们只需要处理和具体数据源相关的组件设置就可以了，比如在HibernateTransactionManager中，就只需要配置好和Hibnernate事务处理相关的接口以及相关的设置。所以，从这个类设计关系上，我们也可以看到，Spring事务处理的主要过程是分两个部分完成的，通用的事务处理框架是在AbstractPlatformManager中完成，而Spring的事务接口与数据源实现的接口，多半是由具体的事务管理器来完成，它们都是作为AbstractPlatformManager的子类来是使用的。

我们可以看到，在PlatformTransactionManager的设计中，通过PlatformTransactionManager设计了一系列与事务处理息息相关的接口方法，如getTransaction、commit、rollback这些和事务处理相关的统一接口。对于这些接口的实现，很大一部分是由AbstractTransactionManager来完成的，这个类中的doGetTransaction、doCommit等方法和PlatformTransactionManager的方法对应，实现的是事务处理中相对通用的部分。在这个AbstractPlatformManager下，为具体的数据源配置了不同的事务处理器，以处理不同数据源的事务处理，从而形成了一个从抽象到具体的事务处理中间平台设计，使应用通过声明式事务处理，即开即用事务处理服务，隔离那些与特定的数据源相关的具体实现。

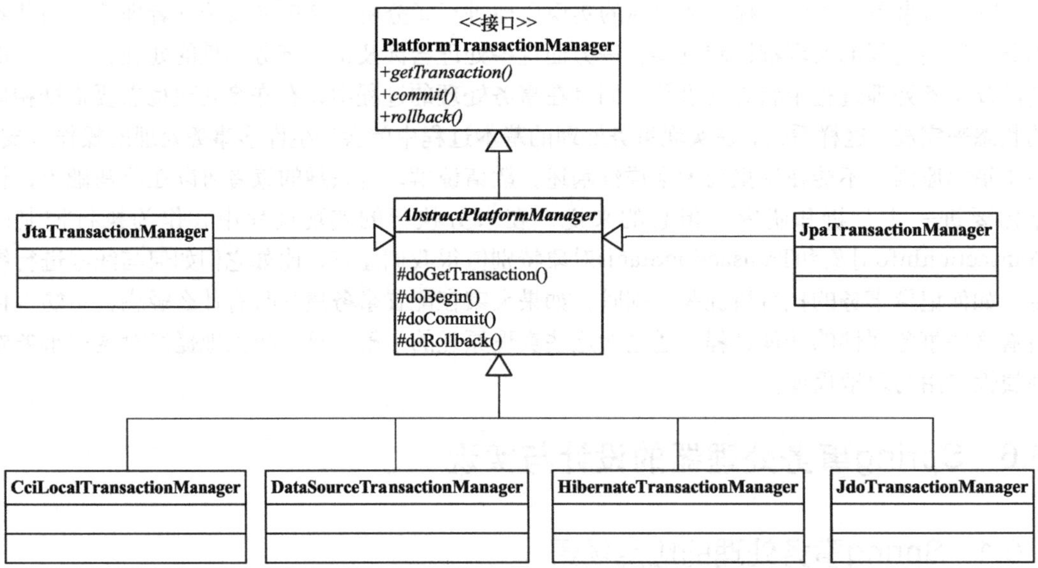

图6-7 Spring事务管理器的类设计

6.6.2 DataSourceTransactionManager的实现

我们先看一下DataSourceTransactionManager，在这个事务处理器中，它的实现直接与事务处理的底层实现相关，具体的实现时序如图6-8所示。在DataSourceTransactionManager中，在事务开始的时候，会调用doBegin方法，首先会得到相对应的Connection，然后可以根据事务设置的需要，对Connection的相关属性进行配置，比如将Connection的autoCommit功能关闭，并对像TimeoutInSeconds这样的事务处理参数进行设置，最后通过TransactionSynchronizationManager来对资源进行绑定。

具体的实现如代码清单6-18所示。在代码清单6-18中，我们可以看到，DataSource-TransactionManager作为AbstractPlatformTransactionManager的子类，在AbstractPlatform-TransactionManager中已经为事务实现设计好了一系列的模板方法，比如事务提交、回滚处理等。在DataSourceTransactionManager中，可以看到对模板方法中一些抽象方法的具体实现。例如，由DataSourceTransactionManager的doBegin方法实现负责事务的创建工作。具体来说，如果使用DataSource创建事务，最终通过设置Connection的AutoCommit属性来对事务处理进行配置。在实现过程中，需要把数据库的Connection和当前的线程进行绑定。对于事务的提交和回滚，都是通过直接调用Connection的提交和回滚来完成的，在这个实现过程中，如何取得事务处理场景中的Connection对象，也是一个值得注意的地方。

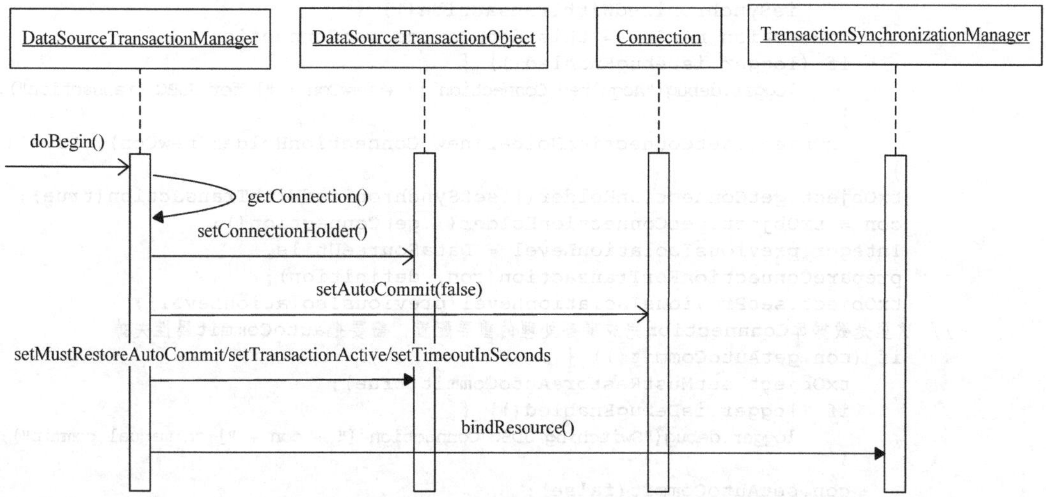

图6-8 实现DataSourceTransactionManager的时序图

代码清单6-18 DataSourceTransactionManager

```
public class DataSourceTransactionManager extends AbstractPlatformTransactionManager
    implements ResourceTransactionManager, InitializingBean {
//这是注入的DataSource
private DataSource dataSource;
//这里是产生Transaction的地方，为Transaction的创建提供服务
/*对数据库而言，事务工作是由Connection来完成的。这里把数据库的Connection对象放到一个
  ConnectionHolder中，然后封装到一个DataSourceTransactionObject对象中，在这个封装过程
  中增加了许多为事务处理服务的控制数据*/
protected Object doGetTransaction() {
    DataSourceTransactionObject txObject = new DataSourceTransactionObject();
    txObject.setSavepointAllowed(isNestedTransactionAllowed());
/*获取与当前线程绑定的数据库Connection，这个Connection在第一个事务开始的地方与线程绑定*/
    ConnectionHolder conHolder =
        (ConnectionHolder) TransactionSynchronizationManager.
        getResource(this.dataSource);
    txObject.setConnectionHolder(conHolder, false);
            return txObject;
}
/*这里是判断是否已经存在事务的地方，由ConnectionHolder的isTransactionActive属性来控制*/
protected boolean isExistingTransaction(Object transaction) {
    DataSourceTransactionObject txObject = (DataSourceTransactionObject) transaction;
    return (txObject.getConnectionHolder() != null && txObject.
    getConnectionHolder().isTransactionActive());
}
//这里是处理事务开始的地方
protected void doBegin(Object transaction, TransactionDefinition definition) {
    DataSourceTransactionObject txObject = (DataSourceTransactionObject) transaction;
    Connection con = null;
    try {
        if (txObject.getConnectionHolder() == null ||
                txObject.getConnectionHolder().
```

```
                isSynchronizedWithTransaction()) {
            Connection newCon = this.dataSource.getConnection();
            if (logger.isDebugEnabled()) {
                logger.debug("Acquired Connection [" + newCon + "] for JDBC transaction");
            }
            txObject.setConnectionHolder(new ConnectionHolder(newCon), true);
        }
        txObject.getConnectionHolder().setSynchronizedWithTransaction(true);
        con = txObject.getConnectionHolder().getConnection();
        Integer previousIsolationLevel = DataSourceUtils.
        prepareConnectionForTransaction(con, definition);
        txObject.setPreviousIsolationLevel(previousIsolationLevel);
    // 这里是数据库Connnection完成事务处理的重要配置，需要把autoCommit属性关掉
        if (con.getAutoCommit()) {
            txObject.setMustRestoreAutoCommit(true);
            if (logger.isDebugEnabled()) {
                logger.debug("Switching JDBC Connection [" + con + "] to manual commit");
            }
            con.setAutoCommit(false);
        }
        txObject.getConnectionHolder().setTransactionActive(true);
        int timeout = determineTimeout(definition);
        if (timeout != TransactionDefinition.TIMEOUT_DEFAULT) {
            txObject.getConnectionHolder().setTimeoutInSeconds(timeout);
        }
        // 把当前的数据库Connection和线程绑定
        if (txObject.isNewConnectionHolder()) {
            TransactionSynchronizationManager.bindResource(getDataSource(),
            txObject.getConnectionHolder());
        }
    }
    catch (SQLException ex) {
        DataSourceUtils.releaseConnection(con, this.dataSource);
        throw new CannotCreateTransactionException("Could not open JDBC
        Connection for transaction", ex);
    }
}
//事务的提交过程
protected void doCommit(DefaultTransactionStatus status) {
    //取得Connection以后，通过Connection进行提交
    DataSourceTransactionObject txObject = (DataSourceTransactionObject)
    status.getTransaction();
    Connection con = txObject.getConnectionHolder().getConnection();
    if (status.isDebug()) {
        logger.debug("Committing JDBC transaction on Connection [" + con + "]");
    }
    try {
        con.commit();
    }
    catch (SQLException ex) {
        throw new TransactionSystemException("Could not commit JDBC
        transaction", ex);
    }
}
//事务的回滚过程，使用Connection的rollback方法
```

```
protected void doRollback(DefaultTransactionStatus status) {
    DataSourceTransactionObject txObject = (DataSourceTransactionObject)
    status.getTransaction();
    Connection con = txObject.getConnectionHolder().getConnection();
    if (status.isDebug()) {
        logger.debug("Rolling back JDBC transaction on Connection [" + con + "]");
    }
    try {
        con.rollback();
    }
    catch (SQLException ex) {
        throw new TransactionSystemException("Could not roll back JDBC
        transaction", ex);
    }
}
```

上面介绍了使用DataSourceTransactionManager实现事务创建、提交和回滚的过程，基本上与单独使用Connection实现事务处理是一样的，也是通过设置autoCommit属性，调用Connection的commit和rollback方法来完成的。看到这里，大家一定会觉得非常的熟悉。而我们在声明式事务处理中看到的那些事务处理属性，并不在DataSourceTransactionManager中完成，这和我们在前面分析中看到的是一致的。

6.6.3 HibernateTransactionManager的实现

了解了DataSourceTransactionManager实现事务处理的方法以后，如果我们熟悉Hibernate事务的使用，也不难理解HibernateTransactionManager事务处理的实现。Hibernate-TransactionManager实现事务处理的过程如图6-9所示。在调用Hibernate-TransactionManager

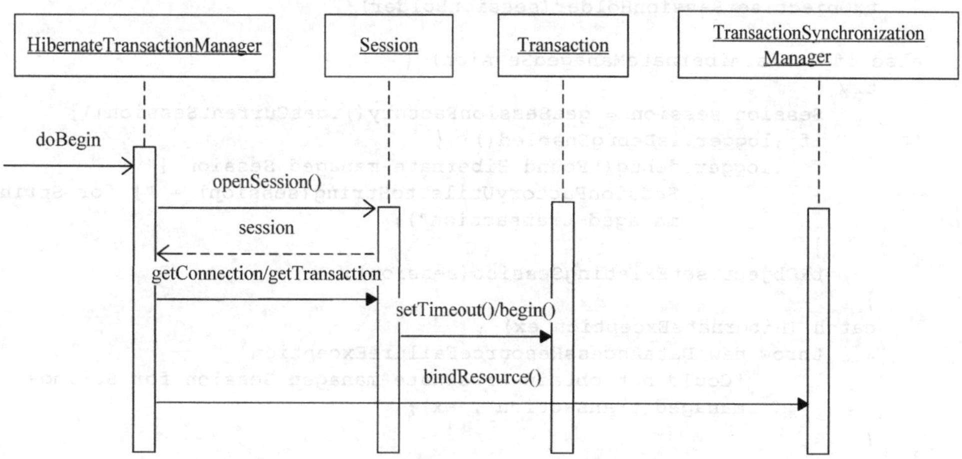

图6-9 HibernateTransactionManager实现事务处理的时序图

的doBegin方法后，HibernateTransactionManager会打开一个Session，关于这个Session，熟悉Hibernate使用的读者都知道，它是Hibernate的核心类，Hibernate通过它来管理数据对象的生命周期，在得到Session之后，通过它可以得到Hibernate的Transaction，并对Transaction的参数进行设置，这些设置包括像Timeout这样的参数，然后就可以启动Hibernate的Transaction，并最终通过TransactionSynchronizationManager来绑定资源。可以看到，在以上的过程中，使用了Hibernate自身的事务处理功能。

具体的实现过程如代码清单6-19所示。和我们平时单独使用Hibernate一样，Hibernate-TransactionManager是通过对Session的管理来完成事务处理实现的。在代码清单6-19中可以看到，通过获得Hibernate的Session、配置Session属性，以及通过Session得到Hibernate的Transaction对象来完成事务创建、提交和回滚的过程。

代码清单6-19 HibernateTransactionManager的实现

```
/*这里创建HibernateTransactionObject，这个HibernateTransactionObject是设置Session
 及DataSource这些对象的地方*/
protected Object doGetTransaction() {
    HibernateTransactionObject txObject = new HibernateTransactionObject();
    //是否允许嵌套事务，在这里进行设置
    txObject.setSavepointAllowed(isNestedTransactionAllowed());
    //从线程中取得SessionHolder，这个SessionHolder是在事务开始时与线程绑定的
    //把取得的SessionHolder设置到TransactionObject中去
    SessionHolder sessionHolder =
            (SessionHolder) TransactionSynchronizationManager.
            getResource(getSessionFactory());
    if (sessionHolder != null) {
        if (logger.isDebugEnabled()) {
            logger.debug("Found thread-bound Session [" +
                  SessionFactoryUtils.toString(sessionHolder.getSession()) + "]
    for Hibernate transaction");
        }
        txObject.setSessionHolder(sessionHolder);
    }
    else if (this.hibernateManagedSession) {
        try {
            Session session = getSessionFactory().getCurrentSession();
            if (logger.isDebugEnabled()) {
                logger.debug("Found Hibernate-managed Session [" +
                        SessionFactoryUtils.toString(session) + "] for Spring-
                        managed transaction");
            }
            txObject.setExistingSession(session);
        }
        catch (HibernateException ex) {
            throw new DataAccessResourceFailureException(
                    "Could not obtain Hibernate-managed Session for Spring-
                    managed transaction", ex);
        }
    }
    //在TransactionOjbect中设置DataSource，这个DataSource也是与线程绑定的
    if (getDataSource() != null) {
        ConnectionHolder conHolder = (ConnectionHolder)
                TransactionSynchronizationManager.
                getResource(getDataSource());
```

```
            txObject.setConnectionHolder(conHolder);
        }
        return txObject;
    }
    //Hibernate事务开始的实现
    protected void doBegin(Object transaction, TransactionDefinition definition) {
        HibernateTransactionObject txObject = (HibernateTransactionObject) transaction;
        if (txObject.hasConnectionHolder() && !txObject.getConnectionHolder().
        isSynchronizedWithTransaction()) {
            throw new IllegalTransactionStateException(
                    "Pre-bound JDBC Connection found! HibernateTransactionManager
                    does not support " +
                    "running within DataSourceTransactionManager if told to
                    manage the DataSource itself. " +
                    "It is recommended to use a single
                    HibernateTransactionManager for all transactions " +
                    "on a single DataSource, no matter whether Hibernate or JDBC access.");
        }
        Session session = null;
        /*如果没有创建SessionHolder，那么这里创建Hibernate的Session，并把创建的Session放
          到SessionHolder中去*/
        try {
            if (txObject.getSessionHolder() == null || txObject.getSessionHolder().
            isSynchronizedWithTransaction()) {
                Interceptor entityInterceptor = getEntityInterceptor();
                Session newSession = (entityInterceptor != null ?
                        getSessionFactory().openSession(entityInterceptor) :
                        getSessionFactory().openSession());
                if (logger.isDebugEnabled()) {
                    logger.debug("Opened new Session [" +
                 SessionFactoryUtils.toString(newSession) +"]
                            for Hibernate transaction");
                }
                txObject.setSession(newSession);
            }
            //这里从SessionHolder中取得Session,为创建HibernateTransaction做准备
            session = txObject.getSessionHolder().getSession();
            if (this.prepareConnection && isSameConnection
            ForEntireSession(session)) {
                if (logger.isDebugEnabled()) {
                    logger.debug(
                        "Preparing JDBC Connection of Hibernate Session
                        [" + SessionFactoryUtils.toString(session) + "]");
                }
                Connection con = session.connection();
                Integer previousIsolationLevel = DataSourceUtils.
                prepareConnectionForTransaction(con, definition);
                txObject.setPreviousIsolationLevel(previousIsolationLevel);
            }
            else {
                if (definition.getIsolationLevel() != TransactionDefinition.
                ISOLATION_DEFAULT) {
                throw new InvalidIsolationLevelException(
                "HibernateTransactionManager is not allowed to support custom
                 isolation levels: " +"make sure that its 'prepareConnection'
```

```
             flag is on (the default) and that the " +"Hibernate connection
             release mode is set to 'on_close' (SpringTransactionFactory's
             default). " +"Make sure that your LocalSessionFactoryBean
            actually uses SpringTransactionFactory: Your " +
            "Hibernate properties should *not* include a'hibernate.transaction.
            factory_class' property!");
            }
            if (logger.isDebugEnabled()) {
                logger.debug(
                        "Not preparing JDBC Connection of Hibernate Session
                        [" + SessionFactoryUtils.toString(session) + "]");
            }
        }
        if (definition.isReadOnly() && txObject.isNewSession()) {
            // 当事务方法被配置为ReadOnly时，设置session的FlushMode
            session.setFlushMode(FlushMode.MANUAL);
        }
        //对非ReadOnly事务配置session的FlushMode
        if (!definition.isReadOnly() && !txObject.isNewSession()) {
            // We need AUTO or COMMIT for a non-read-only transaction.
            FlushMode flushMode = session.getFlushMode();
            if (flushMode.lessThan(FlushMode.COMMIT)) {
                session.setFlushMode(FlushMode.AUTO);
                txObject.getSessionHolder().setPreviousFlushMode(flushMode);
            }
        }
        //这个Transaction是我们在使用Hibernate时常用的Transaction
        Transaction hibTx = null;
        // 为Hibernate的Transaction设置timeout，并开启事务
        int timeout = determineTimeout(definition);
        if (timeout != TransactionDefinition.TIMEOUT_DEFAULT) {
            //使用Hibernate的timeout事务设置处理事务timeout
            hibTx = session.getTransaction();
            hibTx.setTimeout(timeout);
            hibTx.begin();
        }
        else {
            // 创建并开始事务，在不需要设置timeout属性的场合
            hibTx = session.beginTransaction();
        }
        /*把Hibernate的Transaction设置到TransactionObject的SessionHolder中，这个
          SessionHolder会和线程绑定*/
        txObject.getSessionHolder().setTransaction(hibTx);
        //设置DataSource到Hiberate Session的JDBC连接中去
            if (getDataSource() != null) {
            Connection con = session.connection();
            ConnectionHolder conHolder = new ConnectionHolder(con);
            if (timeout != TransactionDefinition.TIMEOUT_DEFAULT) {
                conHolder.setTimeoutInSeconds(timeout);
            }
            if (logger.isDebugEnabled()) {
                logger.debug("Exposing Hibernate transaction as JDBC
                transaction [" + con + "]");
            }
```

```
                TransactionSynchronizationManager.bindResource(getDataSource(), conHolder);
                txObject.setConnectionHolder(conHolder);
            }
            // 如果是新的SessionHolder，把SessionHolder和当前线程绑定
            if (txObject.isNewSessionHolder()) {
                TransactionSynchronizationManager.bindResource
                (getSessionFactory(), txObject.getSessionHolder());
            }
            //在SessionHolder中进行状态标志，标识事务已经开始
            txObject.getSessionHolder().setSynchronizedWithTransaction(true);
        }
        catch (Exception ex) {
            if (txObject.isNewSession()) {
                try {
                    if (session.getTransaction().isActive()) {
                        session.getTransaction().rollback();
                    }
                }
                catch (Throwable ex2) {
                    logger.debug("Could not rollback Session after failed
                    transaction begin", ex);
                }
                finally {
                    SessionFactoryUtils.closeSession(session);
                }
            }
            throw new CannotCreateTransactionException("Could not open Hibernate
            Session for transaction", ex);
        }
    }
    //事务挂起的处理
    protected Object doSuspend(Object transaction) {
        HibernateTransactionObject txObject = (HibernateTransactionObject) transaction;
        //把当前的SessionHolder从线程中和TransactionObject中释放
        txObject.setSessionHolder(null);
        SessionHolder sessionHolder =
                (SessionHolder) TransactionSynchronizationManager.
                unbindResource(getSessionFactory());
        //把当前的ConnectionHolder从线程中和TransactionObject中释放
        txObject.setConnectionHolder(null);
        ConnectionHolder connectionHolder = null;
        if (getDataSource() != null) {
            connectionHolder = (ConnectionHolder) TransactionSynchronizationManager.
            unbindResource(getDataSource());
        }
        return new SuspendedResourcesHolder(sessionHolder, connectionHolder);
    }
    /* 为事务提交做的准备，如果配置成FlushBeforeCommit并且是新事务，flush Session中的数据，
       然后把FlushMode设置为MANUAL*/
    protected void prepareForCommit(DefaultTransactionStatus status) {
        if (this.earlyFlushBeforeCommit && status.isNewTransaction()) {
            HibernateTransactionObject txObject = (HibernateTransactionObject)
            status.getTransaction();
            Session session = txObject.getSessionHolder().getSession();
            if (!session.getFlushMode().lessThan(FlushMode.COMMIT)) {
```

```
                logger.debug("Performing an early flush for Hibernate transaction");
                try {
                    session.flush();
                }
                catch (HibernateException ex) {
                    throw convertHibernateAccessException(ex);
                }
                finally {
                    session.setFlushMode(FlushMode.MANUAL);
                }
            }
        }
    }
    //事务提交的完成
    protected void doCommit(DefaultTransactionStatus status) {
        //取得当前的Hibernate Transaction
        HibernateTransactionObject txObject = (HibernateTransactionObject) status.getTransaction();
        if (status.isDebug()) {
            logger.debug("Committing Hibernate transaction on Session [" +
                    SessionFactoryUtils.toString(txObject.getSessionHolder().
                    getSession()) + "]");
        }
        try {//通过Hibernate的Transaction完成提交
            txObject.getSessionHolder().getTransaction().commit();
        }
        catch (org.hibernate.TransactionException ex) {

            throw new TransactionSystemException("Could not commit Hibernate
            transaction", ex);
        }
        catch (HibernateException ex) {
                    throw convertHibernateAccessException(ex);
        }
    }
    //事务回滚的处理
    protected void doRollback(DefaultTransactionStatus status) {
        //取得Hibernate的Transaction
        HibernateTransactionObject txObject = (HibernateTransactionObject) status.getTransaction();
        if (status.isDebug()) {
            logger.debug("Rolling back Hibernate transaction on Session [" +
                    SessionFactoryUtils.toString(txObject.getSessionHolder().
                    getSession()) + "]");
        }
        try {//通过Hibernate的Transaction完成回滚
            txObject.getSessionHolder().getTransaction().rollback();
        }
        catch (org.hibernate.TransactionException ex) {
            throw new TransactionSystemException("Could not roll back Hibernate
            transaction", ex);
        }
        catch (HibernateException ex) {
                    throw convertHibernateAccessException(ex);
        }
        finally {
            if (!txObject.isNewSession() && !this.hibernateManagedSession) {
```

```
            //清除所有在Session中的插入/更新/删除动作
                txObject.getSessionHolder().getSession().clear();
        }
    }
}
```

在这里我们看到了HibernateTransactionManager对事务处理的实现，这些最终的事务处理是通过调用Hibernate的Transaction的commit和rollback方法来完成的，与单独使用Hibernate的事务处理没有太多区别。需要注意的是，对使用的Session和Transaction的取得，因为涉及并发事务处理，所以这些对象往往都是与线程绑定的，Spring通过一个SessionHolder来完成对这些事务对象的管理，并通过ThreadLocal对象来实现和线程的绑定。

6.7 小结

总体来说，从声明式事务的整个实现中我们看到，声明式事务处理完全可以看成是一个具体的Spring AOP应用。从这个角度来看，Spring事务处理的实现本身就为应用开发者提供了一个非常优秀的AOP应用参考实例。在Spring的声明式事务处理中，采用了IoC容器的Bean配置为事务方法调用提供事务属性设置，从而为应用对事务处理的使用提供方便。有了声明式的使用方式，可以把对事务处理的实现与应用代码分离出来。从Spring实现的角度来看，声明式事务处理的大致实现过程是这样的：在为事务处理配置好AOP的基础设施（比如，对应的Proxy代理对象和事务处理Interceptor拦截器对象）之后，首先需要完成对这些事务属性配置的读取，这些属性的读取处理是在TransactionInterceptor中实现的；在完成这些事务处理属性的读取之后，Spring为事务处理的具体实现做好了准备。可以看到，Spring声明式事务处理的过程同时也是一个整合事务处理实现到Spring AOP和IoC容器中去的过程。我们在整个过程中可以看到下面一些要点，在这些要点中，体现了对Spring框架的基本特性的灵活使用。

- 如何封装各种不同事务处理环境下的事务处理，具体来说，作为应用平台的Spring，它没法对应用使用什么样的事务处理环境做出限制，这样，对应用户使用的不同的事务处理器，Spring事务处理平台都需要为用户提供服务。这些事务处理实现包括在应用中常见的DataSource的Connection、Hibernate的Transaction等，Spring事务处理通过一种统一的方式把它们封装起来，从而实现一个通用的事务处理过程，实现这部分事务处理对应用透明，使应用即开即用。
- 如何读取事务处理属性值，在事务处理属性正确读取的基础上，结合事务处理代码，从而完成在既定的事务处理配置下，事务处理方法的实现。
- 如何灵活地使用Spring AOP框架，对事务处理进行封装，提供给应用即开即用的声明式事务处理功能。

在这个过程中，有几个Spring事务处理的核心类是我们需要关注的。其中包括TransactionInterceptor，它是使用AOP实现声明式事务处理的拦截器，封装了Spring对声明式事务处理实现的基本过程；还包括TransactionAttributeSource和TransactionAttribute这两个类，它们封装了对声明式事务处理属性的识别，以及信息的读入和配置。我们看到的TransactionAttribute对象，可以视为对事务处理属性的数据抽象，如果在使用声明式事务处理的时候，应用没有配置这些属性，Spring将为用户提供DefaultTransactionAttribute对象，在这个DefaultTransactionAttribute对象中，提供了默认的事务处理属性设置。

在事务处理过程中，可以看到TransactionInfo和TransactionStatus这两个对象，它们是存放事务处理信息的主要数据对象，它们通过与线程的绑定来实现事务的隔离性。具体来说，TransactionInfo对象本身就像是一个栈，对应着每一次事务方法的调用，它会保存每一次事务方法调用的事务处理信息。值得注意的是，在TransactionInfo对象中，它持有TransactionStatus对象，这个TransactionStatus是非常重要的。由这个TransactionStatus来掌管事务执行的详细信息，包括具体的事务对象、事务执行状态、事务设置状态等。在事务的创建、启动、提交和回滚的过程中，都需要与这个 TransactionStatus对象中的数据打交道。在准备完这些与事务管理有关的数据之后，具体的事务处理是由事务处理器TransactionManager来完成的。在事务处理器完成事务处理的过程中，与具体事务处理器无关的操作都被封装到AbstractPlatformTransactionManager中实现了。这个抽象的事务处理器为不同的具体事务处理器提供了通用的事务处理模板，它封装了在事务处理过程中，与具体事务处理器无关的公共的事务处理部分。我们在具体的事务处理器（比如DataSourceTransactionManager和HibernateTransactionManager）的实现中可以看到，最为底层的事务创建、挂起、提交、回滚操作。

在Spring中，也可以通过编程式的方法来使用事务处理器，以帮助我们处理事务。在编程式的事务处理使用中，TransactionDefinition是定义事务处理属性的类。对于事务处理属性，Spring还提供了一个默认的事务属性DefaultTransactionDefinition来供用户使用。这种事务处理方式在实现上看起来比声明式事务处理要简单，但编程式实现事务处理却会造成事务处理与业务代码的紧密耦合，因而不经常被使用。在这里，我们之所以举编程式使用事务处理的例子，是因为通过了解编程式事务处理的使用，可以清楚地了解Spring统一实现事务处理的大致过程。有了这个背景，结合对声明式事务处理实现原理的详细分析，比如在声明式事务处理中，使用AOP对事务处理进行封装，对事务属性配置进行的处理，与线程绑定从而处理事务并发并结合事务处理器的使用等，能够在很大程度上提高我们对整个Spring事务处理实现的理解。

第7章

Spring远端调用的实现

子曰："有朋自远方来，不亦乐乎。"

——【春秋】孔子《论语》学而篇

本章内容

- Spring远端调用的应用场景
- Spring远端调用的设计概览
- Spring远端调用的实现

7.1 Spring远端调用的应用场景

在企业应用开发中，为了达到提高应用可靠性或平衡资源使用的目的，常常需要考虑分布式计算的解决方案。在分布式计算中，常常涉及服务器系统中各种不同进程之间的通信与计算交互，远端调用（RMI）是实现这种计算场景的一种有效方式。同时，随着互联网和Web 2.0技术的发展，基于HTTP协议的数据传输协议的使用也越来越普遍，这种轻量级的远端过程调用也开始流行起来，在RMI的基础上还发展出像WebService这样的技术，这些技术尽管实现的方式不同，但满足的基本需求是一样的，就是通过网络，扩展计算能力，以实现分布式计算。另外，如果对传统的客户端/服务器模型进行扩展，也可以使用远端调用来设计计算能力的架构分布，比如，在这种应用场景中，与那些典型的基于HTML的B/S应用不同，客户端程序需要完成对服务器端应用的直接调用，这也是需要远端调用大显身手的场合。

Spring提供了轻量级的远端调用模块，从而为我们在上面提到的应用场景开发提供平台支持。根据Spring的既定策略，它依然只是起到一个集成平台的作用，而并不期望在实现方案上与已有的远端调用方案形成竞争。也就是说，在Spring远端调用架构中，具体的通信协议设计、通信实现，以及在服务器和客户端对远端调用的处理封装，Spring没有将其作为实现重点，在这个技术点上，并不需要“重新发明轮子”。对Spring来说，它所要完成的工作，是在已有远端调用技术实现的基础上，通过IoC与AOP的封装，让应用更方便地使用这些远端调用服务，并能够更方便灵活地与现有应用系统实现集成。通过Spring封装以后，应用使用远端过程调用非常方便，既不需要改变原来系统的相关实现接口，也不需要为远端调用功能增加新的封装负担。因此，这种使用方式，在某种程度上，可以称为轻量级的远端调用方案。

7.2 Spring远端调用的设计概览

了解了前面提到的Spring远端调用的应用背景之后，下面我们对Spring远端调用的类设计进行阐述。比如，分析Spring是如何完成对已有的远端调用方案的封装的，包括整个Spring远端调用包的设计情况，并辅以源代码实现的细节 。在实现远端调用的过程中，往往需要涉及客户端和服务器端的相关设置，这些设置通过Spring的IoC容器就可以很好地完成，这是我们已经很熟悉的IoC容器的强项。同时，Spring为远端调用的实现提供了许多不同的方案，如RMI、HTTP调用器、第三方远端调用库Hessian/Burlap、基于Java RMI的解决方案等。如果从Spring实现架构的角度来看，Spring对这些方案的具体支持可以体现在如图7-1所示的一系列相关类的设计中。在这个类的层次关系中，首先可以看到的是，Spring为RemotingSupport设计的一系列子类，这一系列的子类是Spring用来封装远端服务客户端所使用的。相应地，在具体实现上，这些类有一系列的拦截器实现，在这些拦截器中完成了对客户端远端调用的主要封装，和Spring提供的与具体远端调用实现对应的FactoryBean一起，构成了远端调用客户端的基础设施。其次，在这个类的层次关系中，还可以看到，在RemoteService下有一系列子类，这些子类是为远端调用的服务器端的实现提供导出服务的，通过这个服务导出的设计支持，客户端可以完成对这些导出的远端服务的调用。

下面对HTTP调用器、Hessian/Burlap的远端调用、RMI远端调用的实现原理进行分析。在这些实现原理的分析中，大致包含了基本配置、客户端实现和服务器端实现几个基本的部分。在本章的分析中，读者会看到图7-1中出现的很多类，比如封装HTTP调用器客户端的HttpInvokerProxyBean和HttpInvokerClientInterceptor，为Hessian/Burlap提供客户端封装服务的Hessian的HessianPrxoyFactoryBean/BurlapPrxoyFactoryBean和HessianClientInterceptor/BurlapClientInterceptor，为封装RMI提供客户端服务的RmiProxyFactoryBean和RmiClientInterceptor等。在开始分析之前，希望这个类层次图能够让读者对Spring远端调用模块有一个初步的印象和了解。Spring对不同的远端调用进行封装，基本上都采用了类似的模式来完成，比如在客户端，都是通过相关的ProxyFactoryBean和ClientInterceptor来完成的，在服务器端是通过ServiceExporter来导出远端的服务对象的。有了这些统一的命名规则，应用配置和使用远端调用会非常方便，同时，通过对这些Spring远端调用基础设施实现原理的分析，还可以看到一些常用处理方法的技术实现，比如对代理对象的使用、拦截器的使用、通过afterPropertiesSet来启动远端调用基础设施的建立等，这些都是在Spring中常用的技术。

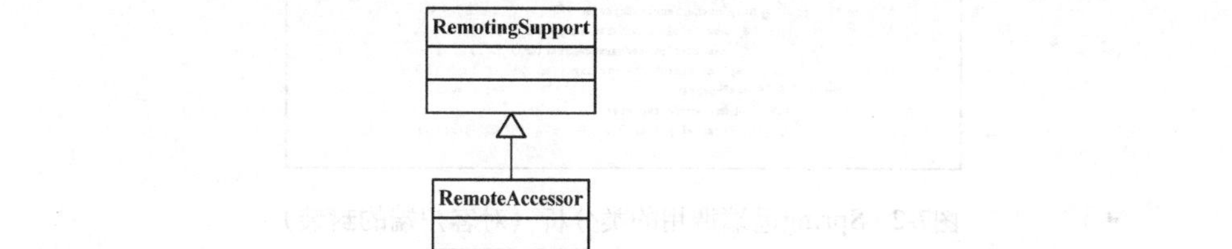

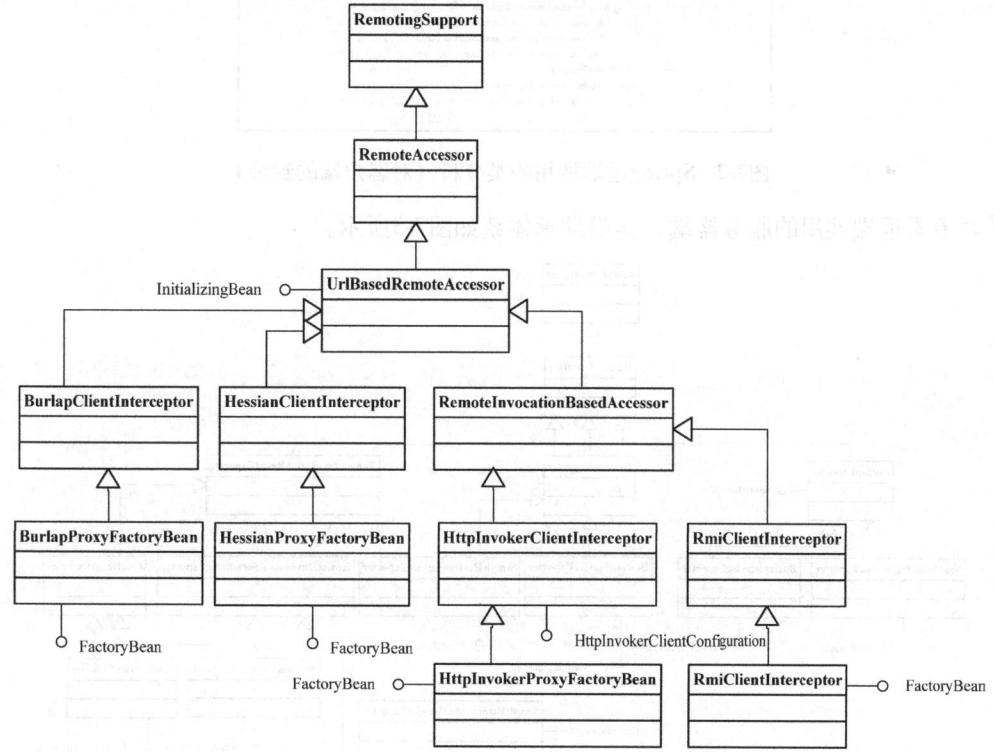

图7-1 Spring远端调用的类设计（客户端封装部分）

从图7-1中可以看到，在Spring远端调用的客户端，已经为常用的远端调用解决方案提供了一系列的ProxyFactoryBean，正如前面分析的一样，这些ProxyFactoryBean通过AOP的方式，设计了拦截器来封装对远端调用客户端的处理，还会看到，在其中都会继承对应的拦截器，这些拦截器作为ProxyFactoryBean的基类，是实现远端调用客户端封装的重点所在。如果从代码实现的角度来分析，可以参考如图7-2所示的类分析图。

图7-2 Spring远端调用的类分析（对客户端的封装）

再看看远端调用的服务器端，其类继承体系如图7-3所示。

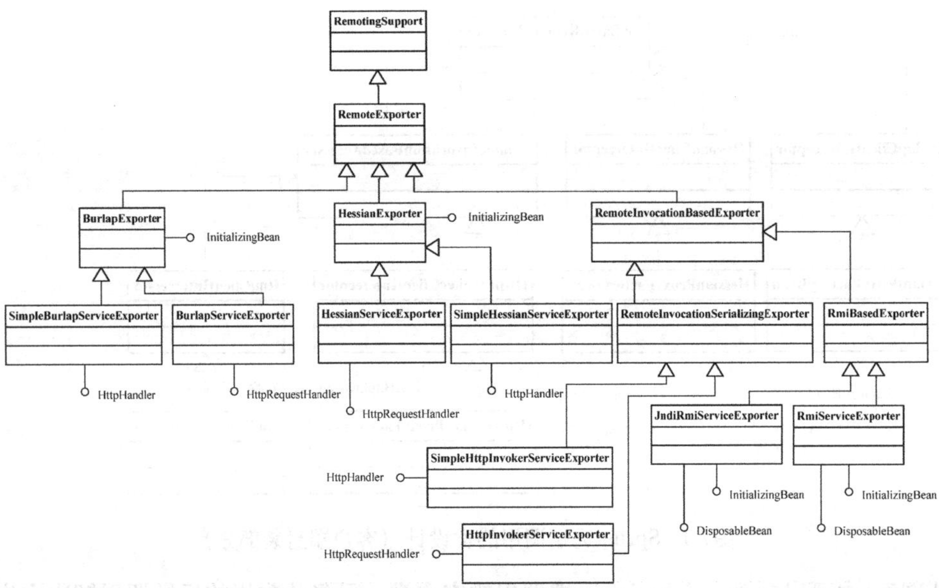

图7-3 Spring远端调用的类设计（对服务器端的封装）

服务器端的设计与客户端的设计不同在于，由于在Spring远端调用的设计中采用的是B/S结构，也就是说，在服务器端，需要对客户端的请求进行响应，就像在MVC框架中用到的DispatcherServerlet一样，因此会看到和HTTP请求响应相关的设计，比如HttpHandler/HttpRequestHandler的设计等。关于这些设计的具体实现，后面将向大家进行详细分析。在这里，通过这两张类设计图，希望读者可以对整个远端调用包的设计有一个大致的了解。

7.3 Spring远端调用的实现

7.3.1 Spring HTTP 调用器的实现

1. 设计原理和实现过程

作为Spring远端调用的一种实现方式，最为简单的应该是通过HTTP调用器实现，在这种实现中，不需要依赖于第三方组件，并且，对于远程调用的实现来说，只需要通过HTTP协议就能实现，基于HTTP协议的远程调用的封装，Spring已经完成了。所以，这种HTTP调用器的使用，对Spring用户来说，是即开即用的；对用户来说，只需要在IoC容器的Bean定义中，配置好相应的HTTP调用器的客户端，并将服务器端的调用接口通过HttpInvokerServiceExporter导出到MVC模块中，就可以使用了。

在这个模块的设计中，我们可以看到，为了支持应用对HTTP调用器的使用，在Spring中设计了HttpInvokerProxyFactoryBean，从名字上就可以看到，这是一个ProxyFactoryBean，它会使用Spring AOP来对HTTP调用器的客户端进行封装，既然使用到AOP，就需要设置代理对象并且为代理方法设置拦截器，在HttpInvokerProxyFactoryBean中，设置的拦截器是HttpInvokerClientInterceptor，在这个拦截器中，会封装客户端的基本实现，比如打开HTTP链接，通过HTTP客户端，将请求对象序列化，将请求传递到服务器端；同样地，在接收到服务器的HTTP响应后，拦截器会把对象反序列化，并且把远端调用服务器端返回的对象交给应用使用，从而完成一个完整通过HTTP协议来完成远程调用的过程。对于服务器端的设计，也是同样的，这部分设计是通过HttpInvokerServiceExporter来完成的，在这个Exporter中，会导出远端的服务器服务，比如相应的远端服务URL请求，供客户端的服务对象，服务接口配置等，这些都是由HttpInvokerServiceExporter来完成的，而具体说来，这个Exporter，因为需要处理HTTP的服务请求，它的设计是需要依赖Spring的MVC模块的，具体说来，在这个HttpInvokerServiceExporter中，会封装MVC框架的DispatcherServlet，并且设置相应的Controller，这个控制器Controller执行相应的HTTP请求处理，比如，接收服务请求，将服务请求中对象反序列化，交给服务器端的服务对象完成请求，最后把生成的结果通过序列化通过HTTP传回到客户端。

在这个HTTP调用器的设计中，我们可以看到，并不需要依赖其他的第三方模块，主要通过HTTP协议，通过HTTP协议的对象序列化和反序列化，以及Spring的MVC模块来处理HTTP请求和响应的。了解了这些，就不难深入地了解HTTP远端调用的实现了，具体的设计和实现过程，我们会在下面的部分向大家详细地分析。

2. 配置HTTP调用器客户端

顾名思义，HTTP 调用器是基于HTTP协议提供的一种远端调用方案。使用HTTP 调用器和使用Java RMI一样，需要使用Java的序列化机制来完成客户端和服务器端的通信。在Spring中，我们从客户端的基础配置模块HttpInvokerProxyFactoryBean入手，对HTTP调用器的实现原理进行分析。这个HttpInvokerProxyFactoryBean是一个FactoryBean，这个工厂Bean的作用是为客户端HTTP调用器提供服务配置，使用我们熟悉的FactoryBean的设计方式来封装客户端需要的远端代理对象，这是Spring远端调用模块处理客户端封装的一个模式。下面我们简单回顾一下HttpInvoker的使用，在使用HttpInvoker时，首先需要配置客户端的HttpInvokerProxyFactoryBean，然后需要设置应用Bean对ProxyFactoryBean的配置，具体的客户端配置，如代码清单7-1所示。在代码清单7-1中，可以看到对HttpInvokerProxyFactoryBean的使用配置，比如需要配置客户端访问的远端服务的URL地址，设置远端调用服务的服务接口，然后把这个ProxyFactory设置到客户端应用Bean的remoteService属性中去，有了这个设置，客户端应用就已经准备就绪了，它就可以像调用本地调用一样，享用远端的服务了。

代码清单7-1 配置HTTP调用器的客户端访问设置

```
<bean id="proxy" class="org.springframework.remoting.
httpinvoker.HttpInvokerProxyFactoryBean">
<property name="serviceUrl">
<value>http://yourhost:8080/yourURL</>
</property>
<property name="serviceInterface">
   <value>yourInterface<value/>
</property>
</bean>

<bean id="yourBean" class="yourClass">
<property name= "remoteService">
   <ref bean="proxy"/>
</property>
```

具体来说，在这些对IoC容器的配置中，HttpInvokerProxyFactoryBean中封装了对应的远端服务的信息，比如域名、端口号和服务所在的URL，这些都是访问远端服务调用所需要的信息。同时，由于使用的是HttpInvoker，因此可以看到，在URL中，指定的协议是HTTP协议。对访问远端服务调用的客户端而言，它只要持有HttpInvokerProxyFactoryBean提供的代理对象，就可以方便地使用远端调用，使用起来也很简单。对客户端来说，就像本地调用一样，在远端调用过程中，发生的数据通信以及与远端服务的交互都被Spring使用Proxy代理类进行了封装，并对客户端是透明的。具体地说，这些封装实现在HttpInvokerProxyFactoryBean这个FactoryBean生产出来的代理对象中完成，下面看看这个HttpInvokerProxyFactoryBean是怎样工作的。

3. HTTP调用器客户端的实现

了解了HTTP调用器的基本设置后，下面看看在HttpInvokerProxyFactoryBean中，是如何完成对远端服务客户端的封装的，这些封装实现如代码清单7-2所示。其设计时序如图7-4所示。

在如图7-4所示的设计时序中可以看到，在HtttpInvokerProxyFactory中设置了serviceProxy对象作为远端服务的本地代理对象。这个代理对象的设置是在依赖注入完成以后，通过afterPropertiesSet来对远端调用进行设置。这个afterPropertiesSet完成的设置包括：使用ProxyFactory生成代理对象、为代理对象设置代理接口方法，并把ProxyFactory生成的代理对象设置给serviceProxy。可以看到，在我们熟悉的FactoryBean的接口方法getObject的实现中，把这个serviceProxy对象，也就是生成的代理对象，提供给了访问远端调用的客户端应用。在生成这个AOP的代理对象并设置好为其配置的拦截器之后，远端服务已经可以工作了，在代理对象对应的远端方法被调用的时候，实际上会调用serviceProxy对象的代理方法。这个代理方法会触发HttpInvokerClientInterceptor的拦截器方法，在拦截器中封装了具体对远端调用，比如通过HTTP协议调用远端方法的处理，这些处理通过调用SimpleHttpInvokerRequestExecutor的executeRequest()方法来实现。而最终的实现是在doExecuteRequest()方法中封装完成的。这一系列的设计过程，我们在后面的内容中将结合源代码进行详细分析。

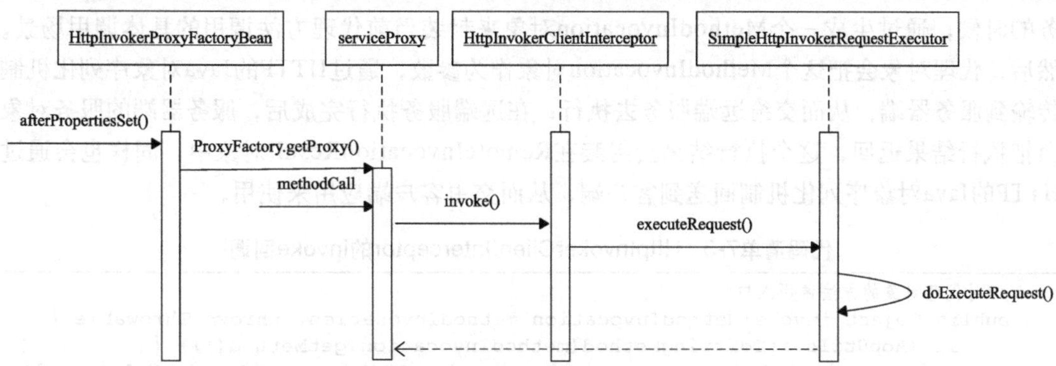

图7-4 HTTP调用器客户端实现的时序

代码清单7-2 HttpInvokerProxyFactoryBean的实现

```
public class HttpInvokerProxyFactoryBean extends HttpInvokerClientInterceptor
    implements FactoryBean<Object> {
//这是远端对象的代理
private Object serviceProxy;
@Override
//在注入完成之后，设置远端对象代理
public void afterPropertiesSet() {
    super.afterPropertiesSet();
    //需要配置远端调用的接口
    if (getServiceInterface() == null) {
        throw new IllegalArgumentException("Property 'serviceInterface' is required");
    }/*这里使用ProxyFactory来生成远端代理对象，注意这个this，因为
      HttpInvokerProxyFactoryBean的基类是HttpInvokerClientInterceptor，所以代理
      类的拦截器被设置为HttpInvokerClientInterceptor*/
    this.serviceProxy = new ProxyFactory(getServiceInterface(), this).
    getProxy(getBeanClassLoader());
```

```
    }
    //FactoryBean生产对象的入口。返回的是serviceProxy对象，这是一个代理对象
    public Object getObject() {
        return this.serviceProxy;
    }
    public Class<?> getObjectType() {
        return getServiceInterface();
    }
    public boolean isSingleton() {
        return true;
    }
```

通过FactoryBean的封装，getObject实际上取得的是一个代理对象。在代码实现中可以看到，为这个代理对象配置了一个拦截器HttpInvokerClientInterceptor，在这个拦截器中，拦截了对代理对象的方法调用。我们到拦截器的实现中去看看它具体做了什么，具体内容如代码清单7-3所示。对于HttpInvokerClientInterceptor拦截器，其触发的拦截行为在invoke回调方法中实现。在这个回调方法中，所做的处理是通过HTTP请求触发远端服务，在触发远端服务的时候，通过生成一个MethodInvocation对象来封装当前代理方法调用的具体调用场景。然后，代理对象会把这个MethodInvocation对象作为参数，通过HTTP的Java对象序列化机制传输到服务器端，从而交给远端服务去执行；在远端服务执行完成后，服务器端的服务对象会把执行结果返回，这个执行结果会封装在RemoteInvocationResult对象中，同样也会通过HTTP的Java对象序列化机制回送到客户端，从而交由客户端应用来使用。

代码清单7-3 HttpInvokerClientInterceptor的invoke回调

```
    //对代理对象的方法调用入口
    public Object invoke(MethodInvocation methodInvocation) throws Throwable {
        if (AopUtils.isToStringMethod(methodInvocation.getMethod())) {
            return "HTTP invoker proxy for service URL [" + getServiceUrl() + "]";
        }
    //创建RemoteInvocation对象，这个对象封装了对远端的调用，这些远端调用通过序列化机制完成
        RemoteInvocation invocation = createRemoteInvocation(methodInvocation);
        RemoteInvocationResult result = null;
        try {
            //这里是对远端调用的入口
            result = executeRequest(invocation, methodInvocation);
        }
        catch (Throwable ex) {
            throw convertHttpInvokerAccessException(ex);
        }
        try {//返回远端调用的结果
            return recreateRemoteInvocationResult(result);
        }
        catch (Throwable ex) {
            if (result.hasInvocationTargetException()) {
                throw ex;
            }
            else {
                throw new RemoteInvocationFailureException("Invocation of method
                [" + methodInvocation.getMethod() +"] failed in HTTP invoker
```

```
                remote service at [" + getServiceUrl() + "]", ex);
        }
    }
}
```

我们可以看到，RemoteInvocation是由DefaultRemoteInvocationFactory来创建的，这个RemoteInvocation实际上是一个数据对象。这个数据对象中封装了调用的具体信息，比如调用方法名、参数、参数类型等。这些封装都可以在RemoteInvocation的实现中看到。远端调用的具体实现过程是由executeRequest方法来完成的，如代码清单7-4所示。在代码清单7-4中可以看到，是通过使用HttpInvokerRequestExecutor这个对象来触发远端调用的。

代码清单7-4 HttpInvokerRequestExecutor的executeRequest方法

```
//通过HttpInvokerRequestExecutor的executeRequest来完成调用
protected RemoteInvocationResult executeRequest(RemoteInvocation invocation) throws Exception {
    return getHttpInvokerRequestExecutor().executeRequest(this, invocation);
}
```

可以看到，HttpInvokerRequestExecutor是一个SimpleHttpInvokerRequestExecutor；也就是说，我们可以在SimpleHttpInvokerRequestExecutor中看到executeRequest方法调用的实现，如代码清单7-5所示。在SimpleHttpInvokerRequestExecutor的实现中，封装了整个HTTP调用器客户端实现的基本过程：首先，它会打开一个HTTP链接，接着，它会通过HTTP的对象序列化，把封装好的调用场景，也就是在前面生成的RemoteInvocation传送到服务器端，请求服务响应；其次，在服务器端完成服务以后，会把执行结果，以对象序列化的方式回送给HTTP响应（HttpResponse）；最后，客户端应用，也就是在这个executeRequest方法中，会从HTTP响应中读出远端服务的执行结果。在这里，使用了HTTP的请求/响应机制来实现对远端方法的访问与执行结果的返回，这个过程，与我们熟悉的Servlet实现机制大致一样。对比其他的Spring远端调用方案的实现，HttpInvoker的实现特点在于，它使用的是Java虚拟机提供的基本特性，比如HTTP的传输机制，对象的序列化和反序列化，相对于在Spring中提供的像Hessian/Burlap这样的方案而言，使用HTTP调用器完成远端调用的应用不需要引用第三方类库，因此使用起来是非常方便的。

代码清单7-5 SimpleHttpInvokerRequestExecutor的doExecuteRequest方法

```
/*这是HTTP调用器实现的基本过程，通过HTTP的request和reponse来完成通信，在通信的过程中传输的
  数据是序列化的对象*/
protected RemoteInvocationResult doExecuteRequest(
        HttpInvokerClientConfiguration config, ByteArrayOutputStream baos)
        throws IOException, ClassNotFoundException {
    //打开一个标准J2SE HttpURLConnection
    HttpURLConnection con = openConnection(config);
    prepareConnection(con, baos.size());
    /*远端调用封装成RemoteInvocation对象，这个对象通过序列化被写到对应的
    HttpURLConnection中去*/
    writeRequestBody(config, con, baos);
    //这里取得远端服务返回的结果，然后把结果转换成RemoteInvocationResult返回
    validateResponse(config, con);
```

```
        InputStream responseBody = readResponseBody(config, con);
        return readRemoteInvocationResult(responseBody, config.getCodebaseUrl());
    }
    //把序列化对象输出到HttpURLConnection中
    protected void writeRequestBody(
            HttpInvokerClientConfiguration config, HttpURLConnection con,
            ByteArrayOutputStream baos)
            throws IOException {
        baos.writeTo(con.getOutputStream());
    }
    //为使用HttpURLConnection来完成对象序列化，需要进行一系列的配置
    //比如配置请求方式为post，请求属性等
    protected void prepareConnection(HttpURLConnection con, int contentLength) throws
    IOException {
        con.setDoOutput(true);
        con.setRequestMethod(HTTP_METHOD_POST);
        con.setRequestProperty(HTTP_HEADER_CONTENT_TYPE, getContentType());
        con.setRequestProperty(HTTP_HEADER_CONTENT_LENGTH,
        Integer.toString(contentLength));
        LocaleContext locale = LocaleContextHolder.getLocaleContext();
        if (locale != null) {
            con.setRequestProperty(HTTP_HEADER_ACCEPT_LANGUAGE,
            StringUtils.toLanguageTag(locale.getLocale()));
        }
        if (isAcceptGzipEncoding()) {
            con.setRequestProperty(HTTP_HEADER_ACCEPT_ENCODING, ENCODING_GZIP);
        }
    }
    //获得HTTP响应的IO流
    protected InputStream readResponseBody(HttpInvokerClientConfiguration config,
    HttpURLConnection con)
            throws IOException {
        //如果是通过gzip压缩，那么需要先解压缩
        if (isGzipResponse(con)) {
            return new GZIPInputStream(con.getInputStream());
        }
        else {
            //正常的HTTP响应输出
            return con.getInputStream();
        }
    }
```

可以看到，对远端服务执行结果的返回对象的处理是在AbstractHttpInvokerRequestExecutor中实现的。在通过HTTP把对象反序列化之后，会把远端的服务结果封装成RemoteInvocationResult对象，这部分实现如代码清单7-6所示。这个客户端对远端服务调用结果的处理过程并不复杂，它是一个通过Java对象的反序列化，从HTTP响应中得到服务执行结果的过程。

代码清单7-6 AbstractHttpInvokerRequestExecutor的readRemoteInvocationResult

```
    //把返回的对象封装到RemoteInvocationResult中
    protected RemoteInvocationResult readRemoteInvocationResult(InputStream is, String
    codebaseUrl)
            throws IOException, ClassNotFoundException {
        ObjectInputStream ois = createObjectInputStream(decorateInputStream(is), codebaseUrl);
```

```
        try {
            return doReadRemoteInvocationResult(ois);
        }
        finally {
            ois.close();
        }
    }
    protected RemoteInvocationResult doReadRemoteInvocationResult
    (ObjectInputStream ois)
            throws IOException, ClassNotFoundException {
        Object obj = ois.readObject();
        if (!(obj instanceof RemoteInvocationResult)) {
            throw new RemoteException("Deserialized object needs to be assignable
            to type [" +RemoteInvocationResult.class.getName() + "]: " + obj);
        }
        return (RemoteInvocationResult) obj;
    }
```

看到这里，我们大致了解了在HTTP调用器客户端完成远端调用的基本过程。简单来说，这个过程是这样的：首先由客户端应用调用代理方法，在调用发生以后，代理类会先运行拦截器，对代理的方法调用进行拦截。在拦截器的拦截行为中，先对本地发生的方法调用进行封装，具体来说，就是封装成MethodInvocation对象。然后，把这个MethodInvocation对象，通过序列化和HTTP请求发送到服务器端，在服务器端的处理完成以后，会通过HTTP响应返回处理结果，这个处理结果被封装在RemoteInvocationResult对象中。整个过程是一个典型的HTTP客户机-服务器实现的基本过程，只是在这里，传输的数据是序列化的Java对象，而不是那些常见的经过URL请求后得到的HTML页面响应而已。

4. 配置HTTP调用器远端服务器端

在了解了客户端的实现原理以后，我们来看看在服务器端是怎样实现对远端服务请求的服务响应的。同样，与客户端需要使用IoC容器进行配置才能使用远端服务一样，在服务器端也是需要做一些简单的配置。通过这些配置，可以把远端调用服务在服务器端导出，暴露给客户端使用。与客户端的远端调用的配置很类似，在服务器端的配置也很简单，我们在这里简单地回顾一下，如代码清单7-7所示。在配置中，可以看到，需要设置远端服务对应的URL，还需要设置提供服务的Bean，这个Bean由应用来完成服务的实现。可以看到，在这个设置中还有一个叫servicebean的Bean，调用这个Bean的服务方法，从而完成服务的最终执行。同时，需要在serviceInterface中，设置提供的服务接口方法，设置Proxy的代理方法调用。

代码清单7-7 HTTP调用器服务器端服务的导出设置

```
<bean name="/remoteServiceURL"class="org.springframework.
remoting.httpinvoker.HttpInvokerServiceExporter">
<property name="service">
<ref bean="serviebean"/>
</property>
<property name="serviceInterface">
<value>yourInterface</value>
</property>
</bean>
```

通过这些简单的配置就可以在服务器端导出远端服务，具体的远端服务是通过service属性中配置的Bean来提供的。这个服务Bean封装在HttpInvokerServiceExporter中，这个HttpInvokerServiceExporter封装了对HTTP协议的处理以及Java对象的序列化功能，然后通过Proxy代理类进行封装，从而成为HTTP调用器服务器端的基础设施。

5. HTTP调用器服务器端的实现

在服务器端使用Spring HTTP远端调用，需要配置HttpInvokerServiceExporter，作为远端服务的服务导出器。在这个服务导出器中，需要配置对应的URL请求，以及需要导出的供客户端使用的服务对象、服务接口等信息的配置。HttpInvokerServiceExporter的使用是与Spring MVC结合在一起的，实际上是我们熟悉的Spring MVC框架中的一个Controller。回顾一下在第4章的Spring MVC实现原理的分析可知，在Spring MVC中，具体的映射和转发是由DispatcherServlet来完成的；然后，通过这个Spring MVC框架，由配置好的Controller来完成对应的URL的数据处理。下面看看在这个服务导出器中，是如何对客户端发起的远端调用的服务请求进行响应的，处理的时序如图7-5所示。在这个设计时序中，我们可以看到，一个和客户端访问远端服务的过程相逆的处理过程。具体来说，这个过程是这样的，作为服务器端的HttpInvokerServiceExporter，已经设置好handleRequest方法接收对服务的HTTP请求。响应这些请求的响应和通过DispatcherServlet响应HTTP请求是一样的，在执行需要的服务之前，先会从HTTP请求中读取RemoteInvocation对象。在前面对客户端的实现原理分析中已介绍过这个RemoteInvocation对象了，它封装了访问远端服务的调用场景，比如具体的远端方法名、调用参数等。

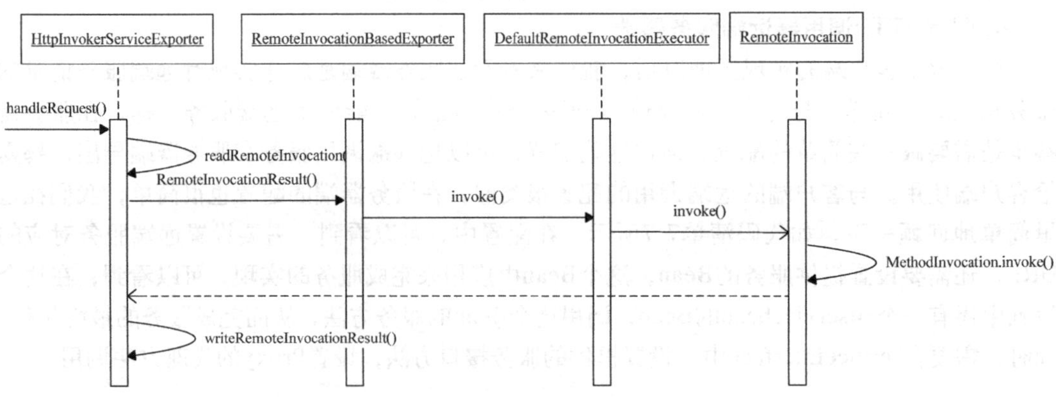

图7-5 HTTP调用器服务器端实现时序

在服务器端，RemoteInvocation对象是通过从HTTP请求中反序列化得到的。有了这个RemoteInvocation对象后，会调用配置好的的服务方法来执行请求的远端服务。在服务执行完成以后，通过HTTP响应，把执行结果通过对象的序列化输出到客户端，从而完成整个服务器端的服务过程。从设计时序来看，这个过程很清晰，包括服务请求接受、服务执行，以及最后返回服务结果的完整过程。

关于具体的源代码实现，我们可以参考以下的代码实现，如代码清单7-8所示。

代码清单7-8 HttpInvokerServiceExporter的handleRequest实现

```
//Controller的执行入口，对相应的HttpRequest进行响应
public void handleRequest(HttpServletRequest request, HttpServletResponse response)
        throws ServletException, IOException {
    try {
        //从HttpRequest中得到序列化的RemoteInvocation对象
        RemoteInvocation invocation = readRemoteInvocation(request);
        //这是对服务对象的调用，依据RemoteInvocation对象封装的调用要求来完成
        RemoteInvocationResult result = invokeAndCreateResult(invocation, getProxy());
        //通过HttpResponse返回服务对象的结果
        writeRemoteInvocationResult(request, response, result);
    }
    catch (ClassNotFoundException ex) {
        throw new NestedServletException("Class not found during
        deserialization", ex);
    }
}
```

从代码实现中可以看到，响应HTTP请求的过程是非常简单明了的。下面来看看怎样通过从请求中反序列化得到RemoteInvocation对象。RemoteInvocation对象封装了对服务调用的基本信息，比如调用的方法名、参数、参数类型等。了解HTTP调用器远端调用客户端实现的读者，一定不会对这个数据对象感到陌生。在服务器端，得到RemoteInvocation对象的过程如代码清单7-9所示。从代码清单7-9中可以看到，这个得到RemoteInvocation数据对象的过程实际上是一个对象反序列化的实现过程。在实现过程中，服务器端首先会从HttpRequest中得到一个对象的输入流；然后，从这个输入流中读取对象；最后，把这个对象转型成RemoteInvocation类型的对象返回。如果得到的对象不是RemoteInvocation对象，还会抛出异常，表示服务器只兼容由HTTP调用器远端调用客户端发起的服务请求。

代码清单7-9 HttpInvokerServiceExporter的readRemoteInvocation()

```
protected RemoteInvocation readRemoteInvocation(HttpServletRequest request, InputStream is)
       throws IOException, ClassNotFoundException {
//从ObjectInputStream中反序列化对象，同时转化成RemoteInvocation
    ObjectInputStream ois = createObjectInputStream
    (decorateInputStream(request, is));
    try {
        return doReadRemoteInvocation(ois);
    }
    finally {
        ois.close();
    }
}
//读取ObjectInputStream，然后作为RemoteInvocation返回
protected RemoteInvocation doReadRemoteInvocation(ObjectInputStream ois)
       throws IOException, ClassNotFoundException {
    Object obj = ois.readObject();
    if (!(obj instanceof RemoteInvocation)) {
        throw new RemoteException("Deserialized object needs to be assignable to type [" +
```

```
        RemoteInvocation.class.getName() + "]: " + obj);
    }
    return (RemoteInvocation) obj;
}
```

在通过HTTP请求得到从客户端传过来的RemoteInvocation对象以后，就可以进行服务方法的调用了。服务调用需要的基本信息都封装在RemoteInvocation对象中。这个服务调用过程是由invokeAndCreateResult方法来实现的，具体的实现过程如代码清单7-10所示。这个方法完成的任务就像它的名字一样，由它来启动服务并创建服务执行结果。服务执行结果是通过生成一个RemoteInvocationResult对象来封装的。

代码清单7-10 服务器端的服务执行

```
protected RemoteInvocationResult invokeAndCreateResult(RemoteInvocation
invocation, Object targetObject) {
    try {
        Object value = invoke(invocation, targetObject);
        return new RemoteInvocationResult(value);
    }
    catch (Throwable ex) {
        return new RemoteInvocationResult(ex);
    }
}
```

在代码清单7-10中，其中的invoke方法封装了服务器端调用的主体。这个invoke()方法在HttpInvokerServiceExporter的基类RemoteInvocationSerializingExporter中实现，如代码清单7-11所示。具体的服务执行是由DefaultRemoteInvocationExecutor来完成的，这个执行器执行服务需要的参数有两个：一个是客户端访问场景的数据封装，也就是MethodInvocation对象；另一个，是提供服务的具体服务对象，这个服务对象在IoC容器中配置，并通过依赖注入设置进来。有了MethodInvocation对象封装的调用场景，服务对象就可以根据需要去完成服务了。

代码清单7-11 RemoteInvocationSerializingExporter的invoke方法

```
protected Object invoke(RemoteInvocation invocation, Object targetObject)
    throws NoSuchMethodException, IllegalAccessException,
    InvocationTargetException {
    if (logger.isTraceEnabled()) {
        logger.trace("Executing " + invocation);
    }
    try {
//调用RemoteInvocationExecutor，这个执行器是DefaultRemoteInvocationExecutor
        return getRemoteInvocationExecutor().invoke(invocation, targetObject);
    }
    catch (NoSuchMethodException ex) {
        if (logger.isDebugEnabled()) {
            logger.warn("Could not find target method for " + invocation, ex);
        }
        throw ex;
    }
```

```
        catch (IllegalAccessException ex) {
            if (logger.isDebugEnabled()) {
                logger.warn("Could not access target method for " + invocation, ex);
            }
            throw ex;
        }
        catch (InvocationTargetException ex) {
            if (logger.isDebugEnabled()) {
                logger.debug("Target method failed for " + invocation,
                ex.getTargetException());
            }
            throw ex;
        }
    }
```

具体的服务执行是由执行器DefaultRemoteInvocationExecutor来完成的。这个执行器的invoke()方法实现很简单也很巧妙，它把调用交给了RemoteInvocation对象，如代码清单7-12所示。

代码清单7-12　DefaultRemoteInvocationExecutor的invoke方法

```
public Object invoke(RemoteInvocation invocation, Object targetObject)
        throws NoSuchMethodException, IllegalAccessException,
        InvocationTargetException{
    Assert.notNull(invocation, "RemoteInvocation must not be null");
    Assert.notNull(targetObject, "Target object must not be null");
    return invocation.invoke(targetObject);
}
```

绕了一圈，又回到MethodInvocation的设计中来了，但这里看到的MethodInvocation对象已经是在服务器端的对象了，由于它是服务器端的对象，因此它可以很方便地获取服务器端的服务资源。由Spring实现服务器对象调用也很简单明了，如代码清单7-13所示。在代码实现中可以看到，使用反射技术来完成方法调用，得到Method对象，然后，调用Method对象的invoke方法，并在invoke()方法中设置了具体执行服务的目标对象，以及执行方法的输入参数，从而完成远端调用服务的执行。

代码清单7-13　MethodInvocation的invoke方法

```
public Object invoke(Object targetObject)
        throws NoSuchMethodException, IllegalAccessException,
        InvocationTargetException {
    //取得服务对象的调用方法，通过反射完成调用，并得到调用结果返回
    /*调用方法名、参数类型，以及调用参数都是在客户端封装好，并通过HTTP的Java序列化传递到服务
      器端*/
    Method method = targetObject.getClass().getMethod(this.methodName,
    this.parameterTypes);
    return method.invoke(targetObject, this.arguments);
}
```

服务对象的方法调用完成之后，会把调用结果通过HTTP响应和对象序列化后传递给HTTP调用器客户端，从而完成整个HTTP调用器的远端调用过程，如代码清单7-14所示。在这里，使用了HTTP响应，传回服务执行结果的过程与处理正常的HTTP响应类似，只有一点

需要注意，在使用HttpResponse的输出流之前，需要为输出流设置ContentType属性。把这个属性设置为application/x-java-serialized-object的值，表示此时在流中传输的是Java的序列化对象，在这个传输过程中，利用HTTP作为数据的传输通道。

代码清单7-14 writeRemoteInvocationResult返回的调用结果

```
protected void writeRemoteInvocationResult(
        HttpServletRequest request, HttpServletResponse response,
        RemoteInvocationResult result)
        throws IOException {
//设置Response的ContentType属性为application/x-java-serialized-object
        response.setContentType(getContentType());
        writeRemoteInvocationResult(request, response, result,
        response.getOutputStream());
}
//输出到HTTP的Response，然后把Response关闭
protected void writeRemoteInvocationResult(
        HttpServletRequest request, HttpServletResponse response,
        RemoteInvocationResult result, OutputStream os)
        throws IOException {
        ObjectOutputStream oos = createObjectOutputStream
        (decorateOutputStream(request, response, os));
        try {
            doWriteRemoteInvocationResult(result, oos);
            oos.flush();
        }
        finally {
            oos.close();
        }
}
```

这样，经过这一系列的处理过程，服务执行结果对象又回到了HTTP的远端调用客户端。在客户端从HTTP响应读取对象之后，把这个看起来像是在本地实现，其实是由远端服务对象完成的调用结果，交给发起远端调用的客户端调用方法，从而最终完成整个远端调用的过程。这个过程很有特点，它使用了HTTP的请求和响应作为通信通道，在这个通信通道中，并没有再进一步对附加的通信协议进行封装，而且，在这个处理过程中，使用的都是Java和Spring框架已有的特性，比如，通过IoC的配置及代理对象拦截器的封装处理， Java的序列化和反序列化，以及对服务器端的Spring MVC框架的使用，通过这些已有的技术实现，使用者感觉它的实现风格非常简洁易懂，整个代码实现，阅读起来非常赏心悦目。

7.3.2 Spring Hession/Burlap的实现原理

前面介绍了使用HTTP调用器完成远端调用的实现原理，在HTTP调用器的实现中使用的都是Java和Spring框架的已有特性。作为应用平台的Spring，还为用户使用远端调用提供了其他选择，在这些选择中，包括集成的开源轻量级的第三方远程调用协议实现，比如Caocho公司发布的一个便捷的二进制协议Hessian，以及另一个基于XML的协议实现Burlap。虽然二者之一使用二进制协议，另一个使用XML协议，但它们都建立在使用HTTP协议的基础上，

把HTTP作为其传输数据的基本协议。关于Hessian和Burlap的使用和相关信息，有兴趣的读者可以到它的官方网站（http://hessian.caucho.com/）去获取相应的信息。

1. 设计原理和实现过程

在Spring远端调用模块中，还可以通过第三方的远端调用模块Hessian/Burlap来完成，在这种模式下，Hessian/Burlap不但设计了自己的远端处理协议，还封装了对应的客户端和服务器端的交互过程。对于Spring来说，不需要像HTTP调用器那样，在底层的HTTP网络协议上做一层一层的封装，在这里，只需要对Hessian/Burlap的客户端和服务器端进行相应的封装，把它们封装到Spring的应用模式下即可。

Spring Hessian/Burlap远端模块的具体设计主要体现在以下两个方面。一方面是客户端的封装，比如HessianProxyFactoryBean/BurlapProxyFactoryBean，它们也是ProxyFactoryBean，通过AOP来封装Hessian/Burlap的客户端，这时Hessian/Burlap的客户端就作为ProxyFactory的代理对象出现，而对Hessian/Burlap客户端的配置和使用是通过设置好的拦截器（比如HessianClientIntercepter）来完成的。从客户端的设计来看，HessianProxyFactoryBean/BurlapProxyFactoryBean和HessianClientInterceptor是Spring对Hessian/Burlap进行封装的主要类。另一方面是在服务器端的设计上，在服务器端，Spring通过为客户提供HessianServiceExporter和BurlapServiceExporter来简化对Hessian/Burlap服务器的使用，这些服务器端的服务导出器，可以帮助客户在使用Hessian/Burlap服务器的时候，在IoC容器的Bean定义中，就可以对Hessian/Burlap服务器进行配置，这些配置包括服务URL地址、远端服务的实现以及服务接口定义等。在设计上，通过Spring MVC的DispatcherServlet将服务请求传递到HessianSkeleton/BurlapSkeleton服务中，将请求直接交由Hessian/Burlap处理，完成特定协议的处理和服务对象的调用，并将服务结果封装到特定的Hessian/Burlap协议中去，由网络写回到客户端，从而完成一次完整的服务请求和响应。

2. Hessian/Burlap客户端的配置

在使用HessianProxyFactoryBean实现远端调用时，首先，同样需要在客户端配置HessianProxyFactoryBean，看到这个ProxyBean，毫无疑问可以得知，Spring又发挥了AOP的强大功能。我们通过一个简单的例子回顾一下这个配置，如代码清单7-15所示。

代码清单7-15 Hessian客户端的设置

```
<bean id="hessianProxy" class="org.springframework.remoting.caucho.
HessianProxyFactoryBean">
<property name="serviceUrl">
<value>http://yourhost:8080/serviceURL</value>
</property>
<property name="serviceInterface">
<value>yourInterface</value>
</property>
</bean>
```

可以看到，在代码清单7-15的配置中，需要设置远端调用的服务地址，这个时候，因为Hessian是基于HTTP来完成传输的，所以在这个设置中，需要给出HTTP协议的域名/IP地址、端口号和服务所在的URL地址。而这些服务的URL地址需要和服务器端的服务相对应，同时需要在服务器端导出服务，这样才能让远端调用服务器顺利地响应客户端的服务请求。在服务器端，对服务对象导出的IoC配置如代码清单7-16所示。同样可以看到，对服务URL地址、服务对象service，以及服务接口serviceInterface等属性的配置，这些配置都是和客户端的配置相一致的。

代码清单7-16 Hessian服务器端的设置

```
<bean name="/serviceURL" class="org.springframework.remoting.caucho.
HessianServiceExporter">
<property name="service">
<ref bean="seviceBean">
</property>
<property name="serviceInterface">
<value>yourInterface</value>
</property>
</bean>
```

3. Hessian客户端的实现

和以往一样，我们从客户端的实现原理入手，去了解Spring是怎样通过封装Hessian来提供远端调用服务的。先到HessianProxyFactoryBean的代码中去看一下HessianProxyFactory对Hessian客户端封装的实现，时序设计如图7-6所示。具体可以看到，先是在Hessian-ProxyFactoryBean的afterPropertiesSet()方法中，通过ProxyFactory的getProxy方法获取serviceProxy对象，该对象是一个代理对象，代理了配置的远端调用方法。当调用远端调用方法的时候，代理对象serviceProxy会触发拦截器的invoke方法。最后通过调用拦截器，触发HessianProxyFactory的执行方法。而HessianProxyFactory是在HessianClientInterceptor的afterPropertiesSet()方法中设置好的。

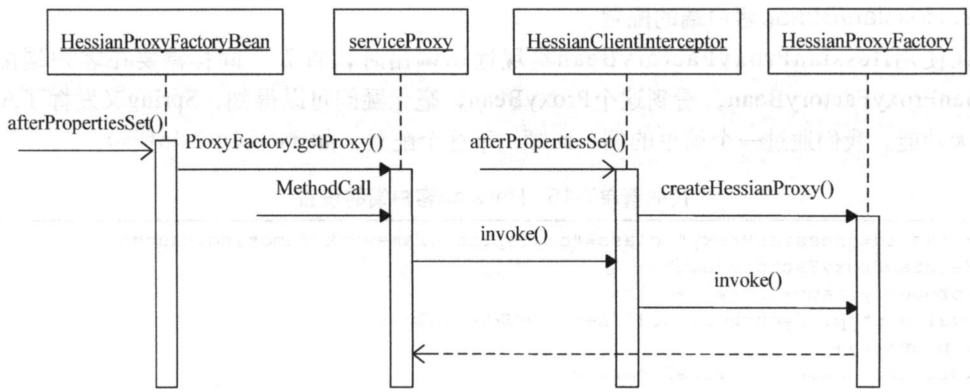

图7-6 Hessian客户端的实现时序

对应于这个实现时序，我们可以参照源代码实现来了解HessianProxyFactoryBean的实现，如代码清单7-17所示。在这个HessianProxyFactoryBean中，我们可以看到，需要生成一个代理对象serviceProxy，这个Proxy代理对象是在HessianProxyFactoryBean的afterPropertiesSet方法中实现的，如果需要使用这个代理对象，通过HessianProxyFactoryBean的getObject方法就可以得到。

代码清单7-17 HessianProxyFactoryBean的实现

```
public class HessianProxyFactoryBean extends HessianClientInterceptor
implements FactoryBean<Object> {
    //这个对象是Proxy代理对象
    private Object serviceProxy;
    @Override
    //依赖注入完成以后，设置Proxy代理对象
    public void afterPropertiesSet() {
        super.afterPropertiesSet();
        /*通过ProxyFactory生成代理对象，拦截器使用HessianClientInterceptor，因为
          HessianProxyFactoryBean本身是HessianClientInterceptor的子类,所以这里使
          用this为代理对象设置拦截器，getServiceInterface取得在BeanDefinition中定义
          的接口，关于ProxyFactory是怎样使用设置的接口定义和拦截器生成代理对象的实现原理,
          可以参考本书对Spring AOP实现的原理分析*/
        this.serviceProxy = new ProxyFactory(getServiceInterface(),
        this).getProxy(getBeanClassLoader());
    }
    /*这是FactoryBean生成对象的方法，调用容器的getBean实际上取得的是serviceProxy,也就是
      Proxy代理对象*/
    public Object getObject() {
        return this.serviceProxy;
    }
    public Class<?> getObjectType() {
        return getServiceInterface();
    }
    public boolean isSingleton() {
        return true;
    }
    }
```

可以在代码清单7-17中看到，FactoryBean的主要功能是完成代理Proxy对象的生成和拦截器的设置。而在通过这个FactoryBean来实现Hessian远端调用的设置中，驱动Hessian的过程被封装在设置的拦截器HessianClientInterceptor中来完成。可以看到，这些设置都是在这个IoC容器的afterPropertiesSet回调方法中实现的。

在生成了代理对象和为代理对象设置好拦截器之后，来看看在拦截器中是怎样完成对远端调用的具体封装和实现的。它们在HessianClientInterceptor中实现，如代码清单7-18所示。在这里可以看到，使用了HessianProxyFactory创建的proxy代理对象来完成具体的远端调用，这个Hessian的proxy对象的使用，是通过Method的反射调用来完成的。值得注意的是，这个proxy对象是Hessian的一个实现类，而不是通常看到的Java的Proxy代理对象。对HessianProxyFactory的HessianClientInterceptor设置，是由IoC容器完成注入的，然后在prepare方法中，也就是在afterPropertiesSet的方法调用中，实现了Hessian的proxy对象的创建。

代码清单7-18 HessianClientInterceptor的invoke方法

```
public Object invoke(MethodInvocation invocation) throws Throwable {
    if (this.hessianProxy == null) {
        throw new IllegalStateException("HessianClientInterceptor is not
        properly initialized - " +"invoke 'prepare' before attempting any operations");
    }
    ClassLoader originalClassLoader = overrideThreadContextClassLoader();
    try {/*这里是驱动Hessian完成远端调用的入口，这个hessianProxy是由
    HessianProxyFactory生成的代理对象*/
        //这个HessianProxyFactory是Hessian的类，已经不是Spring框架的内容了
        return invocation.getMethod().invoke(this.hessianProxy,
        invocation.getArguments());
    }
    catch (InvocationTargetException ex) {
        if (ex.getTargetException() instanceof HessianRuntimeException) {
            HessianRuntimeException hre = (HessianRuntimeException)
            ex.getTargetException();
            Throwable rootCause = (hre.getRootCause() != null ? hre.getRootCause() : hre);
            throw convertHessianAccessException(rootCause);
        }
        else if (ex.getTargetException() instanceof
        UndeclaredThrowableException) {
          UndeclaredThrowableException utex = (UndeclaredThrowableException)
          ex.getTargetException();
          throw convertHessianAccessException(utex.getUndeclaredThrowable());
        }
        throw ex.getTargetException();
    }
    catch (Throwable ex) {
        throw new RemoteProxyFailureException(
               "Failed to invoke Hessian proxy for remote service [" +
               getServiceUrl() + "]", ex);
    }
    finally {
        resetThreadContextClassLoader(originalClassLoader);
    }
}
//依赖注入完成之后，使用Hessian的准备工作
public void afterPropertiesSet() {
    super.afterPropertiesSet();
    prepare();
}
//调用createHessianProxy，这里的proxyFactory是Hessian的类HessianProxyFactory
public void prepare() throws RemoteLookupFailureException {
    try {
        this.hessianProxy = createHessianProxy(this.proxyFactory);
    }
    catch (MalformedURLException ex) {
        throw new RemoteLookupFailureException("Service URL [" +
        getServiceUrl() + "] is invalid", ex);
    }
}
/*这是调用HessianProxyFactory来生成客户端stub的地方，通过调用create方法来实现，和我们独
  立使用HessianProxyFactory是一样的*/
```

```
//关于HessianProxyFactory的具体使用，可以参考Hessian的使用文档
protected Object createHessianProxy(HessianProxyFactory proxyFactory) throws
MalformedURLException {
    Assert.notNull(getServiceInterface(), "'serviceInterface' is required");
    return proxyFactory.create(getServiceInterface(), getServiceUrl());
}
```

这里使用的HessianProxyFactory是Hessian提供的类，由它来具体完成通过Hessian的远端调用，在完成调用之前，已经通过HessianProxyFactory的create方法实现了调用前的准备工作。这个准备工作为远端对象创建了客户端的Hession的proxy。有了这个proxy，就可以像调用本地对象方法一样调用这个proxy的方法，中间的通信和交互过程都由Hessian封装好了。

4. Burlap客户端的实现

Burlap客户端的实现原理和Hessian客户端的实现原理是非常类似的。与Hessian一样，Spring为Burlap的使用设计了BurlapProxyFactoryBean，这个BurlapProxyFactoryBean的实现如代码清单7-19所示。与前面我们看到的HessianProxyFactoryBean的设计实现类似，也需要在BurlapProxyFactoryBean中设置一个serviceProxy代理对象，同样这个代理对象的生成是在afterPropertiesSet方法中完成，并通过getObject方法从BurlapProxyFactoryBean中得到并使用这个代理对象。

代码清单7-19 BurlapProxyFactoryBean的实现

```
public class BurlapProxyFactoryBean extends BurlapClientInterceptor implements
FactoryBean<Object> {
private Object serviceProxy;
@Override
public void afterPropertiesSet() {
    super.afterPropertiesSet();
    this.serviceProxy = new ProxyFactory(getServiceInterface(),
    this).getProxy(getBeanClassLoader());
}
public Object getObject() {
    return this.serviceProxy;
}
public Class<?> getObjectType() {
    return getServiceInterface();
}
public boolean isSingleton() {
    return true;
}
}
```

在BurlapProxyFactoryBean中，除了使用BurlapClientInterceptor作为代理对象的拦截器之外，其他的实现和HessianProxyFactoryBean的实现基本是完全一样的。

在代码实现中，在BurlapClientInterceptor的实现中对Burlap使用的封装是非常完美的，这个过程和使用Hessian非常类似，如代码清单7-20所示。

代码清单7-20 BurlapInterceptor的实现

```
public class BurlapClientInterceptor extends UrlBasedRemoteAccessor implements
MethodInterceptor {
//这里创建proxyFactory，这个proxyFactory是BurlapProxyFactory对象
private BurlapProxyFactory proxyFactory = new BurlapProxyFactory();
private Object burlapProxy;
public void setProxyFactory(BurlapProxyFactory proxyFactory) {
    this.proxyFactory = (proxyFactory != null ? proxyFactory : new
    BurlapProxyFactory());
}
//可以为BurlapProxyFactory设置属性，比如username和passwd
//对于这些属性的具体含义，可以参考Burlap的使用文档
public void setUsername(String username) {
    this.proxyFactory.setUser(username);
}
public void setPassword(String password) {
    this.proxyFactory.setPassword(password);
}
public void setOverloadEnabled(boolean overloadEnabled) {
    this.proxyFactory.setOverloadEnabled(overloadEnabled);
}
//这里为使用BurlapProxyFactory做准备
public void afterPropertiesSet() {
    super.afterPropertiesSet();
    prepare();
}
public void prepare() throws RemoteLookupFailureException {
    try {
         this.burlapProxy = createBurlapProxy(this.proxyFactory);
    }
    catch (MalformedURLException ex) {
         throw new RemoteLookupFailureException("Service URL [" +
    getServiceUrl() + "] is invalid", ex);
    }
}
/*通过BurlapProxyFactory的create为客户端创建存根对象，这个存根封装了对远端对象的调用，是
  一个非常标准的Proxy模式的使用例子*/
protected Object createBurlapProxy(BurlapProxyFactory proxyFactory) throws
MalformedURLException {
    Assert.notNull(getServiceInterface(), "Property 'serviceInterface' is required");
    return proxyFactory.create(getServiceInterface(), getServiceUrl());
}
//Proxy代理类对方法调用的入口，封装了对Burlap远端对象的调用
public Object invoke(MethodInvocation invocation) throws Throwable {
    if (this.burlapProxy == null) {
         throw new IllegalStateException("BurlapClientInterceptor is not
         properly initialized - " +"invoke 'prepare' before attempting any operations");
    }
    ClassLoader originalClassLoader = overrideThreadContextClassLoader();
    try {
    //这里调用burlapProxy的方法，这个方法是经过burlap封装的远端对象的存根方法
         return invocation.getMethod().invoke(this.burlapProxy,
         invocation.getArguments());
    }
```

```
        catch (InvocationTargetException ex) {
            if (ex.getTargetException() instanceof BurlapRuntimeException) {
                BurlapRuntimeException bre = (BurlapRuntimeException)
                ex.getTargetException();
                Throwable rootCause = (bre.getRootCause() != null ?
                bre.getRootCause() : bre);
                throw convertBurlapAccessException(rootCause);
            }
            else if (ex.getTargetException() instanceof
            UndeclaredThrowableException) {
               UndeclaredThrowableException utex = (UndeclaredThrowableException)
               ex.getTargetException();
               throw convertBurlapAccessException(utex.getUndeclaredThrowable());
               }
            throw ex.getTargetException();
        }
        catch (Throwable ex) {
            throw new RemoteProxyFailureException(
                   "Failed to invoke Burlap proxy for remote service [" +
                   getServiceUrl() + "]", ex);
        }
        finally {
            resetThreadContextClassLoader(originalClassLoader);
        }
    }
    protected RemoteAccessException convertBurlapAccessException(Throwable ex) {
        if (ex instanceof ConnectException) {
            return new RemoteConnectFailureException(
                   "Cannot connect to Burlap remote service at [" +
            getServiceUrl() + "]", ex);
        }
        else {
            return new RemoteAccessException(
               "Cannot access Burlap remote service at [" + getServiceUrl() + "]", ex);
        }
    }
    }
```

上面分析了Spring驱动Hessian/Burlap在客户端实现远端调用的基本原理。作为远端调用实现的一部分，Spring充分利用了Hessian/Burlap的已有特性，灵活地使用Proxy代理对象和拦截器，为远端对象创建了本地proxy。有了这些客户端proxy，就可以通过Hessian/Burlap透明地完成整个远端调用，应用不需要关心具体的通信和交互过程，也能借助Spring提供的远端调用基础设施，完成远端调用过程。在这个过程中，值得注意的是，在客户端使用远端调用的时候，需要和定义好的服务器端导出服务相配合。这就涉及Spring对Hessian/Burlap服务器端服务的导出，以及具体的服务实现，在了解了客户端的基本实现以后，下面去看看Spring Hessian/Burlap在服务器端的实现原理。

5. Hessian/Burlap服务器端的配置

和前面一样，我们从了解Spring Hessian/Burlap远端调用的服务器端配置入手，在应用Hessian/Burlap远端调用时，通常需要在IoC容器中对服务的导出进行配置，如代码清单7-21

所示。可以看到，这些配置与HTTP调用器的服务器端配置非常类似。在配置中，同样需要为相应的ServiceExporter配置服务URL地址、远端服务实现，以及服务接口定义等基本的属性信息。

代码清单7-21 Hessian/Burlap的服务器端设置

```
<bean name="/serviceURL" class="org.springframework.remoting.caucho.
HessianServiceExporter">
<property name="service">
    <ref bean="sevice"/>
</property>
<property name="serviceInterface">
    <value>yourInterface</value>
</property>
</bean>
<bean name="/serviceURL" class="org.springframework.remoting.caucho.
BurlapServiceExporter">
<property name="service">
    <ref bean="sevice"/>
</property>
<property name="serviceInterface">
    <value>yourInterface</value>
</property>
</bean>
```

从配置中可以看到，服务的导出是通过对应的ServiceExporter来完成的。这些ServiceExporter完成了对Hessina/Burlap服务器端的封装处理。

6. Hessian服务器端的实现

我们到HessianServiceExporter中去看看它们是怎样通过HessianServiceExporter完成服务器端的服务导出的，HessianServiceExporter接收handleRequest方法响应远端客户端发送过来的远端服务请求，然后通过invoke方法，启动HessianExporter和HessianSkeleton的本地服务调用，设计时序如图7-7所示。

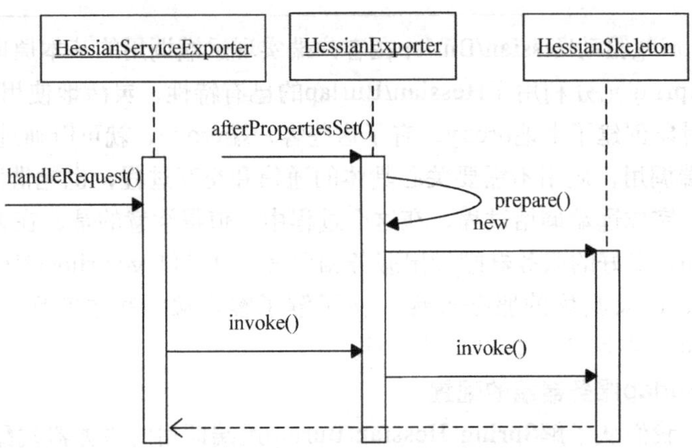

图7-7 Hessian服务器端的设计时序

这个类的源代码实现如代码清单7-22所示。可以看到，它完成的基本上是桥梁工作，通过这个桥梁，HessianServiceExporter把远端服务整合到Spring MVC框架中，将提供的服务封装到HttpRequestHandler的handleRequest方法中去完成，从而借助Spring MVC的实现完成服务在服务器端的导出。

代码清单7-22 HessianServiceExporter的实现

```
public class HessianServiceExporter extends HessianExporter implements HttpRequestHandler {
/*HessianServiceExporter实际上是Spring MVC框架中的一个Controller，通过
  handleRequest完成对Request的响应,将得到的服务执行结果输出到response中。这里涉及Spring
  MVC的实现，关于MVC的具体实现原理，可以参考第4章*/
public void handleRequest(HttpServletRequest request, HttpServletResponse response)
     throws ServletException, IOException {
     if (!"POST".equals(request.getMethod())) {
        throw new HttpRequestMethodNotSupportedException
        (request.getMethod(),
         new String[] {"POST"}, "HessianServiceExporter only supports POST requests");
     }
     //设置response的输出类型
     response.setContentType(CONTENT_TYPE_HESSIAN);
     try {//这是对服务器端的远端对象方法的调用
       invoke(request.getInputStream(), response.getOutputStream());
     }
     catch (Throwable ex) {
       throw new NestedServletException("Hessian skeleton invocation failed", ex);
     }
}
}
```

从代码清单7-22中可以看到，在准备好HTTP的Response之后，服务器端对服务的调用和执行结果的返回都是由invoke方法来完成的。invoke方法是在HessianServiceExporter的基类HessianExporter中实现的。在得到了从HTTP请求中获取的输入流及从HTTP响应中获取的输出流对象之后，通过调用doinvoke方法来完成服务的执行。在这个doinvoke方法的实现中，我们可以看到，最终通过对Hessian的使用来完成服务的封装和执行。在这个实现过程中，由于Hessian有不同的实现版本，因此在使用的时候，为了保证与客户端使用的协议的兼容性，需要在Hessian的服务器端对客户端使用的Hessian版本进行判断，然后根据不同版本的使用情况，进行相应的选择和处理。以上的一系列实现过程如代码清单7-23所示。

代码清单7-23 HessianExporter的invoke方法

```
/*这里创建HessianSkeleton，这个HessianSkeleton是Hessian完成服务器端服务的Proxy类*/
public void prepare() {
    checkService();
    checkServiceInterface();
    /*getProxyForService读取BeanDefinition的设置，生成Proxy对象，将这个Proxy对象的
      target设置成service属性定义的bean,这个bean是具体完成远端服务的对象。最终，这个
      Proxy的生成过程在RemoteExpoerter类中完成*/
    this.skeleton = new HessianSkeleton(getProxyForService(), getServiceInterface());
}
public void invoke(InputStream inputStream, OutputStream outputStream) throws Throwable {
```

```
        Assert.notNull(this.skeleton, "Hessian exporter has not been initialized");
        ClassLoader originalClassLoader = overrideThreadContextClassLoader();
        try {
            doInvoke(inputStream, outputStream);
        }
        finally {
            resetThreadContextClassLoader(originalClassLoader);
        }
    }
    public void doInvoke(final InputStream inputStream, final OutputStream
    outputStream) throws Throwable {
        InputStream isToUse = inputStream;
        OutputStream osToUse = outputStream;
        if (this.debugLogger != null && this.debugLogger.isDebugEnabled()) {
            PrintWriter debugWriter = new PrintWriter(new
            CommonsLogWriter(this.debugLogger));
            isToUse = new HessianDebugInputStream(inputStream, debugWriter);
            osToUse = new HessianDebugOutputStream(outputStream, debugWriter);
        }
        int code = isToUse.read();
        int major;
        int minor;
        AbstractHessianInput in;
        AbstractHessianOutput out;
        /*判断客户端Hessian的版本，使用不同的AbstractHessianInput和AbstractHessianOutput*/
        if (code == 'H') {
            major = isToUse.read();
            minor = isToUse.read();
            if (major != 0x02) {
                throw new IOException("Version " + major + "." + minor + " is not understood");
            }
            in = new Hessian2Input(isToUse);
            out = new Hessian2Output(osToUse);
            in.readCall();
        }
        else if (code == 'c') {
            major = isToUse.read();
            minor = isToUse.read();
            in = new HessianInput(isToUse);
            if (major >= 2) {
                out = new Hessian2Output(osToUse);
            }
            else {
                out = new HessianOutput(osToUse);
            }
        }
        else {
            throw new IOException("Expected 'H' (Hessian 2.0) or 'c' (Hessian
            1.0) in hessian input at " + code);
        }
        if (this.serializerFactory != null) {
            in.setSerializerFactory(this.serializerFactory);
            out.setSerializerFactory(this.serializerFactory);
        }
        /*调用HessianSkeleton完成服务，关于HessianSkeleton的使用，可以参考Hessian的使用说明*/
```

```
    try {
        this.skeleton.invoke(in, out);
    }
    finally {
        try {
            in.close();
            isToUse.close();
        }
        catch (IOException ex) {
            //忽略异常
        }
        try {
            out.close();
            osToUse.close();
        }
        catch (IOException ex) {
            //忽略异常
        }
    }
}
```

可以看到，这里使用了Hessian提供的HessianSkeleton来完成服务的提供。为了使用HessianSkeleton，需要做一些准备工作，这些配置Spring已经为用户封装好了，有了这一层封装，比用户直接使用Hessian来完成远端调用要方便许多。

7. Burlap服务器端的实现

Burlap服务器端的封装和使用的实现方式也与Hessian非常相似，它也是通过BurlapService-Exporter来完成远端服务的导出的，具体过程如代码清单7-24所示。BurlapServiceExporter是Spring MVC的一个Controller，负责接受HTTP请求，并在HttpRequestHandler的handleRequest方法中，启动对服务方法的调用。

代码清单7-24 BurlapServiceExporter的实现

```
public class BurlapServiceExporter extends BurlapExporter implements HttpRequestHandler {
/*作为一个Spring MVC的Controller，在handleRequest方法中实现对服务请求的响应。在实现中，
  调用invoke方法来完成对serviceURL的服务请求的处理*/
public void handleRequest(HttpServletRequest request, HttpServletResponse response)
        throws ServletException, IOException {
    //Burlap只接受POST的HTTP请求
    if (!"POST".equals(request.getMethod())) {
        throw new HttpRequestMethodNotSupportedException(request.getMethod(),
              new String[] {"POST"}, "BurlapServiceExporter only supports POST requests");
    }
    try {
      invoke(request.getInputStream(), response.getOutputStream());
    }
    catch (Throwable ex) {
      throw new NestedServletException("Burlap skeleton invocation failed", ex);
    }
}
}
```

Exporter是MVC的一个Controller，从MVC框架中可以取得HTTP请求和响应，然后把这些对象作为参数传递给Burlap。这个过程是通过调用invoke方法来完成的。这个invoke方法在BurlapExporter中实现，它的实现如代码清单7-25所示。在BurlapExporter对象中定义了Burlap封装服务器端服务的BurlapSkeleton对象，并在afterPropertiesSet中也为服务的导出做好了准备；这些准备包括，对服务导出的配置进行检查及BurlapSkeleton对象的创建等。在这些准备工作完成以后，Spring的Burlap服务器端就开始等待服务请求的到来。在由BurlapServiceExporter完成接收以后，客户端发出的服务请求的执行转而由BurlapExporter的invoke方法来完成。这些在invoke方法的实现中都可以看到，接着，BurlapServiceExporter会启动Burlap的Skeleton对象来完成服务执行及执行结果的返回，最后，在完成服务响应以后，关闭HTTP响应的I/O流。

代码清单7-25 BurlapExporter的实现

```
public class BurlapExporter extends RemoteExporter implements InitializingBean {
//定义的BurlapSkeleton，实现Burlap服务的Proxy对象
private BurlapSkeleton skeleton;
//在依赖注入完成后初始化Burlap的服务器端配置
public void afterPropertiesSet() {
    prepare();
}
/*创建BurlapSkeleton对象，该对象封装了提供远端调用的服务对象，这个服务对象作为target封装在
  一个Proxy对象中，这个Proxy对象由getProxyForService方法取得，这个getProxyForService
  方法的具体实现在RemoteExporter中，负责读取BeanDefinition中对BurlapExporter的配置*/
public void prepare() {
    checkService();
    checkServiceInterface();
    this.skeleton = new BurlapSkeleton(getProxyForService(), getServiceInterface());
}
/*直接调用BurlapSkeleton来提供远端服务，具体的通信协议处理和服务调用过程已经被Burlap封装了*/
public void invoke(InputStream inputStream, OutputStream outputStream) throws Throwable {
    Assert.notNull(this.skeleton, "Burlap exporter has not been initialized");
    ClassLoader originalClassLoader = overrideThreadContextClassLoader();
    try{
        this.skeleton.invoke(new BurlapInput(inputStream), new
        BurlapOutput(outputStream));
    }
    finally {
        try {
            inputStream.close();
        }
        catch (IOException ex) {
                    }
        try {
            outputStream.close();
        }
        catch (IOException ex) {
                    }
        resetThreadContextClassLoader(originalClassLoader);
    }
}
}
```

Burlap服务器端的服务过程与使用Hessian的服务器端的服务过程非常类似，它们都是通过配置ServiceExporter来完成的，下面大致回顾一下它们的工作原理。在ServiceExporter中，首先，通过RemoteExporter的getProxyForService取得封装服务对象的Proxy对象。这个过程在Hessian和Burlap中都是一样的，都是在IoC容器对Bean对象的依赖注入完成以后，通过实现InitializingBean的afterPropertiesSet方法来完成的。这个后置处理主要完成的是对Skeleton对象的配置工作。这个Skeleton对象是Hessian/Burlap实现远端服务的服务器端的基础设施，用来为客户端提供服务请求的响应。在Skeleton准备好以后，就可以直接使用Hessian和Burlap了，这与我们脱离Spring应用环境独立使用Hessian/Burlap是一样的。不过，通过Spring的封装，让习惯了IoC容器配置的用户使用这两个第三方类库更方便了。在使用中，用户只需要对远端服务进行配置，就可以实现远端服务的即开即用，方便程度类似于在Spring中使用声明式事务处理。有了Spring的远端调用模块，为应用开发打点好了许多远端调用的实现细节。

7.3.3 Spring RMI的实现

1. 设计原理和实现过程

与前面看到的其他远端调用方案实现一样，Spring通过对IoC容器和AOP的使用，为用户提供了基于RMI机制的远端调用服务。在使用RMI实现远端调用服务的时候，它的网络通信实现是基于TCP/IP协议完成的，而不是通过前面看到的HTTP协议，从而完成数据的通信传输。在Spring的RMI实现中，集成了标准的RMI-JRMP解决方案，这个方案是Java虚拟机实现的一部分，它使用Java序列化来完成对象的传输，是一个Java到Java环境的分布式处理技术，因而不涉及异构平台的处理。Spring在封装RMI远端调用服务的时候，支持传统的RMI实现方式，但在这种传统实现方式的基础上，还提供了RMI调用器的实现方案作为简化方案。这个RMI调用器的实现方式，就像我们前面看到的HTTP调用器的实现那样，通过使用普通的Java业务接口就能够提供远端服务，并不需要实现传统RMI需要的Remote接口，使用起来也非常方便。

在设计中，与前面介绍的HTTP调用器和Hessian/Burlap远程调用一样，在Spring RMI中，设计了RMIProxyFactoryBean来支持Spring应用对RMI的使用，而对RMI基础设施的封装，是通过RmiClientInterceptor来完成的，这个RmiClientIntercepter封装了对RMI客户端处理的主要过程，比如，为RMI客户端准备存根作为RMI调用器等，有了这些对RMI客户端的支持，就可以在Spring中方便地使用RMI了。在服务器端的设计中，RMI服务的导出是通过RmiServiceExporter来实现的，这个导出结果同样为RMI调用准备了服务器端的基础设施，比如，设置RMI服务参数，通过RMI机制将服务对象导出，并且完成RMI服务的注册等。

可以看到，作为应用平台的Spring，为应用提供RMI的远端服务是通过封装RMI的现有机制来完成的，关于具体的设计和实现过程，下面进行详细分析。

2. Spring RMI客户端的配置

在使用Spring RMI的时候，毫不例外，仍然需要对客户端和服务器端进行相应的配置，先从客户端的配置入手，如代码清单7-26所示，然后和以前的分析一样，从客户端的实现开始，再接着分析服务器端的实现。在RMI客户端的配置中，沿袭了Spring远端调用方案的一致风格，比如，可以再一次看到对ProxyFactoryBean的使用，只是在RMI客户端的配置中设置的ProxyFactoryBean被换成了RMIProxyFactoryBean而已。RMIProxyFactoryBean的配置也与其他Spring远端调用方案非常类似，只是在配置serviceUrl时，需要使用RMI作为协议及与此相对应的的通信端口，在这里，使用1099端口，从而通过TCP/IP完成数据的通信和交互。这些不同是很好理解的，因为在底层的通信支持上，RMI采用了不同的协议和实现方式。

代码清单7-26 Spring RMI的客户端配置

```
<bean id="rmiProxy" class="org.springframework.remoting.rmi.
RmiProxyFactoryBean">
<property name="serviceUrl">
    <value>rmi://YourHostName:1099/YourService</value>
</property>
<property name="serviceInterface">
    <value>YourServiceInterface</value>
</property>
</bean>
<bean id ="rmiClient" class="yourClass">
<property name="YourServiceInterface">
    <ref bean="rmiProxy">
</property>
</bean>
```

3. Spring RMI客户端的实现

在Spring RMI客户端中，使用的仍然是我们已经非常熟悉的ProxyFactoryBean，它是RmiProxyFactoryBean（如代码清单7-27所示），完成的是对RMI客户端的封装，比如生成代理对象、查询RMI的存根对象，并通过这个存根对象发起相应的RMI远端服务请求。远端调用方法实际上调用的是serviceProxy代理对象的代理方法，并会被RmiClientInterceptor拦截器拦截，通过RmiClientInterceptorUtilis的invokeRemoteMethod()方法实现。而RMI实现的配置是在RmiProxyFactoryBean和RmiClientInterceptor的afterProperties方法中启动设置的，其中，在RmiProxyFactoryBean的afterPropertiesSet中设置的是serviceProxy代理对象，在这个代理对象中，设置RmiClientInterceptor拦截器，而在RmiClientInterceptor拦截器的afterPropertiesSet方法中需要准备RMI的基本配置，比如，配置存根等，从而最终完成RMI的客户端设置。具体时序如图7-8所示。

代码清单7-27 RmiProxyFactoryBean的实现

```
public class RmiProxyFactoryBean extends RmiClientInterceptor implements
FactoryBean<Object>, BeanClassLoaderAware {
//通过ProxyFactory生成的代理对象，代理对象的代理方法和拦截器都会在其生成时设置好
private Object serviceProxy;
@Override
/*在依赖注入完成以后，容器回调afterPropertiesSet，通过ProxyFactory生成代理对象，这个代理
  对象的拦截器是RmiClientInterceptor*/
public void afterPropertiesSet() {
```

```
        super.afterPropertiesSet();
        if (getServiceInterface() == null) {
            throw new IllegalArgumentException("Property 'serviceInterface' is required");
        }
        this.serviceProxy = new ProxyFactory(getServiceInterface(),
        this).getProxy(getBeanClassLoader());
    }
    //FactoryBean的接口方法，返回生成的代理对象serviceProxy
    public Object getObject() {
        return this.serviceProxy;
    }
    public Class<?> getObjectType() {
        return getServiceInterface();
    }
    public boolean isSingleton() {
        return true;
    }
}
```

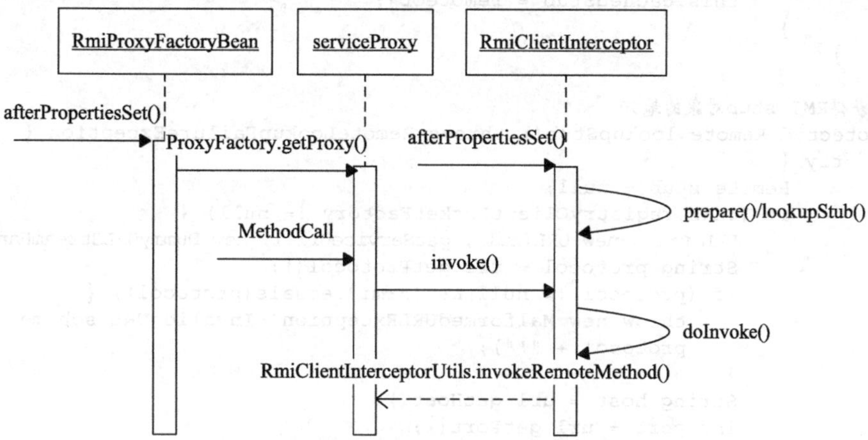

图7-8 Spring RMI客户端实现的设计时序

RMI客户端基础设施的封装是由拦截器RmiClientInterceptor来完成的，这个拦截器的设置是在RmiProxyFactoryBean生成的代理对象中完成的。在拦截器中，首先看到的是对stub对象的获取，作为实现RMI的基本准备，获取这个stub的实现是在拦截器的afterPropertiesSet()方法中完成的。在实现中，Spring还为这个stub对象提供了缓存，从而提高对它的性能。从Spring的代码实现中可以看到，拦截器获取stub的实现如代码清单7-28所示。

代码清单7-28 拦截器RmiClientInterceptor获取stub的实现

```
//建立RMI基础设施的调用，仍然是在afterPropertiesSet()方法中实现。因为这个
//RmiClientInterceptor实现了InitializingBean接口，所以它会被IoC容器回调
public void afterPropertiesSet() {
    super.afterPropertiesSet();
    prepare();
}
/*这里为RMI客户端准备stub，这个stub通过lookupStub()方法获得，并且会在第一次生成之后，放到
```

```
缓存中去*/
public void prepare() throws RemoteLookupFailureException {
    //是否在初始化时缓存RMI Stub?
    if (this.lookupStubOnStartup) {
        Remote remoteObj = lookupStub();
        if (logger.isDebugEnabled()) {
            if (remoteObj instanceof RmiInvocationHandler) {
                logger.debug("RMI stub [" + getServiceUrl() + "] is an RMI invoker");
            }
            else if (getServiceInterface() != null) {
                boolean isImpl = getServiceInterface().isInstance(remoteObj);
                logger.debug("Using service interface [" +
                getServiceInterface().getName() +"] for RMI stub [" +
                getServiceUrl() + "] - " +
                (!isImpl ? "not " : "") + "directly implemented");
            }
        }
        if (this.cacheStub) {
            this.cachedStub = remoteObj;
        }
    }
}
//获得RMI stub对象的地方
protected Remote lookupStub() throws RemoteLookupFailureException {
    try {
        Remote stub = null;
        if (this.registryClientSocketFactory != null) {
            URL url = new URL(null, getServiceUrl(), new DummyURLStreamHandler());
            String protocol = url.getProtocol();
            if (protocol != null && !"rmi".equals(protocol)) {
                throw new MalformedURLException("Invalid URL scheme '" +
                protocol + "'");
            }
            String host = url.getHost();
            int port = url.getPort();
            String name = url.getPath();
            if (name != null && name.startsWith("/")) {
                name = name.substring(1);
            }
            Registry registry = LocateRegistry.getRegistry(host, port,
            this.registryClientSocketFactory);
            stub = registry.lookup(name);
        }
        else {
            stub = Naming.lookup(getServiceUrl());
        }
        if (logger.isDebugEnabled()) {
            logger.debug("Located RMI stub with URL [" + getServiceUrl() + "]");
        }
        return stub;
    }
    catch (MalformedURLException ex) {
        throw new RemoteLookupFailureException("Service URL [" +
        getServiceUrl() + "] is invalid", ex);
    }
```

```
        catch (NotBoundException ex) {
            throw new RemoteLookupFailureException(
                "Could not find RMI service [" + getServiceUrl() + "] in RMI
            registry", ex);
        }
        catch (RemoteException ex) {
            throw new RemoteLookupFailureException("Lookup of RMI stub failed", ex);
        }
    }
```

获取了stub之后，当调用RMI客户端的代理方法时，会触发拦截器RmiClientInterceptor的invoke回调方法。invoke回调方法的实现如代码清单7-29所示。在invoke回调中，可以看到RMI远端调用的发生，其中Spring采用了两种方式，一种是使用RMI调用器的方式，这种方式和使用HTTP调用器非常类似，是通过一个自定义的RemoteInvocation来封装调用的场景的，有了这层封装，相当于为RMI的远程调用设计了一个RMI调用器来简化通过RMI的远端调用实现。与此相对应的另一种使用方式是传统的实现RMI远端调用方式，这是使用RMI的读者非常熟悉的。

代码清单7-29 RmiClientInterceptor的invoke方法

```
/*拦截器对代理对象方法调用的回调，在实现中，取得RMI stub对象，然后调用doInvoke完成RMI调用*/
public Object invoke(MethodInvocation invocation) throws Throwable {
    Remote stub = getStub();
    try {
        return doInvoke(invocation, stub);
    }
    catch (RemoteConnectFailureException ex) {
        return handleRemoteConnectFailure(invocation, ex);
    }
    catch (RemoteException ex) {
        if (isConnectFailure(ex)) {
            return handleRemoteConnectFailure(invocation, ex);
        }
        else {
            throw ex;
        }
    }
}
/*具体的RMI调用发生的地方，如果stub是RmiInvocationHandler实例，那么使用RMI调用器来完成这
  次远端调用，否则，使用传统的RMI调用方式*/
protected Object doInvoke(MethodInvocation invocation, Remote stub) throws Throwable {
    if (stub instanceof RmiInvocationHandler) {
        try {
            return doInvoke(invocation, (RmiInvocationHandler) stub);
        }
        catch (RemoteException ex) {
            throw RmiClientInterceptorUtils.convertRmiAccessException(
                invocation.getMethod(), ex, isConnectFailure(ex), getServiceUrl());
        }
        catch (InvocationTargetException ex) {
            Throwable exToThrow = ex.getTargetException();
            RemoteInvocationUtils.
```

```
                fillInClientStackTraceIfPossible(exToThrow);
                throw exToThrow;
            }
            catch (Throwable ex) {
                throw new RemoteInvocationFailureException("Invocation of method
                [" + invocation.getMethod() +"] failed in RMI service [" +
                getServiceUrl() + "]", ex);
            }
        }
        else {
                try {
                return RmiClientInterceptorUtils.invokeRemoteMethod(invocation, stub);
            }
            catch (InvocationTargetException ex) {
                Throwable targetEx = ex.getTargetException();
                if (targetEx instanceof RemoteException) {
                    RemoteException rex = (RemoteException) targetEx;
                    throw RmiClientInterceptorUtils.convertRmiAccessException(
                            invocation.getMethod(), rex, isConnectFailure(rex),
                            getServiceUrl());
                }
                else {
                    throw targetEx;
                }
            }
        }
    }
```

这里可以看到，整个RMI客户端的实现原理及AOP的灵活运用。同时，Spring的RMI远端调用解决方案也有它自身的特点，在它的实现中，可以看到，它不但兼容了传统的RMI远端调用方式，而且在Java RMI的实现基础上做了一层RMI 调用器的封装，这种RMI调用器的实现，使用户在通过RMI实现远端调用的时候，在使用方式上更加灵活了。

4. Spring RMI服务器端的配置

了解了Spring RMI客户端的配置和实现原理，下面从了解Spring RMI的服务器端的设置开始去了解Spring RMI服务器端的实现。Spring RMI服务器端的设置是一个简单示例，如代码清单7-30所示。在RMI中，基于TCP/IP协议，而不是HTTP来实现基本的网络通信，RMI的网络通信是Java RMI实现的一部分，所以这里不需通过使用Spring MVC的DispatcherServlet来配置远端服务的服务URL以及控制服务请求的转发。在服务器端的配置中，除了需要指定提供服务的Bean及代理的服务接口之外，还需要通过serviceName属性来配置服务的导出位置，同时使用registryPort来指定RMI监听的TCP/IP端口。

代码清单7-30 Spring RMI服务器端的设置

```
<bean id="rmiService" class="org.springframework.remoting.rmi.
RmiServiceExporter">
<property name="service">
    <ref bean="yourServiceBean">
</property>
<property name="serviceInterface">
```

```
    <value>YourServiceInterface</value>
</property>
<property name="serviceName">
    <value>yourService</value>
</property>
<property name="registryPort">
    <value>1099</value>
</property>
</bean>
```

有了这个配置，可以看到，Spring RMI服务器端的基础设施是由RmiServiceExporter来实现的，这个核心的实现类是我们下面分析Spring RMI服务器端实现原理的重点。

5. Spring RMI服务器端的实现

在Spring RMI服务器端，通过RmiServiceExporter来导出RMI服务，这个类的具体实现，如代码清单7-31所示。在RMI的导出器中，建立RMI服务器端的实现，主要集中在prepare方法中，这个方法在afterPropertiesSet中调用。对于afterPropertiesSet的使用，我们已经很熟悉了。在建立RMI服务器端导出服务基础设施的过程中，首先需要对一些基本的参数设置进行检查，比如，是否设置了服务提供Bean，是否设置了服务位置等。接着，在正确取得服务对象的基础上，导出器会通过RMI机制导出这个服务对象，然后在完成RMI注册以后，客户端就可以开始查询和使用RMI远端服务了。

代码清单7-31 RmiServiceExporter的实现

```
//在afterPropertiesSet方法中，开始建立RMI服务器端的基础设施，在prepare方法中实现
public void afterPropertiesSet() throws RemoteException {
    prepare();
}
public void prepare() throws RemoteException {
    //检查提供服务的Bean和serviceName属性是否设置正确，如果没有设置，抛出异常
    checkService();
    if (this.serviceName == null) {
        throw new IllegalArgumentException("Property 'serviceName' is required");
    }
    if (this.clientSocketFactory instanceof RMIServerSocketFactory) {
        this.serverSocketFactory = (RMIServerSocketFactory) this.
        clientSocketFactory;
    }
    if ((this.clientSocketFactory != null && this.serverSocketFactory == null) ||
        (this.clientSocketFactory == null && this.serverSocketFactory != null)) {
        throw new IllegalArgumentException(
                "Both RMIClientSocketFactory and RMIServerSocketFactory or
        none required");
    }
    if (this.registryClientSocketFactory instanceof RMIServerSocketFactory) {
        this.registryServerSocketFactory = (RMIServerSocketFactory) this.
        registryClientSocketFactory;
    }
    if (this.registryClientSocketFactory == null && this.
        registryServerSocketFactory != null) {
        throw new IllegalArgumentException(
```

```
                "RMIServerSocketFactory without RMIClientSocketFactory for
                registry not supported");
        }
        if (this.registry == null) {
            this.registry = getRegistry(this.registryHost, this.registryPort,
            this.registryClientSocketFactory, this.registryServerSocketFactory);
        }
            /*这里是取得服务对象的地方，需要根据服务的设置来完成服务对象的获取，如果服务对象实现
              了Java的Remote接口，那么取得的是标准的RMI服务，否则，使用RMI调用器*/
            this.exportedObject = getObjectToExport();
        if (logger.isInfoEnabled()) {
            logger.info("Binding service '" + this.serviceName + "' to RMI registry: "
            + this.registry);
        }
            if (this.clientSocketFactory != null) {
            UnicastRemoteObject.exportObject(
              this.exportedObject, this.servicePort, this.clientSocketFactory, this.
              serverSocketFactory);
        }
        else {
            UnicastRemoteObject.exportObject(this.exportedObject, this.servicePort);
        }
              // 把RMI服务对象和注册器绑定，供客户端查询
        try {
            if (this.replaceExistingBinding) {
                this.registry.rebind(this.serviceName, this.exportedObject);
            }
            else {
                this.registry.bind(this.serviceName, this.exportedObject);
            }
        }
        catch (AlreadyBoundException ex) {
            unexportObjectSilently();
            throw new IllegalStateException(
              "Already an RMI object bound for name '"  + this.serviceName + "': " +
              ex.toString());
        }
        catch (RemoteException ex) {
                          unexportObjectSilently();
            throw ex;
        }
    }
```

7.4 小结

本章对Spring远端调用模块的实现原理进行了详细的分析，选取了Spring已有的远端调用实现作为例子，分析了HTTP调用器、第三方远端协议Hessian/Burlap，以及RMI远端调用的实现原理。前两种解决方案都是采用HTTP作为数据传输的协议，而RMI远端调用的实现是基于TCP/IP来完成的。我们看到，在前两者的实现中，使用HTTP作为基本的通信协议是它们实现中相同的地方，它们实现的不同在于如何完成远端调用的通信封装。在HTTP调用

器的实现中，Spring自己进行封装，它利用了现有Java虚拟机的特性，而不依赖于第三方的解决方案，使用Java对象的序列化和反序列化，从而完成远端调用过程的通信及调用交互。对于Spring远端调用Hessian/Burlap的解决方案而言，通过Hessian/Burlap这两个第三方解决方案，封装了具体的通信过程。了解它们用法的读者知道，在这两个协议处理方案中，一个使用二进制协议（Hessian），另一个使用XML，进行通信的实现（Burlap）。在Spring通过它们实现远端调用时，毫无疑问，将这些通信过程交由Hessian/Burlap来处理，而Spring只需要按照这两个第三方组件的要求，准备好相应的客户端存根和服务器端框架就可以了。在Spring远端调用模块中，使用RMI为远端调用提供封装支持，其实现过程与其他远端调用的实现有很多类似的地方，只不过在了解RMI的封装实现中，除了可以使用传统的RMI调用方式来完成调用以外，Spring还为应用提供了一个RMI调用器的封装。

在具体的实现中，通过IoC容器，用户可以声明式地定义远端调用，这在很大程度上方便了应用开发。Spring通过使用Proxy代理对象和注入相应的拦截器，实现了用户使用远端调用模块的封装。当用户需要使用远端调用功能的时候，只需要进行简单的配置就可以完成远端调用。这些配置由两部分组成：一部分在服务器端，主要对服务导出进行配置，在这个服务导出中，需要对ServiceExporter类进行配置，比如，定义提供服务的远端服务对象、提供服务的URL地址等；另一部分在客户端，需要对ProxyFactoryBean进行配置。在Spring远端调用模块中，由ServiceExporter和ProxyFactoryBean来封装远端调用客户端和服务器端的处理，比如，对HTTP调用器、Hessian/Burlap，以及RMI远端调用这些远端调用方案，都可以看到ServiceExporter和ProxyFactory的活跃身影。在Spring中，可以看到一系列Service-Exporter和ProxyFactory的设计实现，它们与HTTP调用器、Hessian/Burlap和RMI远端调用实现是一一对应的。从这点上看，仅仅从对应关系上就可以看到，在整个Spring远端调用模块中，其设计是非常整齐和规范的。

在本章中，希望通过对以上这些远端调用实现原理的分析，为读者更好地使用Spring远端调用方案，以及在选取和评估不同的远端调用方案的时候，提供有价值的参考，从而更好地满足应用的需求。

第三部分

Spring应用实现篇

从核心到外围，再到Spring的生态系统和典型应用，这是本书的写作思路，也是我们学习计算机系统时的习惯方法。笔者很希望能够通过这种方式，让读者对Spring有一个系统的了解。在前面两部分中，我们探讨了Spring框架的核心和基本驱动组件的实现原理，下面，我们将对Spring典型应用的设计与实现进行分析，包括对Spring安全框架ACEGI，以及Spring DM和Spring Flex这两个模块的分析。

严格来说，尽管这些应用实例并不是Spring框架中的平台实现部分，但毫无疑问，我们可以将它们看做是Spring生态系统中的重要组成部分。正是这些以Spring应用平台为核心的丰富的生态系统，为使用Spring平台开发应用提供了非常大的帮助；围绕Spring核心繁衍出来的开放的生态系统，为满足应用开发的特定需求，提供了舞台，从这点体现了基于开源开发而形成的软件生态系统的独特魅力。在本部分中，希望通过对这3个应用的实现原理进行分析，一方面，可以让我们了解Spring框架的使用技巧；另一方面，对于ACEGI，尽管严格来说，它并不属于Spring框架的基本内容，但在安全领域，也是独当一面并且被普遍使用的，希望这里的简单介绍能够为使用ACEGI的开发人员提供一个更为深入的视角。同样，对于Spring DM和Spring Flex也是这样，它们借助Spring平台的支持，为我们在OSGi和Flex客户端上架构Spring应用提供了便利，通过对它们的设计原理和实现进行探讨，我们可以学习怎样充分发挥Spring的平台作用，并且随着技术的发展，将各种新的技术方案封装到Spring体系中来，从而丰富Spring平台。

应用开发人员都知道，对于每一个具体的应用，如果能深入到细节和每一个独立的领域应用，会发现，它的配置和使用其实都并不简单，并值得我们深入探讨的。为了方便应用开发人员对Spring更快上手，在对使用Spring进行一些基本而完整的演示的同时，又能相对独立于应用领域的内容，为用户提供应用实例，是推广Spring产品的一个挑战。在附录D中，我们对Pet Clinic实例的设计和实现进行了分析，这个Pet Clinic就是Spring团队为应对这个挑战的一个解决方案。Pet Clinic实例为Spring使用者提供了一个生动的应用实例，深入、完整而又不失通用性。在这个例子中，我们可以看到，使用Spring完成数据库应用开发的一个完整配置和基本实现过程。这个完整实例，在某种程度上，可以看成是由Spring团队为我们提供的HelloWorld应用。毫无疑问，这个应用实例是我们学习开发Spring应用的最佳参考资料之一；对于应用开发而言，这个应用实例还有一个重要的作用，就是作为建立Spring应用开发项目的模板和构建起点，就像在建造房屋的时候，需要搭建的脚手架那样来进行使用。

好了，不多说了，让我们直奔主题吧！

第8章 安全框架ACEGI的设计与实现

人间四月芳菲尽，山寺桃花始盛开。
长恨春归无觅处，不知转入此中来。
——【唐】白居易《大林寺桃花》

本章内容

- Spring ACEGI安全框架概述
- 配置Spring ACEGI
- ACEGI的Web过滤器实现
- ACEGI验证器的实现
- ACEGI授权器的实现

8.1 Spring ACEGI安全框架概述

8.1.1 概述

作为Spring“丰富生态系统”中的一个非常典型的应用，安全框架Spring ACEGI的使用是非常普遍的。尽管它不属于Spring平台的范围，但由于它建立在Spring的基础上，因此可以方便地与Spring应用集成，从而方便地为基于Spring的应用提供安全服务。

作为一个完整的Java EE安全应用解决方案，ACEGI能够为基于Spring构建的应用项目提供全面的安全服务，处理应用需要的各种典型的安全需求，如用户的身份验证和用户授权等。ACEGI因其优秀的实现而被Spring开发团队推荐为Spring应用的通用安全框架，随着Spring的广泛传播而被广泛应用。在各种有关Spring的书籍、文档和应用项目中，都可以看到它活跃的身影。

关于ACEGI项目的具体情况，可以到它的官方网站[⊖]去了解。在该网站上可以获得许多ACEGI的帮助文档和应用实例，因为它是一个开源项目。对ACEGI的实现原理感兴趣的读者，可以很方便地获得它的源代码作为学习、应用和扩展ACEGI的一个基础。

通过前面几章的内容，我们已经大致掌握了Spring的基本实现原理，这为我们使用ACEGI框架打下了很好的基础。反过来说，由于ACEGI本身也是一个非常典型的Spring应用，了解它的实现原理，对我们开发其他Spring应用也具有很高的参考价值，对扩展我们使用Spring的视野也是非常有帮助的。

8.1.2 设计原理与基本实现过程

ACEGI安全应用模块与其他的Spring的上层应用模块一样，都建立在IoC容器和AOP的基础上，也可以把ACEGI看成是一个特殊的Spring应用。作为Spring应用，ACEGI提供的安全服务可以通过IoC容器的配置来使用，这部分的配置过程和其他Spring的应用类似。比如，对于不同的用户登录请求，ACEGI提供了不同的拦截器供用户使用，其中比较熟悉的是基于Web页面表单的登录请求拦截，这是需要配置的一个部分，具体地说，是需要配置不同的AuthenticationProcessingFilter来满足用户的验证需求。

另外，对于不同的用户验证数据来源，ACEGI也提供了不同的验证数据提供器，通过随开随用地使用验证数据提供器，并对这些数据提供器进行配置，可以从不同的用户验证数据源得到用户验证信息。最为典型的就是从关系数据库、LDAP和其他的用户数据源中得到用户验证信息。如果用户需要集成其他的用户数据，可以在了解这部分设计以后，自己进行扩展。从调用时序上来看，在AuthenticationProcessingFilter拦截HTTP请求之后，会在doFilter方法中调用AuthenticationManager的实现，从配置好的ProviderManager中得到用户验证信息（这些信息可能在数据库中，也可能在LDAP服务器中）。得到用户验证信息后，依据这些信

[⊖] http://www.acegisecurity.org/。

息进行校验，并最终返回用户验证的结果。

在得到用户验证数据、拦截用户的验证请求并进行用户基本信息的验证之后，完成对一个用户的验证过程。在这个基础上，需要对用户进行授权，在授权过程中给予该用户相应的权限，这些权限都是预先规划和设计好的，都可以通过各种用户信息的方式体现出来。在具体设计上，是通过调用AccessDecisionManager的decide方法来完成的。在decide方法中，有不同的授权器对应不同的决策规则，根据应用的需要来使用，最后，会调用Access-DecisionVoter的vote方法进行最后的授权表决，从而得到最终的授权结果。

关于这几部分的详细描述，比如Bean配置、类继承关系等，会在后面进行详细阐述，这里只简单介绍一下整个用户验证和授权的时序逻辑，具体的时序图如图8-1所示。

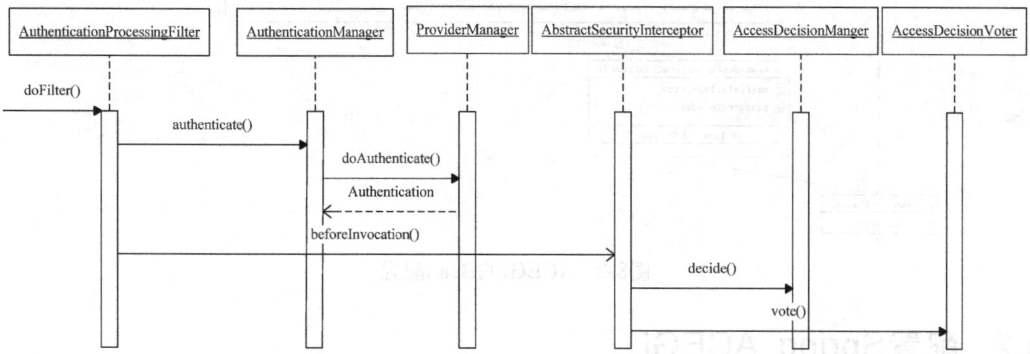

图8-1 Spring ACEGI设计时序

8.1.3 ACEGI的Bean配置

下面来看看使用Spring ACEGI的应用是如何对ACEGI进行配置的。使用图示的方式，可以给Spring应用开发带来很大的便利，使我们对Bean的配置和管理更清晰明了。在Spring IDE中，我们可以看到ACEGI中实现的Bean和它们之间相互依赖关系的形象表现。关于Spring IDE的配置和基本使用，会在附录中做一个简要的介绍，这里就不详细介绍了。从Spring IDE中，我们可以得到ACEGI的Bean配置的基本架构，如图8-2所示。

通过这张Bean配置图，我们可以看到安全框架实现的几种基本模块类型，ACEGI框架通过这些基本模块之间的协作为应用提供安全服务。在这些基本模块中，首先，我们看到的是各种Filter（过滤器），ACEGI通过这些过滤器与ACEGI的应用环境进行集成，并通过这些过滤器来提供安全方面的功能增强；其次，在验证过程中，起到核心作用的Authentication-Manager及AuthenticationProvider的配置是完成验证工作的主要实现，同时它们也是为验证提供用户数据的模块。作为Spring应用Bean的配置，它们都是通过使用IoC容器来完成自身提供的服务与平台的集成的，在这方面，它们与其他Spring应用在IoC容器的配置方面并没有太大的差别。

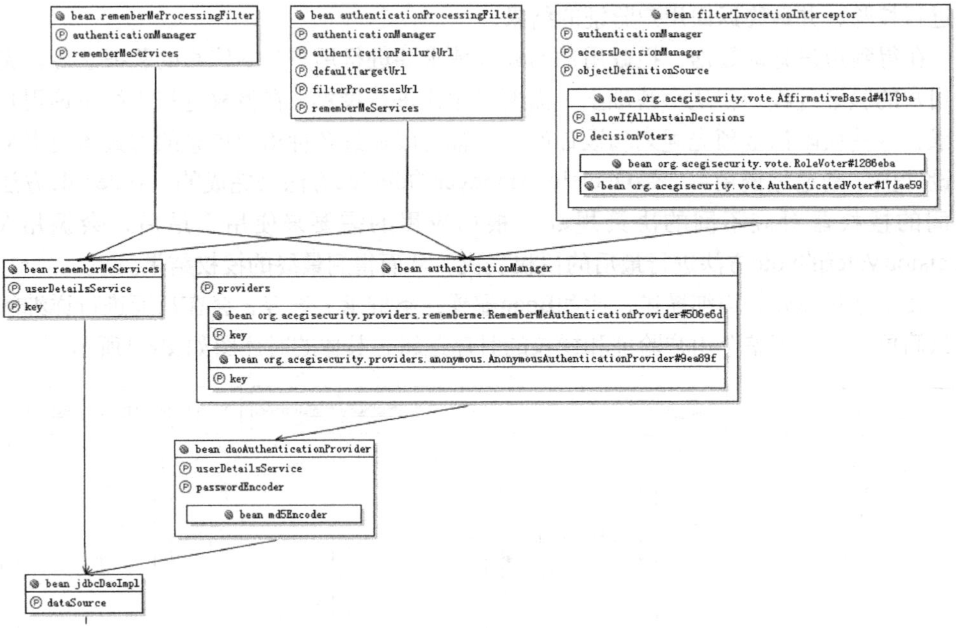

图8-2 ACEGI的Bean配置

8.2 配置Spring ACEGI

在说明ACEGI的实现原理的时候，我们从配置Spring ACEGI入手。在这里举例说明ACEGI的实现，这个例子实现的是一个以Web表单登录为入口，从而为用户实现应用安全的工作，包括用户登录、授权等实现。这是一个大家都很熟悉的使用实例，也是Web应用开发中一个非常典型的安全应用。

和前面的分析习惯一样，首先，我们需要了解的是基于Web页面登录的过滤器配置，这个配置如代码清单8-1所示。通过配置，使这个Web页面过滤器会对登录请求进行拦截，并由配置来决定拦截的实现要求。可以在配置中看到，它指定了过滤器的拦截行为，以及实现表单登录的具体细节，这些具体的拦截器起作用的实现细节包括：使用什么样的验证器、验证失败后的页面跳转到的URL，以及默认的目标URL等。

代码清单8-1 Web页面的登录过滤器

```
<bean id="authenticationProcessingFilter" class="org.ACEGIsecurity.ui.webapp.
AuthenticationProcessingFilter">
    <property name="authenticationManager" ref="authenticationManager"/>
    <property name="authenticationFailureUrl" value="/ACEGIlogin.
    jsp?login_error=1"/>
    <property name="defaultTargetUrl" value="/secure/index.jsp"/>
    <property name="filterProcessesUrl" value="/j_ACEGI_security_check"/>
    <property name="rememberMeServices" ref="rememberMeServices"/>
</bean>
```

接下来，我们看到的是对URL资源请求实现的安全需求配置，如代码清单8-2所示。这个URL安全配置是通过FilterSecurityInterceptor拦截器的配置来实现的。在拦截器的配置中，需要设置authenticationManager属性来设置验证器，同时需要设置accessDecisionManager属性来设置授权器，并在objectDefinitionSource属性中配置对各个URL请求的安全需求和用户接入权限。例如，使不同的URL请求对应不同的接入角色等，在代码清单8-2所示的配置中，可以看到像/manage.manage/**这样的请求，将其配置成只允许具有ROLE_SUPERVISOR角色的用户才有获取权限。

代码清单8-2 资源请求的安全性配置

```
<bean id="filterInvocationInterceptor" class="org.ACEGIsecurity.intercept.
web.FilterSecurityInterceptor">
    <property name="authenticationManager" ref="authenticationManager"/>
    <property name="accessDecisionManager">
        <bean class="org.ACEGIsecurity.vote.AffirmativeBased">
            <property name="allowIfAllAbstainDecisions" value="false"/>
            <property name="decisionVoters">
                <list>
                    <bean class="org.ACEGIsecurity.vote.RoleVoter"/>
                    <bean class="org.ACEGIsecurity.vote.AuthenticatedVoter"/>
                </list>
            </property>
        </bean>
    </property>
    <property name="objectDefinitionSource">
        <value>
            CONVERT_URL_TO_LOWERCASE_BEFORE_COMPARISON
            PATTERN_TYPE_APACHE_ANT
            /manage.manage/**=ROLE_SUPERVISOR
            /secure/**=IS_AUTHENTICATED_REMEMBERED
            /home.home/**=IS_AUTHENTICATED_REMEMBERED
            /**=IS_AUTHENTICATED_ANONYMOUSLY
        </value>
    </property>
```

在HTTP请求过滤器的配置中，可以看到是由配置好的authenticationManager来完成身份验证的，并通过FilterSecurityInterceptor的authenticationManager属性由IoC容器注入进来。下面我们了解一下验证器的具体配置实例，如代码清单8-3所示。在这个authenticationManager的配置中，为了完成验证的需要，首先要为这个验证器配置一个身份数据提供器，比如在代码示例中，这个配置的身份数据提供器是通过为providers属性实现注入来完成的。我们还可以看到，配置中提供了一个数据库验证提供器daoAuthenticationProvider来为验证器提供身份数据。在对身份数据提供器进行配置的过程中，细心的读者一定会注意到，这个daoAuthenticationProvider是作为一个List属性元素注入的，也就是说，在authenticationManager的配置中，我们可以为它配置一系列的身份数据提供器，同时完成多种身份数据源的提供。在这个例子中，只是使用了一个身份数据提供器的配置，也就是我们看到的daoAuthentication-Provider，它的功能是为验证器提供以关系数据库作为存储方式的用户验证数据。

代码清单8-3 authenticationManager的配置

```
<bean id="authenticationManager" class="org.ACEGIsecurity.providers.
ProviderManager">
    <property name="providers">
        <list>
            <ref local="daoAuthenticationProvider"/>
            <bean class="org.ACEGIsecurity.providers.anonymous.
            AnonymousAuthenticationProvider">
                <property name="key" value="changeThis"/>
            </bean><bean class="org.ACEGIsecurity.providers.rememberme.
            RememberMeAuthenticationProvider">
                <property name="key" value="changeThis"/>
            </bean>
        </list>
    </property>
```

介绍完验证器的配置，我们接下来看authenticationProvider的配置，我们称之为验证数据提供器的模块。这个验证数据提供器起到的作用在前面已经简单提到过，通过它可以为用户身份的验证实现提供服务器端的用户数据，它的具体配置如代码清单8-4所示。在代码清单中，我们可以看到使用的是基于数据库的验证数据提供器，也就是说，通过使用数据库来存储用户信息。当然，数据库只是用户数据存储的一种方式，比较常见的还有LDAP目录服务器，这也是一种常用的存储用户信息的方式,更简单的数据文件也可以作为用户数据的存储方式。使用什么样的数据存储方式，完全取决于应用的需要。但前面介绍的IoC配置，为我们配置各种不同的验证数据提供器提供了一个一致的使用方式。

在具体的authenticationProvider的Bean配置中，还需要定义一个userDetailService属性，该属性是一个DAO对象，通过它可以完成从数据库中读取用户信息的工作。正是这些读取到的用户数据为用户身份的验证实现提供了数据基础，将这些服务器端的用户数据与用户输入的身份数据进行比较，就可以完成用户的验证过程。这个数据的验证过程与使用其他的数据验证提供器的验证过程是大致相同的，不同之处只在于，在服务器端，应用可以使用不同的身份数据的存储方式，因而会导致使用不同的数据读取方式，从而可以从不同的数据源得到用户数据。这些都与应用的设计方案有关，比如，在应用中如果采用了LDAP目录服务器来完成用户数据的存储和验证，毫无疑问，就需要在实现用户身份验证的时候，在userDetailService的配置和实现中提供一个LDAP客户端实现，通过它来完成基于LDAP协议的用户数据的读取，从而为用户验证的实现有效地提供数据。

代码清单8-4 authenticationProvider的配置

```
<bean id="daoAuthenticationProvider" class="org.ACEGIsecurity.providers.dao.
DaoAuthenticationProvider">
    <property name="userDetailsService" ref="jdbcDaoImpl"/>
    <property name="passwordEncoder">
        <bean id="md5Encoder" class="org.ACEGIsecurity.providers.
        encoding.Md5PasswordEncoder"/>
    </property>
</bean>
```

```
<!-- UserDetailsService is the most commonly frequently ACEGI Security interface
implemented by end users -->
<bean id="jdbcDaoImpl" class="org.ACEGIsecurity.
userdetails.jdbc.JdbcDaoImpl">
    <property name="dataSource"><ref bean ="dataSource"/></property>
</bean>
```

使用数据库来存储用户信息，与使用Spring实现数据库应用一样，在配置中自然可以看到对数据库数据源的各种配置，如代码清单8-5所示。在代码清单8-5中可以看到，我们熟悉的HSQLDB作为数据库实现，并为数据源设置了数据库驱动、用户名、密码、数据库URL等基本配置信息，熟悉数据库使用的读者可以看到，这里的配置与其他Spring应用中使用数据库数据源的方式是一样的。

关于HSQLDB

HSQLDB是一个开源的关系数据库引擎，由于是纯Java的实现，在Java应用开发中使用起来非常方便，非常适用于Java数据库应用开发、测试。关于HSQLDB这个开源数据库产品，有兴趣的读者可以到它的网站（http://hsqldb.org/）去了解详细情况和使用方法。

代码清单8-5 配置数据库数据源

```
<bean id="dataSource" class="org.springframework.jdbc.datasource.
DriverManagerDataSource">
    <property name="driverClassName" value="org.hsqldb.jdbcDriver"/>
    <property name="url" value="jdbc:hsqldb:hsql://localhost/xdb"/>
    <property name="username" value="sa"/>
    <property name="password" value=""/>
</bean>
```

以上看到的这些基本配置，从顶层到底层，基本涵盖了在使用ACEGI的过程中框架所涉及的基本模块。了解了以上的配置，我们对ACEGI有了一个初步印象，下面就去看看这些在设置中出现的各个模块是怎样起作用的。关于这一点，我们需要深入到ACEGI的框架实现中去了解，看它们是怎样分工合作进而出色完成ACEGI所肩负的安全工作的。下面对安全框架实现中涉及的一些关键过程（比如过滤器的实现、验证以及授权的过程等）进行分析，这也是我们接下来要分析的重点。

8.3 ACEGI的Web过滤器实现

前面举的是一个使用ACEGI框架为Web应用提供安全服务的例子，在这个例子中，安全服务以Web登录页面为入口，在ACEGI框架中，支持这个Web登录页面功能实现的是一个Servlet过滤器，这个过滤器就是我们前面看到的authenticationProcessingFilter，它对特定的Web请求进行拦截，并在拦截过程中完成对使用Web页面进行登录所需要的身份验证以及授权的处理。

一般而言，在一个Web应用程序中，可以注册多个过滤器，每个过滤器可以对一个或一组Servlet程序进行拦截。如果对这些不同的过滤器都设置了同一个Servlet作为拦截的目标对象，那么Web容器会把这些过滤器组合起来，形成一个包含一连串过滤器的过滤器链。这个过滤器链对目标Servlet的拦截顺序，与它们在web.xml中的配置顺序是一致的。有了这些配置，对于具体的调用过程，从Servlet的过滤器实现原理上来看，它是以过滤器接口的doFilter方法作为拦截行为入口的。在这个doFilter方法中，会通过调用FilterChain.doFilte方法来激活下一个Filter的doFilter调用，这样就会出现一个沿着过滤器链逐个进行拦截的过程，直到完成对在Filter链中出现的最后一个过滤器的doFilter方法的调用。而在最后一个过滤器的doFilter方法中调用FilterChain.doFilter方法时，将会激活目标Servlet的service方法，从而结束过滤器链对Servlet请求的拦截过程。

可以看到，在ACEGI配置中，是通过AuthenticationProcessingFilter的过滤功能来启动Web页面的用户验证实现的。AuthenticationProcessingFilter过滤器的基类是AbstractProcessingFilter，在这个AbstractProcessingFilter的实现中，可以看到验证过程的实现模板，在这个实现模板中可以看到它定义了实现验证的基本过程，如代码清单8-6所示。在代码清单8-6中，可以看到我们熟悉的doFilter方法，其中实现了对HTTP请求的拦截。在把对Servlet的请求拦截下来以后，它会调用验证子类去完成验证工作，验证子类使用的是AuthenticationProcessingFilter过滤器。在验证工作完成以后，与Servlet过滤器的执行一样，框架会顺着过滤器链继续执行下一个过滤器的拦截动作，直到最终拦截目标Servlet的service方法执行结束。最后，根据验证结果决定页面的跳转，启动页面的跳转动作，可以看到这个页面跳转是在拦截器拦截结束及Servlet的service方法调用完成以后发生的。

代码清单8-6 AbstractProcessingFilter的doFilter方法

```
public void doFilter(ServletRequest request, ServletResponse response, FilterChain chain)
    throws IOException, ServletException {
    //检验是不是符合ServletRequest/SevletResponse的要求
    if (!(request instanceof HttpServletRequest)) {
        throw new ServletException("Can only process HttpServletRequest");
    }
    if (!(response instanceof HttpServletResponse)) {
        throw new ServletException("Can only process HttpServletResponse");
    HttpServletRequest httpRequest = (HttpServletRequest) request;
    HttpServletResponse httpResponse = (HttpServletResponse) response;
    if (requiresAuthentication(httpRequest, httpResponse)) {
        if (logger.isDebugEnabled()) {
            logger.debug("Request is to process authentication");
        }
        /*这里定义ACEGI中的Authentication对象，从而通过这个对象来持有用户验证信息*/
        Authentication authResult;
        try {
            onPreAuthentication(httpRequest, httpResponse);
            /*具体验证过程委托给子类完成，比如通过AuthenticationProcessingFilter来完
             成基于Web页面的用户验证*/
            authResult = attemptAuthentication(httpRequest);
        } catch (AuthenticationException failed) {
                          unsuccessfulAuthentication(httpRequest, httpResponse, failed);
```

```
                return;
            }
                    if (continueChainBeforeSuccessfulAuthentication) {
                chain.doFilter(request, response);
            }
            //验证工作完成后的后续工作，跳转到相应的页面，跳转的页面路径已经做好了配置
            successfulAuthentication(httpRequest, httpResponse, authResult);
            return;
        }
        chain.doFilter(request, response);
    }
```

在以上代码清单中可以看到，具体的验证工作是由子类AuthenticationProcessingFilter来完成的。在AuthenticationProcessingFilter中，其验证过程是在它的attemptAuthentication方法中实现的，如代码清单8-7所示。在attemptAuthentication方法的实现中，首先会从HTTP请求中取得用户名和密码，在得到HTTP请求中的用户验证信息以后，会生成一个Token对象来封装这些信息，最后把这个Token对象交给配置的authenticationManager验证器来完成具体验证工作，从而完成Web应用需要的用户验证。

从通过HTTP输入得到验证信息开始，到开始启动authenticationManager验证器，直到用户验证的最终完成，这时开始进入到与Web页面处理无关的工作，这些工作是由验证器来完成的。对于验证器实现原理的分析是后面的重点内容。

代码清单8-7 AuthenticationProcessingFilter的attemptAuthentication方法

```
public Authentication attemptAuthentication(HttpServletRequest request)
        throws AuthenticationException {
        //从HTTP请求中获取登录的用户名和密码
        String username = obtainUsername(request);
        String password = obtainPassword(request);
        if (username == null) {
            username = "";
        }
        if (password == null) {
            password = "";
        }
        //使用得到的用户名和密码，创建Token对象
        UsernamePasswordAuthenticationToken authRequest = new
        UsernamePasswordAuthenticationToken(username, password);
        request.getSession().setAttribute(ACEGI_SECURITY_LAST_USERNAME_KEY, username);
        setDetails(request, authRequest);
        //这里启动AuthenticationManager完成验证
        return this.getAuthenticationManager().authenticate(authRequest);
    }
```

8.4 ACEGI验证器的实现

8.4.1 AuthenticationManager的authenticate

在ACEGI框架中，完成验证工作的主要类是AuthenticationManager，我们称之为验证器。

在这个验证器的实现中，完成验证的调用入口是authenticate方法。对这个authenticate方法我们一定不会感到陌生，前面已经介绍了对它的调用。具体而言，我们可以从AbstractAuthenticationManager的authenticate方法中看到实现用户验证的最基本过程，这个基本过程如代码清单8-8所示。

代码清单8-8 AbstractAuthenticationManager的authenticate方法

```
public final Authentication authenticate(Authentication authRequest)
    throws AuthenticationException {
    try {
        /*doAuthentication是一个抽象方法，由具体的AuthenticationManager实现，从而
        完成验证工作。传入的参数是一个Authentication对象，在这个对象中已经封装了从
        HttpServletRequest中得到的用户名和密码，这些信息都是在页面登录时由用户输入的*/
        Authentication authResult = doAuthentication(authRequest);
        copyDetails(authRequest, authResult);
        return authResult;
    } catch (AuthenticationException e) {
        e.setAuthentication(authRequest);
        throw e;
    }
}
//复制用户验证信息到Token对象中去
private void copyDetails(Authentication source, Authentication dest) {
    if ((dest instanceof AbstractAuthenticationToken) && (dest.getDetails() == null)) {
        AbstractAuthenticationToken token = (AbstractAuthenticationToken) dest;
        token.setDetails(source.getDetails());
    }
}
protected abstract Authentication doAuthentication(Authentication authentication)
    throws AuthenticationException;
```

顺着前面的分析继续往下看，在ProviderManager中可以看到，对用户的验证工作是在doAuthentication方法中完成的，如代码清单8-9所示。在实际应用中，在进行验证的时候，考虑到可能会有多个Provider提供存储在服务器端的用户数据（关于这一点，我们一定还记得，在IoC容器配置中，这个Provider被配置成List中的一个元素），因此在这里的验证实现中，验证器会逐一遍历配置好的这个List，也就是遍历这个List中的多个数据提供器来完成用户验证，然后返回验证结果。最后，退出对数据提供器链的逐一遍历工作。

代码清单8-9 ProviderManager的doAuthentication方法

```
public Authentication doAuthentication(Authentication authentication)
    throws AuthenticationException {
/*这里取得配置好的提供器链的迭代器，在配置时可以配置多个提供器，这里我们配置的
是DaoAuthenticationProvide，它使用数据库来保存用户的用户名和密码信息*/
    Iterator iter = providers.iterator();
    Class toTest = authentication.getClass();
    AuthenticationException lastException = null;
    while (iter.hasNext()) {
        AuthenticationProvider provider = (AuthenticationProvider) iter.next();
        if (provider.supports(toTest)) {
            logger.debug("Authentication attempt using " + provider.
```

```
            getClass().getName());
            //这个result对象用来包含验证得到的结果信息
            Authentication result = null;
            try {//使用Provider来完成用户的验证
                result = provider.authenticate(authentication);
                sessionController.checkAuthenticationAllowed(result);
            } catch (AuthenticationException ae) {
                lastException = ae;
                result = null;
            }
            if (result != null) {
                sessionController.registerSuccessfulAuthentication(result);
                publishEvent(new AuthenticationSuccessEvent(result));
                return result;
            }
        }
    }
    if (lastException == null) {
        lastException = new ProviderNotFoundException(messages.getMessage
        ("ProviderManager.providerNotFound",
                new Object[] {toTest.getName()}, "No
                AuthenticationProvider found for {0}"));
    }
        String className = exceptionMappings.getProperty
        (lastException.getClass().getName());
    AbstractAuthenticationEvent event = null;
    if (className != null) {
        try {
            Class clazz = getClass().getClassLoader().loadClass(className);
            Constructor constructor = clazz.getConstructor(new Class[] {
                        Authentication.class, AuthenticationException.class
                    });
            Object obj = constructor.newInstance(new Object[]
            {authentication, lastException});
            Assert.isInstanceOf(AbstractAuthenticationEvent.class, obj, "Must
            be an AbstractAuthenticationEvent");
            event = (AbstractAuthenticationEvent) obj;
        } catch (ClassNotFoundException ignored) {}
        catch (NoSuchMethodException ignored) {}
        catch (IllegalAccessException ignored) {}
        catch (InstantiationException ignored) {}
        catch (InvocationTargetException ignored) {}
    }
    if (event != null) {
        publishEvent(event);
    } else {
        if (logger.isDebugEnabled()) {
            logger.debug("No event was found for the exception " +
            lastException.getClass().getName());
        }
    }
            throw lastException;
  }
```

8.4.2 DaoAuthenticationProvider的实现

前面介绍了对验证数据提供器的逐个遍历，从而得到验证结果的过程。下面看看这个遍历过程的一个具体实现，即在一个具体的验证数据提供器中怎样从数据库中取出用户信息，从而完成用户验证。为了说明这个工作过程，我们以大家已经很熟悉的DaoAuthenticationProvider为例，这个类继承关系如图8-3所示。从图中可以看到，在DaoAuthenticationProvider的基类AbstractUserDetailsAuthenticationProvider实现中，定义了验证的处理模板，同时，在基类AbstractUserDetailsAuthenticationProvider中，实现了接口AuthenticationProvider、MessageSourceAware以及InitializingBean，除了DaoAutheniticationProvider可以从数据库中获取用户验证信息之外，还提供其他子类可以从其他的途径获得用户验证信息，比如要从LDAP获得用户验证信息，可以使用LdapDaoAuthenticationProvider来获取用户验证信息，这部分的类继承关系的设计如图8-3所示。

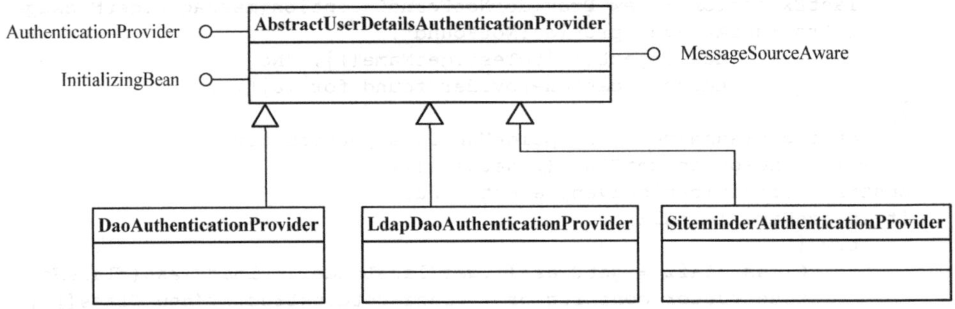

图8-3 验证数据提供器的设计

AbstractUserDetailsAuthenticationProvider的基本处理过程包括：对用户信息的缓存处理、判断用户状态、从数据库中读取用户信息、构造UserDetails对象、启动用户输入信息和服务器用户信息的对比，从而最终完成整个验证过程，并返回验证结果，如代码清单8-10所示。

代码清单8-10 AbstractUserDetailsAuthenticationProvider的authenticate方法

```
public Authentication authenticate(Authentication authentication)
    throws AuthenticationException {
    Assert.isInstanceOf(UsernamePasswordAuthenticationToken.class,
    authentication, messages.getMessage("AbstractUserDetailsAuthentication
    Provider.onlySupports","Only UsernamePasswordAuthenticationToken is supported"));
    // 这里取得用户输入的用户名
    String username = (authentication.getPrincipal() == null) ?
    "NONE_PROVIDED" : authentication.getName();
    /*如果配置了缓存，从缓存中获取以前存入的用户验证信息，也就是UserDetail对象，这是为用户验
      证提供的用户信息缓存。有了这个缓存，当再次需要验证时，就不用每次都到数据库中去获取用户数
      据了*/
    boolean cacheWasUsed = true;
    UserDetails user = this.userCache.getUserFromCache(username);
    /*在缓存中如果没有取到用户数据，那就要设置标志位，根据这个标志位把这次获取到的服务器端用户
      信息存入缓存中*/
```

```
if (user == null) {
    cacheWasUsed = false;
    try {//这里是调用UserDetailService到用户数据库中获取用户信息的地方
        user = retrieveUser(username, (UsernamePasswordAuthenticationToken)
        authentication);
    } catch (UsernameNotFoundException notFound) {
        if (hideUserNotFoundExceptions) {
            throw new BadCredentialsException(messages.getMessage(
                    "AbstractUserDetailsAuthenticationProvider.badCredentials",
                    "Bad credentials"));
        } else {
            throw notFound;
        }
    }
    Assert.notNull(user, "retrieveUser returned null - a violation of the
    interface contract");
}
//得到了用户信息以后，判断当前用户的状态，比如账户是否被锁定、用户是否有效、账户是否过期等
if (!user.isAccountNonLocked()) {
    throw new LockedException(messages.getMessage
    ("AbstractUserDetailsAuthenticationProvider.locked",
            "User account is locked"));
}
if (!user.isEnabled()) {
    throw new DisabledException(messages.getMessage
    ("AbstractUserDetailsAuthenticationProvider.disabled",
            "User is disabled"));
}
if (!user.isAccountNonExpired()) {
    throw new AccountExpiredException(messages.getMessage
    ("AbstractUserDetailsAuthenticationProvider.expired",
            "User account has expired"));
}
/*这里是验证过程，在retrieveUser中保存着从数据库中得到的用户信息，在
  additionalAuthenticationChecks方法实现中，完成用户输入信息和服务器端的用户信息的
  对比工作 */
/*如果验证通过，那么构造一个Authentication对象，这个Authentication对象会被以后的授
  权器使用，如果验证不通过，直接抛出异常，结束验证*/
try {
    additionalAuthenticationChecks(user, (UsernamePasswordAuthenticationToken)
authentication);
} catch (AuthenticationException exception) {
     if(cacheWasUsed) {
    //使用最新的数据，不一定是从缓存中获得
        cacheWasUsed = false;
       user = retrieveUser(username, (UsernamePasswordAuthenticationToken)
        authentication);
        additionalAuthenticationChecks(user, (UsernamePasswordA-
        uthenticationToken) authentication);
    } else {
     throw exception;
}
}
if (!user.isCredentialsNonExpired()) {
    throw new CredentialsExpiredException(messages.getMessage(
```

```
                "AbstractUserDetailsAuthenticationProvider.credentialsExpired",
                "User credentials have expired"));
        }
    //根据前面设定的缓存标志，决定是否把当前的用户信息存入缓存，以供下次验证使用
        if (!cacheWasUsed) {
            this.userCache.putUserInCache(user);
        }
        Object principalToReturn = user;
        if (forcePrincipalAsString) {
           principalToReturn = user.getUsername();
        }
        //最后返回Authentication对象，这个对象记录了验证结果
        return createSuccessAuthentication(principalToReturn, authentication, user);
    }
```

8.4.3 读取数据库用户信息

在ACEGI实现中，获取服务器端用户信息的工作是由具体的数据提供器（Provider）来完成的，比如，在配置文件中看到的DaoAuthenticationProvider就是一个典型的数据提供器实现。接着前面的分析，我们来看在DaoAuthenticationProvider中怎样使用JdbcDaoImpl这个服务对象从数据库中读取用户信息，如代码清单8-11所示。这个使用JdbcDaoImpl实现数据加载的过程是通过Spring JDBC来完成的。在代码清单8-11中可以看到，使用SQL语句查询出数据记录，然后把这些数据记录转换成Java数据对象这两个基本过程的实现。

代码清单8-11 DaoAuthenticationProvider读取用户信息

```
protected final UserDetails retrieveUser(String username,
UsernamePasswordAuthenticationToken authentication)
        throws AuthenticationException {
        UserDetails loadedUser;
         try {
            loadedUser = this.getUserDetailsService().
            loadUserByUsername(username);
        } catch (DataAccessException repositoryProblem) {
            throw new AuthenticationServiceException(repositoryProblem.
            getMessage(), repositoryProblem);
        }
        if (loadedUser == null) {
            throw new AuthenticationServiceException(
                "UserDetailsService returned null, which is an interface
                contract violation");
        }
        return loadedUser;
    }
```

在JdbcDaoImpl中可以看到对数据库中用户信息的读取实现，如代码清单8-12所示。在代码实现中可以看到，有两条定义好的SQL语句：一条完成的功能是从users表中根据用户名取得用户信息，这些用户信息包括用户名、密码、用户有效标志；另一条完成的功能是从authorities表中根据用户名取得用户的权限信息。有了这两条SQL语句，JdbcDaoImpl使用

Spring JDBC的SqlQuery来完成具体的查询工作，得到User对象返回。在这个User对象中，封装了查询得到的用户名、密码、权限等基本信息。

我们看到，由于这两条SQL语句的设计是确定的，所以在使用ACEGI的JdbcDaoImpl时，对数据库的查询是固定的。对用户数据库表的设计要遵从ACEGI的用户表的设计规范，只有用户数据库表的设计满足了这些规范，这里的数据库查询才能起作用，ACEGI安全框架才能起作用，这是我们使用ACEGI时需要注意的地方。这些设计规范表现在，如对于用户信息的查询，从SQL语句的设计中可以看到，查询的表是users表，需要查询的数据域是username、password和enabled。这些表和数据域的设计，都是使用ACEGI及数据库存储用户数据完成用户验证的默认设置。也就是说，在这种应用场景下，需要匹配好SQL查询语句和数据库中存储用户信息的数据表设计。如果这两者不匹配，会让验证无法正常运行，对于这种情况，应用开发者要么调整用户信息数据库的表结构设计，要么重新定义这里的SQL查询，才能使ACEGI能够顺利地使用数据库来完成用户的验证工作。

代码清单8-12　JdbcDaoImpl的实现

```
public static final String DEF_USERS_BY_USERNAME_QUERY = "SELECT username,
password,enabled FROM users WHERE username = ?";
public static final String DEF_AUTHORITIES_BY_USERNAME_QUERY = "SELECT username,
authority FROM authorities WHERE username = ?";
public UserDetails loadUserByUsername(String username)
    throws UsernameNotFoundException, DataAccessException {
    //使用Spring JDBC SqlMappingQuery来完成用户信息的查询
    List users = usersByUsernameMapping.execute(username);
    //根据输入的用户名，没有查询到相应的用户信息
    if (users.size() == 0) {
        throw new UsernameNotFoundException("User not found");
    }
    //如果查询到一个用户列表，使用列表中的第一个获得的用户信息作为查询得到的用户
    //也就是说，为防止查询出同名用户的情况，在这里使用第一个查询到的用户信息
    UserDetails user = (UserDetails) users.get(0);
    //使用Spring JDBC SqlMappingQuery来完成用户权限信息的查询
    List dbAuths = authoritiesByUsernameMapping.execute(user.getUsername());
    addCustomAuthorities(user.getUsername(), dbAuths);
    if (dbAuths.size() == 0) {
        throw new UsernameNotFoundException("User has no GrantedAuthority");
    }
    GrantedAuthority[] arrayAuths = (GrantedAuthority[]) dbAuths.toArray(new
    GrantedAuthority[dbAuths.size()]);
    String returnUsername = user.getUsername();
    if (!usernameBasedPrimaryKey) {
        returnUsername = username;
    }
    //根据查询的用户信息和权限信息，构造User对象返回
    return new User(returnUsername, user.getPassword(), user.isEnabled(),
    true, true, true, arrayAuths);
}
```

数据库查询的具体实现是由ACEGI对UsersByUsernameMapping及AuthoritiesBy-UsernameMapping这些类的设计来决定的。可以看到，在这些类的设计实现中，灵活地使用

了Spring JDBC的SqlQuery特性。下面对它们的实现原理做一个简要分析，UsersByUsernameMapping的实现如代码清单8-13所示。可以看到，在SqlQuery的初始化函数中实现对SQL语句的配置。这个SQL语句就是在前面看到的“SELECT username,password, enabled FROM users WHERE username = ?”，在SQL语句中，设置的配置参数username的具体值会从HTTP请求中取得，然后传递进来，从而完成对users表的用户信息查询。在mapRow方法中，对查询得到的数据记录进行数据转换，每一条记录会转换为一个Java类型的UserDetails数据对象，在这个UserDetaisl数据对象中，分别对应着用户名、密码和用户是否有效的用户信息。

代码清单8-13 UsersByUsernameMapping的实现

```
protected class UsersByUsernameMapping extends MappingSqlQuery {
    protected UsersByUsernameMapping(DataSource ds) {
        //设置查询用户信息的SQL语句
        super(ds, usersByUsernameQuery);
        //配置SQL语句的参数
        declareParameter(new SqlParameter(Types.VARCHAR));
        compile();
    }
        //查询记录结果转换成数据对象
    protected Object mapRow(ResultSet rs, int rownum)
        throws SQLException {
        String username = rs.getString(1);
        String password = rs.getString(2);
        boolean enabled = rs.getBoolean(3);
        UserDetails user = new User(username, password, enabled, true, true, true,
              new GrantedAuthority[] {new GrantedAuthorityImpl("HOLDER")});
        return user;
    }
}
```

在对用户数据的数据库查询中，使用的另一个查询类AuthoritiesByUsernameMapping的实现如代码清单8-14所示，它的实现与UsersByUsernameMapping的实现非常相似。对于它们的相似之处这里不多说了，下面主要说一下它们的区别。最明显的区别是，它们使用了不同的SQL查询语句，并根据这些不同的SQL查询语句的查询结果生成对应不同数据查询结果的Java数据对象。具体来说，在usersByUsernameMapping中会根据查询结果生成UserDetails对象，在这个UserDetails对象中存储了用户的基本信息，如用户名和密码等。而AuthoritiesByUsernameMapping的查询会根据查询结果生成GrantedAuthorityImpl对象，在这个对象中存储的是用户的权限信息。

代码清单8-14 AuthoritiesByUsernameMapping的实现

```
protected class AuthoritiesByUsernameMapping extends MappingSqlQuery {
    protected AuthoritiesByUsernameMapping(DataSource ds) {
        super(ds, authoritiesByUsernameQuery);
        declareParameter(new SqlParameter(Types.VARCHAR));
        compile();
    }
```

```
    protected Object mapRow(ResultSet rs, int rownum)
        throws SQLException {
        String roleName = rolePrefix + rs.getString(2);
        GrantedAuthorityImpl authority = new GrantedAuthorityImpl(roleName);
        return authority;
    }
}
```

8.4.4 完成用户信息的对比验证

前面介绍了从数据库中得到用户信息的基本过程，接下来，验证器要做的工作是，通过对比用户的输入信息和服务器端的用户信息来确定用户的身份和权限，完成验证工作。这个数据的对比工作是在DaoAuthenticationProvider中完成的，它的具体实现过程由additionalAuthenticationChecks方法完成，如代码清单8-15所示。在这个对比过程中可以看到，由于存储在数据库中的用户密码是经过MD5加密的，因此在实现密码比对之前，需要使用配置的passwordEncoder对象来对用户输入的密码进行MD5加密。在得到加密后的输入密码以后，才能将这个加密密码与在服务器数据库中设置的密码进行比较。根据比较结果，两者相同表示通过验证；否则将会抛出异常，表明验证失败。

代码清单8-15 DaoAuthenticationProvider的additionalAuthenticationChecks

```
protected void additionalAuthenticationChecks(UserDetails userDetails,
    UsernamePasswordAuthenticationToken authentication)
    throws AuthenticationException {
    Object salt = null;
    if (this.saltSource != null) {
        salt = this.saltSource.getSalt(userDetails);
    }
    if (!passwordEncoder.isPasswordValid(userDetails.getPassword(), authentication.
    getCredentials().toString(), salt)) {
        throw new BadCredentialsException(messages.getMessage(
            "AbstractUserDetailsAuthenticationProvider.badCredentials",
            "Bad credentials"), userDetails);
    }
}
```

通过以上描述，我们对ACEGI进行验证的整个过程进行了一个分析。这里回顾一下这个过程的主要实现。这个过程从AuthenticationProcessingFilter拦截HTTP请求开始，接着会从HTTP请求中得到用户输入的用户名和密码，并将这些输入的用户信息放到Authentication对象中。然后，将这个Authentication对象传递给AuthenticationManager使用，让验证器完成用户验证功能的具体实现。在验证器的实现中，验证器会通过持有的Authentication对象，把它和在服务器端取得的用户信息进行对比，从而最终完成用户验证。在验证完成以后，ACEGI会把通过验证的、有效的用户信息封装在一个Authentication对象中，供以后的授权器使用。在这个验证的实现过程中，需要根据ACEGI的要求，配置好各种Provider、UserDetail-Service以及密码Encoder对象，通过这些对象的协作和功能实现，完成服务器用户数据的获取、与用户输入信息的比对和最终的用户验证工作。

8.5 ACEGI授权器的实现

前面对ACEGI拦截Web请求并进行用户验证的实现原理进行了分析。对于安全框架而言，用户验证完成以后，ACEGI已经为用户授权的实现做好了准备。关于用户验证和授权之间的关系，举一个日常生活的例子来说明。ACEGI就像一位称职的、负责安全保卫工作的警卫，不但要对来访人员的身份进行检查（通过口令识别身份），还需根据识别出来的身份赋予其不同权限的钥匙，从而可以打开不同的门禁，得到不同级别的服务。与“警卫”人员承担的角色一样，ACEGI在Spring应用系统中起到的是类似的保卫系统安全的作用，而验证和授权分别对应警卫识别来访者身份和为其赋予权限的过程。

8.5.1 与Web环境的接口FilterSecurityInterceptor

在本节中，我们会对ACEGI授权的实现原理进行一个基本的分析。和前面几节的分析一样，我们举在Web应用环境中使用ACEGI来实现授权的例子。在这个例子中，首先看到的是ACEGI授权实现与Web环境的接口实现，这个接口实现是由在IoC容器中配置的FilterSecurityInterceptor拦截器来完成的。这个FilterSecurityInterceptor拦截器的实现如代码清单8-16所示。在FilterSecurityInterceptor拦截器中，与前面看到的其他Servlet拦截器一样，也是通过doFilter方法来对HTTP请求进行拦截和处理的。对于FilterSecurityInterceptor拦截器，它实现的处理主要体现在：首先，需要对HTTP请求进行检查，判断在当前的调用场合是否有安全检查的必要，因为，拦截器有可能已经对HTTP请求进行过安全检查了，如果是这样，这里就不需要再重复这个过程了；然后，拦截器会根据判断结果调用基类AbstractSecurity-Interceptor的beforeInvocation方法去完成具体的检查工作。

代码清单8-16 FilterSecurityInterceptor的实现

```
//这里是拦截器拦截HTTP请求的入口
public void doFilter(ServletRequest request, ServletResponse response, FilterChain chain)
    throws IOException, ServletException {
    FilterInvocation fi = new FilterInvocation(request, response, chain);
        invoke(fi);
}
//这是具体的拦截调用实现的地方
public void invoke(FilterInvocation fi) throws IOException, ServletException {
    if ((fi.getRequest() != null) && (fi.getRequest().
    getAttribute(FILTER_APPLIED) != null)
        && observeOncePerRequest) {
       fi.getChain().doFilter(fi.getRequest(), fi.getResponse());
    } else {
       /*第一次收到相应的请求，需要进行安全检查，同时把标志FILTER_APPLIED设置为true，下次
        如果再有请求就不会进行相同的安全检查了*/
        if (fi.getRequest() != null) {
            fi.getRequest().setAttribute(FILTER_APPLIED, Boolean.TRUE);
        }
//这里是做安全检查的地方
        InterceptorStatusToken token = super.beforeInvocation(fi);
```

```
//顺着拦截器链继续处理
        try {
            fi.getChain().doFilter(fi.getRequest(), fi.getResponse());
        } finally {
            super.afterInvocation(token, null);
        }
    }
}
```

我们来看看FilterSecurityInterceptor的基类AbstractSecurityInterceptor是如何实现对HTTP请求进行安全检查和资源使用授权的。这个实现过程在beforeInvocation方法中完成，如代码清单8-17所示。在beforeInvocation的实现中，首先，需要读取IoC容器中Bean的配置，在这些属性配置中配置了对HTTP请求资源的安全需求，比如，哪个角色的用户可以接入哪些URL请求资源，等等。然后到SecurityContextHolder对象中取得Authentication对象，这个SecurityContextHolder相当于一个全局的缓存，在从SecurityContextHolder中取得Authentication对象之后，我们看到在这个Authentication对象中封装了用户名、密码、角色等用户信息。而这些用户信息是在用户验证成功后生成的，在用户数据生成之后，通过Authentication对象来完成封装，从而设置到SecurityContextHolder中去。在这里，我们看到这个Authentication对象起到一个用户数据对象的作用。在进行具体授权之前，授权器会对一些例外的应用场景进行处理，比如，如果此时应用还没有完成用户验证，那么，在这种场景下授权器会首先通过AuthenticationManager验证器进行这个验证过程。

做好以上的准备工作以后，授权器就可以开始授权工作了。这个授权工作是由AccessDecisionManager授权器来完成的，此时，完成授权工作需要的数据已经准备好了，比如Authentication对象、配置属性等，这些数据都已经从SecurityContextHolder和IoC容器配置中读取出来了。关于具体的授权实现，我们可以在对AccessDecisionManager的实现原理的分析中清楚地看到。

代码清单8-17 AbstractSecurityInterceptor的beforeInvocation

```
protected InterceptorStatusToken beforeInvocation(Object object) {
    Assert.notNull(object, "Object was null");
    if (!getSecureObjectClass().isAssignableFrom(object.getClass())) {
        throw new IllegalArgumentException("Security invocation attempted for object "
            + object.getClass().getName()
            + " but AbstractSecurityInterceptor only configured to support
            secure objects of type: "
            + getSecureObjectClass());
    }
/*这里读取FilterSecurityInterceptor配置的ObjectDefinitionSource属性，这些属性配置了
  资源的安全设置*/
    ConfigAttributeDefinition attr = this.obtainObjectDefinitionSource().
    getAttributes(object);
    if ((attr == null) && rejectPublicInvocations) {
        throw new IllegalArgumentException(
            "No public invocations are allowed via this
            AbstractSecurityInterceptor.This indicates a configuration error
```

```
             because the AbstractSecurityInterceptor.rejectPublicInvocations
            property is set to 'true'");
        }
        if (attr != null) {
            if (logger.isDebugEnabled()) {
                logger.debug("Secure object: " + object.toString() + ";
                ConfigAttributes: " + attr.toString());
            }
/*这里从SecurityContextHolder中获取Authentication对象，一般在用户验证成功以后，会生成
  Authentication对象存放到SecurityContextHolder中去*/
            if (SecurityContextHolder.getContext().getAuthentication() == null) {
                credentialsNotFound(messages.getMessage
                ("AbstractSecurityInterceptor.authenticationNotFound",
               "An Authentication object was not found in the
                SecurityContext"), object, attr);
        }
        // 如果前面没有处理验证，这里要先要进行用户验证
        Authentication authenticated;
        if (!SecurityContextHolder.getContext().getAuthentication().
        isAuthenticated() || alwaysReauthenticate) {
            try {
//调用配置好的AuthenticationManager处理用户验证，如果用户验证不成功，抛出异常结束处理
                authenticated = this.authenticationManager.authenticate
                (SecurityContextHolder.getContext().
                getAuthentication());
            } catch (AuthenticationException authenticationException) {
                throw authenticationException;
            }
            if (logger.isDebugEnabled()) {
                logger.debug("Successfully Authenticated: " +
                authenticated.toString());
            }
//把用户验证成功后得到的Authentication保存到SecurityContextHolder中，供下次使用
            SecurityContextHolder.getContext().
            setAuthentication(authenticated);
        } else {
/*这里处理已经通过用户验证的请求，先从SecurityContextHolder中取得Authentication对象*/
            authenticated = SecurityContextHolder.getContext().
            getAuthentication();
            if (logger.isDebugEnabled()) {
                logger.debug("Previously Authenticated: " +
                authenticated.toString());
            }
        }
        // 这里开始处理授权过程
        try {
/*调用配置好的AccessDecisionManager来完成授权工作，注意这个decide方法，它为用户设置权限*/
            this.accessDecisionManager.decide(authenticated, object, attr);
        } catch (AccessDeniedException accessDeniedException) {
            AuthorizationFailureEvent event = new AuthorizationFailureEvent
            (object, attr, authenticated,accessDeniedException);
            publishEvent(event);
            throw accessDeniedException;
        }
        if (logger.isDebugEnabled()) {
```

```
                logger.debug("Authorization successful");
            }
            AuthorizedEvent event = new AuthorizedEvent(object, attr, authenticated);
            publishEvent(event);
            Authentication runAs = this.runAsManager.buildRunAs(authenticated,
            object, attr);
            if (runAs == null) {
                if (logger.isDebugEnabled()) {
                    logger.debug("RunAsManager did not change Authentication object");
                }
                return new InterceptorStatusToken(authenticated, false, attr, object);
            } else {
                if (logger.isDebugEnabled()) {
                    logger.debug("Switching to RunAs Authentication: " + runAs.toString());
                }
                SecurityContextHolder.getContext().setAuthentication(runAs);
                return new InterceptorStatusToken(authenticated, true, attr, object);
            }
        } else {
            if (logger.isDebugEnabled()) {
                logger.debug("Public object - authentication not attempted");
            }
            publishEvent(new PublicInvocationEvent(object));
            return null;
        }
    }
```

8.5.2 授权器的实现

为用户授权是由AccessDecisionManager授权器来完成的，授权的过程在授权器的decide方法中实现。授权器的类继承关系设计如图8-4所示，我们可以看到，作为基类AbstractAccessDecisionManager，它实现了AccessDecisionManager接口/InitializingBean接口以及MessageSourceAware接口，对于不同的授权规则，设计了对应的授权器子类来实现，比如有AffirmativeBased/ConsensusBased和UnanimousBased等。关于具体授权器的授权规则设定，一方面我们可以从Spring的用户手册中去了解；另一方面，感兴趣的读者也可以从这几个授权器的代码实现上去了解。

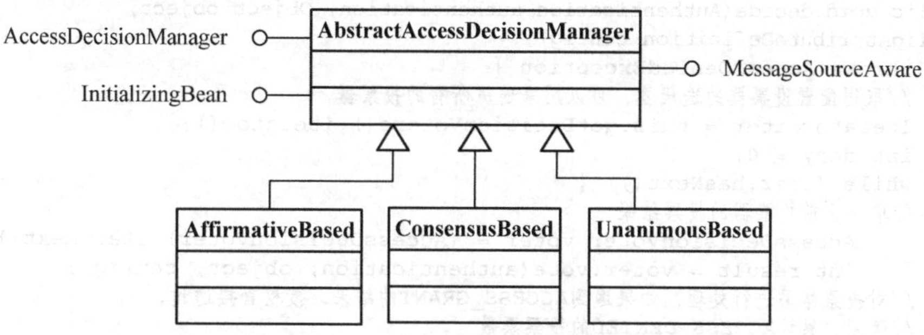

图8-4 授权器的类继承关系设计

我们知道，授权过程基本上可以看成是决策过程的一部分。在这个决策的实现中调用了decide方法，这个decide方法是AccessDecisionManager定义的一个接口方法，通过这个接口方法可以对应好几个具体的授权器实现。这些不同的授权器之间的关系如图8-5所示。这些不同的授权器实现就像它们的名字所隐含的寓意一样，分别对应着不同的授权规则，通过这些不同的规则来完成授权工作。比如，在AffirmativeBased授权器中，定义的授权规则是：只要有一个配置好的投票器表示同意，授权就会生效；如果没有同意票，但有反对票，那么授权被否决。这基本上是“一票决定”机制在起作用。

我们举另一个授权器的例子来进行说明，在ConsensusBased授权器中，实现的授权机制类似于少数服从多数的决策过程。在这个规则中，票数多的获得决定权，也就是说，如果同意的投票器数目大于否决的投票器数目，那么授权通过；否则，授权被否决。而对于UnanimousBased授权器，它的授权规则基本上反映了一票否决的决策过程，在这个决策中，如果遇到一个投票器反对，那么就会拒绝授权。在这几个授权器的授权实现中，可以清楚地了解它们的授权判断，就像设计好的判决器一样，根据不同的判决要求，选用不同的授权器。对这些授权器感兴趣的读者，可以打开源代码研究一下，弄清楚这些规则，这些规则对那些需要对授权规则进行配置的应用是非常重要的。因为，尽管是相同的投票，不同的决策规则将会导致不同授权结果的产生，从而会对应用的安全配置有着完全不同的影响。

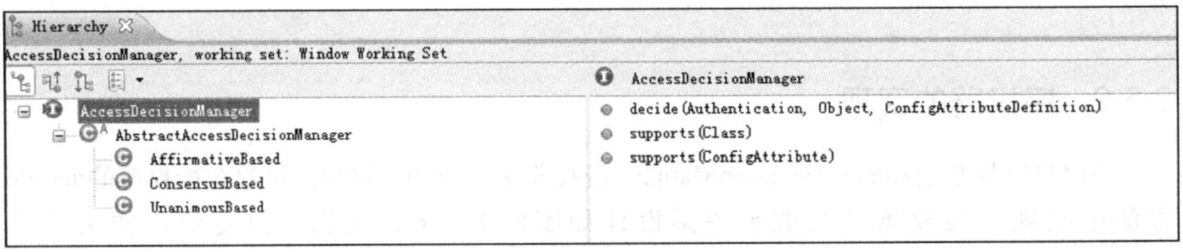

图8-5 授权器的实现

对于授权器完成决策的规则实现，在这里我们以AffirmativeBased授权器为例来了解一票决定授权规则是怎样完成的，这个实现过程如代码清单8-18所示。

代码清单8-18 AffirmativeBased的decide

```
public void decide(Authentication authentication, Object object,
ConfigAttributeDefinition config)
    throws AccessDeniedException {
    //取得配置投票器的迭代器，可以用来遍历所有的投票器
    Iterator iter = this.getDecisionVoters().iterator();
    int deny = 0;
    while (iter.hasNext()) {
    //取得当前投票器的投票结果
        AccessDecisionVoter voter = (AccessDecisionVoter) iter.next();
        int result = voter.vote(authentication, object, config);
    //对投票结果进行处理，如果遇到ACCESS_GRANT的结果，授权直接通过，
    //否则，累计ACCESS_DENIED的投票票数
        switch (result) {
        case AccessDecisionVoter.ACCESS_GRANTED:
```

```
                return;
            case AccessDecisionVoter.ACCESS_DENIED:
                deny++;
                break;
            default:
                break;
            }
        }
    //如果有反对票，那么拒绝授权
        if (deny > 0) {
            throw new AccessDeniedException(messages.getMessage
            ("AbstractAccessDecisionManager.accessDenied","Access is denied"));
        }
    /*这里对弃权票进行处理，对全是弃权票的情况进行处理，默认是不通过，这种情况是由
    allowIfAllAbstainDecisions变量来控制的*/
        checkAllowIfAllAbstainDecisions();
    }
```

8.5.3　投票器的实现

有了授权器，相当于建立了一个决策机制或决策委员会。具体的决策议题及决策结果取决于每个决策个体的行为，就像在现实生活中，决策委员会的决策需要采纳委员的意见一样。具体地说，如果决策委员会要进行决策，在明确了决策规则以后，首先需要得到各个委员的决策意见，然后再经过综合考虑得到最终的结果，而这个综合考虑的过程就是使用授权器应用授权规则的过程。我们知道，在计算机的世界里，不是0就是1，不是赞成就是反对，没有含糊的地方。投票器就像是决策委员会的委员们，它与授权器的关系就像是委员和委员会的关系，根据自己的判断投出神圣的一票。而授权器的授权规则也是明确而确定的，这样，就可以得到一个确定无疑的授权结果，有了这个授权结果，应用就可以对资源进行安全方面的全面而有效的控制了。

在ACEGI中，对应现实世界的投票决策过程设计了对应的投票器类继承关系，如图8-6所示。

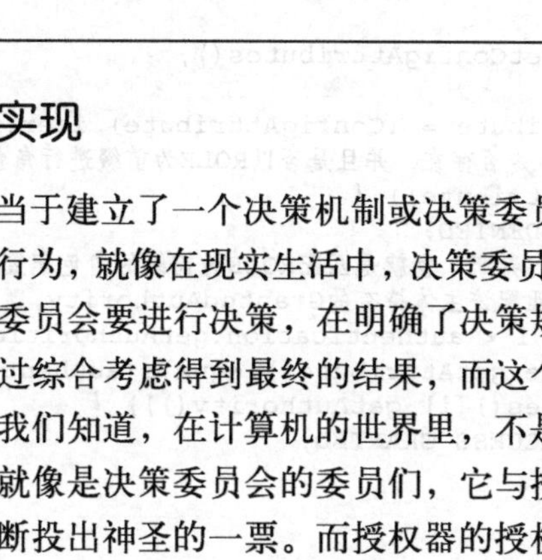

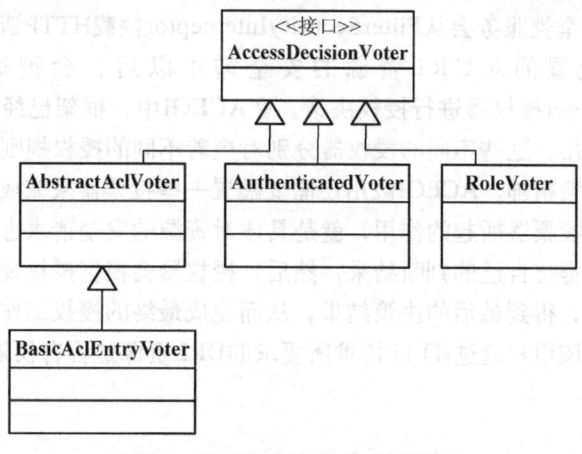

图8-6　投票器的类继承关系设计

为了理解这个具体的实现过程，我们以投票器RoleVoter的vote方法的实现原理为例进行简要的说明。这个RoleVoter的vote实现，如代码清单8-19所示。在代码清单中可以看到，在投票前，首先设置了一个变量来记录投票结果，这个投票结果的初始值被设置为ACCESS_ABSTAIN；然后投票器会读入对URL资源配置的安全需求，根据这些安全需求逐条进行判断。如果资源配置的授权角色与当前请求用户的角色配置相匹配，安全需求得到满足，那么将会投票表示同意；反之，投票表示反对。在这个判断完成以后，最后会返回投票结果，完成投票器的判断工作。

代码清单8-19 RoleVoter的vote实现

```
public int vote(Authentication authentication, Object object,
ConfigAttributeDefinition config) {
     int result = ACCESS_ABSTAIN;
    //这里取得资源的安全配置
     Iterator iter = config.getConfigAttributes();
     while (iter.hasNext()) {
         ConfigAttribute attribute = (ConfigAttribute) iter.next();
    //这个support判断安全配置属性是否存在，并且是否以ROLE为前缀进行角色配置
         if (this.supports(attribute)) {
             result = ACCESS_DENIED;
// 这里对资源配置的安全授权级别进行判断，也就是匹配ROLE为前缀的角色配置
// 遍历每个配置属性，如果其中一个匹配该主体持有的GrantedAuthority,则访问被允许
             for (int i = 0; i < authentication.getAuthorities().length; i++) {
                 if (attribute.getAttribute().equals(authentication.
                 getAuthorities()[i].getAuthority())) {
                     return ACCESS_GRANTED;
                 }
             }
         }
     }
     return result;
}
```

结合授权器和投票器的实现，可以看到整个授权的实现过程。在Web应用中，使用ACEGI为应用提供安全性服务会从FilterSecurityInterceptor拦截HTTP请求入手，接着，在读取在IoC容器中配置的对URL资源的安全需求以后，会把这些配置信息交由AccessDecisionManager授权器进行授权决策。在ACEGI中，框架已经为应用提供了若干不同种类的授权器供使用，这些不同的授权器分别对应着不同的授权规则。在配置好授权器以后，为了发扬民主决策精神，ACEGI应用还需要配置一些投票器来完成投票工作，支持授权的决策过程，而这些投票器所起的作用，就是具体对资源的安全请求进行一个判断，同意或者不同意，投票器会提交自己的判断结果；然后，授权器会根据授权规则对投票器提交的投票结果进行汇总判断，得到最后的决策结果，从而完成最终的授权工作，并且最终决定，根据应用的安全配置，该用户通过HTTP请求所要求的URL资源是否有权限获取。

8.6 小结

本章对Spring ACEGI的实现进行了简要的分析。综合来说，在ACEGI的框架实现中，应

用的安全需求管理主要是通过过滤器、验证器、用户数据提供器、授权器、投票器这几个基本模块协作完成的。从架构的关系上来看，ACEGI安全框架可以看成是一个基于Spring的应用，因此前面提到的这些实现安全需求管理的ACEGI的基本模块，都需要在IoC容器中得以正确配置，才能有效地发挥其作用。因此，本章就从对这些ACEGI框架基本模块在Spring的IoC容器中的配置入手，对这些基本模块的实现原理进行分析。希望通过这样一个配置场景，能够为读者提供一个对ACEGI的概览，从而对它有一个更为完整而全面的理解。

对于本章提到的ACEGI基本模块的实现原理，我们的分析是以从整个ACEGI应用、接入安全请求入手，到最终授权实现这个基本线索来进行描述的。根据这个描述逻辑，首先，在Web应用环境中，ACEGI设计了各种Servlet过滤器，通过这一系列的过滤器实现对请求的拦截和处理。这一系列的过滤器包括常见的FilterSecurityInterceptor和Authentication-ProcessingFilter等，这些过滤器和拦截器，是在ACEGI中实现在Web环境中安全拦截功能的一些典型代表。有了这些拦截器，可以为在应用中切入ACEGI安全机制提供各种各样的入口。根据不同的拦截器配置，这些入口可以是在Web页面请求中基本安全机制的实现，也可以是按照RFC1945的要求对基本的身份验证请求的处理实现，等等。

在本章中，由于Web应用的普遍性，我们以在Web页面请求中应用安全机制的拦截器实现为入口分析了ACEGI的工作原理，详细说明了ACEGI的实现原理。在整个ACEGI实现中，在安全配置的实现上，除了前面提到的各种拦截器的设计之外，大概还可以分为用户验证和授权这两大部分。

对于用户验证模块，我们也是从它的配置入手。用户验证是通过配置ACEGI设计好的AuthenticationManager验证器来完成的。在AuthenticationManager的配置基础上，需要配置各种为ProviderManager服务的用户数据提供器，通过这些用户数据提供器来提供验证所需要的、存储在服务器端的用户信息，从而为用户验证的完成提供有效的数据支持。验证器在完成用户验证工作以后会把验证结果封装在Authentication对象中，接着把这个Authentication对象存储在SecurityContextHolder中作为应用的全局数据，供授权和应用使用。

在了解了用户验证实现以后，接着对授权模块进行了分析。在这个授权模块中，首先应用需要配置AccessDecisionManager决策器，这些决策器有许多不同的种类，通过这些决策器的选取和配置来设置用户授权的决策规则。具体来说，AffirmativeBased、ConsensusBased、UnanimousBased等，都对应着不同的授权决策规则。这些授权器的实现分别代表着不同的决策规则，如一票决定、一票否决、少数服从多数等。在基于这些授权器决策规则实现的基础上，ACEGI框架还为用户配置了一系列的投票器，这些投票器由用户配置好以后根据其设置的投票规则对请求进行投票，对安全需求表示同意或者反对，从而得到投票结果供授权器汇总。最后由授权器根据这些投票结果，应用授权规则得到最终的授权结果。

在本章中，我们以一个比较常用的RoleVoter投票器为例来分析投票器的实现原理，大致来说，在实现中，投票器会遍历每个URL配置的安全需求，在完成逐个的安全检查和判断之后，把是否给予授权的结果返回给授权器使用。在有了投票结果以后，根据授权规则，授权器就可以根据权限来对资源的获取实现安全控制了，从而最终完成用户授权的实现，为ACEGI所承担的安全服务职责提供有力的支持。

第9章

Spring DM模块的设计与实现

智者动，仁者静。
智者乐，仁者寿。
——【春秋】孔子《论语·雍也》

本章内容

- Spring DM模块的应用场景
- Spring DM的应用过程
- Spring DM设计与实现

9.1 Spring DM模块的应用场景

Spring DM模块是Spring的一个子项目，它的主要作用是为那些想要移植到OSGi平台上的Spring应用提供支持。利用Spring DM可以很便利地在主流的OSGi平台和Spring应用之间搭建一座桥梁。通过使用Spring DM，不仅能够保持原有Spring应用的编程模式，比如IoC、AOP的使用，还可以通过OSGi平台来使用OSGi的特性，加强Spring应用的模块化。

在详细介绍Spring DM之前，先简单了解一下OSGi，这样可以加深我们对Spring DM出现背景和作用的了解。

OSGi（Open Service Gateway Initiative），通常指由OSGi联盟制定的、基于Java语言的服务规范。这个OSGi服务平台用于解决Java环境下运行的模块的动态管理问题，这里值得注意的是运行环境动态管理问题，这和Java开发人员平常所熟知的Java语言的模块化和动态特性是有差别的。具体来说，一方面，Java语言是一个面向对象设计语言，它通过jar、package、class、private、protected和public等要素来划分设计模块，以及定义模块相互之间的可见性；另一方面，如果利用Spring来构建应用，在Java语言设计的基础上，通过使用Spring的IoC、AOP特性，可以进一步将应用模块进行解耦以及进行横向增强（通过AOP的动态编织）。通过这些模块化的设计手段，可以提高系统的模块化，达到设计出一个高内聚、松耦合的系统的目标。但是，这些模块化手段基本上运用在软件系统的设计阶段，在整个软件系统的运维阶段，又怎样提高软件系统的模块化呢？在当今的软件产业发展中，软件系统的在线应用（特别是对于互联网应用而言）软件系统的服务化已经是一个大趋势，在这个不断被拉长的软件服务和运维生命周期中，如果没有好的模块化和管理技术，那么对软件的整体运营来说将是一件困难的事情。因此，需要在提高系统模块化和易于管理方面找到好的解决方案。

从Java的发展上来看，在Java应用的运行和生产环境（Production Server）中，一直缺少一个强有力的模块动态管理环境，也就是说，对应用模块部署运维之后，怎样对系统动态地进行管理，是我们需要解决和关注的问题。这些管理包括模块的启动、升级更新、卸载等，这些都是对软件进行运维工作时需要关注的基本过程，也是模块化在应用运维过程中的具体体现。为应对这个问题而制定的OSGi规范和基于OSGi规范的各种Java实现，比如Eclipse平台的构建基石Equinox，就是基于OSGi规范标准构建的。比如，我们使用过很多Eclipse的插件，并且也知道Eclipse是一个基于插件的设计架构，而通过Equinox平台，就可以对Eclipse的各种插件，也就是OSGi的bundle进行有效管理。对OSGi的入门者来说，从Eclipse这个强大的IDE应用上可以初步体会到OSGi的效用。

那么这些在Java应用运行时进行的模块化管理，具体是如何实现的呢？下面简要描述一下：OSGi定义了bundle，作为一个基本的模块单位，这是在OSGi平台中进行模块化管理的基本单元。相对于war和jar这样的Java开发中常见的模块定义，bundle的定义更为细致，而且这个bundle的生命周期与Java的模块定义不同，它是指在运行状态的生命周期，这个生命周期是软件模块bundle在部署运行后激活和产生的。在OSGi容器中，通过对bundle生命周期进行管理，提高了对bundle管理的动态性和精细程度，从而可以在这个生命周期的基础上加入各种各样的管理特性。简单地说，bundle的生命周期如图9-1所示。从这个以状态机形式表现的bundle生命周期中可以看到Installed、Resolved、Starting、Active、Stopping和Uninstalled等几个状态，以及这几个状态之间的转化关系和转化条件。比如，bundle的初始化是从在OSGi容器中安装bundle开始的，在Installed状态中，通过Resolve解析，可以转换到Resolved状态，表示bundle已经成功被容器解析。在Resolved状态的bundle通过Start动作，可以把bundle激活到Starting和Active状态，bundle在Active状态的时候，就表明bundle已经可以正常运行了。关于具体的状态定义和转换关系，感兴趣的读者可以去了解OSGi的具体规范，这里就不详细叙述了。

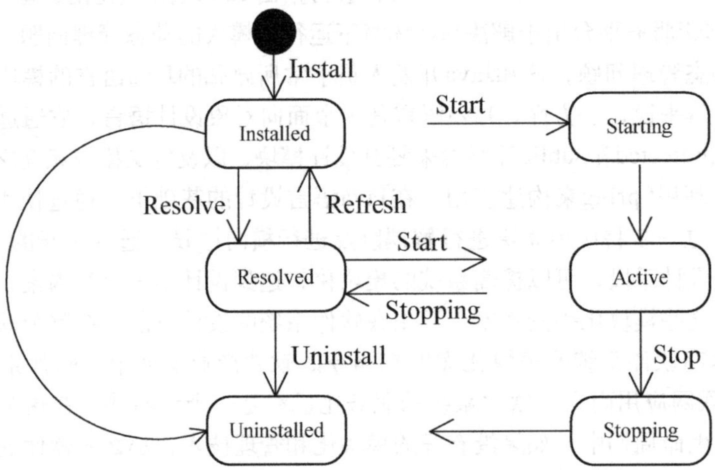

图9-1 bundle的生命周期

OSGi原先关注于嵌入式Java系统，比如服务网关、汽车、移动电话等，但自从2003年开源软件Eclipse开始在底层架构采用OSGi技术后，OSGi开始广为人知。OSGi进入到企业应用开发领域一直需要一个推动力量，而Spring DM的出现为在企业应用特别是Spring应用中使用OSGi技术降低了门槛。对于原有的Spring应用来说，可以借助Spring DM高效地将Spring应用移植到OSGi平台上来；对于熟悉Spring开发模式的开发人员来说，也很容易掌握基于Spring DM的开发。有了这些准备，再借助于OSGi容器的使用，如Equinox（Eclipse使用的底层OSGi架构），就可以把Spring的特性和OSGi的特性结合起来，在应用设计开发和运维阶段全面体现模块化的优势。

9.2 Spring DM的应用过程

前面提到过，应用Spring DM可以在Spring应用和OSGi平台之间搭建桥梁，通过这个桥梁可以有效降低Spring应用在OSGi平台上应用的复杂性。在应用Spring DM前，我们先来了解一下OSGi的基本使用。

我们以Eclipse的底层OSGi实现Equinox为例，对Spring DM的应用过程做一个简单的说明。首先，到Equinox项目的网站上http://eclipse.org/equinox/下载Equinox。这是一个jar包，作为一个Java应用，它可以启动和运行OSGi容器，在命令行模式下启动OSGi容器如图9-2所示。和启动一个Java应用程序一样，在命令行下运行以下命令：

```
cmd > java -jar org.eclipse.osgi.jar -console
```

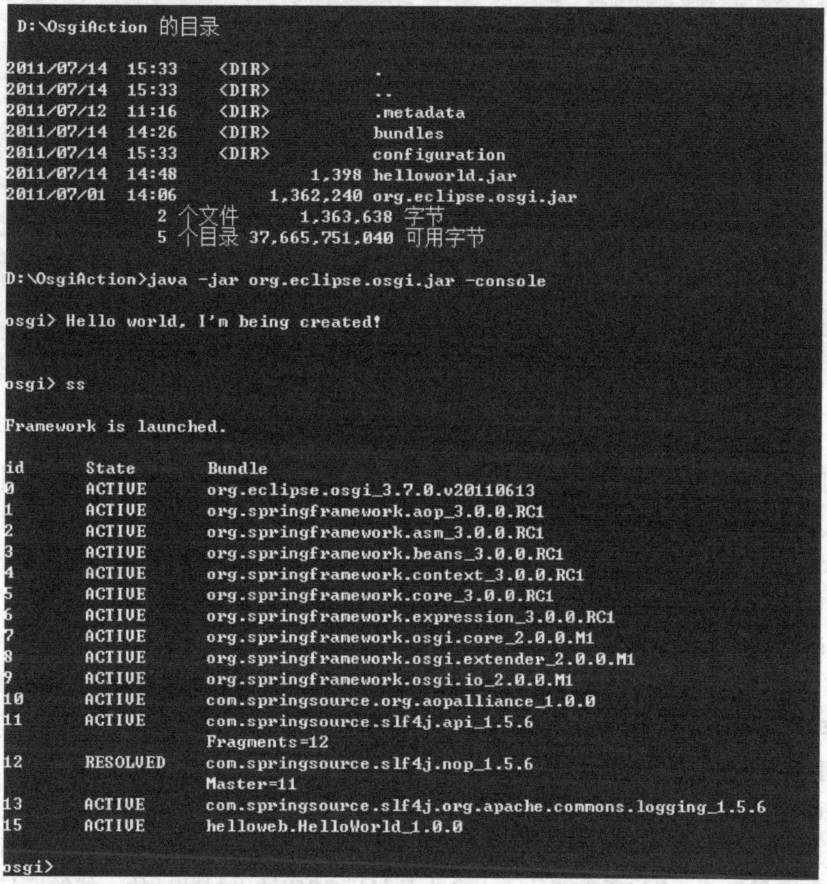

图9-2　在命令行模式下启动OSGi容器

这里运行的是一个简单的HelloWorld应用。在运行中，首先看到在当前目录中有下载的OSGi容器：org.eclipse.osgi.jar，这个jar就是OSGi容器Equinox的实现。运行命令java -jar org.eclipse.osgi.jar -console，就可以运行OSGi容器并启动容器的命令行shell。在容器运行成功后，可以看到如图9-3所示的以osgi标识开头的命令行模式。

图9-3　容器运行成功后的命令行模式

在这个命令行模式下，可以输入对OSGi容器的具体操作，比如输入“ss”，可以显示当前在容器中管理的服务的状态，如图9-4所示。

```
osgi> ss

Framework is launched.

id      State       Bundle
0       ACTIVE      org.eclipse.osgi_3.7.0.v20110613
1       ACTIVE      org.springframework.aop_3.0.0.RC1
2       ACTIVE      org.springframework.asm_3.0.0.RC1
3       ACTIVE      org.springframework.beans_3.0.0.RC1
4       ACTIVE      org.springframework.context_3.0.0.RC1
5       ACTIVE      org.springframework.core_3.0.0.RC1
6       ACTIVE      org.springframework.expression_3.0.0.RC1
7       ACTIVE      org.springframework.osgi.core_2.0.0.M1
8       ACTIVE      org.springframework.osgi.extender_2.0.0.M1
9       ACTIVE      org.springframework.osgi.io_2.0.0.M1
10      ACTIVE      com.springsource.org.aopalliance_1.0.0
11      ACTIVE      com.springsource.slf4j.api_1.5.6
                    Fragments=12
12      RESOLVED    com.springsource.slf4j.nop_1.5.6
                    Master=11
13      ACTIVE      com.springsource.slf4j.org.apache.commons.logging_1.5.6
15      ACTIVE      helloweb.HelloWorld_1.0.0
```

图9-4　当前在容器中管理的服务的状态

由此可以看到OSGi服务的列表和状态，比如，在图9-4中，显示了一系列服务，如com.springframework.osgi、org.springframework.osgi.core、org.springframework.osgi.io和org.springframework.osgi.extender，这些服务会在后面进行详细分析，它们都是Spring DM的核心模块。可以通过help命令了解Equinox的命令列表，如图9-5所示。

在Equinox运行起来之后，可以对bundle进行管理，但怎样让Spring DM起作用呢？对Spring DM来说，它提供了一系列OSGi化的bundle，它们为Spring应用bundle提供IoC容器管理、Web容器管理和资源管理等一系列基础设施服务。现在，Equinox已经可以运行了，为了了解如何把Spring应用bundle在Equinox中运行起来，我们设计了一个简单的HelloWorld程序，在Spring应用bundle由Equinox启动时，在控制台上输出“Hello World!”。

首先，要准备Spring DM和开发Spring应用bundle需要的一系列bundle，它们是运行Spring应用bundle和运行Spring DM所需要的，本身也是经过OSGi技术封装过的，能够运行在OSGi容器中的bundle组件中。这些bundle组件包括：org.springframework.aop.jar、org.springframework.asm.jar、org.springframework.beans.jar、org.springframework.context.jar、org.springframework.core.jar、org.springframework.expression.jar、com.springsource.slf4j.api.jar、com.springsource.org.aopalliance.jar、com.springsource.slf4j.org.apache.commons.logging.jar、com.springsource.slf4j.nop.jar。

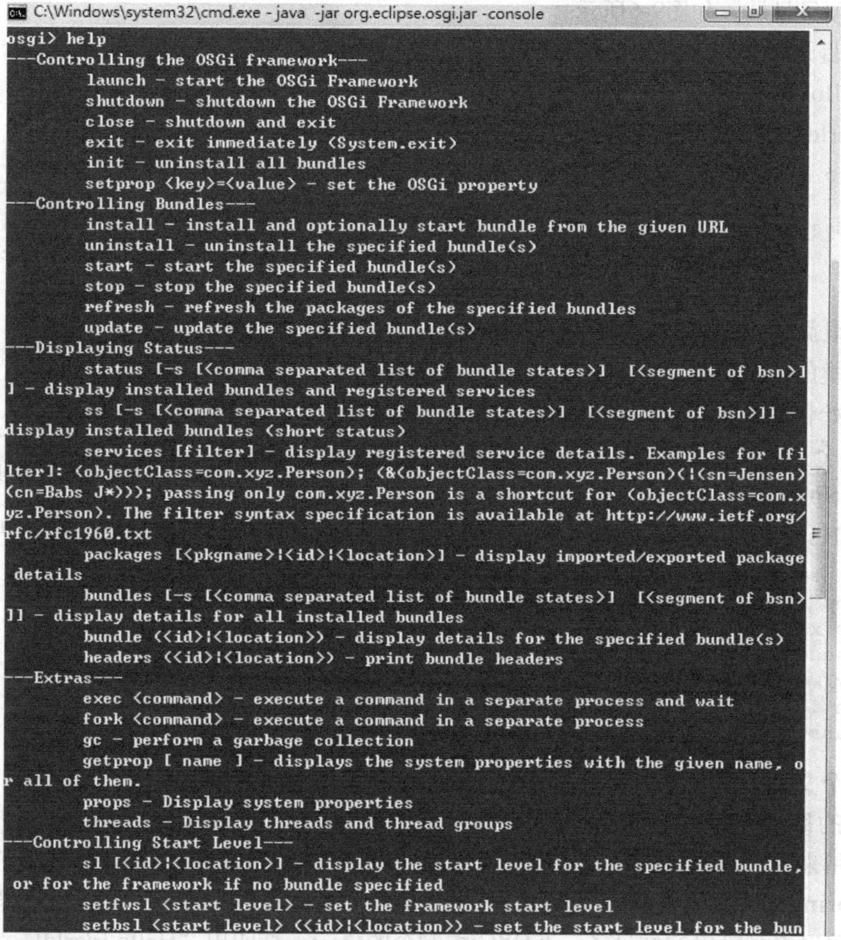

图9-5 Equinox的命令列表

这些jar包是以bundle形式使用的，但它们不属于Spring DM的组成部分。接下来，为了让Spring DM起作用，还要准备Spring DM为OSGi容器准备的bundle，在Spring DM中实现与OSGi容器接口的bundle包括：org.springframework. osgi.core. jar/ org. springframework.osgi.extender.jar/org.springframework.osgi.io.jar。

在容器中安装这些jar包以后，在运行Equinox容器的时候，可以看到这些bundle的列表和状态为“INSTALLED”，这意味着这些需要的bundle已经在容器中安装好了，已经为Spring应用做好了准备。作为Spring应用，它们可以依赖以上标识为“INSTALLED”状态的bundle组件，比如Spring DM的bundle，有了这些bundle组件的支持，就可以实现应用的顺利部署，也就是说，可以把应用以OSGi bundle组件的形式与Spring框架集成，并且运行在OSGi容器Equinox中。

有了这些准备，下面就可以了解一个HelleWorld应用是怎样完成的。首先看到在Eclipse

中设置的项目目录，如图9-6所示。

在src目录中是HelloWorld应用的源代码，这里只有一个HelloWorld类，作用是在控制台中打印字符串“Hello World！”，其代码如下：

```
public class HelloWorld {
public HelloWorld() {
    System.out.println("Hello World !");
  }
}
```

图9-6 Eclipse中设置的项目目录

代码很简单，但需要注意的是，我们使用的打印语句是在类的构造函数中实现的，所以，在实际运行中，在初始化这个bundle的时候这条打印语句会被运行。从这个应用的代码实现上来看很简单，似乎和Spring及Spring DM都没有什么关系。其实秘密在META-INF/spring目录下，在这个目录下有一个HelloWorld.xml文件，这个文件的内容如下：

```
<?xml version="1.0" encoding="UTF-8"?>
<beans xmlns="http://www.springframework.org/schema/beans"
xmlns:xsi="http://www.w3.org/2001/XMLSchema-instance"
xsi:schemaLocation="http://www.springframework.org/schema/beans
http://www.springframework.org/schema/beans/spring-beans.xsd">
<bean id="helloWorld" class="helloweb.HelloWorld" />
</beans>
```

在这个文件中定义了一个Bean，这个Bean就是上面写的HelloWorld，这个xml文件需要放在指定的目录:META-INF/spring下，这个路径是Spring DM默认的扫描路径。所以，对于Spring应用来说，只要设计好自己的应用程序并在这个指定的路径配置好就可以了，其他的工作由Spring来完成。把这个应用打成jar包以后，部署到Equinox下面，启动容器和这个bundle就可以看到输出的结果了，在OSGi控制台的提示下打印出“Hello World!”字符串。

9.3 Spring DM 设计与实现

在分析Spring DM设计的时候，先将Spring DM源代码导入到Eclipse环境中，这里选取Spring DM的主要设计部分spring-osgi-extender包作为例子。在Eclipse中，导入该项目后，可以看到它的目录结构如图9-7所示。

在这个目录结构中可以看到spring-osgi-extender的主要设计模块，比如org.spring. osgi. extender.internal.activator是OSGI对bundle的主要实现类，其类继承关系如图9-8所示。

图9-8中的ContextLoaderListener就是Spring DM的OSGi的启动类，和在Spring MVC中看到的启动类ContextLoader的作用一样。在Spring MVC中，ContextLoader为Spring MVC在Web容器环境中建立起Spring的上下文环境；而在Spring DM中，ContextLoaderListener为Spring的应用bundle在OSGi容器中建立起Spring的上下文环境。在建立Spring应用bundle上下文的时候，有一系列的交互过程，如图9-9所示，具体的设计和实现过程在后面会详细进行分析。

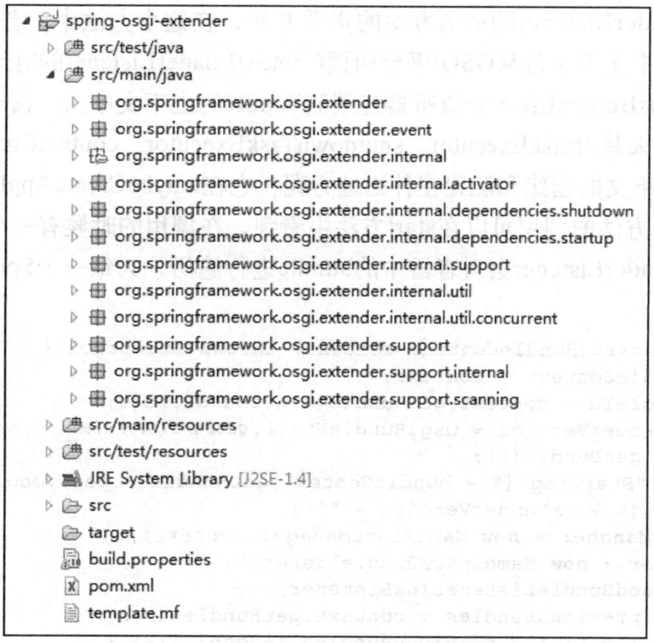

图9-7 spring-osgi-extender包的目录结构

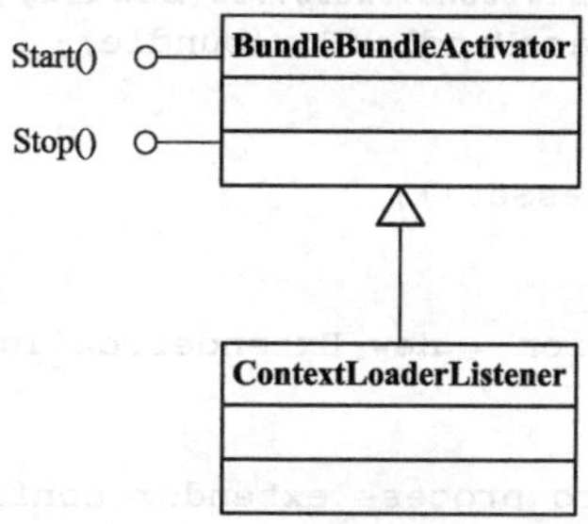

图9-8 org.spring.osgi.extender.internal.activator中的继承关系

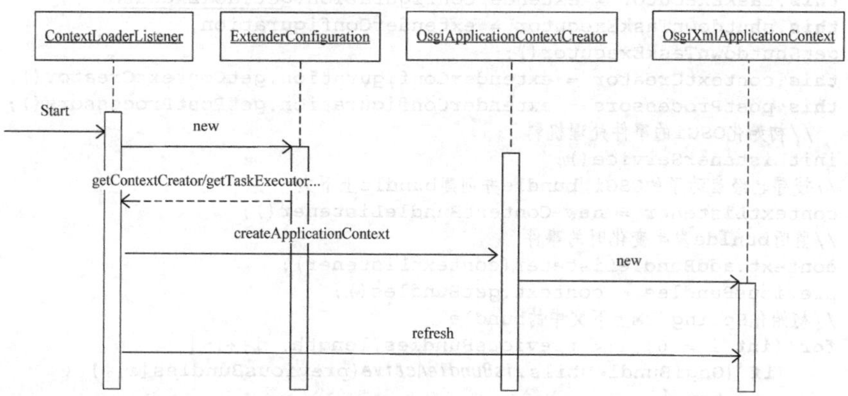

图9-9 在建立Spring应用bundle上下文时的交互过程

从ContextLoaderListener的start方法的实现开始，在这个方法中，首先会设置OSGi的bundle上下文，这个上下文是从OSGi平台回调ContextLoaderListener的时候配置进来的，然后，把SynchronousBundleListener监听器配置到bundle的上下文中去，接着会取得bundle的配置信息，再接下来是对taskExecutor、shutdownTaskExecutor、contextCreator的配置。我们关心的对Spring上下文的创建和配置在什么地方呢？它在maybeCreateApplicationContextFor方法中实现，这个方法的调用可以在start方法中看到，在调用的时候有一个循环，通过这个循环，ContexntLoaderListener会对容器中的bundle进行遍历，为每一个Spring bundle创建自己的上下文环境。

```
public void start(BundleContext context) throws Exception {
    this.bundleContext = context;
    this.bundleId = context.getBundle().getBundleId();
    this.extenderVersion = OsgiBundleUtils.getBundleVersion
    (context.getBundle());
    log.info("Starting [" + bundleContext.getBundle().getSymbolicName() + "]
    bundle v.[" + extenderVersion + "]");
        nsManager = new NamespaceManager(context);
    nsListener = new NamespaceBundleLister();
    context.addBundleListener(nsListener);
    Bundle[] previousBundles = context.getBundles();
    for (int i = 0; i < previousBundles.length; i++) {
        Bundle bundle = previousBundles[i];
        if (OsgiBundleUtils.isBundleResolved(bundle)) {
            maybeAddNamespaceHandlerFor(bundle);
        }
    }
    nsManager.afterPropertiesSet();
    //初始化extender的配置
    try {
        extenderConfiguration = new ExtenderConfiguration(context);
    }
    catch (Exception ex) {
        log.error("Unable to process extender configuration", ex);
        throw ex;
    }
    this.taskExecutor = extenderConfiguration.getTaskExecutor();
    this.shutdownTaskExecutor = extenderConfiguration.
    getShutdownTaskExecutor();
    this.contextCreator = extenderConfiguration.getContextCreator();
    this.postProcessors = extenderConfiguration.getPostProcessors();
     //初始化OSGi的事件处理机制
    initListenerService();
    //搜寻已经启动了的OSGi bundle并创建bundle上下文
    contextListener = new ContextBundleListener();
    //监听bunlde发生变化时的事件
    context.addBundleListener(contextListener);
    previousBundles = context.getBundles();
    //初始化Spring DM上下文中的bundle
    for (int i = 0; i < previousBundles.length; i++) {
        if (OsgiBundleUtils.isBundleActive(previousBundles[i])) {
            try {
```

```
                maybeCreateApplicationContextFor(previousBundles[i]);
            }
            catch (Throwable e) {
                log.warn("Cannot start bundle " +
                OsgiStringUtils.nullSafeSymbolicName(previousBundles[i])
                + " due to", e);
            }
        }
    }
}
```

在start方法中，我们主要关心的是maybeCreateApplicationContextFor这个方法的具体实现，它的具体实现在ContextLoaderListener类中可以看到，源代码如下：

```
protected void maybeCreateApplicationContextFor(Bundle bundle) {
    boolean debug = log.isDebugEnabled();
    String bundleString = "[" + OsgiStringUtils.nullSafeNameAndSymName(bundle) + "]";
    final Long bundleId = new Long(bundle.getBundleId());
    if (managedContexts.containsKey(bundleId)) {
        if (debug) {
            log.debug("Bundle " + bundleString + " is already managed; ignoring...");
        }
        return;
    }
    if (!ConfigUtils.matchExtenderVersionRange(bundle, extenderVersion)) {
        if (debug)
            log.debug("Bundle " + bundleString + " expects an extender w/ version["
                    + OsgiBundleUtils.getHeaderAsVersion(bundle,
                    ConfigUtils.EXTENDER_VERSION)
                    + "] which does not match current extender w/
                    version[" + extenderVersion
                    + "]; skipping bundle from context creation");
        return;
    }
    BundleContext localBundleContext = OsgiBundleUtils.getBundleContext(bundle);
    if (debug)
        log.debug("Scanning bundle " + bundleString + " for
        configurations...");
    //初始化上下文
    final DelegatedExecutionOsgiBundleApplicationContext localApplicationContext;
    if (debug)
        log.debug("Creating an application context for bundle " + bundleString);
    try {
        localApplicationContext = contextCreator.
        createApplicationContext(localBundleContext);
    }
    catch (Exception ex) {
        log.error("Cannot create application context for bundle " +
        bundleString, ex);
        return;
    }
    if (localApplicationContext == null) {
        log.debug("No application context created for bundle " +
        bundleString);
        return;
```

```
}
 //设置与应用上下文的接口
BeanFactoryPostProcessor processingHook = new OsgiBeanFactoryPostProcessor
Adapter(localBundleContext,
    postProcessors);
localApplicationContext.addBeanFactoryPostProcessor(processingHook);
managedContexts.put(bundleId, localApplicationContext);
localApplicationContext.setDelegatedEventMulticaster(multicaster);
//启动新的线程，重启应用上下文
Runnable contextRefresh = new Runnable() {
    public void run() {
        localApplicationContext.refresh();
    }
};
TaskExecutor executor = null;
ApplicationContextConfiguration config = new
ApplicationContextConfiguration(bundle);
String creationType;
//通过同步或者异步的方式创建上下文
if (config.isCreateAsynchronously()) {
    //如果是异步方式，那么使用Spring的taskExecutor来创建上下文
    executor = taskExecutor;
    creationType = "Asynchronous";
}
else {
    //如果是同步方式，那么直接在该线程中创建上下文
    executor = sameThreadTaskExecutor;
    creationType = "Synchronous";
}
if (debug) {
    log.debug(creationType + " context creation for bundle " + bundleString);
}
if (config.isWaitForDependencies()) {
    DependencyWaiterApplicationContextExecutor appCtxExecutor = new
    DependencyWaiterApplicationContextExecutor(
        localApplicationContext, !config.isCreateAsynchronously(),
        extenderConfiguration.getDependencyFactories());
    long timeout;
    if (ConfigUtils.isDirectiveDefined(bundle.getHeaders(),
    ConfigUtils.DIRECTIVE_TIMEOUT)) {
        timeout = config.getTimeout();
        if (debug)
            log.debug("Setting bundle-defined, wait-for-dependencies
            timeout value=" + timeout+ " ms, for bundle " + bundleString);
    }
    else {
        timeout = extenderConfiguration.getDependencyWaitTime();
        if (debug)
            log.debug("Setting globally defined wait-for-dependencies
            timeout value=" + timeout+ " ms, for bundle " + bundleString);
    }
    appCtxExecutor.setTimeout(config.getTimeout());
    appCtxExecutor.setWatchdog(timer);
    appCtxExecutor.setTaskExecutor(executor);
    appCtxExecutor.setMonitoringCounter(contextsStarted);
```

```
            //设置事件发布器
            appCtxExecutor.setDelegatedMulticaster(this.multicaster);
            contextsStarted.increment();
        }
        else {
        }
        executor.execute(contextRefresh);
    }
```

在maybeCreateApplicationContextFor的实现中，我们看到，在做好一系列准备工作，比如对bundle的版本检查之后，会设置一个localApplicationContext，这个localApplicationContext是一个DelegatedExecutionOsgiBundleApplicationContext对象，这个DelegatedExecutionOsgiBundleApplicationContext类的继承关系如图9-10所示。

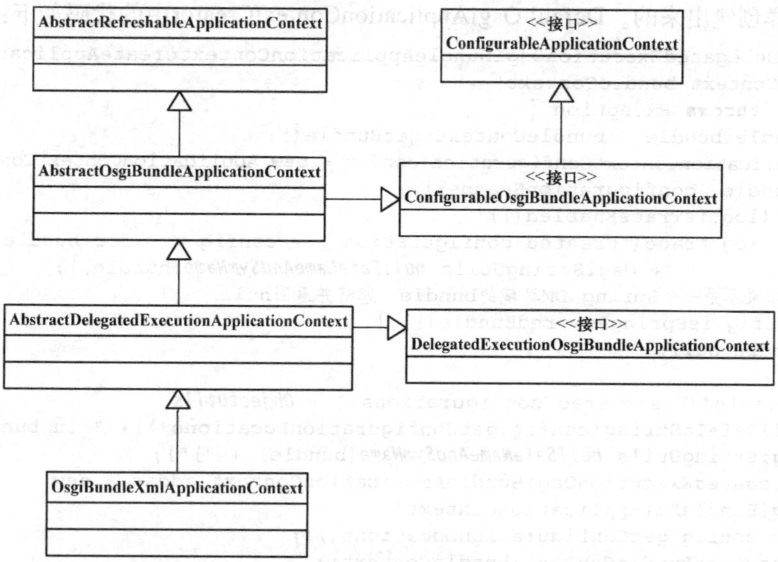

图9-10 DelegatedExecutionOsgiBundleApplicationContext类的继承关系

在继承关系中，OsgiBundleXmlApplicationContext的基类是AbstractRefreshableApplication，这是一个在Spring上下文体系设计中的基本类，通过这样的一系列继承，OsgiBundleXmlApplicationContext就和整个Spring的BeanFactory及ApplicationContext的IoC容器的设计体系联系起来了，和前面介绍的FileSystemXml-ApplicationContext这一类具体的在各种环境下使用的ApplicationContext一样，只是Spring DM为了在OSGi容器环境中加载Spring bundle，专门根据OSGi容器环境和Spring的上下文体系设计了这个OsgiBundleXmlApplicationContext供Spring应用的bundle使用。

创建这个OsgiBundleXmlApplicationContext是通过下面这个方法来完成的：

```
localApplicationContext = contextCreator.createApplicationContext(localBundleContext);
```

这里看到的是contextCreator，这个contextCreator定义的是一个OsgiApplicationContextCreator对象，这个类的设计如图9-11所示。

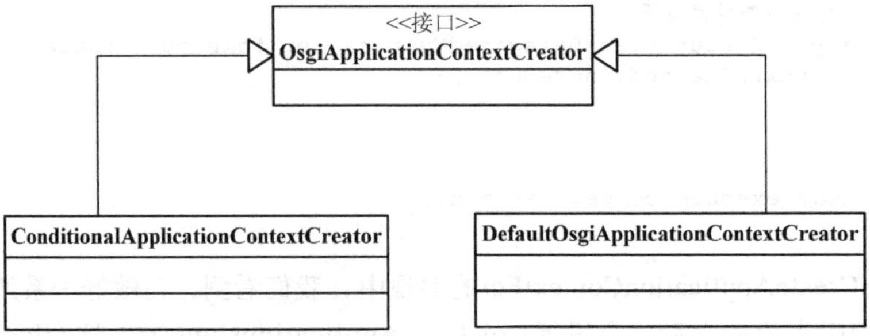

图9-11 OsgiApplicationContextCreator类的设计

在DefaultOsgiApplicationContextCreator的实现中可以看到，在OSGi的环境中，Spring上下文是怎样创建出来的。DefaultOsgiApplicationContextCreator中的代码如下：

```
public DelegatedExecutionOsgiBundleApplicationContextcreateApplicationContext
(BundleContext bundleContext)
        throws Exception {
    Bundle bundle = bundleContext.getBundle();
    ApplicationContextConfiguration config = new ApplicationContextConfiguration
    (bundle, configurationScanner);
    if (log.isTraceEnabled())
        log.trace("Created configuration " + config + " for bundle "
                + OsgiStringUtils.nullSafeNameAndSymName(bundle));
    //如果不是一个Spring DM环境的bundle，忽略并返回null
if (!config.isSpringPoweredBundle()) {
    return null;
    }
    log.info("Discovered configurations " + ObjectUtils.
    nullSafeToString(config.getConfigurationLocations())+ " in bundle [" +
    OsgiStringUtils.nullSafeNameAndSymName(bundle) + "]");
    DelegatedExecutionOsgiBundleApplicationContext sdoac = new
    OsgiBundleXmlApplicationContext(
        config.getConfigurationLocations());
    sdoac.setBundleContext(bundleContext);
    sdoac.setPublishContextAsService(config.isPublishContextAsService());
    return sdoac;
}
```

生成OsgiBundleXmlApplicationConext的过程并不复杂，只是在生成OsgiBundle-XmlApplicationContext之前需要对容器中的Spring应用的bundle进行扫描，这个扫描是由DefaultConfigurationScanner来完成的。在扫描完成后，会生成一个配置对象Application ContextConfiguration，在这个配置对象中会设置扫描的结果，这些结果包括配置数据，如Spring Bean定义文件的位置，是否是Spring应用bundle等，有了这些配置数据，就可以很方便地生成Spring应用bundle所对应的上下文了。ApplicationContextConfiguration的数据设置如图9-12所示。

而对于DefaultConfigurationScanner来说，它完成的工作很简单，就是通过getLocations方法获取Spring应用bundle中的Bean定义文件的位置。在这个类中，可以看到对Spring应用bundle设置的默认的Bean定义文件的位置，这些位置是通过下面两个值来设定的：

```
private static final String CONTEXT_DIR = "/META-INF/spring/";
private static final String CONTEXT_FILES = "*.xml";
```

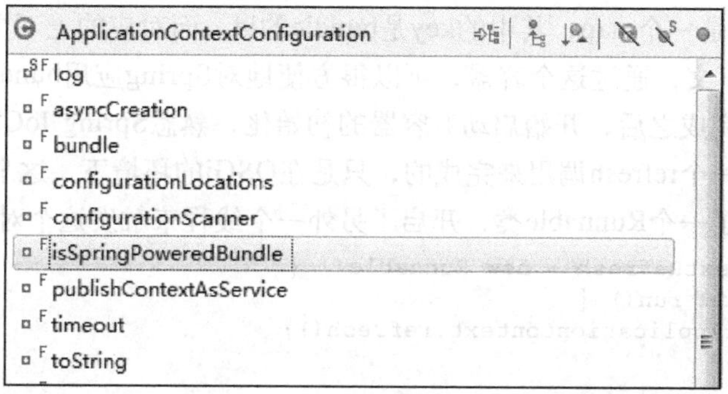

图9-12 ApplicationContextConfiguration的数据设置

看到这里，就和前面看到的运行Spring 应用bundle的配置一致了。前面说过，需要在Spring应用bundle中设置一个/META-INF/spring目录，然后在这个目录下设置xml文件，这些xml文件就是Bean定义文件。当然，这里指定的是默认的路径，也可以通过bundle的参数指定路径。在DefaultConfigurationScanner中实现了对扫描这一系列路径的基本处理，源代码如下：

```
public String[] getConfigurations(Bundle bundle) {
    String[] locations = ConfigUtils.getHeaderLocations(bundle.getHeaders());
    if (ObjectUtils.isEmpty(locations)) {
        Enumeration defaultConfig = bundle.findEntries(CONTEXT_DIR,
        CONTEXT_FILES, false);
        if (defaultConfig != null && defaultConfig.hasMoreElements()) {
            return new String[] { DEFAULT_CONFIG };
        }
        else {
            return new String[0];
        }
    }
    else {
        return locations;
    }
}
```

在这一段处理中，可以看到对Spring应用bundle的header的处理，因为bundle的开发可以通过header参数来指定位置，不使用系统默认的Bean定义文件的位置。最后，通过这一系列的处理，DefaultConfigurationScanner会返回一个Configurations集合，这里包括了Spring应用bundle中Bean定义文件所在的路径和位置。

在了解了DefaultConfigurationScanner的工作原理之后，我们回到前面的线索，即OsgiBundleXmlApplicationContext的创建过程：ContextLoaderListener通过DefaultOsgiApplicationContextCreator来创建Spring应用bundle的上下文，在获得Bean定义文件的位置和相关的配置之后，就可以直接生成上下文了，然后为生成的上下文配置事件，就完成了Spring应用bundle的ApplicationContext上下文的生成过程。在上下文生成之后，回到

maybeCreateApplicationContextFor方法，这里会对生成的上下文进行一系列的处理，为上下文设置BeanFactoryPostProcessor，将创建出来的上下文加入到managedContexts容器中，这个managedContexts是一个map，其中的key是bundle的id，而对应的上下文就是为该bundle创建出来的Spring上下文，通过这个容器，可以很方便地对Spring应用bundle进行管理和检索。在这一系列的配置完成之后，开始启动对容器的初始化，熟悉Spring IoC容器的读者都知道，这是通过对容器的一个refresh调用来完成的，只是在OSGi的环境下，这个调用过程有一些特别。在这里，设置了一个Runnable类，开启了另外一个线程来触发这个对容器的启动过程。

```
Runnable contextRefresh = new Runnable() {
    public void run() {
        localApplicationContext.refresh();
    }
};
```

这里和前面讨论的Spring DM的工作原理对应起来了，因为，在Spring DM中，要管理若干个Spring应用bundle，而这些bundle每个都会有自己的上下文，这些上下文需要建立和初始化，而这个初始化过程是通过多个线程来分别完成的。这样的设计很巧妙，而在实现的时候是通过Spring的taskExecutor回调来完成的。

前面介绍了Spring应用bundle的上下文的建立过程，这个过程是由Activator的start方法来启动的。下面介绍在Activator的关闭过程中怎样对Spring应用bundle的上下文进行关闭。这是两个对应的处理过程。先从Activator的stop方法入手。还是回到ContextLoaderListener这个类中，在这个类里设计了一个shutdown方法，源代码如下：

```
protected void shutdown() {
    synchronized (monitor) {
        if (isClosed)
            return;
        else
            isClosed = true;
    }
    log.info("Stopping [" + bundleContext.getBundle().getSymbolicName() + "]
    bundle v.[" + extenderVersion + "]");
    //关闭看门狗
    stopTimer();
    //清除bundle的监听机制
    if (contextListener != null) {
        bundleContext.removeBundleListener(contextListener);
        contextListener = null;
    }
    if (nsListener != null) {
        bundleContext.removeBundleListener(nsListener);
        nsListener = null;
    }
    //销毁bundles
    Bundle[] bundles = new Bundle[managedContexts.size()];
    int i = 0;
    for (Iterator it = managedContexts.values().iterator(); it.hasNext();) {
        ConfigurableOsgiBundleApplicationContext context = (Configurable-
        OsgiBundleApplicationContext) it.next();
```

```
            bundles[i++] = context.getBundle();
        }
        bundles = shutdownDependencySorter.
        computeServiceDependencyGraph(bundles);
        boolean debug = log.isDebugEnabled();
        StringBuffer buffer = new StringBuffer();
        if (debug) {
            buffer.append("Shutdown order is: {");
            for (i = 0; i < bundles.length; i++) {
                buffer.append("\nBundle [" + bundles[i].getSymbolicName() + "]");
                ServiceReference[] services = bundles[i].getServicesInUse();
                HashSet usedBundles = new HashSet();
                if (services != null) {
                    for (int j = 0; j < services.length; j++) {
                        if (BundleDependencyComparator.
                isSpringManagedService(services[j])) {
                                Bundle used = services[j].getBundle();
                                if (!used.equals(bundleContext.getBundle()) &&
                                !usedBundles.contains(used)) {
                                    usedBundles.add(used);
                                        buffer.append("\n  Using [" +
                                        used.getSymbolicName()+ "]");
                                }
                        }
                    }
                }
            }
            buffer.append("\n}");
            log.debug(buffer);
        }
        final List taskList = new ArrayList(managedContexts.size());
        final List closedContexts = Collections.synchronizedList(new ArrayList());
        final Object[] contextClosingDown = new Object[1];
        for (i = 0; i < bundles.length; i++) {
            Long id = new Long(bundles[i].getBundleId());
            final ConfigurableOsgiBundleApplicationContext context =
            (ConfigurableOsgiBundleApplicationContext) managedContexts.get(id);
            if (context != null) {
                closedContexts.add(context);
                //创建新的线程
                taskList.add(new Runnable() {
                    private final String toString = "Closing runnable for context
                    " + context.getDisplayName();
                    public void run() {
                        contextClosingDown[0] = context;
                        closedContexts.remove(context);
                        if (log.isDebugEnabled())
                            log.debug("Closing appCtx " +
                            context.getDisplayName());
                        context.close();
                    }
                    public String toString() {
                        return toString;
                    }
                });
```

```
            }
        }
    final Runnable[] tasks = (Runnable[]) taskList.toArray(new
    Runnable[taskList.size()]);
    for (int j = 0; j < tasks.length; j++) {
            if (RunnableTimedExecution.execute(tasks[j],
            extenderConfiguration.getShutdownWaitTime(), shutdownTaskExecutor)) {
                if (debug) {
                    log.debug(contextClosingDown[0] + " context did not close
                    successfully; forcing shutdown...");
                }
            }
        }
        this.managedContexts.clear();
        nsManager.destroy();
        //释放监听器
        if (applicationListeners != null) {
            applicationListeners = null;
            try {
                applicationListenersCleaner.destroy();
            }
            catch (Exception ex) {
                log.warn("exception thrown while releasing OSGi event listeners", ex);
            }
        }
        if (multicaster != null) {
            multicaster.removeAllListeners();
            multicaster = null;
        }
        stopTaskExecutor();
        extenderConfiguration.destroy();
    }
```

在这个shutdown的实现中，先会关闭一个起到监护作用的定时器（俗称看门狗），并且把事件机制关闭掉；然后在managedContexts中获得一系列的Spring应用bundle的上下文，这些上下文都和bundle的id相对应，是在ContextLoaderListener的start方法中创建Spring应用bundle上下文的时候就创建好的；接着对这一系列的上下文进行处理，把要关闭的上下文从managedContexts中移除；随后调用上下文的close方法，将上下文关闭；最后，对关闭事件进行处理。当然，因为在容器中存在多个Spring应用bundle的上下文，所以这里对上下文的关闭也是通过多个线程来完成的，使用的也是taskExecutor机制。

经过分析可知，ContextLoaderListener的stop过程比start过程要简单很多，熟悉了start过程，特别是Spring应用bundle的上下文的建立过程之后，这个stop过程的设计和实现原理是不难理解的。

9.4 小结

本章主要对Spring DM的设计原理和实现进行了分析，在分析之前先简要介绍了OSGi技术，因为了解OSGi技术和OSGi平台是使用Spring DM的一个重要基础。作为Spring应用移植到OSGi平台的一个桥梁，Spring DM可以简化Spring应用部署到OSGi平台的过程，从而让传统的Spring应用也能够享受到OSGi平台提供的对OSGi bundle的动态部署的服务。

在了解了OSGi技术和Spring DM模块的作用之后，对怎样建立一个简单的Spring DM应用，或者说怎样开发和部署一个简单的Spring应用bundle进行了介绍，介绍了OSGi平台的基本使用以及Spring应用bundle的开发过程，让读者对Spring应用bundle的使用有一个直接的认识。

最后，对Spring DM的设计和实现进行了分析。我们从Spring DM的extender模块入手，这个模块也是Spring DM的主要模块，其中的ContextLoaderListener是我们关注的一个启动类，它的作用和在Spring MVC中分析的ContextLoaderListener的作用非常类似，只是在Spring MVC中ContextLoaderListener起作用的环境是Web应用环境，而这里的ContextLoaderListener起作用的环境是OSGi环境。尽管应用的环境不同，但它们的作用是大体相同的，都需要为Spring应用建立一个上下文环境，并管理好这个上下文环境，把对这个上下文环境的管理和OSGi容器的事件机制有机地结合起来，这样，就无缝地把Spring应用集成到OSGi环境中去了。在这一部分，在OSGi环境中怎样在启动Activator时建立Spring应用的上下文，以及怎样在Activator关闭时关闭Spring应用上下文，这些内容是分析的重点。

了解了Spring DM的作用、使用方式和设计原理，可以帮助我们把Spring应用移植到OSGi平台上进行部署、维护和运营，从而让我们能够充分享受到OSGi的服务。让我们现在就开始Spring应用的OSGi之旅吧！

第10章

Spring Flex的设计与实现

子谓颜渊曰：用之则行，舍之则藏，唯我与尔有是夫。
——【春秋】孔子《论语》

本章内容

- Spring Flex模块的应用场景
- Spring Flex的应用过程
- Spring Flex的设计与实现

10.1 Spring Flex模块的应用场景

本章将讨论Spring Flex模块，对于这个模块，它还有一个名字叫做Spring BlazeDS。BlazeDS这个名字大家可能有些陌生，但如果提起Flex，大家一定就会很熟悉了。是的，Spring BlazeDS的另外一个名字叫Spring Flex。知道了这一点，顾名思义，就大可以想到这个模块的作用就是把Flex客户端的开发和Spring后端集成起来。通过这个Spring Flex（BlazeDS）模块，一方面可以将Flex作为客户端前端，得到绚丽的客户体验，充分发挥Adobe产品在客户前端的展现优势;另一方面可以通过集成享受到Spring提供的各种企业级的服务，使Spring平台上承载的企业服务被Flex客户端方便地使用，从而提供基于Flex和Java这两种技术的整体解决方案。

具体地说，如果我们深入思考一下就不难发现，在技术实现的架构上，除了需要考虑如何通过网络把Flex客户端和Spring平台连接起来之外，还需要把这两种异构的技术实现集成到一起（Adobe的Flex和Java），这并不见得是一件轻而易举的事情。要完成这个目标，必须沟通两个异构的平台，也就是需要有一个通信协议（BlazeDS）来进行沟通，以及一个桥梁（Spring Flex）来进行两者之间的适配工作。通过这两者将这两个平台无缝地黏合起来，这种集成方式很像前面介绍的Spring Remoting。只是在Remoting中，远端的客户端可以是HTTP Invoker，可以是RMI，也可以是Burlap/Hessian，而在服务器端，Spring提供了各种客户端的接入支持，并且可以方便地通过IoC配置文件把相应的服务导出。与Spring Remoting相比，在Spring Flex中客户端换成了Flex，中间的平台协议转换通过BlazeDS来实现，同样，在服务器端配置了Spring Flex模块来支持Flex客户端数据的接入和Spring服务的导出。

通过这种方式，把Flex这种表现力极强的客户端开发方式，快速地导入到Spring后端开发中，大大提高了Spring企业应用开发的前端表现力。

关于Flex的简介

Flex是Adobe公司的产品。众所周知，Adobe公司的产品在表现力上的功能突出。通过Flex，可以设计出表现力很强的软件产品。Flex 是一个高效、免费的开放源框架,利用它可构建出具有表现力的移动、网络和桌面应用程序。Flex 允许构建共享一个公共代码库的网络和移动应用程序，从而减少应用程序创建的成本。虽然 Flex 应用程序只能使用免费的 Flex SDK来构建，但Adobe Flash Builder(原Flex Builder)软件可以通过以下功能加快开发：智能代码编辑、步进式调试、内存和性能概要分析器及可视设计。

关于BlazeDS的简介

BlazeDS是Adobe公司的开源产品，为客户端和Java服务器端提供数据通信和消息服务，而且由于同在Adobe旗下，所以对Flex客户端的支持能力自然是毋庸置疑的，在选择使用Flex作为客户端平台、Java作为服务器端应用开发平台时，它是最好的选择。在

> 服务器端，BlazeDS并不限定基于特定的Java平台，这就为与Spring应用集成提供了技术上的可能性，但要与Spring应用集成起来，还需要一个联系BlazeDS和Spring的模块，这个模块就是Spring BlazeDS，有了这个模块，可以大大简化BlazeDS和Spring应用的集成工作。

为了加深对Spring Flex的理解，我们对它的主要依赖模块Blaze做一个介绍，从BlazeDS的架构设计开始，帮助大家理解整个Spring Flex的工作原理。BlazeDS在服务器端的架构如图10-1所示。

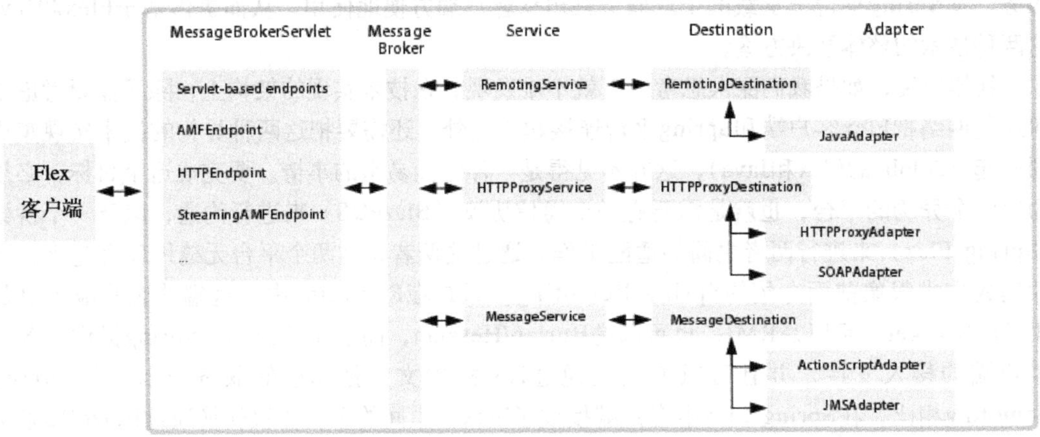

图10-1 BlazeDS在服务器端的架构

在图10-1中可以看到BlazeDS的主要设计模块大致有MessageBrokerServlet、MessageBroker、Service、Destination、Adapter这五个部分，对于 MessageBrokerServlet这部分，它作为Web服务的前端与Flex客户端进行沟通，通过这个Servlet作为接口，与网络进行沟通，得到Flex客户端发送过来的消息，并返回服务器端的响应。在这个Message-BrokerServlet之后，是一个消息队列MessageBroker，在这个消息队列之后，BlazeDS为各种服务器端提供了各种基础配置，有了这些配置，就可以方便地和后端的各种Java技术实现进行集成，这些配置包括JMS、SOAP、HTTPProxy，以及最简单的Java服务接入等。有了这些基本功能，BlazeDS已经具备了和后端Java应用进行集成的能力。具体来说，如果需要将BlazeDS和Java应用集成，那么需要对双方的架构进行匹配，比如在Spring中是通过MVC来提供Web服务的，在Spring MVC中是由DispatcherServlet来提供这个服务的。在Spring Flex模块的设计和实现中，怎样把MessageBrokerServlet和DispatcherServlet集成起来，是设计Spring Flex模块的一个重点，这种适配工作也是Spring作为应用平台提供的一个主要作用。

在理解了BlazeDS在服务器端的架构之后，接下来介绍在Flex客户端中BlazeDS的架构，如图10-2所示。这是我们使用Adobe的Flex开发环境必须要了解的。

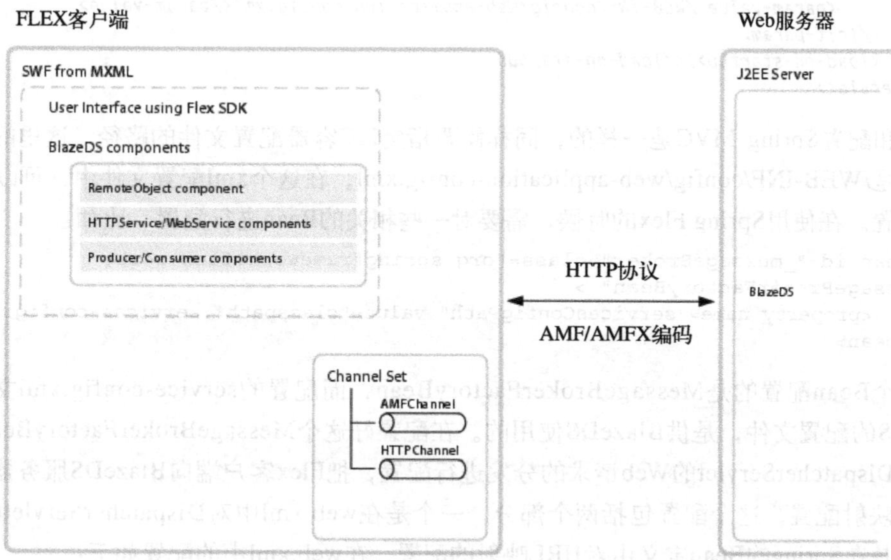

图10-2　BlazeDS在Flex客户端的架构

如图10-2所示，在服务器端，部署在Web服务/J2EE服务中的BlazeDS，可以通过HTTP协议和基于HTTP协议的AMF/AMFX编码来和Flex客户端进行数据通信。在客户端中，可以将BlazeDS的模块导入到Flex SDK中，以支持Flex客户端的UI开发，这些BlazeDS模块大致有远端对象组件、HTTPService/WebService组件以及Producer/Consumer组件等构成。另外，对和服务器进行通信的Channel方式也可以进行选择，可选择的通信方式包括HTTP Channel和AMF Channel两种。

有了服务器端和客户端的基本模块和配置，BlazeDS就可以充当起沟通Flex客户端和Java Web应用的桥梁了，再通过与Spring的集成，就可以让Flex应用充分享受到基于Spring平台提供的各种企业应用服务了。

10.2　Spring Flex的应用过程

在使用Spring Flex的时候，需要对Spring进行一系列的配置，同时，在Flex SDK中，也需要进行一些配置，把BlazeDS的模块导入进去，在这里主要对服务器端的配置，也就是说怎样在Spring环境中配置Spring Flex进行介绍，为下面分析Spring Flex的设计与实现做准备。

首先要配置Spring MVC，因为在Spring应用中，MVC模块是Web前端，这个前端的具体作用就是配置ContextLoader和DispatcherServlet。在web.xml中需要进行以下配置：

```
<servlet>
    <servlet-name>Spring MVC Dispatcher Servlet</servlet-name>
    <servlet-class>org.springframework. web.servlet.
    DispatcherServlet</servlet-class>
   <init-param>
       <param-name>contextConfigLocation</param-name>
```

```
        <param-value>/WEB-INF/config/web-application-config.xml</param-value>
    </init-param>
    <load-on-startup>1</load-on-startup>
</servlet>
```

这和配置Spring MVC是一样的，同样需要指定IoC容器配置文件的路径，这里的配置文件路径是/WEB-INF/config/web-application-config.xml。在这个xml配置文件中，可以对Bean进行配置。在使用Spring Flex的时候，需要对一些相关的Bean进行配置，比如：

```
<bean id="_messageBroker" class="org.springframework.flex.core.
MessageBrokerFactoryBean" >
    <property name="servicesConfigPath" value="classpath*:services-config.xml" />
</bean>
```

这个Bean配置的是MessageBrokerFactoryBean，而配置的service-config.xml文件则是BlazeDS的配置文件，是供BlazeDS使用的。在配置好这个MessageBrokerFactoryBean之后，需要对DispatcherServlet的Web请求的分发进行配置，把Flex客户端向BlazeDS服务器端的请求进行映射配置。这个配置包括两个部分，一个是在web.xml中对DispatcherServlet的配置，另一个是在Spring的Bean定义中对URL映射的配置。在web.xml中的配置如下：

```
<servlet-mapping>
    <servlet-name>Spring MVC Dispatcher Servlet</servlet-name>
    <url-pattern>/messagebroker/*</url-pattern>
</servlet-mapping>
```

在Servlet配置中，把/messagebroker链接下的所有请求都交给DispatcherServlet来处理，在Bean配置中，同时需要进行相应的映射，把请求处理映射到MessageBroker中去完成，代码如下：

```
<bean class="org.springframework.web.servlet.handler.SimpleUrlHandlerMapping">
    <property name="mappings">
        <value>
            /*=_messageBroker
        </value>
    </property>
</bean>
<!-- Dispatches requests mapped to a MessageBroker -->
<bean class="org.springframework.flex.servlet.MessageBrokerHandlerAdapter"/>
```

通过这个配置，就把DispatcherServlet、MessageBrokerFactoryBean、MessageBrokerHandlerAdapter这几个Spring Flex的主要实现联系起来了，通过这一系列的映射，把从前端Servlet发送过来的Web请求和后端的MessageBroker联系起来。当然，在BlazeDS的配置文件中，也要完成相应的配置，这些配置在前面提到的services-config.xml文件中完成，代码如下：

```
<channel-definition id="my-amf" class="mx.messaging.channels.AMFChannel">
    <endpoint url="http://{server.name}:{server.port}/{context.root}/
    messagebroker/amf"
        class="flex.messaging.endpoints.AMFEndpoint"/>
    <properties>
        <polling-enabled>false</polling-enabled>
```

```
    </properties>
</channel-definition>
```

可以看到，在这里主要是对BlazeDS的通信通道进行配置，比如配置服务器地址、应用路径。在配置的路径里面，我们看到/messagebroker这个url，对MessageBroker的路径配置是和前面配置的DispatcherServlet的Web请求的映射路径是一致的，这样就能保证把Web请求通过DispatcherServlet，再经过MessageBrokerHandlerAdapter的适配，而最终与BlazeDS对接上。然后，需要在Spring中将服务导出并与MessageBroker对接上，这个过程和配置Spring Remoting的过程很像，代码如下：

```
<bean id="productService" class="flex.samples.product.ProductServiceImpl" >
    <flex:remoting-destination />
</bean>
<flex:remoting-destination ref="productService"
    include-methods="read, update"
    exclude-methods="create, delete"
    channels="my-amf, my-secure-amf" />
<!-- Expose the productService bean for BlazeDS remoting -->
<bean id="product" class="org.springframework.flex.remoting.RemotingDestinationExporter">
    <property name="messageBroker" ref="_messageBroker"/>
    <property name="service" ref="productService"/>
    <property name="destinationId" value="productService"/>
    <property name="includeMethods" value="read, update"/>
    <property name="excludeMethods" value="create, delete"/>
    <property name="channels" value="my-amf, my-secure-amf"/>
</bean>
```

通过一系列的配置，就把Spring BlazeDS配置好了，并且Flex客户端可以通过BlazeDS设置的数据通道远程访问Spring提供的服务了。

10.3 Spring Flex的设计与实现

从前面的Spring Flex的应用配置可以看到，MessageBrokerFatcoryBean是一个需要配置的Spring Flex类，从名字上可以看出这是一个FactoryBean，一个Spring的工厂类，对BlazeDS中的MessageBroker进行Spring封装，并使得在services-config.xml中的配置能够起作用。这个配置是怎样起作用的？了解这些可以从MessageBrokerFactoryBean的实现入手。在这个FactoryBean中开始对MessageBroker的创建和配置，这个过程结合了Spring的设计和BlazeDS的应用，涉及一系列的对象，其相关设计时序如图10-3所示。在设计时序中，在MessageBrokerFactoryBean中实现了afterPropertiesSet接口，这个接口实现在IoC容器对Bean进行初始化时会被调用。在afterPropertiesSet中，MessageBrokerFactoryBean会创建出FlexConfigurationManager对象，在创建这个FlexConfigurationManager对象的过程中，需要读取相关的MessagingConfiguration配置信息，并在解析得到相关配置信息之后，根据配置信息的设置，创建MessageBroker对象，从而完成整个Spring Flex模块的创建和配置过程。

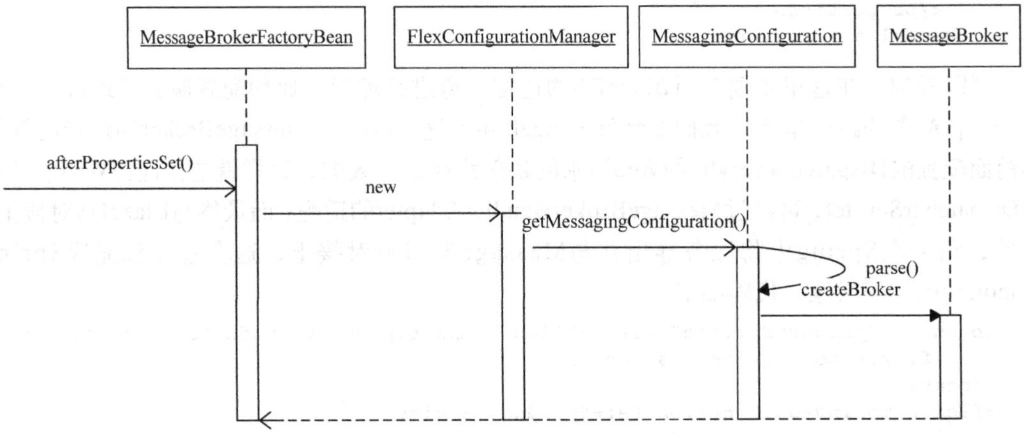

图10-3 MessageBrokerFactoryBean的设计时序

下面从MessageBrokerFactoryBean开始，对这个设计的实现过程进行分析。对MessageBroker的创建和配置是从FactoryBean中的afterPropertiesSet()方法开始的，这个方法是IoC容器对Bean进行初始化的一部分，它的实现如下：

```
public void afterPropertiesSet() throws Exception {
    try {
       ServletConfig servletConfig = new DelegatingServletConfig();
       //分配ThreadLocal变量
       initThreadLocals();
       //将servlet的config配置设置到ThreadLocal变量中去
       FlexContext.setThreadLocalObjects(null, null, null, null, null, servletConfig);
       if (this.configurationManager == null) {
           this.configurationManager = new FlexConfigurationManager
           (this.resourceLoader, this.servicesConfigPath);
       }
       //载入配置信息
       MessagingConfiguration messagingConfig = this.configurationManager.
       getMessagingConfiguration(servletConfig);
       messagingConfig.createLogAndTargets();
      //这里是创建MessageBroker的地方
       this.messageBroker = messagingConfig.createBroker(this.name,
       this.beanClassLoader);
        FlexContext.setThreadLocalObjects(null, null, this.messageBroker,
        null, null,servletConfig);
        setupInternalPathResolver();
        setInitServletContext();
        if (logger.isInfoEnabled()) {
            logger.info(VersionInfo.buildMessage());
        }
        //根据配置创建MessageBroker的endpoint、服务设置以及安全机制
        messagingConfig.configureBroker(this.messageBroker);
        long timeBeforeStartup = 0;
        if (logger.isInfoEnabled()) {
            timeBeforeStartup = System.currentTimeMillis();
            logger.info("MessageBroker with id '" +
```

```
            this.messageBroker.getId() + "' is starting.");
        }
        synchronized (HttpFlexSession.mapLock) {
            if (servletConfig.getServletContext().getAttribute
            (HttpFlexSession.SESSION_MAP) == null) {
                servletConfig.getServletContext().setAttribute
                (HttpFlexSession.SESSION_MAP, new ConcurrentHashMap());
            }
        }
        this.messageBroker = processBeforeStart(this.messageBroker);
        this.messageBroker.start();
        this.messageBroker = processAfterStart(this.messageBroker);
        if (logger.isInfoEnabled()) {
            long timeAfterStartup = System.currentTimeMillis();
            Long diffMillis = new Long(timeAfterStartup - timeBeforeStartup);
            logger.info("MessageBroker with id '" +
            this.messageBroker.getId() + "' is ready (startup time:'" +
            diffMillis + "' ms)");
        }
        this.configurationManager.reportTokens();
         messagingConfig.reportUnusedProperties();
           this.messageBroker.getFlexSessionManager().registerFlexSessionProvider
           (HttpFlexSession.class, new HttpFlexSessionProvider());
                clearThreadLocals();
    } catch (Throwable error) {
        if (logger.isErrorEnabled()) {
            logger.error("Error thrown during MessageBroker initialization", error);
        }
        destroy();
        throw new BeanInitializationException("MessageBroker initialization
        failed", error);
    }
}
```

在配置MessageBroker这个BlazeDS的核心类的时候，需要Spring Flex设计了一个FlexConfigurationManager，由它负责对MessageBroker的配置文件进行解析和获取，获得MessagingConfiguration之后，通过createBroker方法创建出MessageBroker，并通过MessagingConfiguration的configureBroker方法对MessageBroker进行配置。这样，就创建出一个BlazeDS中的MessageBroker，并且使用的是在Spring应用中定义的配置文件。

FlexConfigurationManager类是负责对BlazeDS配置文件进行读取和管理的。在这个类中，可以对配置文件进行处理，首先是对默认的BlazeDS配置文件的设置及读取。读取是在构造方法中完成的，这样，就把默认的配置文件路径读到configurationPath中了，代码如下：

```
public static final String DEFAULT_CONFIG_PATH = "/WEB-INF/flex/services-config.xml";
public FlexConfigurationManager(ResourceLoader resourceLoader, String configurationPath) {
    this.resourceLoader = resourceLoader;
    this.configurationPath = StringUtils.hasText(configurationPath) ?
    configurationPath : DEFAULT_CONFIG_PATH;
}
```

从而得到默认的BlazeDS的配置路径：

```
DEFAULT_CONFIG_PATH = "/WEB-INF/flex/services-config.xml"
```

之后，开始对置于这个路径下的xml配置文件进行解析，源代码如下：

```
public MessagingConfiguration getMessagingConfiguration(ServletConfig servletConfig) {
    Assert.isTrue(JdkVersion.getMajorJavaVersion() >= JdkVersion.JAVA_15,
    "Spring BlazeDS Integration requires a minimum of Java 1.5");
    Assert.notNull(servletConfig, "FlexConfigurationManager requires a
    non-null ServletConfig - "
        + "Is it being used outside a WebApplicationContext?");
    MessagingConfiguration configuration = new MessagingConfiguration();
    configuration.getSecuritySettings().setServerInfo
    (servletConfig.getServletContext().getServerInfo());
    if (CollectionUtils.isEmpty(configuration.getSecuritySettings().
    getLoginCommands())) {
        LoginCommandSettings settings = new LoginCommandSettings();
        settings.setClassName(NoOpLoginCommand.class.getName());
        configuration.getSecuritySettings().getLoginCommands().
        put(LoginCommandSettings.SERVER_MATCH_OVERRIDE, settings);
    }
    if (this.parser == null) {
        this.parser = getDefaultConfigurationParser();
    }
    Assert.notNull(this.parser, "Unable to create a parser to load Flex
    messaging configuration.");
    this.parser.parse(this.configurationPath, new ResourceResolverAdapter
    (this.resourceLoader), configuration);
    return configuration;
}
```

这里对配置文件进行解析的是BlazeDS的默认解析器CachingXPathServer-ConfigurationParser，它扩展了BlazeDS的ServerConfigurationParser类，可以对配置文件进行解析。调用如下的parse方法来进行解析：

```
this.parser.parse(this.configurationPath, new ResourceResolverAdapter
(this.resourceLoader), configuration);
```

在完成对配置文件的解析时，需要定位配置文件的位置。在Spring应用中，这些文件的位置信息都是通过Resource来抽象的，所以，这里会调用ResourceResolverAdapter来对位置信息进行处理，从而获得配置文件的InputStream对象。处理过程如下：

```
public InputStream getConfigurationFile(String path) {
   try {
     Resource resource;
       if (this.resourceLoader instanceof ResourcePatternResolver) {
           ResourcePatternResolver resolver = (ResourcePatternResolver)
           this.resourceLoader;
           Resource[] resources = resolver.getResources(path);
           Assert.notEmpty(resources, "Flex configuration file could not be
           resolved using pattern: " + path);
           Assert.isTrue(resources.length == 1,
               "Invalid pattern used for flex configuration file.  More than
               one resource resolved using pattern: " + path);
           resource = resources[0];
       } else {
           resource = this.resourceLoader.getResource(path);
```

```
        }
        Assert.isTrue(resource.exists(), "Flex configuration file does not
        exist at path: " + path);
        pushConfigurationFile(resource);
        if (log.isInfoEnabled()) {
            log.info("Loading Flex services configuration from: " +
            resource.toString());
        }
        return resource.getInputStream();
    } catch (IOException e) {
        throw new IllegalStateException("Flex configuration file could not be
        loaded from path: " + path);
    }
}
```

在读取完配置之后，就直接调用BlazeDS中的MessagingConfiguration的createBroker方法来生成MessageBroker，这和使用BlazeDS生成MessageBroker是一样的，只是因为这里需要在Spring应用中使用BlazeDS，所以可以看到对这个创建过程完成的一系列封装过程。

在创建并配置好MessageBroker之后，再介绍一下Web请求是怎样映射到Spring服务上去的。这个部分的分析我们从配置MessageBrokerHandlerAdapter入手。在MessageBroker-HandlerAdapter的设计中可以看到，这个类是一个典型的Spring MVC的Handler类。在这个类中，对转发过来的URL请求进行处理，生成ModelAndView对象，只是在这个特殊的为MessageBroker设计的封装类中，对URL请求进行的实际处理是通过MessageBroker来完成的，通过MessageBroker获取Endpoint，然后通过调用Endpoint的service方法，把消息请求发送出去，这些MessageBroker和Endpoint都是在BlazeDS中设计的对象，在Spring Flex中对它们的使用进行了封装，具体的封装实现就是在这里实现的，其继承关系如图10-4所示。这个MessageBrokerHandlerAdapter继承了HandlerAdapter接口，这个HandlerAdapter的实现会在Spring MVC的DispatcherServlet中被调用，同时MessageBrokerHandlerAdapter还继承了ServletConfigAware，通过ServletConfigAware和MessageBrokerHandlerAdpater可以对Servlet容器进行操作，比如获取其中的配置参数等。从这几方面看到，这个MessageBrokerHandler是Spring Flex设计的与Spring MVC的主要接口，它把MessageBroker和Spring MVC耦合起来。

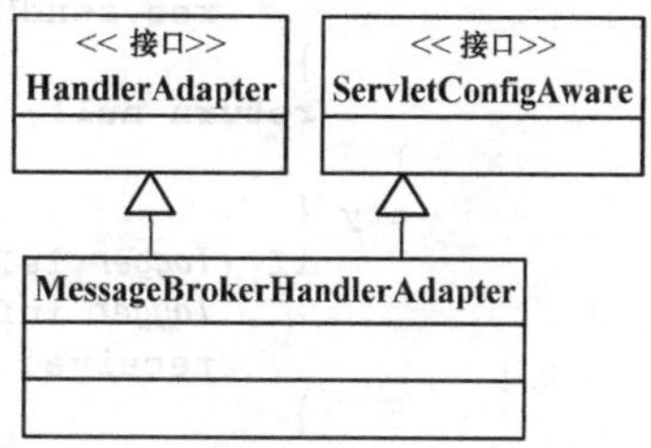

图10-4 MessageBrokerHandlerAdapter的继承关系

到与Spring MVC相关的Handler的实现中去了解MessageBrokerHandlerAdapter是怎样处理HTTP的请求的，其源代码如下：

```
public ModelAndView handle(HttpServletRequest req, HttpServletResponse res,
Object handler) throws Exception {
    MessageBroker broker = (MessageBroker) handler;
    try {
        //更新ThreadLocal变量
        broker.initThreadLocals();
```

```
        FlexContext.setThreadLocalObjects(null, null, broker, req, res,
        this.servletConfig);
        Object providerToCheck = broker.getFlexSessionManager().
        getFlexSessionProvider(HttpFlexSession.class);
        Assert.isInstanceOf(HttpFlexSessionProvider.class, providerToCheck,
        "MessageBrokerHandlerAdapter requires an instance of
        "+HttpFlexSessionProvider.class.getName()+ " to have been registered
        with the MessageBroker.");
        HttpFlexSessionProvider provider = (HttpFlexSessionProvider)
        providerToCheck;
        provider.getOrCreateSession(req);
        String contextPath = req.getContextPath();
        String pathInfo = req.getPathInfo();
        String endpointPath = req.getServletPath();
        if (pathInfo != null) {
            endpointPath = endpointPath + pathInfo;
        }
        Endpoint endpoint = null;
        try {
            endpoint = broker.getEndpoint(endpointPath, contextPath);
        } catch (MessageException me) {
            if (logger.isErrorEnabled()) {
                logger.error("Received invalid request for endpoint path '" +
                endpointPath + "'.");
            }
            if (!res.isCommitted()) {
                res.sendError(HttpServletResponse.SC_NOT_FOUND);
            }
            return null;
        }
        try {
            if (logger.isInfoEnabled()) {
                logger.info("Channel endpoint " + endpoint.getId() + "
                received request.");
            }
            endpoint.service(req, res);
        } catch (UnsupportedOperationException ue) {
            if (logger.isErrorEnabled()) {
                logger.error("Channel endpoint " + endpoint.getId() + "
                received request for an unsupported operation.", ue);
            }
            if (!res.isCommitted()) {
                res.sendError(HttpServletResponse.SC_METHOD_NOT_ALLOWED);
            }
        }
    } finally {
        FlexContext.clearThreadLocalObjects();
        SerializationContext.clearThreadLocalObjects();
    }
    return null;
}
```

在MessageBrokerHandlerAdapter中，对从Web前端接收来的URL请求进行处理，把请求转发到了BlazeDS的EndPoint中，并调用了EndPoint的service方法，这个service方法会把消息通过MessageBroker传送到Spring应用的服务端。在Spring应用的服务端，需要了解RemotingDestinationExporter的设计与实现。

这个RemotingDestinationExporter的作用是将Spring应用的服务对象导出到MessageBroker中，并接收MessageBroker传送过来的消息，对消息进行处理。这个作用由createDestination方法来实现，在这个方法中设置了service对象，并把这个service对象设置到MessageBroker对象的Destination对象中，从而完成Spring服务对象与BlazeDS的集成，具体实现代码如下：

```
protected Destination createDestination(String destinationId, MessageBroker broker) {
    Assert.notNull(this.service, "The 'service' property is required.");
    String source = null;
    if (this.service instanceof String) {
        String beanId = (String) service;
        this.service = getBeanFactory().getBean(beanId);
        this.sourceClass = AopUtils.getTargetClass(this.service);
            if (this.sourceClass == null || Proxy.isProxyClass
            (this.sourceClass)) {
            this.sourceClass = getBeanFactory().getType(beanId);
        }
    } else {
        this.sourceClass = AopUtils.getTargetClass(this.service);
    }
    if (this.sourceClass != null) {
        source = this.sourceClass.getName();
    } else {
        if (log.isWarnEnabled()) {
            log.warn("The source class being exported as RemotingDestination
            with id '"+destinationId+"' cannot be calculated.");
        }
    }
//寻找定位远端服务
RemotingService remotingService = (RemotingService) broker.getServiceByType
(RemotingService.class.getName());
    Assert.notNull(remotingService, "Could not find a proper RemotingService
    in the Flex MessageBroker.");
    //注册并重启destination
    RemotingDestination destination = (RemotingDestination)
    remotingService.createDestination(destinationId);
    destination.setFactory(this);
    destination.setSource(source);
    if (log.isInfoEnabled()) {
        log.info("Created remoting destination with id '" + destinationId + "'");
    }
    return destination;
}
```

通过对Spring Flex模块主要实现部分的分析，比如MessageBrokerFactoryBean和MessageBrokerHandlerAdapter以及RemotingDestinationExporter这几个核心类，基本完成了Spring应用关注的，或者说Spring MVC与BlazeDS的集成工作，也就是Spring Flex 模块的主要功能。这样，对于需要使用Flex作为客户端的Spring应用来说，只需要通过使用Spring

Flex，配置好在Spring Flex模块中设计好的相关Bean设置，并且导出Spring服务到对应的BlazeDS中，就可以集成Flex客户端和Spring后台应用了。在这个过程中， Flex应用调用Spring服务所产生的一系列复杂过程，比如通信、协议处理等，都由BlazeDS来完成，而集成的大部分工作，都交给了Spring Flex来完成，也就是说，通过BlazeDS（这是Adobe提供的一个模块）和Spring Flex（这是Spring的一个模块)的集成使用，就为Spring应用配置了一个Flex客户端，或者说，为Flex客户端配置了一个Spring应用作为后台服务。

10.4 小结

本章对Spring Flex（BlazeDS）的设计和实现进行了分析，有了这个模块，使用Flex作为客户端的应用也能很方便地享受到Spring提供的服务。

Spring与Flex客户端的接口是基于BlazeDS来完成的。BlazeDS是一个开源项目，由Adobe公司提供和维护，它的作用是可以方便地完成Flex客户端和后端Java Web应用的通信，只是在BlazeDS中并没有对如何方便地集成Spring作为后端给出方案，这个工作现在是由Spring Flex来完成的。本章对BlazeDS的设计架构进行了一些介绍，因为在Spring Flex的设计和实现中，有不少和BlazeDS进行耦合的地方，对BlazeDS有一些了解可以加深对Spring Flex设计的理解。

在Spring Flex的设计中，由于和Web相关，所以它与其他Remoting远端调用模块一样，也需要借助于Spring MVC的实现，因此就需要在web.xml和Bean配置文件中完成一系列与Spring MVC相关的配置，这些配置包括DispatcherServlet的配置、URLmapping的配置等。同时，由于最终的Flex和Java后台的通信是通过BlazeDS来完成的，因此还需要对BlazeDS进行配置，这些配置文件都是xml文件，需要在使用的时候进行一下区分。

在Spring Flex设计中，它的主要实现类有：一个是MessageBrokerFactoryBean，它是配置和生成MessageBroker的主要实现类；一个是与DispatcherServlet接收到的HTTP请求对应的是MessageBrokerHandlerAdapter，它是一个Spring MVC的Handler，与使用Spring MVC应用时设计的那些Handler一样，是Spring应用与DispatcherServlet和Web请求的主要接口，在这个MessageBrokerHandlerAdapter中完成了请求和MessageBroker的集成，并把请求转换到MessageBroker的Endpoint中去。在完成了这些设计后，Spring应用还需要做的是，把相应的服务导出到MessageBroker框架中去，这个工作是由RemotingDestinationExporter来完成的，在这个Bean中，定义了Spring应用的服务导出关系，并把这个服务类设计到MessageBroker的Destination中去。这样，BlazeDS的MessageBroker消息框架和Spring MVC框架就有机地结合起来了，加上Flex SDK中的BlazeDS对象的支持，在Flex客户端中就可以方便地通过BlazeDS和Spring BlazeDS模块的支持调用Spring的服务对象，使用以Spring为平台基础的各种企业服务了。

附录A

Spring项目的源代码环境

A.1 安装JDK

在开发Spring应用程序和分析Spring源代码之前，需要做一些准备工作，其中搭建Java环境是必不可少的，作为Java应用开发人员，想必对这一步比较熟悉。在分析Spring源代码的时候，Spring 3.0要求Java 5以上版本，JDK需要1.5或以上版本。如果JDK的版本低于1.5，则需要更新JDK，进入网站http://java.sun.com/javase/downloads下载JDK安装程序即可。

提示：安装完后，要检查JDK是否配置正确。某些第三方的程序会把自己的JDK路径加到系统PATH环境变量中。这样，即便安装最新版本的JDK，系统还是会使用第三方所带的旧版本JDK。在这种情况下，Java环境可能无法正常运行，手工修改系统PATH路径可以解决这个问题，比如重新设置PATH路径指向新JDK的安装路径。如果是在Linux环境下，比如Ubuntu系统，会默认安装OpenJDK，这时需要把Sun的JDK解包安装后配置环境变量JAVA_HOME和PATH切换到Sun的JDK环境中来。可以在SHELL中运行命令："$java -version"来验证当前安装的Java虚拟机版本。

A.2 安装Eclipse

运行Spring只需要JDK即可，但是，一个好的开发环境和源代码阅读环境可以使工作效率事半功倍。Eclipse是最流行的Java集成开发环境，对我们而言，Eclipse的JDT提供了很好的代码分析功能，这些都是分析Spring实现原理，从而向源代码求证过程中会使用到的基本工具，比如，可以用Eclipse分析Java类和接口的继承关系、查看Java方法的调用关系、搜索代码等。

打开http://www.eclipse.org/downloads/页面，进入"Eclipse Download"页面并选择下载"Eclipse IDE for Java SE Developers"，下载完成后会得到一个zip包。Eclipse是基于Java的绿色软件，解压后就能直接使用。关于Eclipse的基本使用超出了本书的范围，下面简要介绍如何使用Eclipse进行一些基本的源代码分析工作。

在Eclipse中可以分析Java类和接口的继承关系，具体做法是：在代码区中选择需要的类或接口定义，然后右击"Open Type Hierarchy"或按快捷键【F4】，可以在"Hierarchy View"中看到继承关系，如图A-1所示。

在Eclipse中可以分析Java方法的调用关系，具体做法如下：在代码区中选择相应的方法定义，然后右击"Open Call Hierarchy"或者按下快捷键【Ctrl+Alt+H】，可以在"Call Hierarchy"视图中看到方法的调用关系，这里提供了一层一层的方法调用追溯功能，对查找方法的相互调用关系非常有用，如图A-2所示。

在Eclipse中使用搜索功能，使用菜单上的"Search"可以打开搜索对话框，搜索结果在"Search View"中显示。双击"Search View"中的搜索结果列表中的某一项，就可以直接在视图中打开该搜索结果对应的出处，使用起来很方便，具体如图A-3所示。

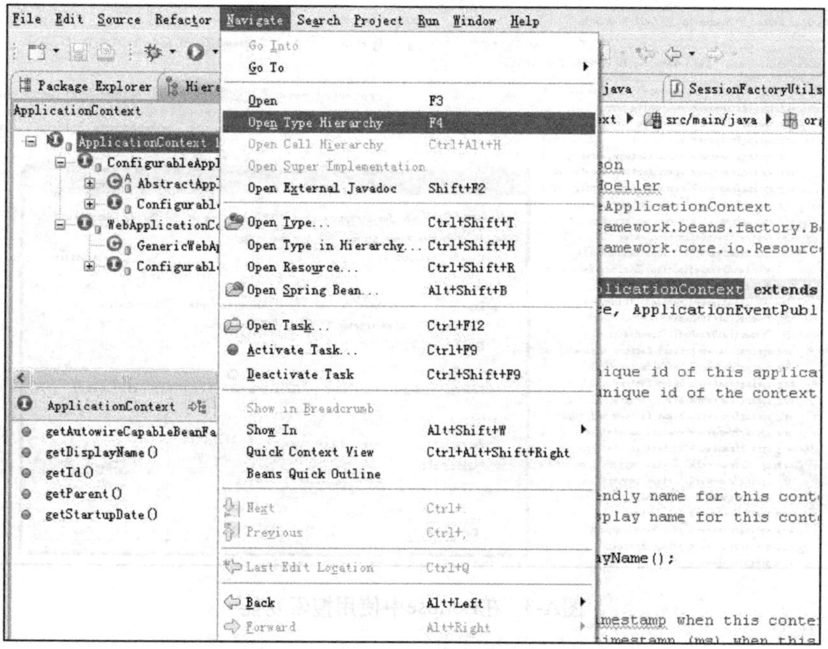

图A-1 在Eclipse中查看类的继承关系

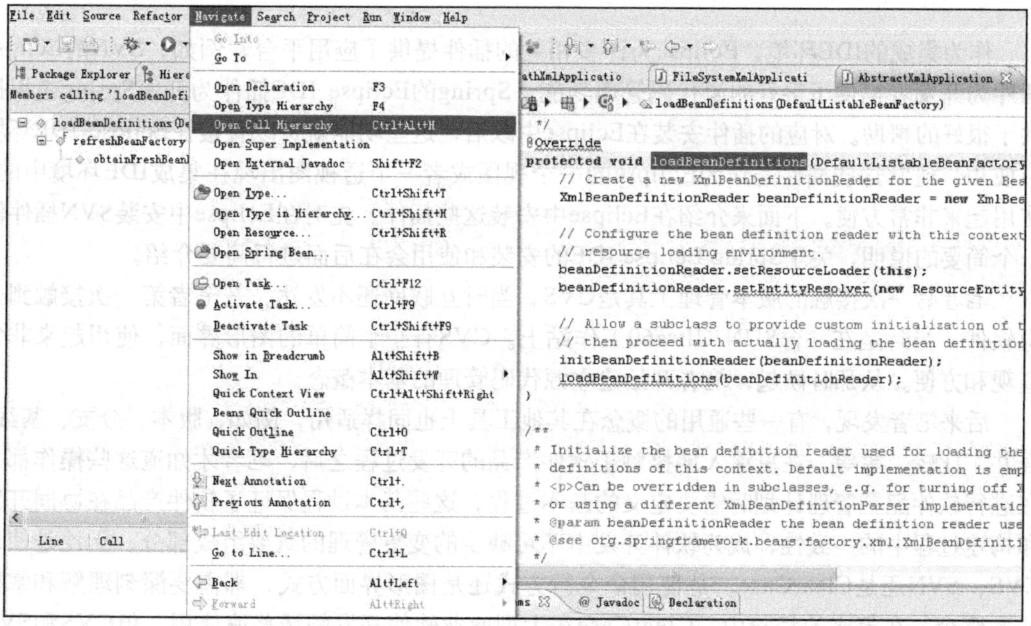

图A-2 在Eclipse中查看方法调用关系

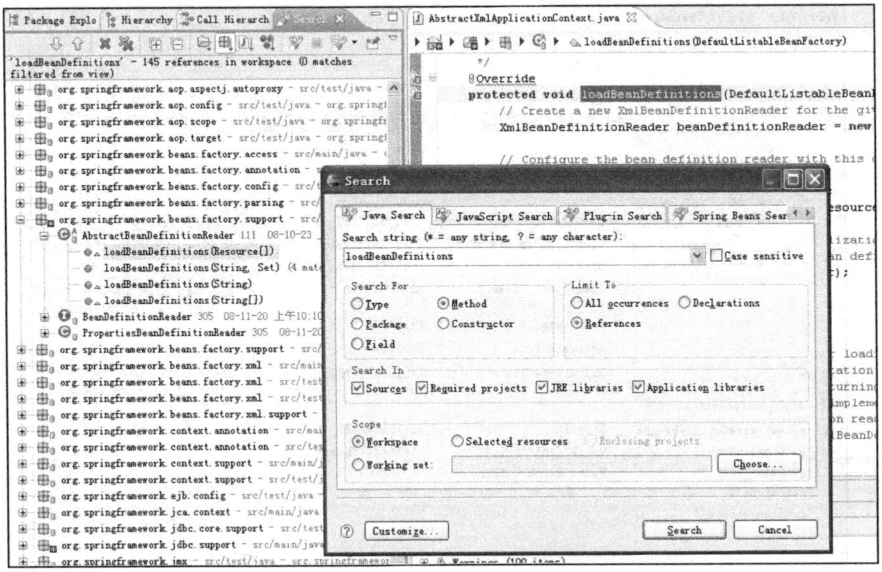

图A-3 在Eclipse中使用搜索功能

A.3 安装辅助工具

作为集成的IDE环境，Eclipse为许多相关的插件提供了应用平台，例如，SVN的Eclipse插件为开发者提供了很好的源代码管理功能，Spring的Eclipse IDE插件为开发Spring应用提供了很好的帮助。对应的插件安装在Eclipse中以后，这些功能就可以直接在Eclipse IDE环境中使用，通常这些插件是作为Eclipse的一个视图或者一个透视图出现在集成IDE环境中的，使用起来非常方便。下面来介绍在Eclipse中安装这些插件。先对在Eclipse中安装SVN插件做一个简要的说明，关于Spring Eclipse IDE的安装和使用会在后面进行简要介绍。

笔者第一次接触的版本管理工具是CVS，当时互联网还不发达，是笔者第一次接触到开源软件，当时是在一台SUN Ultra60工作站上。CVS有一个简单的图形界面，使用起来非常直观和方便。从那时候起，笔者开始建立源代码管理的基本概念。

后来笔者发现，有一些通用的概念在其他工具上也同样适用，例如，版本、分支、基线、合并、比较，等等。在更深入地接触了软件产品的开发过程之后，笔者才知道这些操作都是在进行软件配置管理计划时需要定义的基本过程，这些基本过程保证了软件产品在协同开发和构建过程中的一致性，成为软件开发中不可缺少的变更管理的重要组成部分。无论是使用CVS、SVN还是ClearCase，是使用命令行方式还是图形界面方式，都需要深刻理解和掌握基本概念。在笔者的经验中，ClearCase在大型商业软件开发领域普遍使用，但CVS和SVN却是开源领域和中小型企业应用开发领域的主角。

值得注意的是，CVS和SVN本身也是开源软件，提供的功能已经足以满足开源软件开发的需求，这里有个有趣的问题，不知道CVS和SVN本身的开发项目是不是由自己的代码管理？感兴趣的读者不妨通过调研来找到答案。如果读者对开源软件的源代码管理感兴趣，可以阅读《Open Source Development with CVS》(作者Karl Fogel 和Moshe Bar，O'Reilly出版)，这本书详细介绍了如何使用CVS对开源软件的源代码进行管理。

Eclipse自带的源代码管理客户端就是CVS的客户端，Eclipse使用者可以直接使用。此外，这个CVS客户端因为有Eclipse的各种视图的支持，所以使用起来非常方便。但是，由于Spring 3.0的源代码是由Subversion进行管理的，而在Eclipse的默认安装中是不能没有SVN客户端这个插件的，所以这里有必要对SVN客户端的安装和使用进行简要介绍。

这些源代码管理工具是开源软件开发中经常用到的，所以掌握这些工具的基本使用对理解开源软件的开发方式有很大帮助。这里使用的是一个开源的SVN客户端——Subclipse，一个在Eclipse IDE中使用的SVN插件，其官方网站是http://subclipse.tigris.org，其下载页面如图A-4所示。

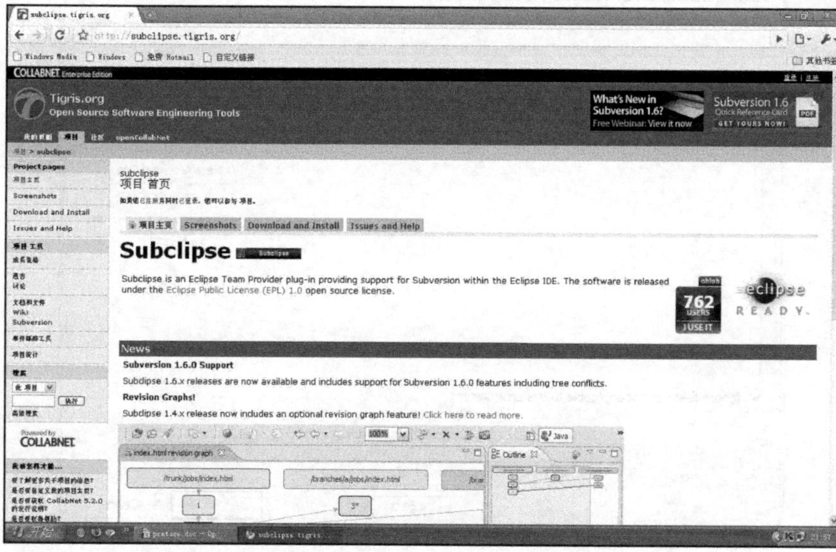

图A-4　SVN客户端下载

在Eclipse的“Help”菜单下选择“Software Updates”，如图A-5所示。

打开“Software Updates and Add-ons”对话框，选择“Find and Install”面板，可以看到在Eclipse IDE环境中已经安装的插件，如图A-6所示。

单击“New Remote Site”按钮打开对话框。具体的Eclipse更新地址可以在http://subclipse.tigris.org/中单击“Download and Install”找到，这里在URL中输入插件更新地址，结果如图A-7所示。

单击“OK”按钮关闭对话框。Eclipse获取到插件列表，如图A-8所示。

勾选Subclipse插件及其子项，单击“Next”按钮，如图A-9所示。

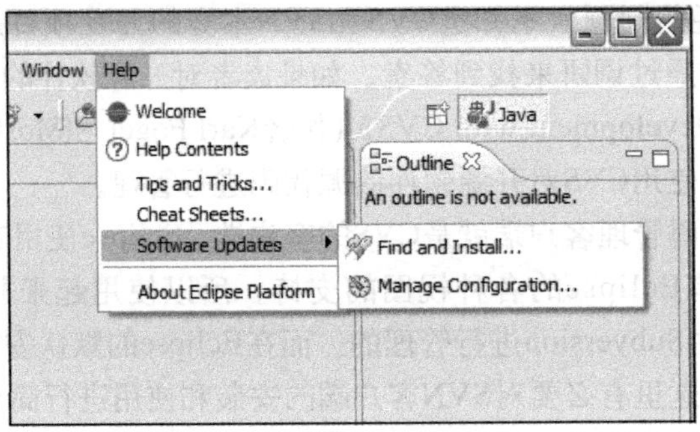

图A-5 在Eclipse中安装插件（1）

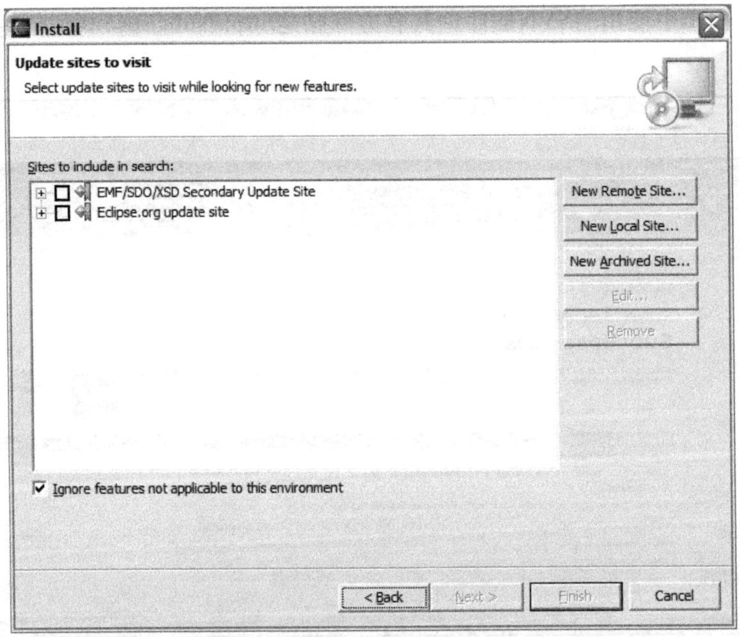

图A-6 在Eclipse中安装插件（2）

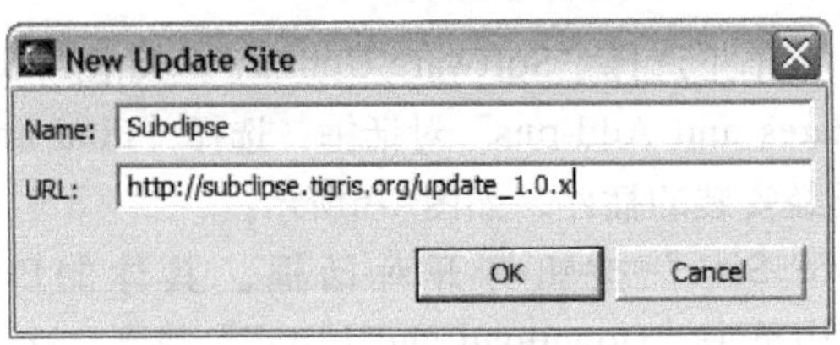

图A-7 在Eclipse中安装插件（3）

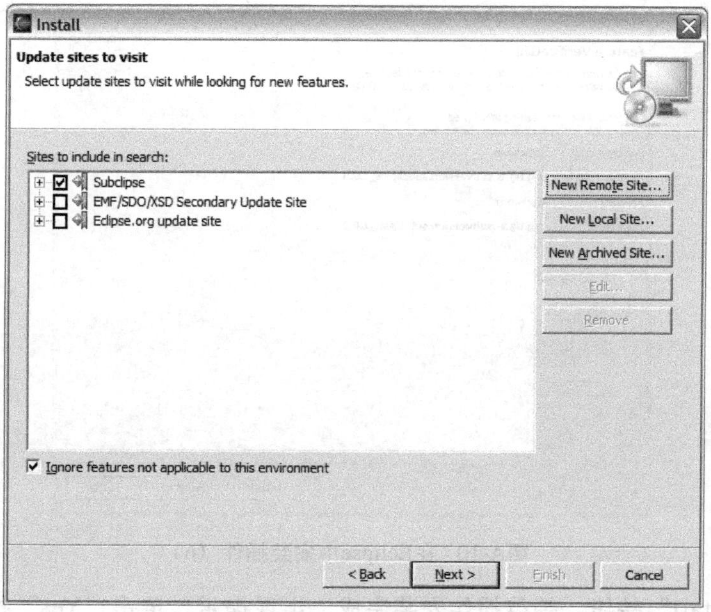

图A-8　在Eclipse中安装插件（4）

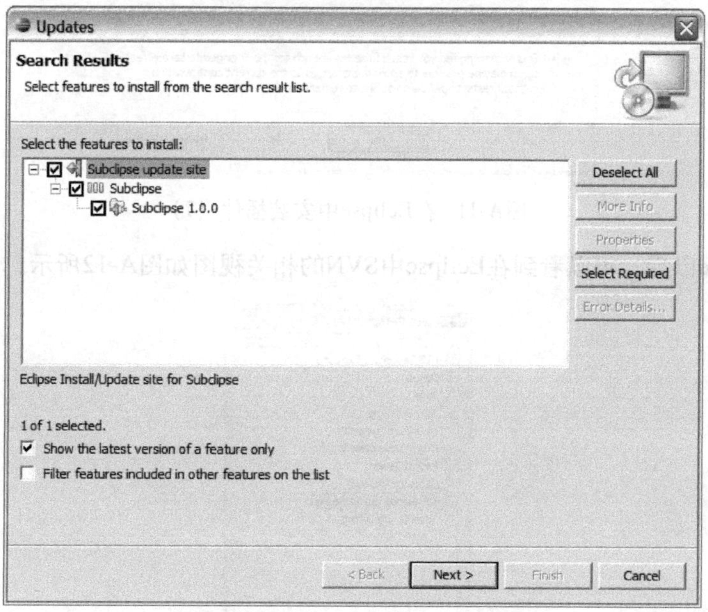

图A-9　在Eclipse中安装插件（5）

单击“Next”按钮后显示“Progress Information”进度对话框中开始下载安装包，下载完成后的界面如图A-10所示。

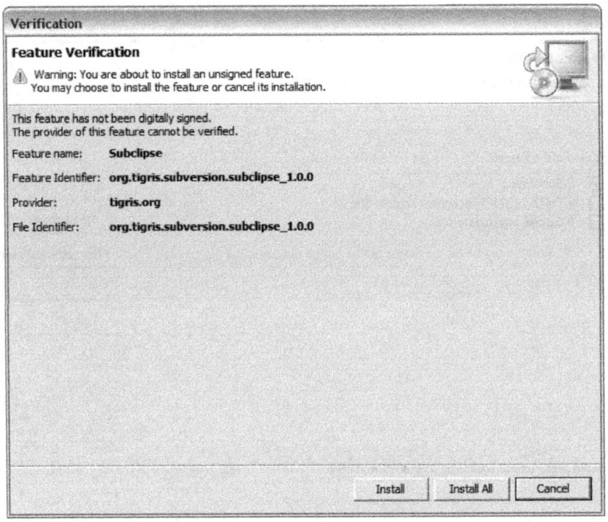

图A-10 在Eclipse中安装插件（6）

单击“Install”按钮，等待插件安装完成，出现提示，单击“Yes”按钮会重新启动Eclipse，如图A-11所示，SVN Eclipse插件安装完成。

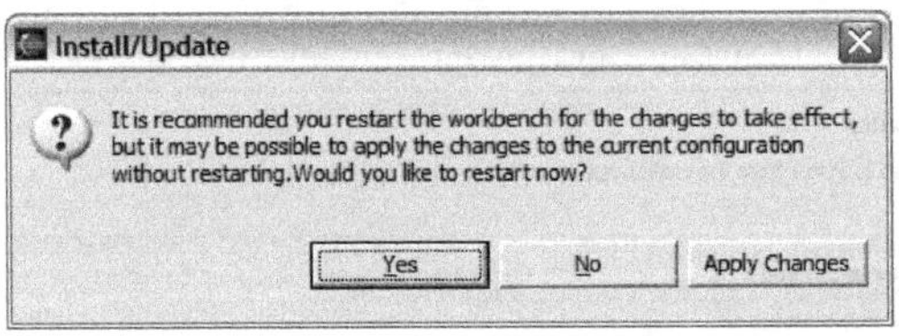

图A-11 在Eclipse中安装插件（7）

重启Eclipse以后，可以看到在Eclipse中SVN的相关视图如图A-12所示。

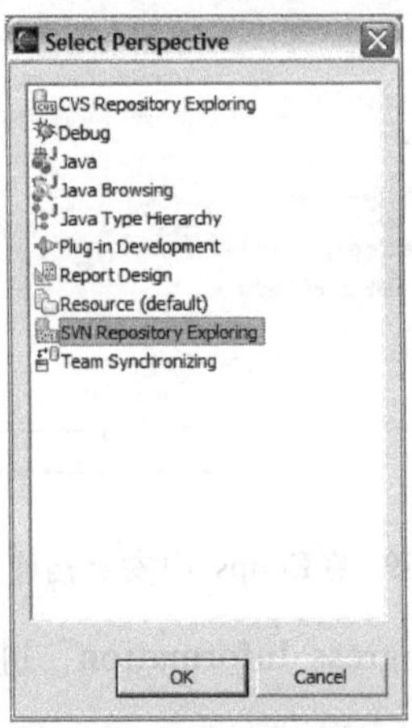

图A-12 在Eclipse中安装好的SVN视图

如果不喜欢在Eclipse中使用SVN客户端，还可以直接下载SVN的独立客户端来使用，比如TortoiseSVN（可爱的小海龟），这也是一个开源的源代码管理工具，这只“可爱灵活的小海龟”可以在http://tortoisesvn.tigris.org/下载，如图A-13所示。

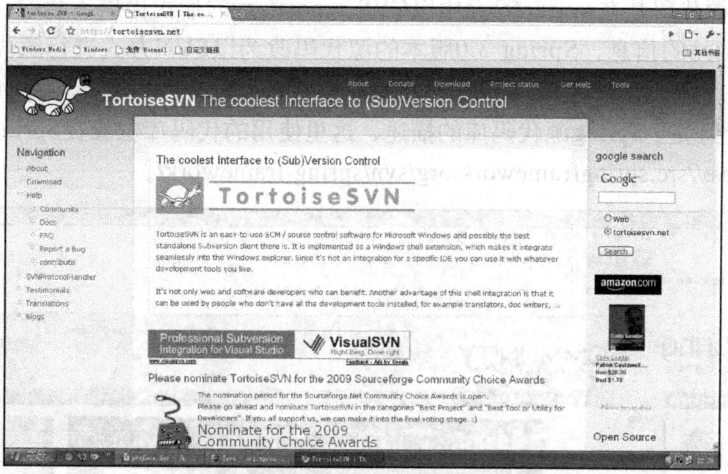

图A-13 下载SVN独立客户端TortoiseSVN

下载并安装后，如果打开Windows的文件管理器并右击，可以看到SVN的菜单选项已经在操作列表中出现了。由于集成在Windows的文件管理器中，因此这只“小海龟”使用起来也非常方便。如图A-14所示，可以看到“小海龟”的SVN操作选项列表，如checkout和创建代码库等。从这里可以看到SVN的基本功能和在Eclipse中使用的SVN客户端的基本功能类似，只是这里的TortoiseSVN作为独立的SVN客户端，是脱离Eclipse而独立使用的，所以在Eclipse中浏览代码时需要注意对代码的更新和同步。

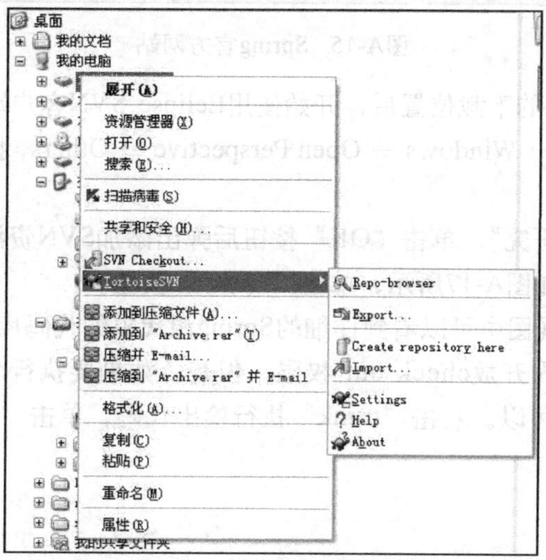

图A-14 SVN客户端在Windows系统中的使用

A.4 获取Spring源代码

有了SVN客户端的支持后，可以到Spring的官方网站上获取Spring 3.0的源代码。Spring 3.0之前版本的源代码是在sourceforge中以CVS repository的形式提供下载的。但是，根据当前Spring官方网站的信息，Spring 3.0版本的源代码改为以SVN方式进行源代码管理。进入Spring官方网站http://www.springsource.org/，打开“Project”，然后选择“Spring”（如图A-15所示），可以看到关于Spring源代码库的描述，这里使用的代码库位置在Spring官方网站上可以找到，即https://src.springframework.org/svn/spring-framework/。

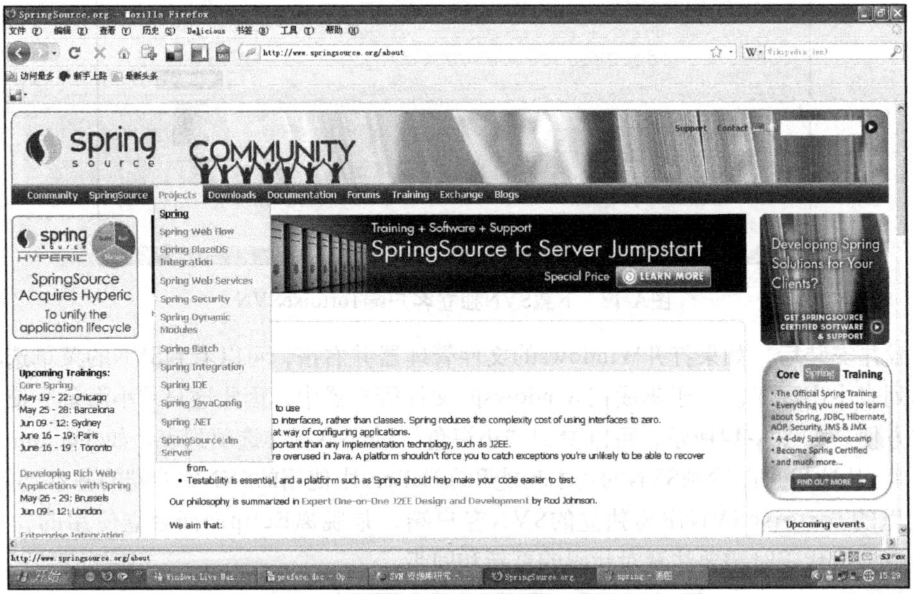

图A-15 Spring官方网站

确定了Spring源代码的下载位置后，开始使用Eclipse SVN客户端进行源代码下载，具体过程为依次单击Eclipse → Windows → Open Perspective → Others，打开“Open Perspective,”如图A-16所示。

选择“SVN资源库研究”，单击“OK”按钮后弹出添加SVN资源库对话框，添加Spring源代码下载的代码位置如图A-17所示，单击“Finish”按钮。

这时在SVN资源库视图中可以看到详细的Spring源代码的代码库结构，因为是开源项目，Spring的代码库对所有人开放check out 权限。但是，如果要执行check in，则需要相应的SVN权限为developer才可以。右击“trunk”执行检出代码，单击“Finish”按钮，打开的对话框如图A-18所示。

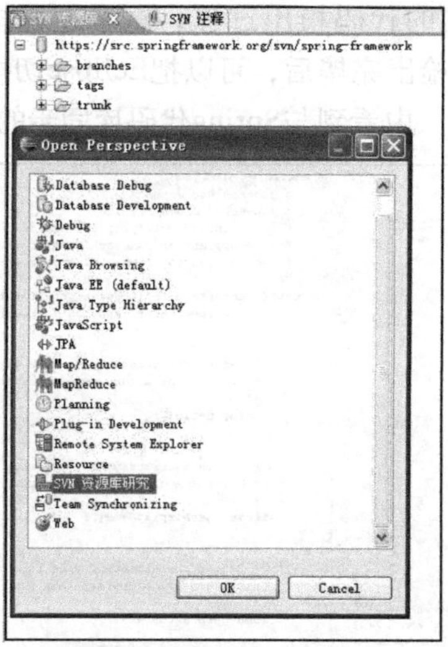

图A-16　下载Spring源代码（1）

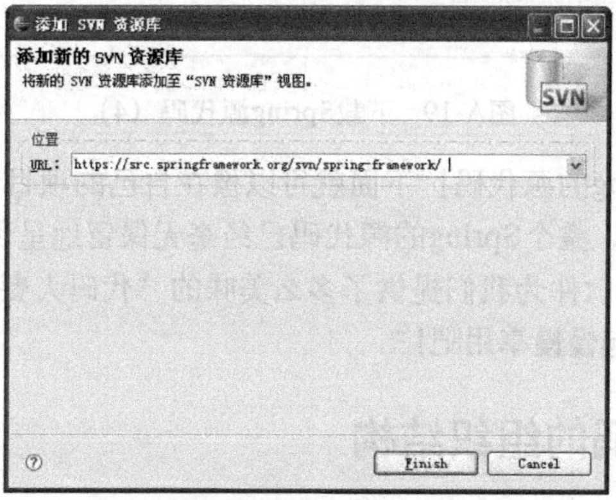

图A-17　下载Spring源代码（2）

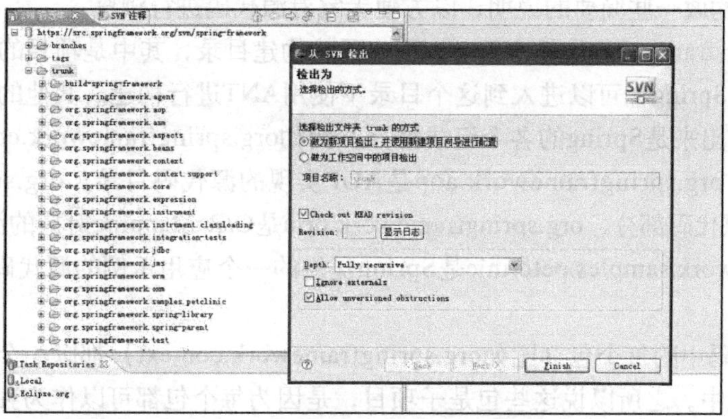

图A-18　下载Spring源代码（3）

这时会经历一段较长时间的代码检出过程，这个过程把Spring代码从服务器检出到Eclipse的本地工作环境。代码检出完毕后，可以把Eclipse切换到“Java Perspective”，这时已经可以在“Package Explorer”中看到与Spring代码库同步的代码了，如图A-19所示。

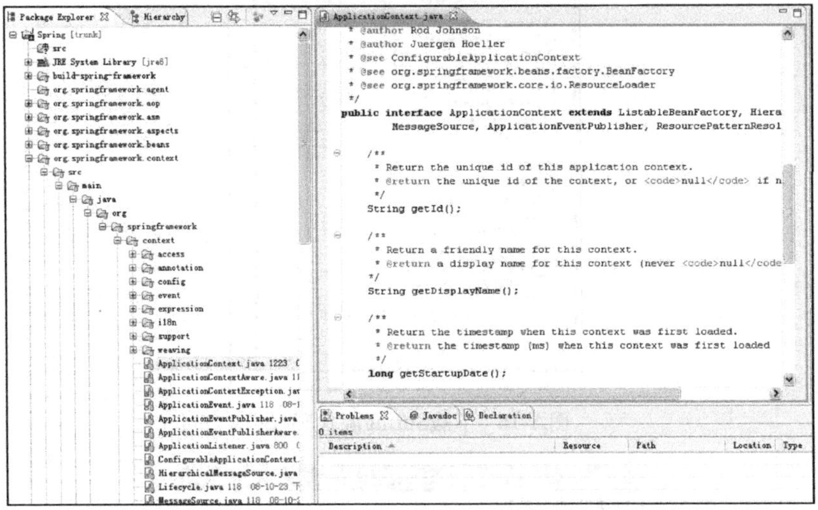

图A-19 下载Spring源代码（4）

此时已经获得了Spring的源代码！下面就可以像在自己的项目中使用Eclipse浏览代码那样来浏览Spring的源代码，整个Spring的源代码已经毫无保留地呈现在我们面前了。怎么样，很简单吧，互联网和开源软件为我们提供了多么美味的“代码大餐”啊！我们已经准备好了“品尝”工具，让我们一起慢慢享用吧！

A.5 Spring源代码的组织结构

我们已经把Spring的源代码检出到本地了，整个代码的结构如图A-20所示，下面对Spring的目录结构做一些简要的说明，以方便大家对源代码进行浏览。

build-spring-framework是整个Spring源代码的构建目录，其中是项目的构建脚本，如果要自己动手构建Spring，可以进入到这个目录下使用ANT进行构建。其他的目录从名字上就可以很容易地看出来是Spring的各个组成部分，例如org.springframework.context是IOC容器的源代码目录，org.springframework.aop是AOP实现的源代码目录，org.springframework.jdbc是JDBC的源代码部分，org.springframework.orm是O/R Mapping对应的源代码实现部分，org.springframework.samples.petclinic是Spring提供的一个应用示例的源代码，供开发Spring应用时参考。

Spring源代码中的每个包（比如org.springframework.context）都以一个相对独立的子项目存在于代码库中。之所以说这些包是子项目，是因为每个包都可以作为独立的项目导入到Eclipse中，都有Eclipse的项目配置文件，有针对这些包的代码的测试用例，这些测试用例组织在src/test目录中，另外还有针对自己包的build构建文件，涓涓溪流，汇聚成河，这些构建文件同时也是构成整个Spring项目的一部分。这种代码组织结构使包之间的相互耦合相对较小，非常有利于各个子模块的并行开发、集成与测试。在每个源代码包中，都有类似的代码结构划分，比如src是源代码目录，其中的main目录是产品代码所在的地方，test目录是测试代码所在的地方。main中的java目录是存放java源文件的地方，而resources目录是存放资源文件的地方。target目录是存放编译好的class文件的地方，test-classes是在嵌入式软件的开发系统中也常看到的目录，在这类系统中，这些目录常用来存放目标代码，往往还可以针对不同的处理器结构和平台（比如x86平台、PPC平台、ARM平台等）来进行组织。在这里，因为Java的跨平台特性，所以只要一个target即可。这些代码的组织规划很统一，使整个Spring的源代码看起来非常整齐，浏览起来非常方便。在图A-21中，以org. springframework.context包为例，大家可以体会一下。

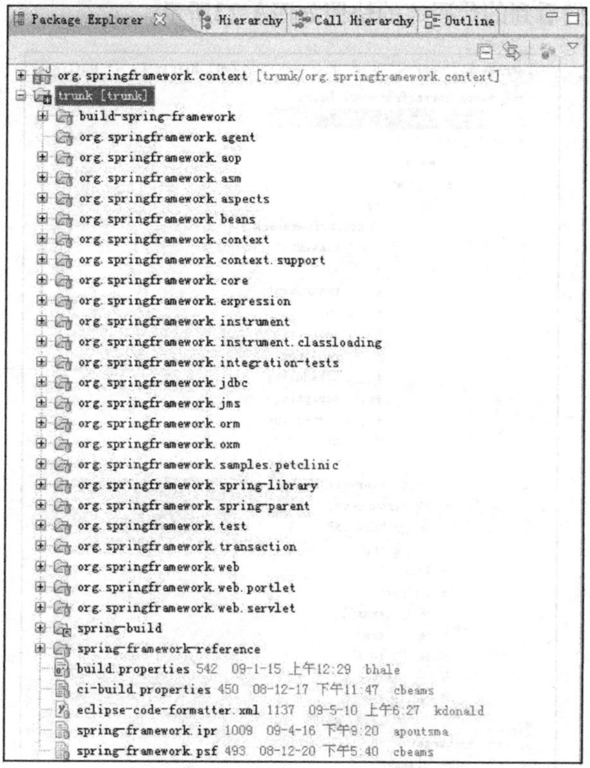

图A-20　Spring源代码结构

下面来介绍整个Spring的代码库结构。在整个代码库中，前面检出的是trunk上的代码，也就是当前Spring最新的提交代码，相当于CVS中的HEAD版本。要获取Spring 3.0的某个基线版本的代码，可以先在tags目录中找到，然后检出到本地即可，这个过程和在trunk上检出的代码是一样的。使用SVN和CVS进行代码管理的基本思路和使用ClearCase时不太一样，在ClearCase中，如果要检出代码，一般需要先分出一个分支，再进行检出，这样才不会对并行开发产生影响，同时使用ClearCase时需要对各种分支的权限进行比较详细的规划；但是，在CVS和SVN中，管理过程有很大的不同，代码的检出和提交往往是比较自由的，而对基线版本的构建却比较严格，所以在这里可能看不到分支的使用情况，这也是开源软件的开发特点决定的。回到前面的目录结构，在tags目录下可以看到已经开发好的基线版本，如Spring3.0 M1/M2/M3等，这些都是重要的开发里程碑，熟悉软件配置管理的读者看到这里一定会觉得又回到了在日常产品开发中熟悉的配置环境中。如果觉得基线版本的代码更新太慢，又了解代码的最新改动，可以直接查看trunk的代码，这绝对是Spring开发团队最新出炉的作品。另外值得注意的一点是，从目前的代码组织结构中可以看到，这个代码仓库是从Spring 3.0开始为Spring服务的，因而无法在这里找到Spring 3.0版本以前的Spring源代码。如果需要获取之前版本的源代码，需要找到以前代码库的具体位置，这些信息都可以到Spring的官方网站上获取。现在我们看到的代码库的快照如图A-22所示。

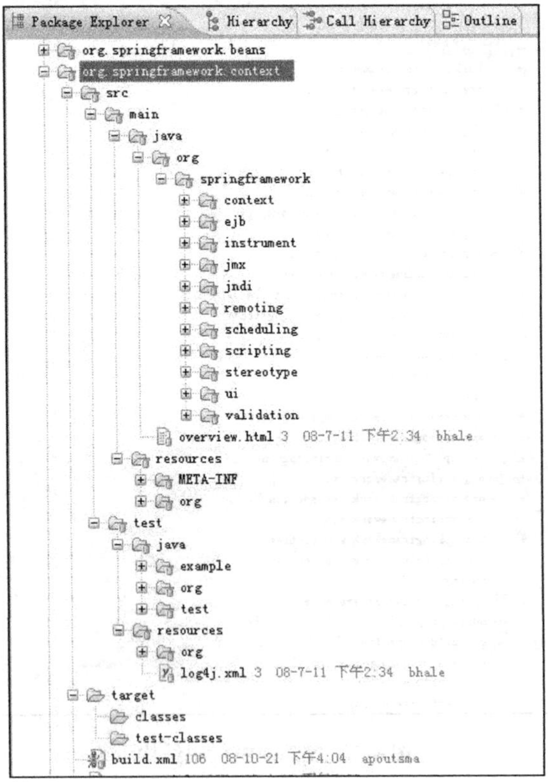

图A-21 Spring源代码包的内部结构

经过这么多年的发展，Spring源代码的核心已经比较稳定了，包括各个基本包的设计和命名。同时，我们从这些源代码的结构中也隐约地看到了Spring的配置管理和构建过程，比如项目组织、测试管理、构建工具及依赖关系管理工具的使用，等等，这些都为利用Spring

代码进行高质量开发奠定了良好的工程环境，非常值得我们学习和慢慢体会。有兴趣的读者不妨自己做个研究，看看Spring的构建过程是怎样完成的，这部分我们会在附录B中和大家讨论。

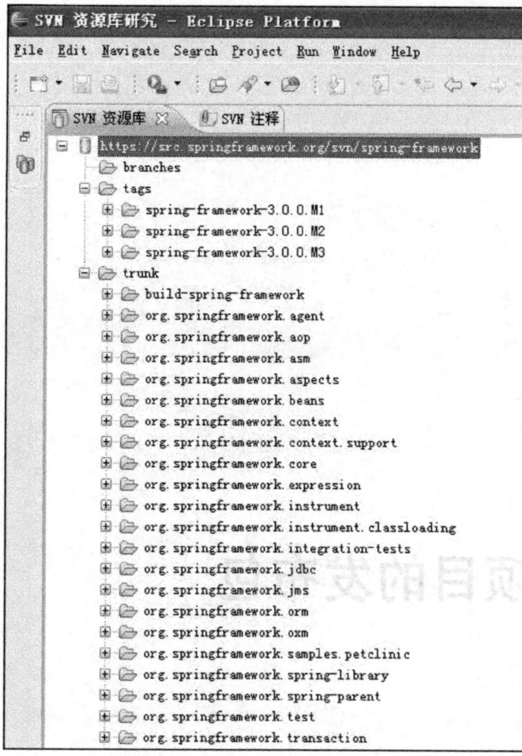

图A-22 Spring源代码库的结构

附录B

构建Spring项目的发布包

对于开源软件的爱好者，在了解如何获得开源软件软代码，并能够自由浏览开源软件的实现之后，一定会产生更深入的想法，那就是，能不能对代码做一些改动，并且把发布包构建出来运用到自己的项目中去呢？答案当然是肯定的，能够对开源软件进行自由的探究和修改，这就是开源软件的生命力和魅力所在。

虽然，开源软件项目是依靠互联网和社区力量来推动自身发展的，但是，为了保证开源软件的产品质量，其官方的变更、构建和发布过程有着严格的控制，然而这并不影响我们自己动手对开源软件进行修改和构建，同时，熟悉这一个过程也是我们对开源软件以后的发展做出贡献的一个必要准备。很多开源软件的特性就是开发者自己在本地修改、构建并成功运用到本地项目之后提交给官方的。

前面已经介绍了在Eclipse中通过SVN插件获取了Spring的源代码。这里介绍做Spring的构建（build）时需要做什么样的准备。

一般来说，在进行软件构建的时候，需要比较长的运算时间，比如中间会涉及依赖库的下载等，因此需要选择一台环境比较稳定的服务器来完成这个工作，我们推荐使用UNIX或者Linux的服务器，在CLI（命令行）模式下完成这个工作，这样可以维护一些自动化的构建脚本，可以极大地提高构建效率。

在这里，我们选用亚马逊云计算服务来搭建这个服务器，并进行演示。感兴趣的读者，可以到亚马逊云计算中文网（http://awschina.com.cn）去了解，在那里，可以建立一台云主机作为构建使用的服务器。如果选择一台高性能高规格的EC2云主机，那么可以大大提高构建效率。在进行软件产品构建的时候，一台高性能的稳定服务器会让我们如虎添翼。

在登录Linux服务器之后，先要在服务器上建立Java的构建环境，这里需要安装Apache Ant作为构建工具，先从Apache的网站上下载Ant的发布包，然后把这个包解压，设置好系统的JAVA_HOME变量和PATH环境变量。

接下来，安装SVN，通过apt-get可以自动安装SVN客户端，并通过svn -version命令了解SVN的安装情况。在安装好SVN以后，可以从Spring项目的代码仓库中把代码检出到本地，这个检出过程，需要比较长的时间，要耐心等待。SVN的安装和检出过程如图B-1所示。

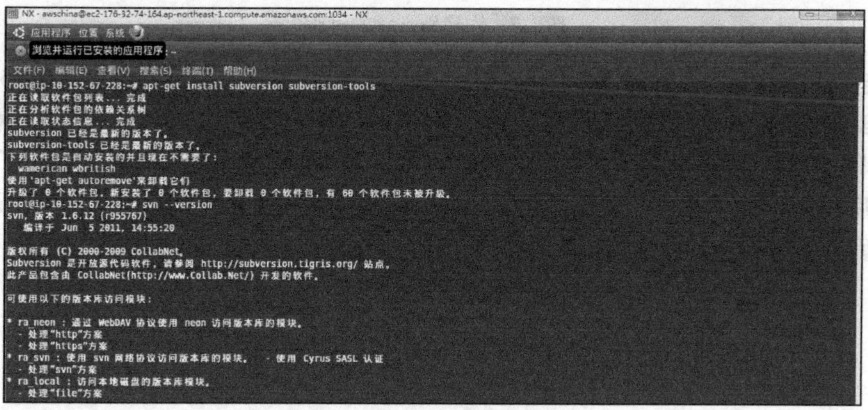

图B-1　SVN的安装和检出

图B-2是在Spring的SVN代码仓库中检出Spring项目源代码的过程，从中可以看到整个Spring项目的源代码仓库的检出过程，这个过程需要比较长的时间，要耐心等待。

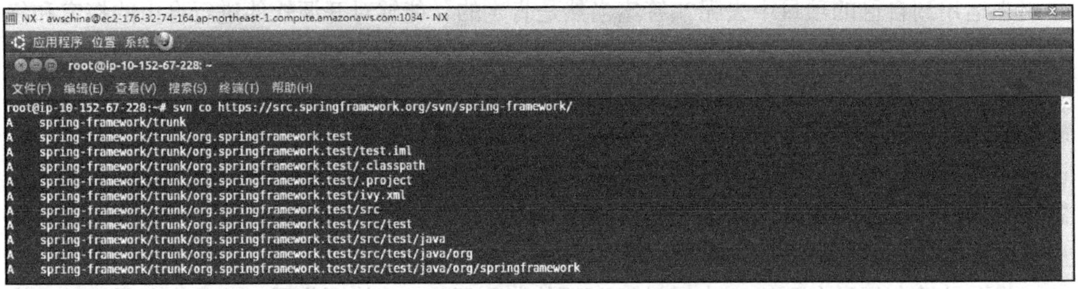

图B-2 在Spring的SVN代码仓库中检出Spring项目源代码

在Spring源代码全部检出之后，就可以对Spring进行构建了，在构建完成后，就可以得到Spring项目的发布包。

在检出的代码目录中，进入spring-framework/trunk/build-spring-framework目录，运行ant jar package命令，就可以对Spring进行构建了，构建过程如图B-3所示。因为需要从网上下载构建的依赖包，所以这个过程也需要比较长的时间。

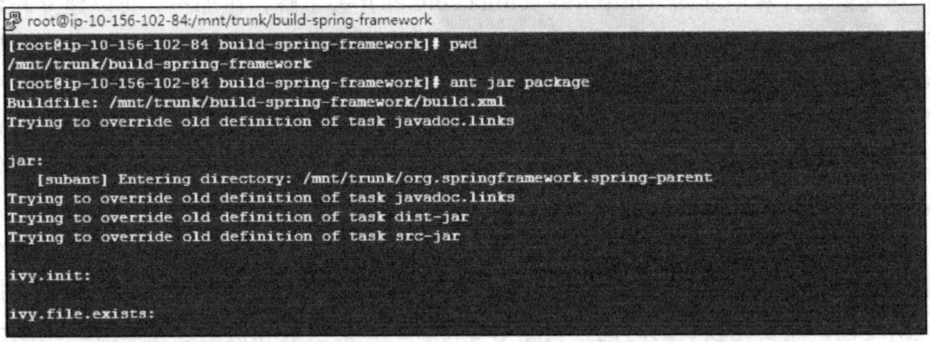

图B-3 构建Spring的过程

一连串的下载和构建过程需要比较长的时间，要耐心等待，最后，可以看到Spring项目的发布包构建成功，在命令行下出现“BUILD SUCCESSFUL”的提示，并且，在构建成功后，可以在target/artifacts目录中看到需要的jar包，这些jar包就是Spring的发布包了，同时，Spring的参考文档也生成好了。感兴趣的读者不妨动手试一下，体会一下开源软件开发、构建及发布的全过程。

附录C

使用Spring IDE

将源代码检出到Eclipse本地环境以后，熟悉Spring应用的读者一定会注意到，Spring应用通过Spring的IoC容器管理许多在框架中实现的、为需求提供服务的Bean的配置，以及这些Bean之间的依赖关系。根据我们之前的分析经验，如果能够以一种直观的方式去了解这些Bean的设置以及它们之间的依赖关系，毫无疑问，对我们理解Spring应用的整体设计是非常有帮助的，还是那句老话，一图胜千言。在这方面，Spring考虑得也是非常周到的，它为Spring开发人员提供了一个Spring IDE工具。通过这个IDE工具的帮助，可以方便地管理Spring应用中用到的Bean的配置，是Spring开发者的得力助手。熟悉Spring IDE的使用，无疑会让Spring开发人员如虎添翼。下面，我们就简要介绍一下这个IDE工具的使用，为读者提供一些参考。

具体来说，作为Spring子项目，在使用上，Spring IDE是以Eclipse插件的形式与应用开发环境集成在一起的，从而为Spring的应用开发提供有力的工具支持。关于Spring IDE的详细介绍，感兴趣的读者可以到它的官方网站⊖上去了解。如果需要在Eclipse中安装Spring IDE，那么需要得到Spring IDE的更新网址，根据网站上的信息，目前的更新地址为http://dist.springframework.org/release/IDE。在这里，我们就不详细描述这个插件的安装过程了，而把重点放在这个插件的使用上。

安装完Eclipse的Spring IDE插件以后，可以在Eclipse中打开Spring IDE的相关视图，如图C-1所示。

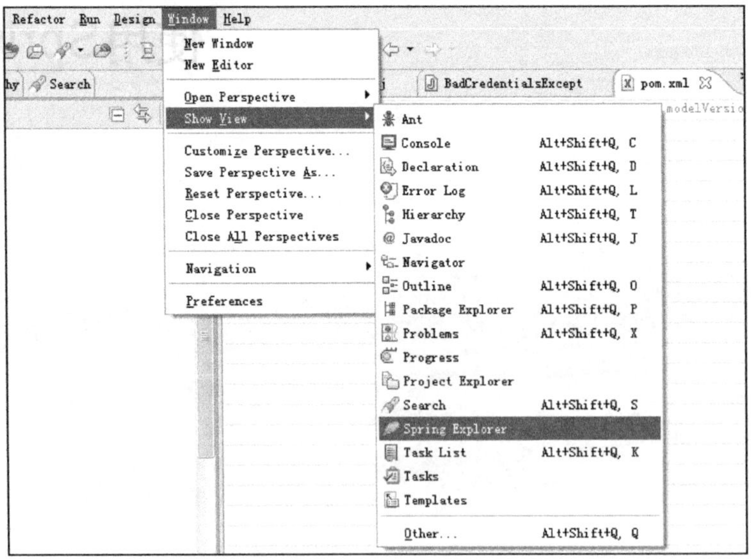

图C-1 在Eclipse中打开Spring IDE的视图

打开视图以后，可以看到Spring Explorer的视图。在使用Spring IDE之前，先要把应用项目加入到Spring IDE中，从而把Spring项目加入到Eclipse IDE中进行管理，这个操作如图C-2所示。

⊖ http://www.springframework.com/developer/sts

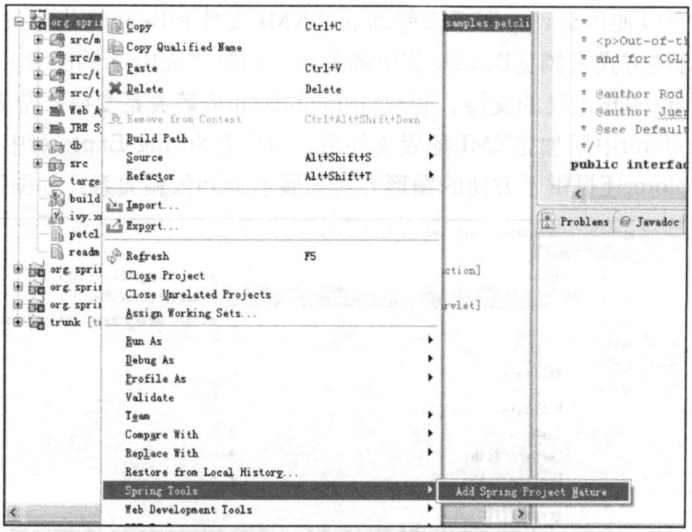

图C-2 把项目加入到Spring IDE中

把项目添加到Spring IDE中以后，细心的读者一定会注意到，在Eclipse的Explorer视图的项目列表中，刚刚加入Spring IDE中进行管理的项目图标上会有一个小小的“s”标识，这个标识意味着已经成功把项目加入到Spring IDE中进行管理了，这个时候，这个项目已经可以在Spring IDE的Explorer中对Bean进行管理了。做完这项基本的准备工作之后，要使用IDE工具完成Spring Bean的管理，还需要完成另外一项准备工作，这时需要把项目中的XML配置文件加入到Spring IDE中去。完成这个操作的步骤如下：首先，打开Spring Explorer，单击已经加入的Spring 项目，右击打开properties的标签页；然后打开Spring 下的bean support，在“Config Files”中通过“Add”按钮加入Bean配置文件，如图C-3所示。在完成这两项准

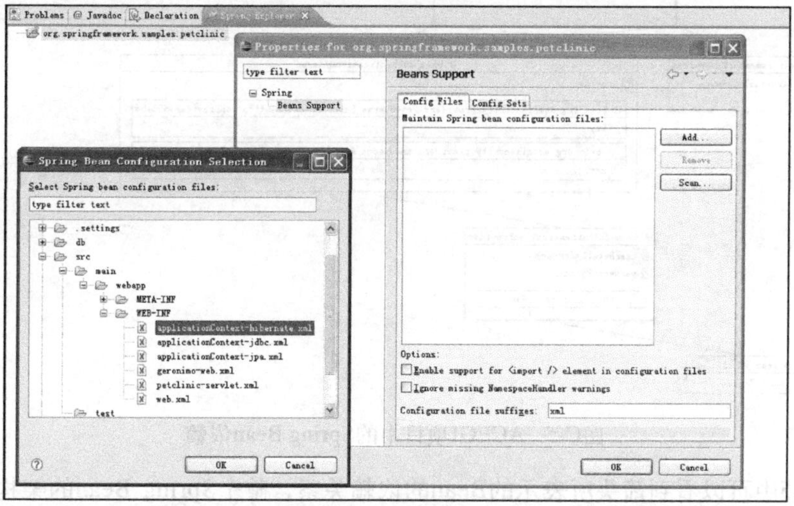

图C-3 添加Bean配置文件

备工作以后，就可以使用Spring IDE来管理这些XML文件和Bean的依赖关系了。通过使用IDE，可以以图形的方式来浏览Bean及其依赖关系，同时完成Bean的配置和Java源代码的相互索引。有了Spring IDE工具的支持，管理Spring的Bean依赖关系变得非常方便。

在Spring Explorer中添加完XML配置文件后，可以在Spring Explorer中看到详细的Bean信息，而且，Explorer还提供了方便的图形方式来展示Bean依赖关系，如图C-4所示。

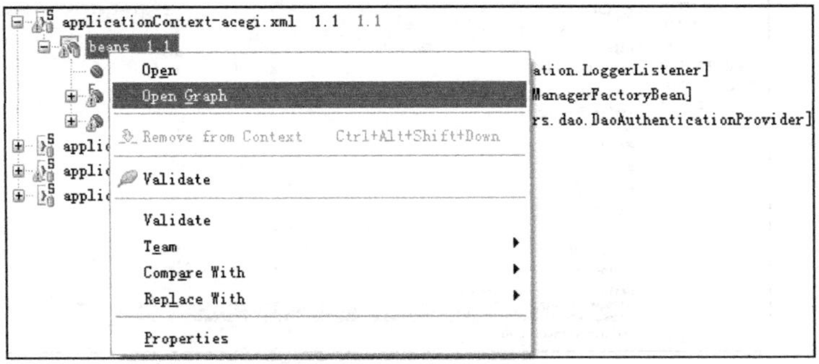

图C-4 Bean的依赖图

在Bean的依赖图中可以看到一系列Bean的依赖关系这个图为我们管理和设计Bean依赖关系提供了很好的帮助。下面是以ACEGI项目的实现为例来介绍Spring Bean依赖关系管理的大致情况，如图C-5所示。

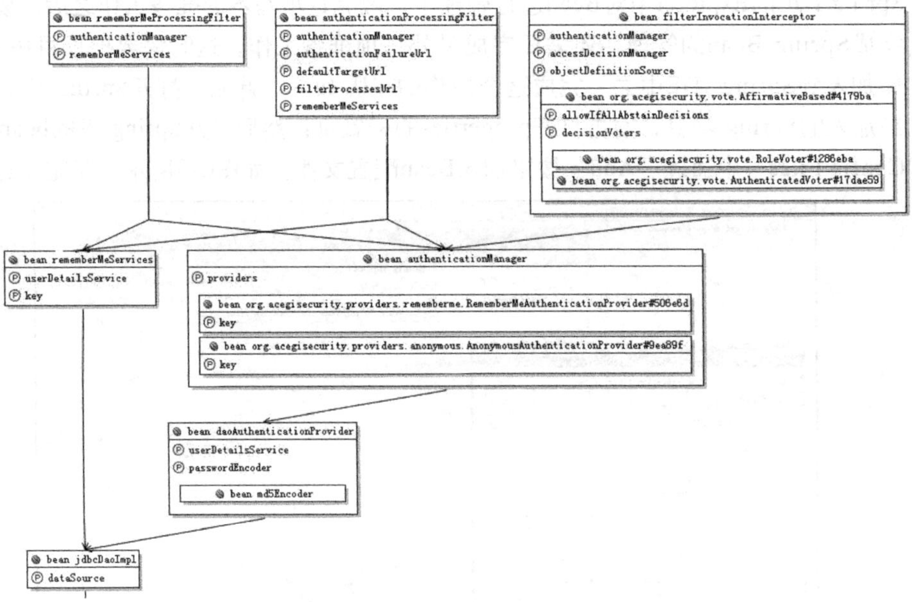

图C-5 ACEGI项目中的Spring Bean依赖

在图C-5中可以看到箭头所表示的Bean的依赖关系，整个Spring Bean的架构就一目了然了有效地使用Spring的IDE工具，可以让我们的开发更有效率。

附录D

Spring Pet Clinic应用实例

D.1 Pet Clinic应用实例概述

通过前面的内容，我们已经对Spring框架的实现原理有了清晰的了解。Spring 的源代码发布包中还提供了一个应用实例——Pet Clinic，这个应用实例是为用户提供的一个Spring应用的参考设计。在Pet Clinic应用实例中，展现了Spring构架数据库应用的能力。“麻雀虽小，五脏俱全”，作为一个完整的应用实例，Pet Clinic中有很多Spring特性供用户使用，比如，使用IoC容器完成Bean的配置，使用Spring MVC构建Web表现层，以及通过一些常用的数据库操作组件，比如JDBC、Hibernate和JPA来实现数据库数据操作的具体使用实例。在Pet Clinic应用部署成功以后，通过简单的界面浏览可以了解到，这个实例实现背后的一些用户故事。通过了解这些实现的用户故事，可以使我们先从用户的角度对Pet Clinic有一个大致的了解。

首先，在浏览器中打开它的主界面，如图D-1所示，可以看到，Pet Clinic应用的主界面是非常简单的，在这个主界面中，给出了与用户故事有关的几个链接，比如Find owner、Display all veterinarians，等等。

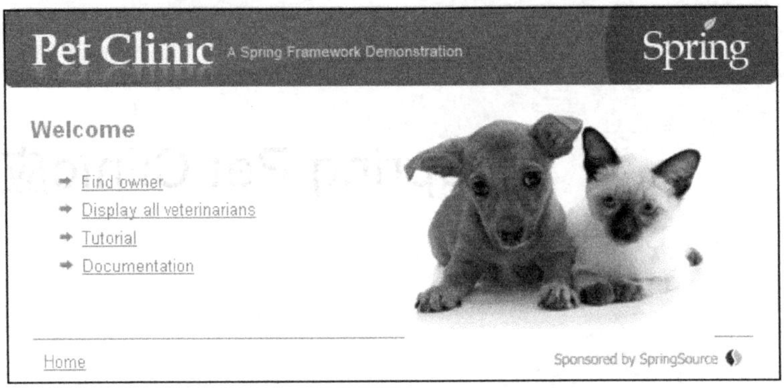

图D-1 Pet Clinic的主页面

Pet Clinic提供了对owner数据进行管理的功能，可以通过单击“Find owner”链接了解该功能，如图D-2所示。在owner管理界面中，可以完成对owner的查询和添加操作。不难理解，这些涉及owner数据的相关工作，需要数据持久化操作的支持。关于Find owner的实现，可以单击“Find owner”链接来了解，这时，在页面上，就会出现查询owner列表的界面，如图D-3所示。

在得到owner列表以后，可以单击owner链接，进入到owner信息管理页面，如图D-4所示。在这个管理页面中，可以对owner的信息及owner拥有的Pet信息进行管理。

在图D-2所示的owner管理界面中单击“Add Owner”链接，可以增加owner，如图D-5所示。

在Pet Clinic的主页面中，单击“Display all veterinarians,”可以得到Veterinarians的列表显示，如图D-6所示。

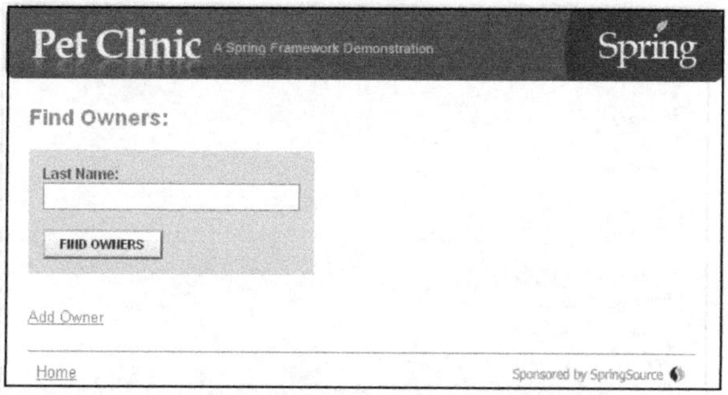

图D-2 Pet Clinic的owner管理功能

图D-3 查询得到owner列表

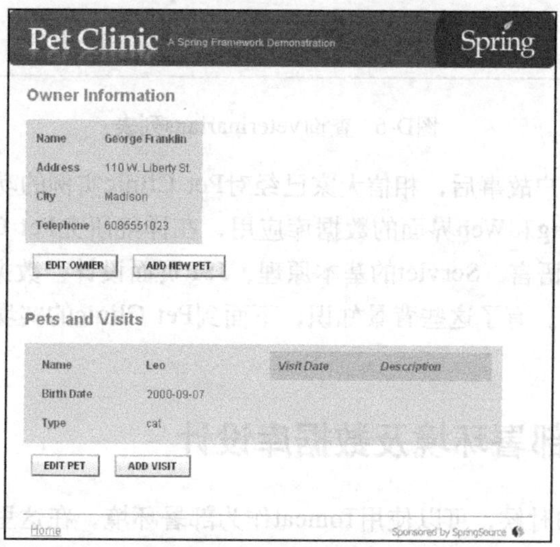

图D-4 管理owner信息

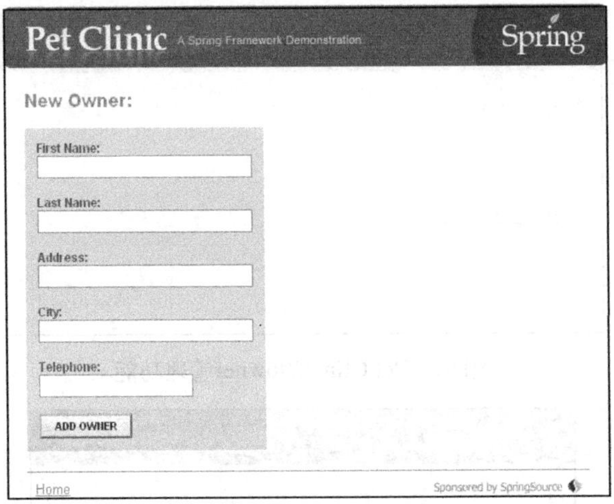

图D-5 增加owner

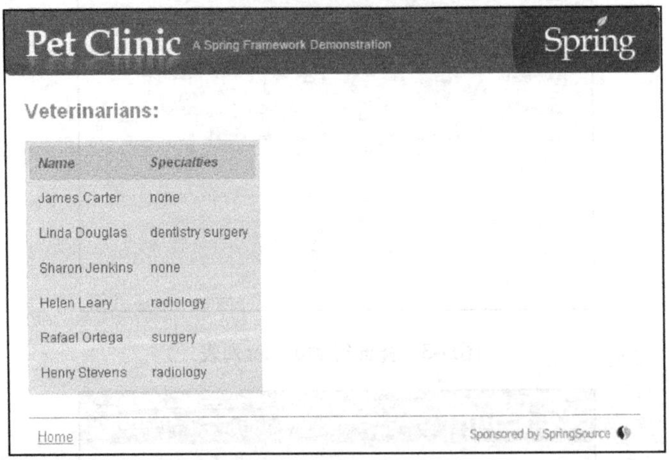

图D-6 查询Veterinarians列表

了解了上面这些用户故事后，相信大家已经对Pet Clinic实例的功能实现有了一个基本认识。作为一个基于Spring和Web界面的数据库应用，在详细研究Pet Clinic实现的时候，需要对面向对象设计、Java语言、Servlet的基本原理、JSP页面设计、数据库操作及Web容器的使用，有一些基本的了解。有了这些背景知识，下面到Pet Clinic的实现中去了解这些基本功能是如何实现的。

D.2 Pet Clinic部署环境及数据库设计

在部署Pet Clinic的时候，可以使用Tomcat作为部署环境，在这里，我们以Tomcat为例进行说明。在Tomcat中，我们都知道，使用web.xml文件作为部署描述文件，这个文件在源代码包中的位置是org.springframework.samples.petclinic/src/main/webapp/WEB-INF/web.xml。打开这个文件可以看到一些Spring应用与Web环境相关的配置，这些配置如代码清单D-1所示。在代码清单D-1中，眼尖的读者一下子就会看到对ContextLoaderListener的配置，了解Spring MVC工作原理的读者，对这个ContextLoaderListener一定不会觉得陌生。作为部署在Servlet Web服务器中的一个监听器，它的作用是在Web环境中载入Spring的IoC容器。在web.xml中还可以看到另外一个重要设置，那就是DispatcherServlet的配置，我们都知道，DispatcherServlet是Spring MVC的核心类，在Spring MVC中起到请求分发、连接请求处理、应用数据和展现视图的作用，这是MVC框架实现中的一个核心功能。关于ContextLoaderListener和DispatcherServlet的实现，在Spring MVC中有详细的阐述。这两个类的使用也很简单，关于它们背后隐藏的实现，相信读过本书第4章的读者一定能够体会到，这里就不再细说了。

代码清单D-1　Tomcat部署描述文件web.xml

```
<!--
    -配置IoC的Web容器载入器ContextLoaderListener,在关于Spring MVC一章中有详细描述,
    这个ContextLoaderListener负责在Web环境中建立IoC容器体系
    -对于在Web容器中建立起来的根上下文，使用默认的Bean配置文件是/
    WEB-INF/applicationContext.xml
-->
<listener>
<listener-class>org.springframework.web.context.ContextLoaderListener<
/listener-class>
</listener>
<!--
    - 设置Spring MVC的DisptacherServlet作为请求MVC框架中的分发器，负责分发请求给注册
    的控制器Controller来执行
    - DispatcherServlet会建立自己的上下文，这个上下文的双亲上下文是
    由ContextLoaderListener建立起来的根上下文
    - DispatcherServlet的上下文使用的默认Bean配置文件是{servlet-name}-servlet.xml,
    对于petclinic应用来说，就是petclinic-servlet.xml
-->
<servlet>
    <servlet-name>petclinic</servlet-name>
    <servlet-class>org.springframework.web.servlet.DispatcherServlet</servlet-class>
    <load-on-startup>2</load-on-startup>
</servlet>
<!--
    - 把".do"类型的url请求，分发给DispatcherServlet来处理
-->
<servlet-mapping>
    <servlet-name>petclinic</servlet-name>
    <url-pattern>/</url-pattern>
</servlet-mapping>
```

代码清单D-1就是在Web环境中与Pet Clinic应用密切相关的配置。在Pet Clinic应用中，可以在/org.springframework.samples.petclinic/db 目录下看到相关的数据库创建脚本，比如要想知道数据库表结构是怎样建立的，可以在/org.springframework. samples. petclinic/

db/mysql/ initDB中看到建立数据库表的SQL脚本，这些脚本操作如代码清单D-2所示。在创建脚本中，可以看到在Pet Clinic应用中，建立的数据库表有vets、specialties、vet_specialties、types、owners、pets、visits，从而为应用的基本数据提供存储空间，从SQL语句中也可以清楚地看到每个表的表结构。我们以建立vets表的脚本为例做一个简单的说明，可以看到，vets表定义了以下字段：id、first_name、last_name，这些字段的类型分别是INT和VARCHAR型。

代码清单D-2 建立Pet Clinic数据库表vets

```
USE petclinic;
CREATE TABLE vets (
  id INT(4) UNSIGNED NOT NULL AUTO_INCREMENT PRIMARY KEY,
  first_name VARCHAR(30),
  last_name VARCHAR(30),
  INDEX(last_name)
) engine=InnoDB;
```

D.3 Pet Clinic的Bean配置

建立了Web容器和数据库的基本配置以后，接下来讨论Pet Clinic应用的Spring Bean配置。可以看到，Bean配置在petclinic-servlet.xml文件中完成，如代码清单D-3所示。在代码清单D-3中，包括了对Spring MVC控制器、视图、异常页面以及国际化资源文件的设置。

代码清单D-3 Pet Clinic的Bean配置

```
<!--
    -配置Spring MVC的Controller，这些Controllor使用@Controller标识，IoC容器会自动识别
    -识别的对象包含在org.springframework.smaples.petclinic.web包中
    -标识还包括@RequestMapping，用来标识Controller对应的URL请求
-->
<context:component-scan base-package="org.springframework.
samples.petclinic.web"/>
<!--
    -这个Bean标识handler的方法
-->
<bean class="org.springframework.web.servlet.mvc.annotation.
AnnotationMethodHandlerAdapter">
    <property name="webBindingInitializer">
            <bean class="org.springframework.samples.petclinic.web.
ClinicBindingInitializer"/>
    </property>
</bean>
<!--
    -这个Bean对应用发生的异常进行转换，由Spring应用处理，而不是把这些异常交给Web容器处理
-->
<bean class="org.springframework.web.servlet.handler.
SimpleMappingExceptionResolver">
    <property name="exceptionMappings">
            <props>
```

```
                        <prop key="org.springframework.web.servlet.PageNotFound">
                        pageNotFound</prop>
                        <prop key="org.springframework.dao.DataAccessException">
                        dataAccessFailure</prop>
                        <prop key="org.springframework.transaction.TransactionException">
dataAccessFailure</prop>
                </props>
        </property>
</bean>
<!--
    - 视图的配置，把视图转交给InternalResourceViewResolver和BeanNameViewResolver来呈现
-->
<bean class="org.springframework.web.servlet.view.
ContentNegotiatingViewResolver">
    <property name="mediaTypes">
        <map>
            <entry key="xml" value="#{vets.contentType}"/>
            <entry key="atom" value="#{visits.contentType}"/>
        </map>
    </property>
    <property name="order" value="0"/>
</bean>
<bean class="org.springframework.web.servlet.view.BeanNameViewResolver" p:order="1"/>
<bean class="org.springframework.web. servlet.view.Internal ResourceViewResolver"
p:prefix="/WEB-INF/jsp/"
        p:suffix=".jsp" p:order="2"/>
<!--
    -国际化配置，资源定义文件的名称为messages_xx
-->
<bean id="messageSource" class="org.springframework.context.
support.ResourceBundleMessageSource"
            p:basename="messages"/>
```

D.4 Pet Clinic的Web页面实现

在IoC容器的Bean配置中完成以上的基础配置以后，接下来了解Pet Clinic应用的实现部分。我们知道，Pet Clinic是一个Web应用，在表现层上，它使用JSP技术及Spring MVC框架作为整个Web表现层的技术实现。我们从应用的Web UI入手，先看看Pet Clinic的JSP页面的实现。我们先从JSP页面入手，这些JSP设计文件保存在/org.springframework. samples.petclinic/src/main/webapp/WEB-INF/jsp目录下。我们以Pet Clinic的主界面/vets界面为例进行说明，可以看到，这个/vets页面的请求分发的实现是由ClinicController控制器来完成的，该控制器的实现，如代码清单D-4所示。ClinicController对URL请求的处理是比较简单的，它会从数据库中查询到vets列表，并把列表数据交给视图进行呈现。

代码清单D-4 ClinicController处理URL请求

```
/**
 * 处理URL请求"/",到welcome.jsp 中完成视图呈现
 */
```

```
    @RequestMapping("/")
    public String welcomeHandler() {
        return "welcome";
    }
    /**
    * 处理URL请求"/vets",通过clinic对象查询到数据库中的vets列表，并交给vets.jsp进行视图呈现
    */
    @RequestMapping("/vets")
    public ModelMap vetsHandler() {
        Vets vets = new Vets();
        vets.getVetList().addAll(this.clinic.getVets());
        return new ModelMap(vets);
    }
```

在对应的JSP中，可以看到对视图的呈现处理，比如在welcome.jsp文件中对应“/”URL请求的响应页面，作为响应页面的主页面，在这个主页面中可以看到设计的/vets链接，单击这个链接，可以在页面上看到veterinarians列表，如代码清单D-5所示。

代码清单D-5 welcome.jsp中/vets的链接

```
<li><a href="<spring:url value="/vets" htmlEscape="true" />">
Display all veterinarians</a></li>
```

对应这个/vets的请求，会被ClinicController的vetsHandler处理，在vetsHandler的处理过程中，会从数据库中查询到vets的列表，然后把这个列表交给vets.jsp去展示。 vets.jsp的实现如代码清单D-6所示。在vets.jsp设计的JSP页面中，构造了一个HTML的table元素，然后使用thead构造table的表头，接着使用JSTL标签c:forEach从ModelAndView对象中得到Vets的数据列表，再通过对列表数据进行遍历把Vet对象的相应数据在表格列表中显示出来，具体的显示数据包括Vet对象的firstName和lastName数据等。

代码清单D-6 vets.jsp

```
<table>
  <thead>
    <th>Name</th>
    <th>Specialties</th>
  </thead>
  <c:forEach var="vet" items="${vets.vetList}">
    <tr>
      <td>${vet.firstName} ${vet.lastName}</td>
      <td>
      <c:forEach var="specialty" items="${vet.specialties}">
          ${specialty.name}
        </c:forEach>
        <c:if test="${vet.nrOfSpecialties == 0}">none</c:if>
      </td>
    </tr>
  </c:forEach>
</table>
```

D.5 Pet Clinic的领域对象实现

Pet Clinic应用实例的业务逻辑相对简单，因为作为一个数据库应用参考实例，其设计目的是希望通过一些常用的数据库操作的实现，比如我们熟知的对数据的增、删、改操作，以及与Spring Web层集成来为使用Spring的应用开发提供参考。基于这个出发点，在Pet Clinic的实现中，并没有设计复杂的业务逻辑。我们从Pet Clinic的领域对象设计入手，到org.springframework.samples.petclinic的设计中去了解一下Pet Clinic业务逻辑层的数据对象设计。关于这部分的设计，我们以前面看到的vets为例，如代码清单D-7所示。这个Vets类很简单，它持有一个List对象，在List对象中，持有的基本元素是Vet对象。

代码清单D-7 数据对象Vets

```
public class Vets {
private List<Vet> vets;
@XmlElement
public List<Vet> getVetList() {
   if (vets == null) {
      vets = new ArrayList<Vet>();
   }
   return vets;
   }
}
```

在Vets中，包含了一个List，这个List的元素是Vet对象，作为一个基本的数据对象，Vet的实现如代码清单D-8所示。在Vet对象的实现中可以看到，一方面，它继承了Person类的基本数据，另一方面，它包含了一个Specialty的Set。对于Vet和Specialty数据对象，在它们的持久化设计中，都有对应的数据库表，比如，在数据库中看到的建立好的vets表、vet_specialties表，等等。

代码清单D-8 数据对象Vet

```
public class Vet extends Person {
private Set<Specialty> specialties;
protected void setSpecialtiesInternal(Set<Specialty> specialties) {
   this.specialties = specialties;
}
protected Set<Specialty> getSpecialtiesInternal() {
   if (this.specialties == null) {
      this.specialties = new HashSet<Specialty>();
   }
   return this.specialties;
}
@XmlElement
public List<Specialty> getSpecialties() {
   List<Specialty> sortedSpecs = new ArrayList<Specialty>
   (getSpecialtiesInternal());
   PropertyComparator.sort(sortedSpecs, new MutableSortDefinition
   ("name", true, true));
   return Collections.unmodifiableList(sortedSpecs);
```

```
    }
    public int getNrOfSpecialties() {
        return getSpecialtiesInternal().size();
    }
    public void addSpecialty(Specialty specialty) {
        getSpecialtiesInternal().add(specialty);
    }
    }
```

D.6 Pet Clinic数据库操作的实现

在建立领域对象的基础上，Pet Clinic展示了如何通过Spring中的各种不同方式来完成各种持久化的工作，比如JDBC、Hibernate、JPA等解决方案的使用。下面就分别对在Pet Clinic中如何使用这些数据库持久化方案进行简单介绍。

1. 使用JDBC的数据库操作

从介绍最基本的JDBC的使用来开始我们的Pet Clinic持久化实现之旅。使用JDBC进行数据库操作的Spring Bean的配置，如代码清单D-9所示。在代码清单D-9中可以看到，对数据库的基本设置、数据库连接池，以及事务处理都进行了配置。具体来说，在配置JDBC数据源的时侯，使用了jdbc.properties配置文件中的配置信息，这些配置信息包括jdbc.driverClassName标识的数据库驱动、jdbc.url标识的数据库位置、jdbc.username标识的操作数据库的用户名、jdbc.password标识的操作数据库配置的密码等。有了以上这些基本配置，就为应用配置好了数据库的数据源（datasource），在完成数据源datasource的配置之后，就可以使用数据库了，但在应用中，往往需要把数据库的操作置于事务处理的环境之中，具体来说，就是需要把刚刚配置好的数据源设置到DataSourceTransactionManager中去，从而通过这个DataSourceTransactionManager启动Spring为事务处理准备的统一处理机制，满足应用对数据库操作事务处理的需求。关于Spring事务管理的具体实现，感兴趣的读者可以仔细阅读第6章的分析，在这里就不再重复了。

代码清单D-9　JDBC数据库操作的Bean配置

```
<!-- JDBC数据库操作设置在jdbc.properties文件中，在这个文件中可以看到对各种数据库使用的配置，
比如数据库驱动、URL、用户名、密码，等等
<context:property-placeholder location="classpath:jdbc.properties"/>
<!--配置数据源，这里使用了DBCP的连接池-->
<bean id="dataSource" class="org.springframework.samples.petclinic.config.
DbcpDataSourceFactory"
        p:driverClassName="${jdbc.driverClassName}" p:url="${jdbc.url}"
        p:username="${jdbc.username}" p:password="${jdbc.password}"
        p:populate="${jdbc.populate}"
        p:schemaLocation="${jdbc.schemaLocation}" p:dataLocation="
        ${jdbc.dataLocation}"/>
<!-- 为JDBC数据库操作配置事务处理 -->
<bean id="transactionManager" class="org.springframework.jdbc.
datasource.DataSourceTransactionManager"
        p:dataSource-ref="dataSource"/>
```

从配置中可以看到，对数据库的具体操作是由SimpleJdbcClinic来完成的，以对Vets的查询实现为例来了解这个类的具体实现，如代码清单D-10所示。在代码清单D-10中，使用JdbcTemplate.query来完成具体的数据查询，这种数据查询是使用JdbcTemplate时比较常用的一种方式。具体地说，在使用JdbcTemplate.query的query方法时，需要为这个query配置SQL语句，为查询提供最基本的数据库操作配置，其他的工作由Spring替应用来完成，这样，就可以完成对数据的查询，可以看到，这种使用方式是很简洁的。在代码清单D-10中，还使用了带参数的JdbcTemplate.query方法，在对specialties进行查询的时侯，通过为JdbcTemplate.query使用的SQL语句设置查询参数来完成JdbcTemplate.query方法的使用，这个查询参数是一个ParameterizedRowMapper对象。完成了这些设置，就可以实现对specialties的数据查询了。

代码清单D-10 SimpleJdbcClinic查询Vets

```
@Transactional(readOnly = true)
public Collection<Vet> getVets() throws DataAccessException {
    synchronized (this.vets) {
        if (this.vets.isEmpty()) {
            refreshVetsCache();
        }
        return this.vets;
    }
}
@ManagedOperation
@Transactional(readOnly = true)
public void refreshVetsCache() throws DataAccessException {
    synchronized (this.vets) {
        this.logger.info("Refreshing vets cache");
        this.vets.clear();
        this.vets.addAll(this.simpleJdbcTemplate.query(
                "SELECT id, first_name, last_name FROM vets ORDER BY
                last_name,first_name",
                ParameterizedBeanPropertyRowMapper.newInstance(Vet.class)));
        final List<Specialty> specialties = this.simpleJdbcTemplate.query(
                "SELECT id, name FROM specialties",
                ParameterizedBeanPropertyRowMapper.
                newInstance(Specialty.class));
        for (Vet vet : this.vets) {
            final List<Integer> vetSpecialtiesIds = this.simpleJdbcTemplate.query(
                "SELECT specialty_id FROM vet_specialties WHERE vet_id=?",
                    new ParameterizedRowMapper<Integer>() {
                    public Integer mapRow(ResultSet rs, int row) throws
                SQLException {
                        return Integer.valueOf(rs.getInt(1));
                        }},
                    vet.getId().intValue());
            for (int specialtyId : vetSpecialtiesIds) {
                Specialty specialty = EntityUtils.getById
            (specialties, Specialty.class,specialtyId);
                vet.addSpecialty(specialty);
            }
        }
    }
}
```

2. 使用Hibernate的数据库操作

在Pet Clinic的实现中，Pet Clinic应用实例还提供了使用Hibernate来完成数据库操作的参考，使用Hibernate对数据库进行操作的Bean的配置，如代码清单D-11所示。在这些Bean的配置中，与前面使用JDBC完成数据持久化操作相同的是，Hibernate与JDBC实现数据库操作都需要先设置数据库数据源；而不同的是，在Hibernate的实现中，需要在设置数据源的基础上配置Hibernate的SessionFactory，我们看到，在Pet Clinic中，使用的是LocalSessionFactoryBean，这个LocalSessionFactoryBean是Spring对Hibernate的SessionFactoryBean进行封装。通过对LocalSessionFactoryBean的配置来简化对SessionFactory的配置工作。实际上，这里大部分是对Hibernate的SessionFactory的配置，而这些配置是根据对Hibernate的使用要求来完成的。这些配置中包含了一系列应用使用Hibernate的属性配置，这些属性配置包括对数据的映射关系hbm文件的设置，对hibernate.dialect的设置等。在配置好SessionFactory之后，为了使用Spring提供的统一的事务处理环境，与前面看到的通过JDBC使用DataSource一样，需要完成事务管理器的配置，只不过，在这里使用HibernateTransactionManager这个事务管理器来支持应用在对Hibernate的使用中完成事务处理。

代码清单D-11 Hibernate的Bean配置

```
<!-数据库配置在jdbc.properties中
<context:property-placeholder location="classpath:jdbc.properties"/>
<!--使用Apache Commons DBCP作为数据库连接池，配置DataSource.     -->
<bean id="dataSource" class="org.apache.commons.dbcp.BasicDataSource"
destroy-method="close"
        p:driverClassName="${jdbc.driverClassName}" p:url="${jdbc.url}"
        p:username="${jdbc.username}"
        p:password="${jdbc.password}"/>
<!-- 配置Hibernate SessionFactory，hbm映射表在petclinic.hbm.xml中 -->
<bean id="sessionFactory" class="org.springframework.orm.hibernate3.
LocalSessionFactoryBean"
        p:dataSource-ref="dataSource" p:mappingResources="petclinic.hbm.xml">
        <property name="hibernateProperties">
            <props>
                <prop key="hibernate.dialect">${hibernate.dialect}</prop>
                    prop key="hibernate.show_sql">${hibernate.show_sql}</prop>
                <prop key="hibernate.generate_statistics">
                ${hibernate.generate_statistics}</prop>
            </props>
        </property>
        <property name="eventListeners">
            <map>
                <entry key="merge">
                    <bean class="org.springframework.orm.hibernate3.support.
                    IdTransferringMergeEventListener"/>
                </entry>
            </map>
        </property>
</bean>
```

```
<!-- 配置HibernateTransactionManager作为事务管理器-->
<bean id="transactionManager" class="org.springframework.orm.hibernate3.
HibernateTransactionManager"
        p:sessionFactory-ref="sessionFactory"/>
```

我们都知道，在Hibernate实现O/R映射的时候，需要使用hbm文件来得到定义好的数据映射关系，关于具体数据映射关系的实现，我们可以到petclinic.hbm.xml中去详细了解这些数据映射关系的设计。关于hbm文件的详细设计的语法，感兴趣的读者可以到Hibernate的使用手册或参考文件中去了解。在这里，我们以Vet数据对象的O/R映射设计为例，只是简单地看看这些数据映射是如何进行配置的，这些配置如代码清单D-12所示。在这个映射配置中，可以看到：首先是id生成策略的设计，然后是Vet对象的Java数据属性与数据库表的数据域的一一对应关系的设计，最后可以看到，通过一个多对多的对应关系的映射设计为specialtiesInternal集合完成映射设计。通过这个集合的映射设计，使用Hibernate的特性可以方便地在Vet对象中得到的一个包含Specialty对象的集合。

代码清单D-12 Vet的hbm映射

```
<class name="org.springframework.samples.petclinic.Vet" table="vets">
    <id name="id" column="id">
        <generator class="identity"/>
    </id>
    <property name="firstName" column="first_name"/>
    <property name="lastName" column="last_name"/>
    <set name="specialtiesInternal" table="vet_specialties">
        <key column="vet_id"/>
        <many-to-many column="specialty_id" class="org.springframework.
        samples.petclinic.Specialty"/>
    </set>
</class>
```

具体来说，对数据库的具体操作是由HibernateClinic来完成的，关于这个HibernateClinic的设计，我们以对Vets的查询为例，去了解其具体的实现，如代码清单D-13所示。在代码清单中，我们看到，在HibernateClinic的设计中，并没有使用我们熟悉的HibernateTemplate来完成数据操作，而是直接使用由LocalSessionFactory得到的Session来完成数据的查询，在这个数据的查询中可以看到对HQL查询语句的使用。这个HQL查询语句"from Vet vet order by vet.lastName, vet.firstName"，表明需要在Vet表中根据Vet的lastName和firstName的排序来得到所有Vet对象数据的集合。

代码清单D-13 HibernateClinic的getVets

```
public Collection<Vet> getVets() {
    return sessionFactory.getCurrentSession().createQuery("from Vet vet
    order by vet.lastName, vet.firstName").list();
}
```

3. 使用JPA的数据库操作

在Pet Clinic中，同样还提供了使用JPA的持久化设计的参考。对JPA数据库操作的Bean

的配置如代码清单D-14所示，从配置上看，使用JPA与使用Hibernate非常类似，不同的是，使用JPA是通过配置JPA EntityManagerFactory来实现的，在对JPA的使用中，Spring通过JpaTransactionManager事务管理器为应用提供事务处理服务。在代码清单D-14所示的配置中，可以清楚地看到对EntityManagerFactory和JpaTransactionManager的具体配置。

代码清单D-14 JPA数据库操作的Bean配置

```
<!-数据库配置在jdbc.properties中
<context:property-placeholder location="classpath:jdbc.properties"/>
<!--使用Apache Commons DBCP作为数据库连接池，配置DataSource        -->
<bean id="dataSource" class="org.apache.commons.dbcp.BasicDataSource" destroy-method="close"
     p:driverClassName="${jdbc.driverClassName}" p:url="${jdbc.url}"
     p:username="${jdbc.username}"
     p:password="${jdbc.password}"/>
<!-- 配置JPA EntityManagerFactory -->
<bean id="entityManagerFactory" class="org.springframework.orm.jpa.
LocalContainerEntityManagerFactoryBean"
        p:dataSource-ref="dataSource">
     <property name="jpaVendorAdapter">
         <bean class="org.springframework.orm.jpa.
vendor.TopLinkJpaVendorAdapter"
          p:databasePlatform="${jpa.databasePlatform}"
     p:showSql="${jpa.showSql}"/>
         <!--
         <bean class="org.springframework.orm.jpa.vendor.OpenJpaVendorAdapter"
                  p:database="${jpa.database}" p:showSql="${jpa.showSql}"/>
         -->
         <!--
         <bean class="org.springframework.orm.jpa.vendor.
     HibernateJpaVendorAdapter"
                  p:database="${jpa.database}" p:showSql="${jpa.showSql}"/>
         -->
     </property>
 </bean>
<!-- 配置JpaTransactionManager作为事务管理器-->
<bean id="transactionManager" class="org.springframework.orm.
jpa.JpaTransactionManager"
          p:entityManagerFactory-ref="entityManagerFactory"/>
```

具体地说，对数据库的具体操作，是由EntityManagerClinic来完成的，关于这个EntityManagerClinic的实现，与前面一样，还是以对Vets的查询为例来了解这个查询的具体实现，如代码清单D-15所示。在代码清单D-15中可以看到，在EntityManagerClinic中，使用JPA与使用Hibernate的查询实现一样，也是非常简单明了的。

代码清单D-15 EntityManagerClinic的getVets

```
public Collection<Vet> getVets() {
    return this.em.createQuery("SELECT vet FROM Vet vet ORDER BY vet.
    lastName, vet.firstName").getResultList();
}
```

D.7　小结

在这部分，我们分析了Spring源代码中自带的Pet Clinic实例的实现，相比本书的其他章节，这里的内容也许是技术最为基础、最接近用户应用，内容最为直接明了的一个部分，因为，作为Spring自带的应用实例，就像是Spring的Web和数据库应用的HelloWorld程序，它的工作是为用户提供了一个使用Spring的起点，就像一个初试啼声的婴儿，虽然力量尚小，但是并不妨碍他远大的前途。

这里对Pet Clinic的分析，有点像在生物学实验中研究那些观察切片。我们把Pet Clinic作为应用样本实例，然后，从UI层到底层数据层截取了一个剖面来进行分析。在这个剖面的切片中，我们先看到的是：作为Spring应用的Pet Clinic，对Web环境的配置及对Spring Bean的配置，这些基本配置都是利用Spring开发Web应用必须掌握的基本内容。然后是Pet Clinic应用的服务层和各种数据层技术的实现。这一部分的内容尽管浅显直白，却一直再努力构造一个Spring的应用场景，为再次深入了解Spring做准备。因为，在前面的内容中，我们一直是在Spring平台中深入挖掘和探寻，就像在茂密的热带雨林中，不顾一切地前进和探险；而在这里，我们可以通过这个简单的原汁原味的Pet Clinic实例为了解Spring的实现找到一个不同的视角，从头顶上，为这片雨林打开一片蔚蓝的天空，让我们有一个从应用向平台内部窥视的角度和契机。如果能够从这点上理解，那么对于有心的读者来说，一定会觉得这个应用实例简单却又内涵丰富。例如，看到Web环境的配置的时候，一定会想到，这些配置在Spring平台内部是如何实现的。

在Pet Clinic应用的设计中，我们还可以看到一个层次分明的软件设计结构，这个软件设计结构涉及了从应用UI到数据层的各个方面，具体包括了Web UI的JSP页面设计，Spring Web MVC框架的使用，业务逻辑中领域对象的设计，对数据库数据的各种不同的操作方案，以及通过对Spring事务管理器的使用来完成的事务处理。这些设计实例基本涵盖了Spring应用的许多基本方面，也涉及目前Spring平台特性的主体部分。当然，作为应用实例，在Pet Clinic中，我们并没有看到复杂业务逻辑的实现，没有看到使用远端调用实现分布式处理，没有看到使用ACEGI安全框架来满足资源的安全需求，等等，这是实例的不足之处。虽然有这些不足之处，但是，学习Pet Clinic的实现并不会妨碍我们通过这个实例去了解Spring平台的整个视野。同样，有了这个实例，可以让应用开发人员有一个现成的、随手可用的参考实现，同时提供了一个从应用开发人员熟悉的角度来系统观察Spring的机会。这些都要感谢Spring开发团队细致而扎实的工作，以及他们为Spring的广泛推广而付出的良苦用心。